住房城乡建设部土建类学科专业"十三五"规划教材
高等学校土木工程专业创新型人才培养规划教材

工程质量与安全管理

周建亮　主　编
孙其珩　殷为民　副主编
方东平　主　审

中国建筑工业出版社

图书在版编目（CIP）数据

工程质量与安全管理/周建亮主编. —北京：中国建筑工业出版社，2017.1（2024.11重印）
高等学校土木工程专业创新型人才培养规划教材
ISBN 978-7-112-21599-7

Ⅰ.①工… Ⅱ.①周… Ⅲ.①建筑工程-工程质量-质量管理-高等学校-教材②建筑工程-安全管理-高等学校-教材 Ⅳ.①TU71

中国版本图书馆CIP数据核字（2017）第298462号

本书是住房城乡建设部土建类学科专业"十三五"规划教材、高等学校土木工程专业创新型人才培养规划教材。本书紧扣《高等学校土木工程本科指导性专业规范》与《高等学校工程管理本科指导性专业规范》中有关工程质量与安全管理的知识点要求，参考国内外工程质量与安全相关教材和文献，并结合最新的法律法规、体系标准，重点突出工程质量与安全管理的基本概念、基本理论、基本方法、工作任务、工作方法以及BIM在质量和安全管理中的组织与应用。本书内容包括：概论、工程质量与安全标准化管理的三标一体化、工程质量与安全管理的组织、工程施工阶段的质量管理、工程质量的验收与保修、施工现场安全管理与文明施工、工程施工安全技术、施工机械与临时用电安全技术、工程质量安全事故的应急救援与处置等。

本书可作为土木工程专业、工程管理专业、建筑环境与能源应用工程专业以及其他相关专业的本科生及研究生教材，亦可供政府管理部门、建设单位、设计单位、工程管理咨询单位、施工单位和科研单位参考使用。

为了更好地支持教学，我社向采用本书作为教材的教师提供课件，有需要者可与出版社联系，索取方式如下：建工书院 http://edu.cabplink.com，邮箱 jckj@cabp.com.cn，电话（010）58337285。

责任编辑：仕 帅 吉万旺 王 跃
责任设计：韩蒙恩
责任校对：刘梦然

住房城乡建设部土建类学科专业"十三五"规划教材
高等学校土木工程专业创新型人才培养规划教材
工程质量与安全管理
周建亮 主 编
孙其珩 殷为民 副主编
方东平 主 审

*

中国建筑工业出版社出版、发行（北京海淀三里河路9号）
各地新华书店、建筑书店经销
霸州市顺浩图文科技发展有限公司制版
天津安泰印刷有限公司印刷

*

开本：787×1092毫米 1/16 印张：24¼ 字数：599千字
2017年12月第一版 2024年11月第八次印刷
定价：**58.00元**（赠教师课件）
ISBN 978-7-112-21599-7
（34429）

版权所有　翻印必究
如有印装质量问题，可寄本社退换
（邮政编码100037）

高等学校土木工程专业创新型人才培养规划教材编委会成员名单

(按姓氏笔画排序)

顾　　　问：王　超　王景全　吕志涛　刘德源　孙　伟
　　　　　　吴中如　顾金才　钱七虎　唐明述　缪昌文
主 任 委 员：刘伟庆　沈元勤
副主任委员：吕恒林　吴　刚　金丰年　高玉峰　高延伟
委　　　员：王　跃　王文顺　王德荣　毛小勇　叶继红
　　　　　　吉万旺　刘　雁　杨　平　肖　岩　吴　瑾
　　　　　　沈　扬　张　华　陆春华　陈志龙　周继凯
　　　　　　胡夏闽　夏军武　童小东

出 版 说 明

近年来，我国高等教育教学改革不断深入，高校招生人数逐年增加，相应对教材质量和数量的需求也在不断提高和扩大。随着我国建设行业的大发展、大繁荣，高等学校土木工程专业教育也得到迅猛发展。江苏省作为我国土木建筑大省、教育大省，无论是开设土木工程专业的高校数量还是人才培养质量，均走在了全国前列。江苏省各高校土木工程专业教育蓬勃发展，涌现出了许多具有鲜明特色的创新型人才培养模式，为培养适应社会需求的合格土木工程专业人才发挥了引领作用。

中国土木工程学会教育工作委员会江苏分会（以下简称江苏分会）是经中国土木工程学会教育工作委员会批准成立的，其宗旨是为了加强江苏省具有土木工程专业的高等院校之间的交流与合作，提高土木工程专业人才培养质量，促进江苏省建设事业的发展。中国建筑工业出版社是住房城乡建设部直属出版单位，是专门从事住房城乡建设领域的科技专著、教材、技术规范、职业资格考试用书等的专业科技出版社。作为本套教材出版的组织单位，在教材编审委员会人员组成、教材主参编确定、编写大纲审定、编写要求拟定、计划交稿时间以及教材编写的特色和出版后的营销宣传等方面都做了精心组织和专门协调，目的是出精品，体现特色，为全国土木工程专业师生提供一个全新的选择。

经过反复研讨，《高等学校土木工程专业创新型人才培养规划教材》定位为高年级本科生选修课程或研究生通用课程教材。本套教材主要体现创新，充分考虑诸如装配式建筑、新型建筑材料、绿色节能建筑、新型施工工艺、新施工方法、安全管理、BIM 技术等，选择 18 种专业课组织编写相应教材。本套教材主要特点为：在考虑学生前面已学知识的基础上，不对必修课要求掌握的内容过多重复；介绍创新知识时不要求过多、过深、过全；结合案例介绍现代技术；体现建筑行业发展的新要求、新方向和新趋势。为满足多媒体教学需要，我们要求所有教材在出版时均配有多媒体教学课件。

本套《高等学校土木工程专业创新型人才培养规划教材》是中国建筑工业出版社成套出版体现区域特色教材的首次尝试，对行业人才培养具有非常重要的意义。今年正值我国"十三五"规划的开局之年，本套教材有幸入选《住房城乡建设部土建类专业"十三五"规划教材》。我们也期待能够利用本套教材策划出版的成功经验，在其他专业、在其他地区组织出版体现区域特色的土建类教材。

希望各学校积极选用本套教材，也欢迎广大读者在使用本套教材过程中提出宝贵意见和建议，以便我们在重印再版时得以改进和完善。

中国土木工程学会教育工作委员会江苏分会
中国建筑工业出版社
2016 年 12 月

前　言

建筑业是我国国民经济的重要支柱产业，为推动国民经济增长和社会全面发展做出了巨大贡献。我国《建筑法》明确规定对建筑活动的基本要求是"应当确保建筑工程质量和安全，符合国家的建筑工程安全标准"。近年来，相关部门在工程质量与安全的法规、政策、制度建设和完善，以及监管机制和方式的创新等方面付出了巨大努力，生产过程的安全水平和最终产品的质量水平都有较大的提升。然而，我们也应认识到与发达国家相比，我国的工程质量和安全生产水平仍然滞后于建筑业经济和生产技术发展速度，也滞后于社会发展水平和公众的期望。建筑业快速增长的生产规模、固有的生产特征以及目前存在的一些矛盾和问题对进一步推动建筑业工程质量安全水平的发展提出了严峻的挑战。因此，如何采取措施，加强建筑行业的质量与安全管理，全面提升建筑业的质量、安全和文明施工水平，降低质量事故与安全事故的发生概率，是建筑行业专业人才亟待解决的问题。

本书共分 9 章，涵盖了工程建设质量与安全管理的基本理论、法律法规，质量、安全与环境 ISO 标准的一体化管理，工程质量与安全管理的组织及各主体责任，施工阶段的质量管理、工程质量验收与保修，施工现场安全管理与文明施工，工程施工安全技术与施工机械及临时用电安全技术，以及工程质量安全事故的应急救援与处置等内容，并结合现代建筑信息模型技术（BIM）的理论与实践，将 BIM 环境与组织、BIM 对施工准备及施工过程的质量控制支持、BIM 竣工模型移交以及 BIM 在安全管理与文明施工等方面的内容，在教材相关章节中进行了详细介绍。

本书依据我国相关法律法规、标准和相关理论研究进展，紧扣《高等学校土木工程本科指导性专业规范》与《高等学校工程管理本科指导性专业规范》中有关工程质量与安全管理的知识点要求，并结合作者多年的教学和工程实践经验，竭力适应土木工程与工程管理等专业的培养目标和当前建设质量与安全管理的形势及任务要求，有较强的指导性和实用性。本书旨在为高等院校土木工程与工程管理等相关专业师生提供适应性较强的教学用书，同时也可作为建筑行业从业人员的参考用书。

本书由中国矿业大学周建亮教授担任主编，南京工业大学孙其珩教授与扬州大学殷为民副教授担任副主编。教材的第 1、2、3 章，BIM 理论应用部分由周建亮编写；第 4、5 章由殷为民编写，第 6、7、8、9 章由孙其珩编写。全书由周建亮统稿，清华大学方东平教授主审。

本书编写过程中，感谢中国矿业大学工程管理研究所的研究生邢艳冬为本书的校对做了大量工作，感谢中国建筑工业出版社的领导、编辑和校审人员为本书的出版做出的努力和帮助。

由于编者水平和经验有限，书中难免有不当和遗漏之处，恳请广大读者批评指正。

编　者

2017 年 10 月

目 录

第1章 概论 ………………………………… 1
本章要点及学习目标 ……………………… 1
1.1 工程质量与安全的相关概念 ………… 1
   1.1.1 工程质量概述 ………………… 1
   1.1.2 工程安全概述 ………………… 3
   1.1.3 BIM 与工程质量与安全 ……… 4
1.2 工程质量管理的基本理论与
   方法 ……………………………… 6
   1.2.1 工程质量管理概述 …………… 6
   1.2.2 工程质量管理的 TQC 理论 …… 8
1.3 工程安全管理的基本理论与
   方法 ……………………………… 9
   1.3.1 工程安全管理概述 …………… 9
   1.3.2 工程安全管理的基本理论 …… 10
1.4 我国的工程质量与安全管理的
   相关法规及标准 ………………… 15
   1.4.1 法律法规及规章的基本形式 … 15
   1.4.2 工程建设标准的基本要求 …… 16
   1.4.3 我国工程质量与安全的相关的
      法律法规与标准 ……………… 18
本章小结 ……………………………… 19
思考与练习题 ………………………… 19

第2章 工程质量与安全标准化管理
的三标一体化 ……………………… 20
本章要点及学习目标 ……………………… 20
2.1 ISO 9000 质量管理体系 ……………… 20
   2.1.1 概述 …………………………… 20
   2.1.2 ISO 9000：2015 的结构与运行
      模式 ………………………… 21
   2.1.3 ISO 9000：2015 的七项质量管理
      原则 ………………………… 23
2.2 职业健康安全管理体系 ……………… 25
   2.2.1 概述 …………………………… 25
   2.2.2 《职业健康安全管理体系》GB/T
      28001—2011 的结构和运行
      模式 ………………………… 27
   2.2.3 职业健康安全管理体系的建立和
      运行 ………………………… 29
2.3 ISO 14000：2015 环境管理
   体系 ……………………………… 32
   2.3.1 概述 …………………………… 32
   2.3.2 ISO 14000：2015 环境管理体系
      的结构和运行模式 …………… 33
   2.3.3 环境管理体系的建立和运行 … 35
2.4 三标一体化管理体系的建立与
   运行 ……………………………… 37
   2.4.1 概述 …………………………… 37
   2.4.2 三标一体化管理体系的相容性 … 38
   2.4.3 三标一体化管理体系的建立及
      运行 ………………………… 40
本章小结 ……………………………… 44
思考与练习题 ………………………… 44

第3章 工程质量与安全管理的
组织 …………………………………… 46
本章要点及学习目标 ……………………… 46
3.1 工程项目的质量安全管理组织
   机构与规章制度 ………………… 46
   3.1.1 工程项目的质量管理组织机构与
      规章制度 …………………… 46
   3.1.2 工程项目的安全管理组织机构与
      规章制度 …………………… 49
3.2 工程参建各方的质量管理
   责任 ……………………………… 59
   3.2.1 建设单位的质量责任 ………… 59
   3.2.2 施工单位的质量责任 ………… 63
   3.2.3 勘察、设计单位相关的质量

    责任 ………………………… 66
  3.2.4 工程监理单位相关的质量
    责任 ………………………… 68
 3.3 工程参建各方的安全管理
   责任 …………………………… 70
  3.3.1 建设单位的安全责任 ……… 70
  3.3.2 施工单位的安全生产责任 … 72
  3.3.3 勘察、设计单位相关的安全
    责任 ………………………… 74
  3.3.4 工程监理、检验检测单位相关的
    安全责任 …………………… 76
  3.3.5 机械设备等单位相关的安全
    责任 ………………………… 77
 3.4 工程勘察设计阶段的质量与
   安全管理流程 ………………… 80
  3.4.1 工程勘察设计阶段质量管理 … 80
  3.4.2 勘察设计阶段安全管理 …… 84
 3.5 工程施工阶段的质量与安全
   管理流程 ……………………… 85
  3.5.1 工程施工阶段质量管理 …… 85
  3.5.2 工程施工阶段安全管理 …… 87
 3.6 BIM的常见应用环境与组织 … 88
  3.6.1 BIM 常见应用软件环境 …… 88
  3.6.2 BIM 应用硬件和网络环境 … 90
  3.6.3 BIM 模型的组织管理 ……… 91
  3.6.4 BIM 团队的组织管理 ……… 95
 本章小结 ………………………………… 98
 思考与练习题 …………………………… 98

第4章 工程施工阶段的质量管理 …… 100

 本章要点及学习目标 …………………… 100
 4.1 施工质量影响因素分析 ……… 100
  4.1.1 人的控制 ………………… 101
  4.1.2 机械的控制 ……………… 102
  4.1.3 材料的控制 ……………… 103
  4.1.4 施工方法的控制 ………… 104
  4.1.5 环境因素的控制 ………… 105
  4.1.6 测量因素的控制 ………… 106
 4.2 工程施工准备阶段的质量
   控制 …………………………… 106
  4.2.1 质量控制原理 …………… 106

  4.2.2 质量控制内容 …………… 108
  4.2.3 BIM 支持的施工准备质量控制
    工作 ……………………… 109
 4.3 施工过程的质量控制 ………… 112
  4.3.1 施工过程质量控制工作程序 … 113
  4.3.2 施工过程质量控制原则 … 113
  4.3.3 施工工序质量控制内容 … 114
  4.3.4 施工工序质量控制步骤 … 115
  4.3.5 施工过程质量控制关键工作 … 116
  4.3.6 BIM 支持的施工过程质量
    控制 ……………………… 118
 4.4 工程质量的试验与检测管理 … 122
  4.4.1 基本规定 ………………… 122
  4.4.2 检测试验项目 …………… 123
 4.5 工程质量问题分析与处理 …… 126
  4.5.1 工程质量问题分类和处理
    方法 ……………………… 126
  4.5.2 建筑工程常见质量问题分析 … 133
 本章小结 ………………………………… 139
 思考与练习题 …………………………… 139

第5章 工程质量的验收与保修 ……… 140

 本章要点及学习目标 …………………… 140
 5.1 工程质量验收概述 …………… 140
  5.1.1 工程质量验收条件 ……… 140
  5.1.2 工程质量验收要求 ……… 140
  5.1.3 工程质量验收程序和组织 … 142
 5.2 工程施工过程质量验收 ……… 144
  5.2.1 工程质量验收内容 ……… 144
  5.2.2 主要分部工程质量验收 … 148
  5.2.3 质量验收问题处理 ……… 151
 5.3 住宅工程质量分户验收 ……… 153
  5.3.1 质量分户验收概述 ……… 153
  5.3.2 江苏省住宅工程质量分户验收
    规定 ……………………… 155
 5.4 工程竣工质量验收 …………… 160
  5.4.1 竣工验收要求 …………… 160
  5.4.2 竣工验收程序 …………… 161
  5.4.3 竣工验收合格规定 ……… 162
  5.4.4 BIM 竣工模型的移交 …… 162
 5.5 工程项目的质量保修 ………… 163

5.5.1 工程质量保修期限……………163
5.5.2 工程质量保修书……………164
5.5.3 工程保修期质量问题的处理… 165
本章小结 ………………………………166
思考与练习题 …………………………166

第6章 施工现场安全管理与文明施工 …………………………167

本章要点及学习目标 ……………………167
6.1 施工现场安全管理的基本要求 ………………………………167
  6.1.1 《建筑施工安全检查标准》JGJ 59—2015 对施工安全管理的要求 ……………………………167
  6.1.2 条例对施工安全管理的要求……169
  6.1.3 施工现场隐患排查治理要求 … 170
6.2 施工现场环境管理 ………………171
  6.2.1 一般规定 ……………………171
  6.2.2 绿色施工 ……………………172
  6.2.3 环境卫生 ……………………173
6.3 施工现场防火安全管理 …………174
  6.3.1 施工现场防火管理要求………175
  6.3.2 施工现场防火技术管理………177
  6.3.3 施工现场各类作业防火管理…184
6.4 施工现场文明施工管理 …………186
  6.4.1 管理要求 ……………………186
  6.4.2 安全警示标志管理……………186
  6.4.3 安全防护管理 ………………187
  6.4.4 文明施工管理 ………………188
6.5 施工安全管理与文明施工检查与评定 ………………………………191
  6.5.1 检查目的 ……………………191
  6.5.2 检查形式 ……………………191
  6.5.3 检查的主要内容………………192
  6.5.4 检查的主要方法………………193
  6.5.5 《建筑施工安全检查标准》JGJ 59—2015 的构成与评分方法 … 194
6.6 BIM 技术在安全管理与文明施工的主要应用 …………………195
  6.6.1 危险源识别与交底……………195
  6.6.2 安全管理方案策划……………199

6.6.3 危险源及安全专项方案的数据管理 …………………………199
6.6.4 安全文明施工措施费用优化……201
6.6.5 专项施工方案与事故应急预案的演练教育 ……………………204
本章小结 ………………………………208
思考与练习题 …………………………208

第7章 工程施工安全技术 …………209

本章要点及学习目标 ……………………209
7.1 地基基础工程施工安全技术 ……209
  7.1.1 三通一平 ……………………209
  7.1.2 挖填方工程 …………………209
  7.1.3 土石方爆破 …………………212
  7.1.4 边坡工程 ……………………213
  7.1.5 基坑工程 ……………………215
  7.1.6 支护结构施工 ………………218
  7.1.7 降水与排水 …………………228
7.2 主体工程施工安全技术 …………233
  7.2.1 模板工程施工安全技术………233
  7.2.2 吊装工程施工 ………………246
7.3 脚手架工程施工安全技术 ………251
  7.3.1 脚手架分类及形式……………251
  7.3.2 脚手架搭设的一般规定………252
  7.3.3 扣件式钢管脚手架……………255
  7.3.4 门式钢管脚手架………………257
  7.3.5 碗扣式钢管脚手架……………259
  7.3.6 承插盘扣式钢管脚手架………262
  7.3.7 满堂脚手架 …………………264
  7.3.8 悬挑式脚手架 ………………265
  7.3.9 附着式升降脚手架……………267
  7.3.10 高处作业吊篮………………270
7.4 高处作业施工安全技术 …………273
  7.4.1 高处作业分级 ………………273
  7.4.2 高处作业安全防护基本规定……273
  7.4.3 临边与洞口作业的安全防护……274
  7.4.4 攀登与悬空作业的安全防护……278
  7.4.5 操作平台与交叉作业的安全防护 …………………………282
本章小结 ………………………………284
思考与练习题 …………………………284

第8章 施工机械与临时用电安全技术 ………………… 285

本章要点及学习目标 ………………… 285
8.1 施工机械设备使用安全技术 … 285
 8.1.1 起重机械与垂直运输机械……… 285
 8.1.2 土石方机械……………………… 299
 8.1.3 运输机械………………………… 311
 8.1.4 桩工机械………………………… 314
 8.1.5 混凝土机械……………………… 323
 8.1.6 钢筋加工机械…………………… 329
 8.1.7 焊接机械………………………… 333
 8.1.8 木工机械………………………… 336
8.2 施工机械的安全防护 …………… 339
 8.2.1 起重机械与垂直运输机械……… 339
 8.2.2 土石方机械……………………… 341
 8.2.3 运输机械………………………… 342
 8.2.4 桩工机械………………………… 343
 8.2.5 混凝土机械……………………… 345
 8.2.6 钢筋加工机械…………………… 345
 8.2.7 焊接机械………………………… 345
 8.2.8 木工机械………………………… 346
8.3 施工现场临时用电安全技术 … 347
 8.3.1 临时用电基本要求……………… 347
 8.3.2 接地装置………………………… 349
 8.3.3 配电装置………………………… 350
 8.3.4 配电线路………………………… 351
 8.3.5 外电防护………………………… 353
 8.3.6 防雷……………………………… 353
 8.3.7 电气防火措施…………………… 354
本章小结 ………………………………… 354
思考与练习题 …………………………… 354

第9章 工程质量安全事故的应急救援与处置 ………………… 356

本章要点及学习目标 ………………… 356
9.1 工程事故等级与常见类型 …… 356
 9.1.1 工程事故等级…………………… 356
 9.1.2 工程事故常见类型……………… 356
9.2 工程施工现场应急预案管理 … 357
 9.2.1 应急救援与应急救援预案概念………………………………… 357
 9.2.2 现场应急预案的编制和管理…… 357
 9.2.3 应急预案的内容………………… 358
 9.2.4 演练应急预案的演练、评价及修改………………………………… 360
9.3 工程现场常见事故伤害的急救 ………………………………… 361
 9.3.1 创伤止血救护…………………… 361
 9.3.2 烧伤急救处理…………………… 362
 9.3.3 吸入毒气急救…………………… 362
 9.3.4 触电急救………………………… 362
 9.3.5 手外伤急救……………………… 362
 9.3.6 骨折急救………………………… 363
 9.3.7 眼睛受伤急救…………………… 363
 9.3.8 脊柱骨折急救…………………… 363
9.4 工程事故的报告与调查 ……… 364
 9.4.1 建设工程安全事故处理程序…… 364
 9.4.2 事故调查分析…………………… 364
 9.4.3 事故报告内容…………………… 371
本章小结 ………………………………… 373
思考与练习题 …………………………… 373

参考文献 ………………………………… 374

第1章 概 论

> **本章要点及学习目标**
>
> 本章要点：
> (1) 工程质量与安全的相关概念；
> (2) 工程质量管理和安全管理的原则；
> (3) 工程质量管理和安全管理的基本理论；
> (4) 工程质量与安全管理的相关法规等内容。
>
> 学习目标：
> (1) 熟悉质量、质量管理、安全、安全管理的相关概念；
> (2) 掌握工程质量管理和安全管理中的基本理论和原则；
> (3) 熟悉我国工程质量与安全管理的法律法规体系与相关规定。

1.1 工程质量与安全的相关概念

1.1.1 工程质量概述

1. 工程质量的概念

百年大计，质量为本。我国实行的是工程质量的终身责任制。工程质量是反映建筑工程满足相关标准规定或合同约定的要求，包括其在适用性、耐久性、安全性、可靠性、经济性、外观质量与环境协调等方面所有明确和隐含需要的特征和特性的总和。其中：

"明确需要"是指在合同、标准、规范、图纸、技术要求及其他文件中已经作出规定的需要。

"隐含需要"是指顾客或社会对工程产品和服务的期望，同时指那些人们公认的又不言而喻的不必作出规定的需要。

"特征"是指工程产品的质量外观特性。

"特性"是指工程产品特有的性质，是指工程产品特点的象征或标志。

工程建设产品的质量特征和特性可归纳为以下六个方面：

(1) 适用性，即功能，是指建筑产品适合使用的功能和程度，即为满足使用目的必须具备的技术特性。

(2) 耐久性，即寿命，是建筑产品能够保证功能要求的期限，是产品质量的时间特性。

(3) 可靠性，是指建筑产品在规定的寿命周期下保持规定功能的能力，是产品质量的内在特性。

（4）安全性，是指建筑产品在使用过程中保证安全的程度，是产品质量的保险特性。

（5）经济性，是指建筑产品形成过程的生产费用（造价）和使用过程的维持费用的总和，是产品质量的成本特性。

（6）与环境的协调性，是指工程与其周围生态环境协调，与所在地区经济环境协调以及与周围已建工程相协调，以适应可持续发展的要求。

按质量控制对象来分，工程质量包含工序质量、分项工程质量、分部工程质量和单位工程质量。每一个工程质量控制对象不仅包括工程实物质量，还包括工作质量。工作质量是指项目建设参与各方为了保证工程项目质量而从事的技术、组织工作的水平和完善程度，一般包括人的质量意识、业务能力、各项工作标准、工作制度等。

从工程质量的控制过程来看，按照工程项目建设程序，工程质量是经过工程项目可行性研究、项目决策、工程设计、工程施工、工程验收等各个阶段而逐步形成的。工程建设的不同阶段，对工程项目质量的形成有不同的作用和影响，正如不同建设阶段对投资和进度有不同的影响一样。需要指出的是，质量与投资、进度三项目标是相互制约的，不能脱离投资和进度而孤立地对待工程质量。

2. 工程质量的特点

工程项目质量的特点是由工程项目本身和建设生产的特点决定的。工程（产品）及其生产的特点：一是产品的固定性，生产的流动性；二是产品的多样性，生产的单件性；三是产品形体庞大、高投入、生产周期长、具有风险性；四是产品的社会性，生产的外部约束性。正是由于上述建设工程的特点而形成了工程质量本身有以下特点。

1）影响因素多

建设工程质量受到多种因素的影响，如决策、设计、材料、机具设备、施工方法、施工工艺、技术措施、人员素质、工期、工程造价等，这些因素直接或间接地影响工程项目质量。

2）质量波动大

由于建筑生产的单件性、流动性，工程质量容易产生波动且波动大。同时由于影响工程质量的偶然性因素和系统性因素比较多，其中任一因素发生变动，都会使工程质量产生波动。为此，要严防出现系统性因素的质量变异，要把质量波动控制在偶然性因素范围内。

3）质量隐蔽性

建设工程在施工过程中，分项工程交接多、中间产品多、隐蔽工程多，因此质量存在隐蔽性。若在施工中不及时进行质量检查，事后只能从表面上检查，就很难发现内在的质量问题，这样就容易产生判断错误，即第一类判断错误（将合格品判为不合格品）和第二类判断错误（将不合格品误认为合格品）。

4）终检的局限性

工程项目的终检（竣工验收）无法进行工程内在质量的检验，发现隐蔽的质量缺陷。因此，工程项目的终检存在一定的局限性。这就要求工程质量控制应以预防为主，重视事先、事中控制，防患于未然。

1.1.2 工程安全概述

1. 工程安全的概念

百年大计,质量为本,安全第一。安全意为"无危则安,无缺则全",安全意味着不危险。按照系统安全观点,安全是指生产系统中人员免遭不可承受危险的伤害。美国安全工程师协会(ASSE)出版《安全专业术语词典》中定义为"安全意味着可以容许的受损害的危险程度,为相对地无受损害之忧和损害概率低的通用术语"。我国《职业健康安全管理体系规范》GB/T 28001对"安全"给出的定义是"免除了不可接受的损害风险的状态"。因此,安全具有相对性,即安全和危险不是互不相容的。是否安全,是人们对这一事物的主观评价。当认为危险程度可以普遍接受时,则这种事物的状态是安全的,否则就是危险的。

工程安全即工程建设安全生产,是指为了使工程建设过程在符合物质条件和工作秩序下进行,防止发生人身伤亡和财产损失等生产事故,消除或控制危险、有害因素,保障人身安全与健康、设备和设施免受损坏、环境免遭破坏的总称。

2. 工程安全的特点

建筑业在世界各国都属于高危行业。世界劳工组织(International Labor Organization, ILO)指出,建筑业是世界主要行业之一,尽管该行业已经开始实现机械化,但仍然属于高度劳动密集型行业。建筑业之所以成为一个危险的行业,与建筑业本身的一些特点有关。

1)建设工程本身的复杂性

建设工程是一项庞大的人机工程。在项目建设过程中,施工人员与各种施工机具和施工材料为了完成一定的任务,既各自发挥自己的作用,又必须相互联系、相互配合。这一系统的安全性和可靠性不仅取决于施工人员的行为,还取决于各种施工机具、材料以及建筑产品(统称为物)的状态。

一般说来,施工人员的不安全行为和事物的不安全状态是导致伤害事故的直接原因。而建设工程中的人、物以及施工环境中存在的导致事故的风险因素非常多,如果不能及时发现并且排除,将很容易导致伤亡事故。另一方面,工程建设往往有多方参与,管理层次比较多,管理关系复杂,仅仅现场施工就涉及建设单位、总承包商、分包商、供应商和监理方等各方。安全管理要做到协调管理、统一指挥需要先进的管理方法和能力,而目前很多项目的管理仍未能做到这点。因此,人的不安全行为、物的不安全状态以及环境的不安全因素往往相互作用,是构成伤亡事故的直接原因。

2)工程施工具有单件性

单件性(uniqueness)是指没有两个完全相同的建设项目。不同的建设项目所面临的事故风险的多少和种类都是不同的,同一个建设项目在不同的建设阶段所面临的风险也不同。建筑业从业人员在完成每一件建筑产品(房屋、桥梁、隧道等设施)的过程中,每一天所面对的都是一个几乎全新的物理工作环境。在完成一个建筑产品之后,又不得不转移到新的地区参与下一个建设项目的施工。因此,不同工程项目在不同施工阶段的事故风险类型和预防重点也各不相同。项目施工过程中层出不穷的各种风险是导致事故频发的重要原因。

3) 工程施工具有离散性

离散性（decentralization）是指建筑产品的主要制造者——现场施工工人，在从事生产的工程中，分散于施工现场的各个部位，尽管有各种规章和计划，但他们面对具体的生产问题时，仍旧不得不依靠自己的判断做出决定。因此，尽管部分施工人员已经积累了许多工作经验，还是必须不断适应一直在变化的"人-机-环境"系统，并且对自己的作业行为做出决定，从而增加了建筑业生产过程中由于工作人员采取不安全行为或者工作环境的不安全因素导致事故的风险。

4) 建设项目施工环境具有多变性

施工大多在露天的环境中进行，工人的工作条件差，且工作环境复杂多变，所进行的活动受施工现场的地理条件和气象条件的影响很大。例如，在现场气温极高或者极低、现场照明不足（如夜间施工）、下雨或者大风等条件下施工时，容易导致工人生理或者心理的疲劳，注意力不集中，造成事故。由于工作环境较差，包含着大量的危险源，而且一般的流水施工使得班组需要经常更换工作环境，因此，常常是相应的安全防护设施落后于施工过程。

5) 建筑业安全生产和事故预防的观念落后

建筑业作为一门传统的产业部门，许多相关从业人员对于安全生产和事故预防的错误观念由来已久。一方面，由于大量的事件或者错误操作并未导致伤害或者财产损失事故，而且同一诱因导致的事故后果差异很大，不少人认为事故完全是由一些偶然因素引起的，因而是不可避免的。另一方面，由于没有从科学的角度深入地认识事故发生的根本原因并采取积极的预防措施，因而造成了建设项目安全管理不力、发生事故的可能性增加。此外，传统的建设项目三大管理，即工期、质量和成本，是项目生产人员主要关注的对象，在施工过程中，往往为达到这些目标而牺牲安全。再加上目前建筑市场竞争激烈，一些承包商为了节约成本，经常削减用于安全生产的支出，更加剧了安全状况的恶化。

6) 建筑业从业人员缺乏有效的安全培训教育

在建筑业中，大量的没有经过全面职业培训和严格安全教育的劳动力涌向建筑业成为一线生产人员。一旦管理措施不当，这些工人往往成为建筑伤亡事故的肇事者和受害者，不仅为自己和他人的家庭带来巨大的痛苦和损失，还给建设项目本身和全社会造成许多不利的影响。就我国的建筑业而言，大多数的工人来自农村，受到的教育培训较少，素质相对较低，安全意识较差，安全观念淡薄，从而使得安全事故发生的可能性增加。

1.1.3 BIM 与工程质量与安全

早在 20 世纪 70 年代，"BIM 之父" Chuck Eastman 博士就提出了 BIM（Building Information Modeling）概念的名称——建筑信息模型。他认为"BIM 技术集合了一个或者多个数字化的建筑模拟模型，可以为更好地分析计算和控制建设过程提供方便，因为 BIM 由计算机产生的模型包含了很多重要的支持建设施工和采购方面的几何信息和数据信息"。BIM 技术集合建筑工程项目的各项相关信息数据作为模型的基础，能够完整、有效、真实地表达建筑产品和施工方案信息。

工程质量所涉及的 BIM 模型贯穿于项目的全过程，并随阶段深度要求的不同而逐步细化，主要涵盖的专业模型及其阶段性重点如表 1-1 所示，机电及全专业的 BIM 模型如

图 1-1 所示。

工程质量 BIM 模型内容　　　　　　　　　表 1-1

阶段	建筑	结构	机电					重点
			暖通	消防	给水排水	强电	弱电	
方案设计	√							面积、功能
初步设计	√	√	√	√	√	√		协调、深化
施工图	√	√	√	√	√	√	√	施工详图
管线综合	√	√	√	√	√	√	√	管线深化
施工	√	√	√	√	√	√	√	施工 BIM
竣工	√	√	√	√	√	√	√	运维信息

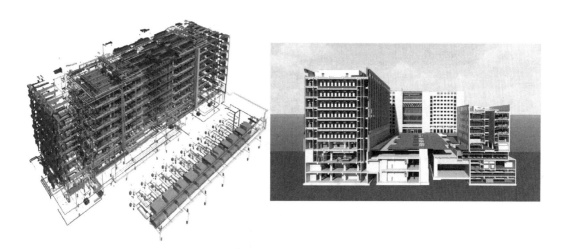

图 1-1　BIM 机电模型与全专业模型

工程安全所涉及的 BIM 模型的模型细度主要集中在施工阶段，具体如表 1-2 所示，施工模型如图 1-2 所示。

工程安全 BIM 模型内容　　　　　　　　　表 1-2

模型名称	模型内容	模型信息	备注
场地布置模型	场地地形、运输道路、起重设施、搅拌站、加工厂、仓库、材料、构件堆场，行政管理、文化、生活、福利用临时设施、供水设施以及临时用电设施等	几何尺寸、材质、产品信息、空间位置	基于施工方案及施工进度计划在空间和时间上的全面安排
洞口防护模型、临边防护模型	基坑临边防护、楼层周边防护、楼梯临边防护、楼梯洞口防护、后浇带防护、电梯入口防护、电梯洞口防护	几何尺寸、材质、产品信息、空间位置	面向洞口防护、临边防护布置
楼层平面防护模型	楼层临边防护、楼梯临边防护、楼梯洞口防护、后浇带防护、电梯井水平防护	几何尺寸、材质、产品信息、空间位置	面向楼层平面防护布置
垂直防护模型	水平安全网、外挑防护网	几何尺寸、材质、产品信息、空间位置	面向垂直防护布置

续表

模型名称	模型内容	模型信息	备注
安全通道平面布置模型	上下基坑通道、施工安全通道、外架斜道	几何尺寸、材质、产品信息、空间位置	面向安全通道平面布置
脚手架防护	脚手架、脚手板、扣件、剪刀撑、扫地杆、密目网	几何尺寸、材质、产品信息、空间位置	面向脚手架布置
施工机械安全管理模型	施工电梯、起重设备、中小型机械、塔吊	几何尺寸、材质、产品信息、空间位置	面向施工机械安全管理布置
临时用电安全模型	配电室	几何尺寸、材质、产品信息、空间位置	面向临时用电安全管理
消防疏散分区模型	消防疏散分区	几何尺寸、材质、产品信息、空间位置	面向消防疏散分区管理
CI管理模型	施工现场大门、施工现场标语、活动房CI	几何尺寸、材质、产品信息、空间位置	面向CI管理

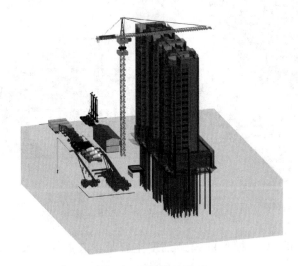

图1-2 BIM施工模型

1.2 工程质量管理的基本理论与方法

1.2.1 工程质量管理概述

1. 工程质量管理的概念

工程质量管理是指为保证和提高工程质量而进行的一系列指导、控制、组织和协调的活动，其目的是以尽可能低的成本，按既定的工期完成一定数量的、达到质量标准的工程项目。这些质量管理活动包括：质量方针、质量保证、质量目标、质量计划、质量控制和质量改进。它的任务就在于建立和健全质量管理体系，用企业的工作质量来保证工程项目的实体质量。

工程质量管理涉及的相关主体和外部约束众多，不仅有赖于沿着建筑产品生产链各类主体的质量安全行为,而且建筑业规制方——政府的监管,以及建筑业的客体——市场的各种保障机制对建筑产品的质量安全的形成亦有重要的约束、推动作用。根据目前的各类主体、建筑市场以及政府监管在建筑产品形成中的角色,可以得到如图1-3所示的工程质量管理框架。

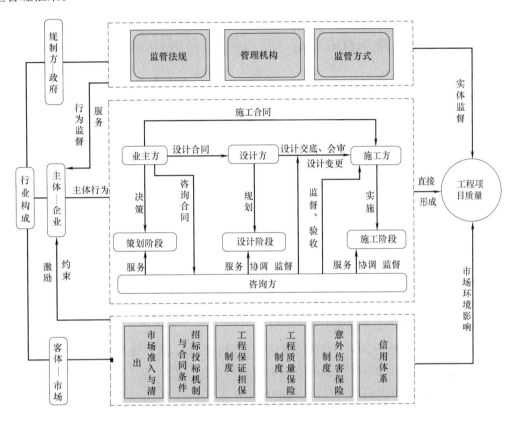

图1-3 工程质量管理框架

2. 工程质量管理的原则

1) 质量第一

建设工程质量不仅关系到工程的适用性和建设项目投资效果,而且关系到人民群众生命财产的安全。所以,应坚持"百年大计,质量第一",在工程建设中自始至终把"质量第一"作为对工程质量管理的基本原则。

2) 以人为核心

人是工程建设的决策者、组织者、管理者和操作者。工程建设中各单位、各部门、各岗位人员的工作质量水平和完善程度,都直接和间接地影响工程质量。在工程质量管理中,要以人为核心,重点控制人的素质和人的行为,充分发挥人的积极性和创造性,以人的工作质量保证工程质量。

3) 预防为主

工程质量管理应事先对影响质量的各种因素加以控制,如果出现质量问题后再进行处理,则已造成不必要的损失。所以,质量管理要重点做好质量的事先控制和事中控制,以预防为主,加强过程和中间产品的质量检查和控制。

4)坚持质量标准

质量标准是评价产品质量的尺度,工程质量是否符合合同规定的质量标准要求,应通过质量检验并和质量标准对照,符合质量标准要求的才是合格的,不符合质量标准要求的就是不合格的,必须返工处理。

1.2.2 工程质量管理的 TQC 理论

1. TQC 的内涵与特点

质量管理受到人们普遍重视,有关质量管理理论的提法也很多。其中全面质量管理(Total Quality Control,简称 TQC)受到包括工程建设行业在内的各行业广泛认同和普遍采用的理论和方法。全面质量管理是指一个企业以质量为中心,以全员参与为基础,目的在于通过让顾客满意和本企业所有成员及社会受益而达到长期成功的管理途径。根据全面质量管理的概念和要求,工程项目质量管理是对工程项目质量进行全面、全员、全过程的"三全"管理,其主要特点包括:

(1)管理的内容是全面的,即不仅要管好工程质量,而且要管好工程质量赖以形成的工作质量。

(2)管理的范围是全面的,从工程的设计、施工、机械设备、材料供应、竣工验收直至通车后维养的全过程,均需把好质量管理关。

(3)管理的人员是全面的,项目经理部的全体人员都是质量管理的参与者,因而全面质量管理是一种全员的质量管理方法。

(4)管理的方法是全面的,全面质量管理并没有固定不变的管理方法,而是根据不同的情况灵活地采用不同的管理技术和方法,包括科学的组织工作、数理统计方法的应用、现代化科技手段和技术改造措施等。

2. TQC 的 PDCA 工作方法

PDCA 循环工作法是全面质量管理的基本工作方法。该工作法用四个阶段、八个步骤来进行反复循环的工作程序(图 1-4):

1)计划阶段(Plan)

第一阶段称为计划阶段,又叫 P 阶段。主要是通过市场调查、业主要求、国家有关政策规定等,明确业主对工程质量的要求,确定质量政策、质量目标和质量计划等。

步骤 1:找出质量存在的问题;
步骤 2:找出质量问题的原因;

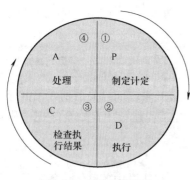

图 1-4 PDCA 循环图

步骤 3:找出主要原因;
步骤 4:根据主要原因,制定解决对策。

2)实施阶段(Do)

第二个阶段为实施(或执行)阶段,又称 D 阶段。主要是实施 P 阶段所规定的内容,包括计划执行前的人员培训,实施各种质量控制措施等。

步骤 5：按制定的解决对策认真付诸实施。

3）检查阶段（Check）

第三个阶段为检查阶段，又称 C 阶段。主要是在计划执行过程中或执行之后，检查质量管理的执行情况，是否符合计划的预期结果。

步骤 6：检查执行阶段的效果。

4）处理阶段（Action）

第四阶段为处理阶段，又称 A 阶段。主要是根据检查结果，采取相应的应对措施。

步骤 7：总结执行对策中成功的经验，并整理为工作标准加以巩固；

步骤 8：把执行对策中不成功或遗留的问题转到下一个 PDCA 循环解决。

PDCA 循环又称戴明循环，是一种科学的工作程序。四个阶段循环往复，没有终点，只有起点，通过 PDCA 循环提高产品、服务或工作质量。PDCA 循环对整个项目可划大圈循环，各部门、各班组可在大圈循环中又有各自范围的小圈循环，形成大圈套小圈的局面。PDCA 每循环一次，质量应提高一步；不断循环，则质量不断得到提高。

1.3　工程安全管理的基本理论与方法

1.3.1　工程安全管理概述

1. 工程安全管理的概念

安全生产管理是指针对人们生产过程的安全问题，运用有效的资源，发挥人们的智慧，通过人们的努力，进行有关策划、计划、组织、指挥、控制和协调等活动，实现生产过程中人与机械设备、物料、环境的和谐，达到安全生产的目标。安全生产管理的目标是减少和控制危害、事故，尽量避免生产过程中由于事故所造成的人身伤害、财产损失、环境污染及其他损失。

工程安全管理是指确定建设工程安全生产方针及实施安全生产方针的全部职能及工作内容，并对其工作效果进行评价和改进的一系列工作。它包含了建设工程在施工过程中组织安全生产的全部管理活动，即通过对生产要素过程控制，使生产要素的不安全行为和不安全状态得以减少或控制，达到消除和控制事故、实现安全管理的目标。

工程安全管理包括宏观和微观两个方面：

（1）宏观的建筑安全管理主要是指国家安全生产管理机构以及建设行政主管部门从组织、法律法规、执法监察等方面对建设项目的安全生产进行管理。它是一种间接的管理，同时也是微观管理的行动指南。

（2）微观的建筑安全管理主要是指直接参与对建设项目的安全管理，包括建筑企业、业主或业主委托的监理机构、中介组织等对建设项目安全生产的计划、实施、控制、协调、监督和管理。微观管理是直接的、具体的，它是安全管理思想、安全管理法律法规以及标准指南的体现。

2. 工程安全管理的方针与原则

我国《安全生产法》第三条明确了我国推行的安全生产管理坚持"安全第一、预防为主、综合治理"的方针。"安全第一"是原则和目标，"预防为主"是手段和途径，"综合治理"是一种新的安全管理模式。"安全第一、预防为主、综合治理"的安全生产方针是一个有机统一的整体。"安全第一"的内涵首先是要求正确认识安全与生产辩证统一的关系，在安全与生产发生矛盾时，坚持"安全第一"的原则。"预防为主"的内涵主要是要求安全工作要做好事前预防，要依靠安全科学技术手段，加强安全科学管理，提高员工素质；从本质安全入手，加强危险源管理，有效治理隐患，强化事故预防措施，使事故得到预先防范和控制，保证生产安全化。

安全生产的基本原则包括：

（1）管生产必须管安全。在安全生产的具体实践中，要坚持"生产与安全统一的原则"。在安全生产管理中要落实"管生产必须管安全"，即分管生产的各级领导要同时分管安全生产工作；"搞技术必须搞安全的原则"，即进行技术工艺和设备、设施的设计、制造、运行和使用等环节过程中，要同时考虑和保障技术安全。

（2）安全具有否决权。安全工作是衡量企业经营管理工作好坏的一项基本内容，该原则要求，在对企业各项指标考核、评选先进时，必须要首先考虑安全指标的完成情况。安全生产指标具有一票否决的作用。

（3）职业安全卫生"三同时"的原则。

我国《劳动法》《安全生产法》对工程建设项目都提出了"三同时"的要求。这是为确保建设项目（工程）符合国家规定的职业安全卫生标准，保障劳动者在生产过程中的安全与健康的重要措施。所谓"三同时"，就是指新建、扩建、改建工程的劳动安全卫生设施必须与主体工程同时设计、同时施工、同时投入生产和使用。因此，企业在搞新建、改建、扩建基本建设项目（工程）技术改造项目（工程）和引进工程技术项目时，项目中的安全卫生设施必须与主体工程实施"三同时"。

（4）事故处理"四不放过"的原则。即事故原因未查清不放过；事故责任者和职工群众没受到教育不放过；安全隐患没有整改预防措施不放过；事故责任者不处理不放过。

1.3.2 工程安全管理的基本理论

1. 事故致因理论

人类防范事故的科学已经历了漫长的岁月，从事后型的"亡羊补牢"到预防型的本质安全，从单因素的就事论事到安全系统工程，从事故致因理论到安全科学原理，工业安全科学的理论体系在不断发展和完善。在建设工程安全管理中，事故学理论的应用最为普遍，常见的事故学理论有以下五种。

1）事故因果连锁理论

海因里希首先提出了事故因果连锁论（图1-5），用以阐述导致伤亡事故的各种原因。博德（Frank Bird）在海因里希事故因果连锁的基础上，提出了反映现代安全观点的事故因果连锁。后来亚当斯（Edward Adams）提出了与博德连锁理论类似的因果连锁型理论。日本的北川彻三也提出了事故因果连锁模型。因果连锁理论的核心思想是：伤害与各原因之间存在着连锁关系，也就是说，伤亡事故的发生并不是一个简单的孤立事件，而是由一系列的原因事件相继发生所造成的结果。

W. H. Heinerch提出的事故因果连锁过程主要包括五项因素：（1）遗传和社会环境，这是造成人存有缺陷的原因；（2）人的缺点，即由社会环境因素和遗传所造成的，是促使

1.3 工程安全管理的基本理论与方法

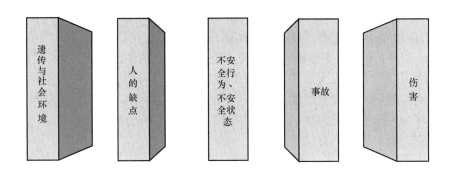

图 1-5 多米诺骨牌连锁理论模型

人产生一些不安全的行为或造成物存在不安全状态的原因;(3) 人的不安全行为或物的不安全状态,是造成安全事故的最为直接的原因;(4) 事故,是一种因物质、物体或放射线等对人体产生的作用,导致人受到或可能受到一些出乎意料的、具有伤害性的失去控制的事件;(5) 伤害,是由事故产生的直接造成人身的伤害。

2) "4M" 理论

"4M" 理论进一步地分析了事故连锁反应理论中的"深层原因"(图 1-6),"4M" 理论将事故原因归纳为四大因素,即人的因素(Man)、作业的因素(Media)、设备的因素(Machine)以及管理的因素(Management)。

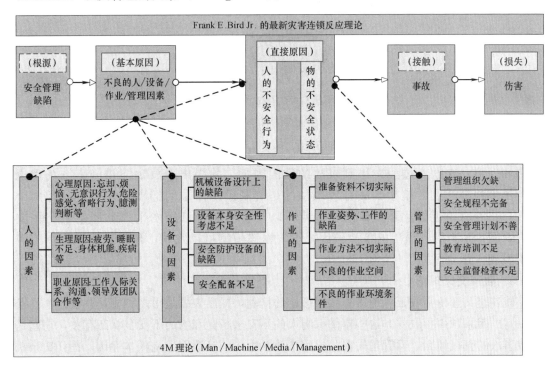

图 1-6 事故因果连锁理论扩展的 4M 理论

3) 能量意外释放理论

1961 年由 Gibson 和 Haddon 提出,认为事故是一种不正常的或不希望的能量释放。

若能量因某种原因失控了，超越了人们设置的约束或限制而意外地逸出或释放，则称为发生了事故，而对事故发生机理的解释被称为能量释放论（图1-7）。美国矿山局的M. Zabetakis在对大量伤亡事故调查后发现，干扰人体与外界的能量交换的危险物质或过量的能量的意外释放是引发大量伤亡事故的主要原因，而人的不安全行为或物的不安全状态是引发这种危险物质或过量的能量意外释放的主要原因，即人的不安全行为和物的不安全状态破坏了对危险物质或能量的控制，同时人的不安全行为和物的不安全状态也是导致危险物质或能量意外释放的直接原因。

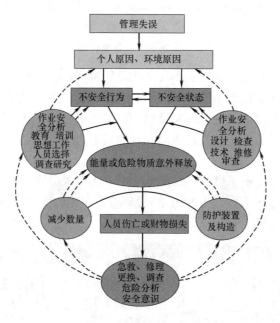

图1-7 能量观点的事故因果连锁模型

4）系统理论

系统理论把"人员-机械-环境"看作一个整体，着重研究三者之间的相互作用、调整和反馈，在这一过程中得到事故的致因因素，并提出事故预防措施。系统理论包含了多种事故致因模型，最有代表性的是瑟利模型。瑟利把事故的发生分为两个阶段，是否有迫近的危险，即潜在危险，以及事故是否已经发生并且产生了伤害或损失。图1-8为瑟利提出的事故致因模型，由该模型可以发现，预防事故发生，关键在于发现并识别危险。

5）轨迹交叉理论

轨迹交叉理论吸收了各种事故致因理论的精髓，提出事故是由多种相互联系的事件按照一定的因果顺序导致的。这些事件都与人的不安全行为和物的不安全状态有关，它们是导致事故的直接原因，而管理失误是导致事故发生的间接原因也是根本原因。图1-9为轨迹交叉理论事故致因模型。

2. 危险源理论

1）第一类危险源

根据能量意外释放理论，能量或危险物质的意外释放是伤亡事故发生的物理本质。于

1.3 工程安全管理的基本理论与方法

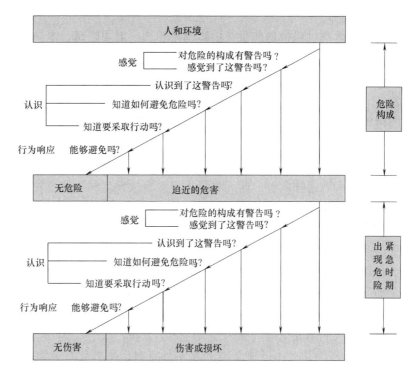

图 1-8 瑟利事故致因模型

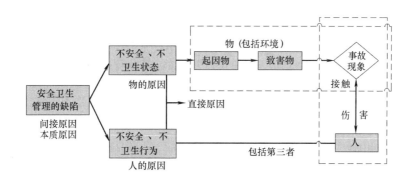

图 1-9 轨迹交叉理论事故致因模型

是，把生产过程中存在的、可能发生意外释放的能量（能源或能量载体）或危险物质称作第一类危险源。

第一类危险源产生的根源是能量与有害物质。系统具有的能量越大，存在的有害物质数量越多，系统的潜在危险性和危害性也越大。

施工现场生产的危险源是客观存在的，这是因为在施工过程中需要相应的能量和物质。施工现场中所有能产生、供给能量的能源和载体在一定条件下都可能释放能量而造成危险，这是最根本的危险源；施工现场中有害物质在一定条件下能损伤人体的生理机能和正常代谢功能，破坏设备和物品的效能，它也是最根本的危险源。为了防止第一类危险源导致事故，必须采取措施约束、限制能量或危险物质，控制危险源。

2) 第二类危险源

正常情况下，生产过程中的能量或危险物质受到约束或限制，不会发生意外释放，即不会发生事故。但是，一旦这些约束或限制能量或危险物质的措施受到破坏或失效（故障），就将发生事故。导致能量或危险物质约束或限制措施破坏或失效的各种因素称作第二类危险源。

第二类危险源主要包括物的故障、人的失误和环境影响因素。

（1）物的故障

物包括机械设备、设施、装置、工具、用具、物质、材料等。根据物在事故发生中的作用，可分起因物和致害物两种，起因物是指导致事故发生的物体或物质，致害物是指直接引起伤害或中毒的物体或物质。

（2）人的失误

人的失误是指人的行为结果偏离了被要求的标准，即没有完成规定功能的现象。人的不安全行为也属于人的失误。人的失误会造成能量或危险物质控制系统故障，使屏蔽破坏或失效，从而导致事故发生。广义的屏蔽是指约束、限制能量，防止人体与能量接触的措施。

人的失误包括人的不安全行为和管理失误两个方面：

① 人的不安全行为是指违反安全规则或安全原则，使事故有可能或有机会发生的行为。违反安全规则或安全原则包括违反法律法规、标准、规范、规定，也包括违反大多数人都知道并遵守的不成文的安全原则，即安全常识。

② 管理失误。管理失误表现在以下方面：a. 对物的管理失误，有时称技术上的缺陷（原因），包括：技术、设计、结构上有缺陷，作业现场、作业环境的安排设置不合理等缺陷，防护用品缺少或有缺陷等。b. 对人的管理失误，包括：教育、培训、指示、对施工作业任务和施工作业人员的安排等方面的缺陷或不当。c. 对管理工作的失误，包括：施工作业程序、操作规程和方法、工艺过程等的管理失误；安全监控、检查和事故防范措施等的管理失误；对采购安全物资的管理失误等。

（3）环境影响因素

人和物存在的环境，即施工生产作业环境中的温度、湿度、噪声、振动、照明或通风换气等方面的问题，会促使人的失误或物的故障发生。环境影响因素包括：①物理因素。噪声、振动、温度、湿度、照明、风、雨、雪、视野、通风换气、色彩等物理因素可能成为危险。②化学因素。爆炸性物质、腐蚀性物质、可燃液体、有毒化学品、氧化物、危险气体等化学因素。化学性物质的形式有液体、粉尘、气体、蒸汽、烟雾、烟等。化学性物质可通过呼吸道吸入、皮肤吸收、误食等途径进入人体。③生物因素。细菌、真霉菌、昆虫、病毒、植物、原生虫等生物因素，感染途径有食物、空气、唾液等。

安全事故的发生往往是两类危险源共同作用的结果。两类危险源相互关联、相互依存。第一类危险源的存在是事故发生的前提，在事故发生时释放出的能量是导致人员伤害或财物损坏的能量主体，决定事故后果的严重程度；第二类危险源是第一类危险源造成事故的必要条件，决定事故发生的可能性。因此，危险源辨识的首要任务是辨识第一类危险源，在此基础上再辨识第二类危险源。

1.4 我国的工程质量与安全管理的相关法规及标准

1.4.1 法律法规及规章的基本形式

根据我国宪法和有关法律规定，我国的法律形式分为宪法、法律（狭义）、行政法规、地方性法规、行政规章（包括部门规章和地方规章），另外还有民族自治条例和单行条例、特别行政区法律、国际条约。

1. 宪法

宪法是国家法律体系的基础和核心，确定了国家制度、社会制度和公民的基本权利和义务，具有最高法律效力，是其他法律的立法依据和基础。其他法律法规的制定必须服从宪法，不得同宪法相抵触，否则，就会被修改或废止。我国《宪法》规定："国家通过各种途径创造劳动就业条件，加强劳动保护，改善劳动条件，并在发展生产的基础上，提高劳动报酬和福利待遇。"这是对安全生产方面最高法律效力的规定。

2. 法律

狭义地讲，我国法律是指全国人民代表大会及其常务委员会按照法定程序制定的规范性文件，其法律地位和效力仅次于宪法，是行政法规、地方法规、行政规章的立法依据和基础。全国人民代表大会及其常委会作出的具有规范性的决议、决定、规定、办法等，也属于国家法律范畴。建筑法律是建筑法规体系的最高层次，具有最高法律效力。目前我国颁布的建筑法律主要是《中华人民共和国建筑法》《中华人民共和国招标投标法》《中华人民共和国合同法》，涉及建筑安全生产的还有《安全生产法》《劳动法》等。

3. 行政法规

行政法规是指由最高国家行政机关，即国务院在法定职权范围内，根据并且为实施宪法和法律而制定的有关国家行政管理活动方面的规范性文件的总称。从法律效力上讲，行政法规的效力仅次于法律。

建筑法规是国务院根据有关法律授权条款和管理全国建筑行政工作的需要制定的，是对法律条款中涉及建筑活动的进一步细化。目前我国颁布的工程质量与安全法规主要有《建设工程安全生产管理条例》、《建设工程质量管理条例》，涉及建筑安全生产的还有《特种设备安全监察条例》、《安全生产许可证条例》等。

4. 地方性法规

地方性法规包括以下两个层次：

（1）省、自治区、直辖市的人民代表大会及其常务委员会根据本行政区域的具体情况和实际需要，在不与宪法、法律、行政法规相抵触的前提下，制定的仅适用于本行政区域内的规范性文件。

（2）较大的市（指省、自治区的人民政府所在地的市、经济特区所在地的市和经国务院批准的较大的市）的人民代表大会及其常务委员会根据本市的实际情况和实际需要，在不与宪法、法律、行政法规和本省、自治区的地方性法规相抵触的前提下，制定的仅适用于本行政区域内的规范性文件，报省、自治区的人民代表大会常务委员会批准后施行。

根据本行政区建筑行政管理需要制定的行政法规，就是地方性行政法规，如《江苏省建筑市场管理条例》、《江苏省特种设备安全条例》、《南京市安全生产条例》等。

5. 规章

规章按制定主体的不同可分为行政规章和地方性规章。

(1) 行政规章，是指国务院所属部门根据法律和行政法规，在本部门的权限内制定、发布的规范性文件，也称部门规章。其法律地位和效力低于宪法、法律、行政法规。部门规章在全国行业、部门内具有约束力。

建设部门规章一般由住房城乡建设部制定，并以部令的形式发布，如《建筑施工企业安全生产许可证管理规定》（建设部令第 128 号）、《建筑起重机械安全监督管理规定》（建设部令第 166 号）等。

(2) 地方性规章，是指省、自治区、直辖市的人民政府，省、自治区人民政府所在地的市的人民政府和经国务院批准的较大的市的人民政府，根据法律、行政法规和本行政区的地方性法规制定的规范性文件。其法律地位和效力低于宪法、法律、行政法规和地方性法规。地方性建筑规章一般以省（市）政府令的形式发布，如《北京市建设工程施工现场管理办法》（北京市人民政府令第 72 号）、《江苏省建设工程招标投标管理办法》（江苏省人民政府令第 132 号）等。

1.4.2 工程建设标准的基本要求

工程建设标准涉及工程建设领域的各个方面，数量多、内容综合性强，相互间有着非常强的协调和相关关系。科学、合理地对工程建设标准进行分类，对于了解和掌握工程建设标准的内在联系，研究工程建设标准的内在规律，确定工程建设标准间的相互依存和制约关系具有重要意义。工程建设标准从不同的角度可分为不同的类别。

1. 等级（管理层次）划分

1) 国家标准（GB）

对需要在全国范围内统一的技术要求，应当制定国家标准。

2) 行业标准（JGJ）

对没有国家标准而又需要在全国某个行业范围内进行统一的技术要求，可以制定行业标准。

3) 地方标准（DB）

对没有国家标准和行业标准而又需要在省、自治区、直辖市范围内进行统一的工业产品的安全、卫生要求，可以制定地方标准。

4) 企业标准（QB）

企业生产的产品没有国家标准和行业标准的，应当制定企业标准，作为组织生产的依据。已有国家标准或者行业标准的，国家鼓励企业制定严于国家标准或者行业标准的企业标准，在企业内部适用。

2. 属性划分

强制性标准（GB、JGJ 等）和推荐性标准（GB/T、JGJ/T 等）。

根据《中华人民共和国标准化法》，保障人体健康，人身、财产安全以及法律、行政法规规定强制执行的标准是强制性标准，其他标准是推荐性标准。应当注意的是，对于推荐性标准，如果决定采用，写入合同，这时该推荐性标准就对签约各方具有了强制性，必须共同遵守。这种"强制性"是根据合同法产生的,并符合国际惯例。

3. 相互关系

标准间的关系可以归纳为六个字:服从、分工、协调。

通常,下级标准必须遵守上级标准,且只能在上级标准允许的范围内作出规定。下级标准不得宽于上级标准,但可以严于上级标准。举例:假如国家标准规定某检测项的尺寸允许偏差为"±5mm",地方标准或企业标准就不得放宽为"±6mm",但是可以规定为"±4mm"、"±3mm"甚至更小,严于国家标准。

此外,标准之间应该明确分工,避免内容重复而造成管理不便,同时,对于互相衔接或相关的内容应该协调,以利贯彻执行。

4. 标准用词

为了便于理解和执行标准,每本标准都对表示严格程度的用词作出了详细说明。工程建设标准通常的用词规则如下:

(1) 表示很严格,非这样做不可的用词:正面词采用"必须";反面词采用"严禁"。

(2) 表示严格,在正常情况下均应这样做的用词:正面词采用"应";反面词采用"不应"或"不得"。

(3) 表示允许稍有选择,在条件许可时,首先应这样做的用词:正面词采用"宜";反面词采用"不宜";表示有选择,在一定条件下可以这样做的,采用"可"。

5. 工程建设标准强制性条文

我国现行的工程建设标准体制是强制性和推荐性相结合的体制,这一体制是《中华人民共和国标准化法》所规定的。而世界上大多数国家对建设活动的技术控制,采取的是技术法规与技术标准相结合的管理体制。

从1988年我国《中华人民共和国标准化法》颁布以后,各级标准在批准时就明确了属性,即是强制性的,还是推荐性的。在随后的十年间,我国批准发布的工程建设国家标准、行业标准、地方标准中强制性标准有2700多项,占整个标准数量的75%。相应标准中的条文就有15万多条。如果按照这样庞大的条文去监督、去处罚,一是工作量太大,执行不便;二是突出不了重点。为此对当时212项国家标准的严格程度用词进行统计,其中"必须"和"应"规定的条文占总条文的82%。数量还是太多,为此原建设部通过征求专家的意见并经过反复研究,采取从已经批准的国家、行业标准中将带有"必须"和"应"规定的条文里对直接涉及人民生命财产安全、人身健康、环境保护和其他公众利益的条文进行摘录。2000版房屋建筑部分摘录的强制性条文共1554条,仅占相应标准条文总数的5%。

《工程建设标准强制性条文》是国家对于工程安全、环境保护、人体健康、节能、节地、节水、节材和社会公众利益等方面的最基本、最重要的要求,在工程建设活动中应严格执行。对于现行强制性标准中没有纳入《工程建设标准强制性条文》的技术内容,都属于非强制监督执行的内容,如果不执行这些技术内容,同样可以保证工程的质量和安全,国家是允许的。但是,如果因为没有执行技术规定而造成了工程质量和安全方面的隐患或事故,同样是要追究有关人员法律责任的。通俗地讲,只要违反《工程建设标准强制性条文》,就要追究责任并实施处罚;违反强制性标准的其他规定(非强制性条文),只有造成了工程质量和安全方面的隐患或事故,才会追究有关人员的责任。

1.4.3 我国工程质量与安全的相关的法律法规与标准

目前,我国的工程质量与安全法规已初步形成一个以宪法为依据、以《建筑法》、《合同法》、《招投标法》、《安全生产法》等为主体,由有关法律、行政法规、地方法规和行政规章、技术标准所组成的综合体系,当前与工程质量安全相关的主要法律法规见表1-3~表1-5。

与建设工程质量与安全均相关的主要法律法规、标准　　　　　　表1-3

层　　次	名　　称
全国人大颁布的法律	《中华人民共和国建筑法》
	《中华人民共和国合同法》
	《中华人民共和国招投标法》
国务院发布的法律制定的行政法规	《建设工程勘查设计管理条例》
	《房地产开发经营管理条例》
与质量和安全均相关的主要强制性标准（房屋和基础设施为主）	《建筑设计标准强制性条文》
	《建筑地基基础标准强制性条文》
	《建筑结构标准强制性条文》
	道路交通与桥梁建设标准强制性条文

与建设工程质量相关的主要法律法规、标准　　　　　　表1-4

层　　次	名　　称
国务院发布的法律制定的行政法规	《建设工程质量管理条例》
建设行政主管部门制定的规章	《建设工程勘察质量管理办法》
	《房屋建筑和市政基础设施工程竣工验收备案暂行办法》
	《房屋建筑工程质量保修办法》
	《工程质量监督工作导则》
	《建设工程质量检测管理办法》
规范和标准	工程建设标准与设计和施工质量相关的强制性条文
	《建筑工程施工质量验收统一标准》
	各专业的施工质量验收规范

与施工安全相关的主要法律法规、标准　　　　　　表1-5

层　　次	名　　称
全国人大颁布的法律	《中华人民共和国安全生产法》
	《中华人民共和国消防法》
国务院发布的法律制定的行政法规	《安全生产许可证条例》
	《特种设备安全生产监察条例》
	《建设工程安全生产管理条例》
	《国务院关于特大安全事故行政责任追究的规定》

续表

层 次	名 称
建设行政主管部门制定的规章、规范和标准	《建筑施工企业主要负责人、项目负责人和专职安全生产管理人员安全生产考核管理暂行规定》
	《建筑起重机械安全监督管理规定》
	《施工企业安全生产评价标准》JGJ/T 77—2010
	《建筑施工安全检查标准》JGJ 59—2015
	《施工现场临时用电安全技术规范》JGJ 46—2005
	《建筑施工高处作业安全技术规范》JGJ 80—2016
	《龙门架及井架物料提升机安全技术规范》JGJ 88—2010
	《建筑施工扣件式钢管脚手架安全技术规范》JGJ 130—2011
	《建筑安装工人安全技术操作规程》JGJ 128—2010

本章小结

质量管理和安全管理在工程建设中尤为重要，做好质量管理，需要掌握工程质量管理的原则和基本理论，在工程建设中自始至终把"质量第一"作为对工程质量管理的基本原则，理解TQC理论。做好安全管理，需要掌握工程安全管理的方针与原则和基本理论，坚持"安全第一、预防为主、综合治理"的方针，理解事故致因理论和危险源理论。在工程建设质量管理和安全管理中，需要依据相关的法律法规。

思考与练习题

1-1 质量和质量管理的概念是什么？

1-2 安全和安全管理的概念是什么？

1-3 简述工程质量管理的基本理论。

1-4 工程质量管理的原则包括什么？

1-5 简述工程安全管理的基本理论。

1-6 工程安全管理的方针与原则包括什么？

1-7 搜集我国工程质量与安全法律法规及标准体系中的强制性条文。

第 2 章 工程质量与安全标准化管理的三标一体化

本章要点及学习目标

本章要点：
(1) ISO 9000 质量管理体系；
(2) 职业健康与安全管理体系；
(3) ISO 14000 环境管理体系；
(4) 三标一体化管理体系的建立与运行等内容。

学习目标：
(1) 熟悉 ISO 9000 质量管理体系相关概念；
(2) 掌握 ISO 9000：2015 的结构与运行模式；
(3) 熟悉职业健康与安全管理体系相关概念；
(4) 掌握 GB/T 28001：2011 的结构与运行模式；
(5) 熟悉 ISO 14000 环境管理体系相关概念；
(6) 掌握 ISO 14000：2015 环境管理体系的结构与运行模式；
(7) 掌握三标一体化管理体系的建立及运行。

2.1 ISO 9000 质量管理体系

2.1.1 概述

质量管理体系（Quality Management System，MS）是组织内部建立的、系统的质量管理模式，不是产品的技术标准，是实现质量目标的必要条件，是组织的一项战略性决策。它不是指一个标准，而是一系列标准的统称，以适用于各种类型产品、不同规模与不同性质的组织，从而对组织进行规范化管理，促进生产的产品和服务的过程进行标准化管理。

ISO 9000 质量管理体系是国际标准化组织（ISO）制定的国际标准之一，具有通用性强、先进性、兼容性和科学性等特点，适应不同组织一体化的需求。该标准可帮助组织实施并有效运行质量管理体系，是质量管理体系通用的要求和指南。ISO 9000 标准经历了五个个发展阶段（图 2-1）：1987 版（国际标准第一版）—1994 版（国际标准第二版）—2000 版（国际标准第三版）—2008 版（国际标准第四版）—2015 版。

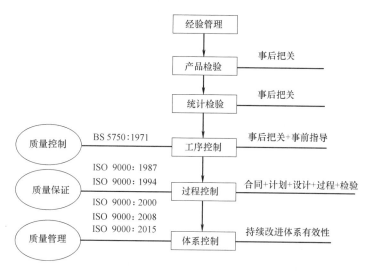

图 2-1 质量管理标准的发展和由来

2.1.2 ISO 9000：2015 的结构与运行模式

ISO 9000 不是特指某个单一的标准，而是一个族标准的统称。2014 年，国际标准化组织（ISO）和国际电工委（IEC）联合发布管理体系标准的高阶架构（High Level Structure），为所有的管理体系标准明确了共同的架构，就好比房子，房型都是一样的，内部装修不一样。这样就为组织整合所有管理体系，建立简单有效的一体化管理体系，提供了极大的便利。

ISO 9000 作为应用最广泛的国际标准之一，在 2015 版中采用该管理体系标准的高阶架构（High Level Structure），标准由 2008 版的八章改为十章，且今后其他 ISO 管理标准都采用同样架构，参见图 2-2。国际标准化组织制定的 ISO 9000 体系标准，被我国等同采用。ISO 9000：2015 为第五版 ISO 9000 族标准，在我国等同采用的标准为 GB/T 19000—2015。该系列质量管理体系标准主要包括：

1) ISO 9000《质量管理体系 基础和术语》GB/T 19000—2015

本标准包含三个方面的内容：七项质量方管理原则、质量管理体系基础、术语和定义，可作为其他管理体系的基础。本标准旨在帮助使用者理解质量管理的基本概念、原理和术语，这样才可以快速有效的实施质量管理体系。本标准所提出的七项质量管理原则，通过简述介绍每一个原则，又通过每个原则的"获益之处"来告知应用这一原则会产生结果，明确一个组织实施质量管理中必须遵循的原则。本标准汇集有关质量的基本概念、原理，过程和资源的框架准确定义质量管理体系，促进组织的发展，增强竞争力。

2) ISO 9001《质量管理体系 要求》GB/T 19001—2015

本标准规定的质量管理体系要求与产品和服务要求相辅相成。本标准运用过程方法，该方法结合了 PDCA 循环和基于风险的思维，过程方法使组织能够规划他们的过程及其相互作用。PDCA 循环使得组织明确方针和目标，以便进行充分管理，实行必要措施。而基于风险的思维可以便于组织识别危险源和找出并分析与预期结果产生偏差的原因，融合预防为主的思想,从而最大可能的减少不利的因素,并最大可能的把握机遇。

3) ISO 9004《追求组织的持续成功 质量管理方法》GB/T 19004—2009

本标准旨在帮助组织以有效和高效的方式建立和实施和完善质量管理体系,提高效率和有效性,以满足顾客和其他利益相关者的提出的需求,同时提高组织的整体绩效水平,获得更好的经济效益。

4) ISO 19011《管理体系审核指南》GB/T 19011—2012

本标准规定了对质量管理体系进行审核的基本原则、审核的方案以及实施,同时对审核员资格要求提供了指南。

在此架构下,仍然遵循 ISO 9000:2008 版的 PDCA 的过程实施方法,即把体系中从 4~10 章涉及的过程管理划分为 4 个阶段(图 2-3):

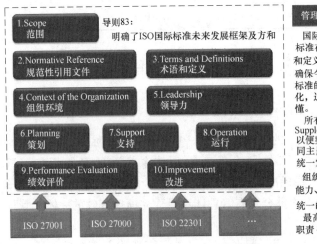

图 2-2　遵循 HLS 的质量管理体系结构(ISO 9001:2015)

图 2-3　遵循 PDCA 的质量管理体系过程管理(ISO 9001:2015)

Plan:根据顾客的要求和组织的方针,建立过程的目标,确定过程的方法和准则,确定过程所需的资源和信息。

Do：按照既定的计划目标加以执行。

Check：根据方针、目标和产品要求，对过程的参数和结果进行监视和测量，看是否达到预期的效果，并报告结果。

Act：依据监视和测量的结果，采取纠正和预防措施，持续改进过程。

2.1.3 ISO 9000：2015 的七项质量管理原则

相对于之前的 ISO 9000 标准，质量管理原则从八项减为七项，并对各原则进行了调整，这些调整包括：①将"4-过程方法"和"5-管理的系统方法"合并成"4-过程方法"；②"3-全员参与"由"involvement"修改成"engagement"；③"6-持续改进"修改为"改进"；④"7-基于事实的决策"修改为"基于证据的决策"；⑤"8-与供方的互利关系"修改为"关系管理"。

七项质量管理原则之间紧密联系，如图 2-4 所示，领导作用是关键，全员参与和关系管理是基础，过程方法和基于证据的决策是手段，以顾客为关注焦点和改进是管理的方向。各管理原则的主要内容分别为：

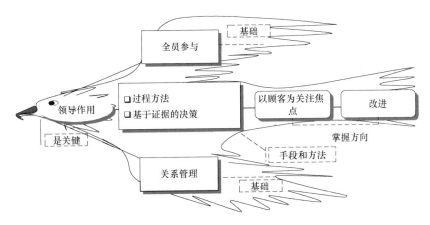

图 2-4　七项质量管理原则关系（ISO 9001：2015）

1）以顾客为关注焦点

质量管理的主要关注点是满足顾客要求并且努力超越顾客的期望。组织只有赢得顾客和其他相关方的信任才能获得持续成功。与顾客相互作用的每个方面，都提供了为顾客创造更多价值的机会。理解顾客和其他相关方当前和未来的需求，可以增加顾客价值、提高顾客满意、增进顾客忠诚、增加重复性业务、提高组织的声誉、扩展顾客群、增加收入和市场份额，最终有助于组织的持续成功。

围绕该原则可展开的质量管理活动包括：了解从组织获得价值的直接和间接顾客；了解顾客当前和未来的需求和期望；将组织的目标与顾客的需求和期望联系起来；将顾客的需求和期望，在整个组织内予以沟通；为满足顾客的需求和期望，对产品和服务进行策划、设计、开发、生产、支付和支持；测量和监视顾客满意度，并采取适当措施；确定有可能影响到顾客满意度的相关方的需求和期望，确定并采取措施；积极管理与顾客的关系，以实现持续成功。

2）领导作用

各层领导建立统一的宗旨及方向，他们应当创造并保持使员工能够充分实现目标的内部环境。统一的宗旨和方向以及全员参与，能够使组织将战略、方针、过程和资源保持一致，可以提高实现组织质量目标的有效性和效率、使组织的过程更加协调、改善组织各层次及各职能间的沟通和开发、提高组织及其人员的能力，以获得期望的结果和实现组织目标。

围绕该原则可展开的质量管理活动包括：在整个组织内，就其使命、愿景、战略、方针和过程进行沟通；在组织的所有层次创建并保持共同的价值观和公平道德的行为模式；培育诚信和正直的文化；鼓励在整个组织范围内履行对质量的承诺；确保各级领导者成为组织人员中的实际楷模；为组织人员提供履行职责所需的资源、培训和权限；激发、鼓励和表彰员工的贡献。

3）全员参与

整个组织内各级人员的胜任、授权和参与，是提高组织创造价值和提供价值能力的必要条件。为了有效和高效地管理组织，各级人员得到尊重并参与其中是极其重要的。通过表彰、授权和提高能力，促进在实现组织的质量目标过程中的全员参与，可以使组织内人员对质量目标的深入理解和内在动力的激发以实现其目标，在改进活动中提高人员的参与程度，促进个人发展、主动性和创造力，提高员工的满意度，增强整个组织的信任和协作，促进整个组织对共同价值观和文化的关注。

围绕该原则可展开的质量管理活动包括：与员工沟通，以增进他们对个人贡献的重要性的认识；促进整个组织的协作；提倡公开讨论，分享知识和经验；让员工确定工作中的制约因素，毫不犹豫地主动参与；赞赏和表彰员工的贡献、钻研精神和进步；针对个人目标进行绩效的自我评价；为评估员工的满意度和沟通结果进行调查，并采取适当的措施。

4）过程方法

当活动被作为相互关联的功能过程进行系统管理时，可更加有效和高效地得到预期的结果。质量管理体系是由相互关联的过程所组成。理解体系是如何产生结果的，能够使组织尽可能地完善体系和绩效。通过系统和一致的过程管理，可以使组织提高关注关键过程和改进机会的能力；通过协调一致的过程体系，始终得到预期的结果；通过过程的有效管理、资源的高效利用及职能交叉障碍的减少，尽可能提高绩效；使组织能够向相关方提供关于其一致性、有效性和效率方面的信任。

围绕该原则可展开的质量管理活动包括：确定体系和过程需要达到的目标；为管理过程确定职责、权限和义务；了解组织的能力，事先确定资源约束条件；确定过程相互依赖的关系，分析个别过程的变更对整个体系的影响；对体系的过程及其相互关系继续管理，有效和高效地实现组织的质量目标；确保获得过程运行和改进的必要信息，并监视、分析和评价整个体系的绩效；对能影响过程输出和质量管理体系整个结果的风险进行管理。

5）改进

成功的组织总是致力于持续改进。改进对于组织保持当前的业绩水平，对其内外部条件的变化做出反应并创造新的机会都是非常必要的。通过持续改进，可以有效提升过程绩效、组织能力和顾客满意度，增强对调查和确定基本原因以及后续的预防和纠正措施的关注，提高对内外部的风险和机会的预测和反应能力，增加对增长性和突破性改进的考虑，通过加强学习实现改进、增加改革的动力。

围绕该原则可展开的质量管理活动包括：促进在组织的所有层次建立改进目标；对各层次员工进行培训，使其懂得如何应用基本工具和方法实现改进目标，确保员工有能力成功地制定和完成改进项目；开发和部署整个组织实施的改进项目；跟踪、评审和审核改进项目的计划、实施、完成和结果；将新产品开发或产品、服务和过程的更改都纳入到改进环节中予以考虑；赞赏和表彰改进。

6）基于证据的决策

基于数据和信息的分析和评价的决策更有可能产生期望的结果。决策是一个复杂的过程，并且总是包含一些不确定因素。它经常涉及多种类型和来源的输入及其解释，而这些解释可能是主观的。重要的是理解因果关系和潜在的非预期后果。对事实、证据和数据的分析可导致决策更加客观，因而更有信心。通过基于证据的决策，可以有效改进决策过程，改进对实现目标的过程绩效和能力的评估，改进运行的有效性和效率，增加评审、挑战和改变意见和决策的能力，增加证实以往决策有效性的能力。

围绕该原则可展开的质量管理活动包括：确定、测量和监视证实组织绩效的关键指标，使相关人员能够获得所需的全部数据；确保数据和信息足够准确、可靠和安全；使用适宜的方法对数据和信息进行分析和评价；确保人员能力对分析和评价所需的数据是胜任的；依据证据，权衡经验和直觉进行决策并采取措施。

7）关系管理

为了持续成功，组织需要管理与供方等相关方的关系。相关方影响组织的绩效，对供方及合作伙伴的关系网的管理是非常重要的。组织加强和重视与所有相关方的关系管理，以最大限度地发挥其在组织绩效方面的作用。通过关系管理，可以提高对每一个与相关方有关的机会和限制的响应，进而提升组织及其相关方的绩效；对目标和价值观，与相关方有共同的理解；通过共享资源和能力，以及管理与质量有关的风险，增加为相关方创造价值的能力；使产品和服务有稳定流动的、管理良好的供应链。

围绕该原则可展开的质量管理活动包括：确定组织和相关方（例如：供方、合作伙伴、顾客、投资者、雇员或整个社会）的关系；确定需要优先管理的相关方的关系；建立权衡短期收益与长期考虑的关系；收集并与相关方共享信息、专业知识和资源；适当时，测量绩效并向相关方报告，以增加改进的主动性；与供方、合作伙伴及其他相关方共同开展开发和改进活动；鼓励和表彰供方与合作伙伴的改进和成绩。

2.2 职业健康安全管理体系

2.2.1 概述

职业健康安全管理体系（Occupation Health Safety Management System，英文简写为"OHSMS"）是20世纪80年代后期在国际上兴起的现代安全生产管理模式，它与ISO 9000和ISO 14000等标准体系一并被称为"后工业化时代的管理方法"。OHSAS 18000系列标准全名为Occupational Health and Safety Assessment Series 18000，是由职业健康安全管英国标准协会（BSI）、挪威船级社（DNV）等13个组织于1999年联合推出的国际性标准，旨在根据现代管理科学理论制定的管理标准用来规范企业的职业健康安全管理工作，降低生产成本，控制危险源，保障员工的职业健康安全，增强市场的竞争力。

OHSAS 18000 之所以越来越受到行业和企业的重视，一方面是由于生产规模的扩大，人们意识到安全生产管理的重要性，人们希望找到使生产经营活动科学化、规范化的安全生产管理体系，寻求建立具有结构性、系统性的管理模式；另一方面随着经济全球化的趋势，国际劳工组织为了保障劳动者的职业健康安全，需要对职业健康安全行为在国际上进行统一的规范，特别是 ISO 9000 和 ISO 14000 系列标准在国际上的顺利实施，其促进了国际职业健康安全管理体系标准化的发展。同时，全球经济一体化也对国际职业健康安全标准一体化起到了促进作用。2001 年 6 月，在第 281 次理事会会议上，ILO 理事会审批、批准印发职业健康安全管理体系导则（ILO-OSH 2001）。2001 年 11 月，国家质量监督检验检疫总局发布了我国正式的国家标准，即《职业健康安全管理体系 规范》GB/T 28001：2001，等同采用 OHSAS 18001：1999 标准；2011 年发布了 GB/T 28001：2011 等同采用 OHSAS 18001：2007 标准。

自 1999 年首次发布后，OHSAS 18000 填补了在职业健康与安全领域没有国际标准的空白，在 2007 年该标准得到了进一步的发展，目前最新的版本是 OHSAS 18000：2011。但是，OHSAS 18000 并不是一个 ISO 标准，现在国际标准化组织（ISO）致力于制定一项新的标准——ISO 45001，以取代 OHSAS 18000 标准。该标准由 ISO 职业健康与安全委员会负责，并与 50 个国家和国际组织进行合作，该标准遵循了与 ISO 9000、ISO 14000 等通用管理体系相同的结构框架和系统方法，参考 OHSAS 18000 以及国际劳工组织（ILO）相关规定等内容来完成标准的制定，以期达到改善地区、国家及国际间每一个人的职业健康安全水平的目的。

在 ISO 45001 新标准中，采用了与 ISO 9000 和 ISO 14000 相同的高级结构、同一的核心内容、公共术语和核心定义的内容要求，形成十个章节的内容，确保了与 ISO 其他新版标准的兼容度。该标准的管理体系模型也采用了 PDCA 模式，通过策划、实施、检查与改进的方式（Plan-Do-Check-Act）应用于组织的职业健康安全管理体系改进，为组织提供了一个职业健康安全风险的行动策划框架，为那些可能导致长期健康问题以及引起事故的风险提出了相应措施要求。该标准的主要内容包括：

1）要求对组织的环境进行分析

标准要求组织了解其所处的环境，以便组织建立、实施、保持其职业健康安全管理体系，并确定体系的内外部问题。由于组织的各种内外部因素（包括正面和负面）将会影响职业健康安全管理体系达成期望结果的能力；所以通过对组织所处环境的分析，可使组织能在内外部因素的不断变化新形势下，始终能保持该组织的体系运行在正确的方向上，进而达到持续改进其职业健康安全管理体系目的。

2）强调了领导的作用

职业健康安全管理体系的成功与否取决于最高管理者领导下的组织各个层次和职能的下的各项活动，为了保证体系运行有效，新版标准要求组织要履行"领导的作用和承诺"。标准明确了组织的最高管理者在体系有效性、方针、目标、战略、沟通、预期结果、风险、分配职责和权限，以及促进组织持续改进等方面所应承受的角色和发挥的重要作用。

3）强调了基于风险的思维

标准要求组织在策划职业健康安全体系时，应确定组织所需要应对的风险和机遇。风险和机遇存在于组织的危险源、合规性，以及所处的环境和相关方需求和期望中。标准要求组织要采取应对风险和机遇的措施，以确保体系能够实现组织的预期结果，实现组织在职业健康安全方面的持续改进。

4) 强调了相关方的考虑

在新标准中，要求组织将不仅仅要专注于其直接的健康和安全问题，还要考虑到更大的社会期许。同时要求组织需要延伸考虑到他们的分包商和供应商的相关职业健康安全问题，更大范围的拓展了职业健康安全的要求，相应满足了大众对组织更多社会责任的诉求。

ISO 45001 发布后，将进一步促进企业的生产、环境、职业健康安全的管理一体化；推进企业，尤其中小企业开展职业健康安全的管理体系的建立运行工作，维护并持续改善企业的健康安全绩效。

2.2.2 《职业健康安全管理体系》GB/T 28001—2011 的结构和运行模式

职业健康安全管理体系是企业总体管理体系的一部分。GB/T 28001 作为我国推荐性标准的职业健康安全管理体系标准，目前被企业普遍采用，用以建立职业健康安全管理体系。该标准覆盖了国际上的 OHSAS 18000 体系标准，即：《职业健康安全管理体系 要求》GB/T 28001—2011，《职业健康安全管理体系 实施指南》GB/T 28002—2011。

根据《职业健康安全管理体系 要求》GB/T 28001—2011 的定义，职业健康安全是指影响或可能影响工作场所内的员工或其他工作人员（包括临时工和承包方员工）、访问者或任何其他人员的健康安全的条件和因素。《职业健康安全管理体系 要求》GB/T 28001—2011 有关职业健康安全管理体系的结构如图 2-5 所示。从中可以看出，该标准由"范围"、"规范性引用文件"、"术语和定义"和"职业健康安全管理体系要求"四部分组成。

"范围"中规定了管理体系标准中的一般要求，指出本标准中的所有要求旨在被纳入到任何职业健康安全管理体系中。其应用程度取决于组织的职业健康安全方针、活动性质、运行的风险与复杂性等因素。本标准旨在针对职业健康安全，而非诸如员工健身或健康计划、产品安全、财产损失或环境影响等其他方面的健康和安全。

"职业健康安全管理体系要求"包括 17 个基本要素，这 17 个要素的相互关系、相互作用共同有机地构成了职业健康安全管理体系的整体。为了更好地理解职业健康安全管理体系要素间的关系，可将其分为两类，一类是体现主体框架和基本功能的核心要素，另一类是支持体系主体框架和保证实现基本功能的辅助性要素。

核心要素包括以下 10 个要素：职业健康安全方针；对危险源辨识、风险评价和控制措施的确定；法律法规和其他要求；目标和方案；资源、作用、职责、责任和权限；合规性评价；运行控制；绩效测量和监视；内部审核；管理评审。

7 个辅助性要素包括：能力、培训和意识；沟通、参与和协商；文件；文件控制；应急准备和响应；事件调查、不符合、纠正措施和预防措施；记录控制。

为适应现代职业健康安全管理的需要，《职业健康安全管理体系 要求》GB/T 28001—2011 在确定职业健康安全管理体系模式时，强调按系统理论管理职业健康安全及其相关事务，以达到预防和减少生产事故和劳动疾病的目的。具体实施中采用了 PDCA

第2章 工程质量与安全标准化管理的三标一体化

图 2-5 职业健康安全管理体系总体结构

模型，即一种动态循环并螺旋上升的系统化管理模式。职业健康安全管理体系运行模式如图 2-6 所示。按照 PDCA 运行模式所建立的职业安全健康管理体系，规模企业管理手段。系统运行过程中也将随着科技进步水平的提高，职业安全卫生法规、技术标准的提高，管理者和全体员工安全意识的提高，不断自觉增加职业安全健康工作强度，强化系统功能，达到持续改进的目的。通过对过程方法的应用识别危险源的存在并确定其特性的过程，并对危险源导致的风险进行评估,对危险源采取控制措施。

2.2.3 职业健康安全管理体系的建立和运行

1. 职业健康安全管理体系与环境管理体系的建立

1)领导决策

最高管理者亲自决策,以便获得各方面的支持,有助于获得体系建立过程中所需的资源。

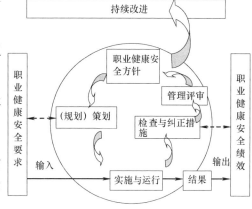

图 2-6 以过程为基础的职业健康安全管理体系运行模式

2)成立工作组

最高管理者或授权管理者代表组建工作小组负责建立体系。工作小组的成员要覆盖组织的主要职能部门,组长最好由管理者代表担任,以保证小组对人力、资金、信息的获取。

3)人员培训

培训的目的是使有关人员具有完成对职业健康有影响的任务的相应能力,了解建立体系的重要性,了解标准的主要思想和内容。

4)初始状态评审

初始状态评审是对组织过去和现在的职业健康安全的信息、状态进行收集、调查分析、识别,获取现行法律法规和其他要求,进行危险源辨识和风险评价。评审结果将作为确定职业健康安全、制定管理方案、编制体系文件的基础。初始状态评审的内容包括:

(1)辨识工作场所中的危险源;

(2)明确适用的有关职业健康安全法律、法规和其他要求;

(3)评审组织现有的管理制度,并与标准进行对比;

(4)评审过去的事故,进行分析评价,检查组织是否建立了处罚和预防措施;

(5)了解相关方对组织在职业健康安全管理工作的看法和要求。

5)制定方针、目标、指标和管理方案

方针是组织对其职业健康安全行为的原则和意图的声明,也是组织自觉承担其责任和义务的承诺。方针不仅为组织确定了总的指导方向和行动准则,而且是评价一切后续活动的依据,并为更加具体的目标和指标提供一个框架。

职业健康安全目标、指标的制定是组织为了实现其在职业健康安全方针中所体现出的管理理念及其对整体绩效的期许与原则,与企业的总目标相一致。目标和指标制定的依据和准则为:

(1)依据并符合方针;

(2)考虑法律、法规和其他要求;

(3)考虑自身潜在的危险;

(4)考虑商业机会和竞争机遇;

(5) 考虑可实施性；
(6) 考虑监测考评的现实性；
(7) 考虑相关方的观点。

管理方案是实现目标、指标的行动方案。为保证职业健康安全体系目标的实现，需结合年度管理目标和企业客观实际情况，策划制定职业健康安全方案，方案中应明确旨在实现目标、指标的相关部门的职责、方法、时间表以及资源的要求。

6) 管理体系策划与设计

体系策划与设计是依据制定的方针、目标和指标、管理方案确定组织机构职责和筹划各种运行程序。策划与设计的主要工作有：

(1) 确定文件结构；
(2) 确定文件编写格式；
(3) 确定各层文件名称及编号；
(4) 制定文件编写计划；
(5) 安排文件的审查、审批和发布工作。

7) 体系文件编写

体系文件包括管理手册、程序文件、作业文件三个层次。

体系文件编写和实施应遵循以下原则：标准要求的要写到、文件写到的要做到、做到的要有有效记录。

管理手册相当于体系文件的索引，是对组织整个管理体系的整体性描述，为体系的进一步展开以及后续程序文件的制定提供了框架要求和原则规定，是管理体系的纲领性文件。其主要内容包括：

(1) 方针、目标、指标、管理方案；
(2) 管理、运行、审核和评审工作人员的主要职责、权限和相互关系；
(3) 关于程序文件的说明和查询途径；
(4) 关于管理手册的管理、评审和修订工作的规定。

程序文件的编写应符合以下要求：

(1) 程序文件要针对需要编制程序文件体系的管理要素；
(2) 程序文件的内容可按"4W1H"的顺序和内容来编写，即明确程序中管理要素由谁做（who），什么时间做（when），在什么地点做（where），做什么（what），怎么做（how）；
(3) 程序文件一般格式可按照目的和适用范围、引用的标准及文件、术语和定义、职责、工作程序、报告和记录的格式以及相关文件等的顺序来编写。

作业文件是指管理手册、程序文件之外的文件，一般包括作业指导书（操作规程）、管理规定、监测活动准则及程序文件引用的表格。其编写的内容和格式与程序文件的要求基本相同。在编写之前应对原有的作业文件进行清理，摘其有用，删除无关。

8) 文件的审查、审批和发布

文件编写完成后应进行审查，经审查、修改、汇总后进行审批，然后发布。

2. 职业健康安全管理体系的运行

1) 管理体系的运行

体系运行是指按照已建立体系的要求实施，其实施的重点包括培训意识和能力，信息交流，文件管理，执行控制程序，监测，不符合、纠正和预防措施，记录等。上述运行活动简述如下：

(1) 培训意识和能力

组织应确定与职业健康安全管理风险及体系相关的培训需求，应提供培训或采取其他措施来满足这些需求，评价培训或采取的措施的有效性，并保存相关记录。

(2) 信息交流

信息交流是确保各要素构成一个完整的、动态的、持续改进的体系和基础，应关注信息交流的内容和方式。

(3) 文件管理

① 对现有有效文件进行整理编号，方便查询索引；

② 对适用的规范、规程等行业标准应及时购买补充，对适用的表格要及时发放；

③ 对在内容上有抵触的文件和过期的文件要及时作废并妥善处理。

(4) 执行控制程序文件的规定

体系的运行离不开程序文件的指导，程序文件及其相关的作业文件在组织内部都具有法定效力，必须严格执行，才能保证体系正确运行。

(5) 监测

为保证体系正确有效地运行，必须严格监测体系的运行情况。监测中应明确监测的对象和监测的方法。

(6) 不符合、纠正和预防措施

体系在运行过程中，不符合的出现是不可避免的，包括事故也难免要发生，关键是相应的纠正与预防措施是否及时有效。组织应建立、实施并保持程序，以处理实际和潜在的不符合，并采取纠正措施和预防措施。

(7) 记录

在体系运行过程中及时按文件要求进行记录，如实反映体系运行情况。

2) 管理体系的维持

(1) 内部审核

内部审核是组织对其自身的管理体系进行的审核，是对体系是否正常运行以及是否达到了规定的目标所作的独立的检查和评价，是管理体系自我保证和自我监督的一种机制。

内部审核前要明确审核的方式方法和步骤，形成审核计划，并发至相关部门。

(2) 管理评审

管理评审是由组织的最高管理者对管理体系的系统评价，判断组织的管理体系面对内部情况和外部环境的变化是否充分适应有效，由此决定是否对管理体系做出调整，包括方针、目标、机构和程序等。

管理评审中应注意以下问题：

① 信息输入的充分性和有效性；

② 评审过程充分严谨，应明确评审的内容和对相关信息的收集、整理，并进行充分的讨论和分析；

③ 评审结论应该清楚明了，表述准确；

④ 评审中提出的问题应认真进行整改，不断持续改进。

（3）合规性评价

为了履行遵守法律法规要求的承诺，合规性评价分为公司级和项目组级评价两个层次进行。

项目组级评价，由项目经理组织有关人员对施工中应遵守的法律法规和其他要求的执行情况进行一次合规性评。当某个阶段施工时间超过半年时，合规性评价不少于一次。项目工程结束时应针对整个项目工程进行系统的合规性评价。

公司级评价每年进行一次，制定计划后由管理者代表组织企业相关部门和项目组，对公司应遵守的法律法规和其他要求的执行情况进行合规性评价。

各级合规性评价后，对不能充分满足要求的相关活动或行为，通过管理方案或纠正措施等方式进行逐步改进。上述评价和改进的结果，应形成必要的记录和证据，作为管理评审的输入。

管理评审时，最高管理者应结合上述合规性评价的结果、企业的客观管理实际、相关法律法规和其他要求，系统评价体系运行过程中对适用法律法规和其他要求的遵守执行情况，并由相关部门或最高管理者提出改进要求。

2.3 ISO 14000：2015 环境管理体系

2.3.1 概述

随着全球经济的发展，人类赖以生存的环境不断恶化。20 世纪 80 年代，联合国组建了世界环境与发展委员会，提出了"可持续发展"的观点：为了既满足当代人的需求，又不损害后代人满足其需求的能力，必须实现环境、社会和经济三者之间的平衡，通过平衡这"三大支柱"的可持续性，以实现可持续发展目标。随着法律法规的日趋严格，以及因污染、资源的低效使用、废物管理不当、气候变化、生态系统退化、生物多样性减少等给环境造成的压力不断增大，社会对可持续发展、透明度和责任的期望值已发生了变化。因此，各组织通过实施环境管理体系，采用系统的方法进行环境管理，以期为"环境支柱"的可持续性做出贡献。

1993 年 6 月，国际标准化组织（ISO）成立了 ISO/TC 207 环境管理技术委员会，正式开展"环境管理系列标准（EMS）"的制定工作。在 1996 年，ISO 颁布了第一版 ISO 14000：1996 标准，后在 2004 年进行了修订，最新的版本是基于共同的结构与格式制定的 ISO 14000：2015。根据 ISO 14001 定义：环境管理体系是一个组织内全面管理体系的组成部分，它包括为制定、实施、实现、评审和保持环境方针所需的组织机构、规划活动、机构职责、惯例、程序、过程和资源，还包括组织的环境方针、目标和指标等管理方面的内容。环境管理体系是一项内部管理工具，旨在帮助组织实现自身设定的环境表现水平，并不断地改进环境行为，不断达到更新更佳的高度，并能应对以下 11 项与 EMS 相关的挑战：EMS 作为可持续发展和社会责任的一部分；EMS 与环境绩效（的改进）；EMS 与法律法规和其他外部要求的符合性；EMS 与总体（战略）经营管理；EMS 与符合性评价；EMS 及其在小型组织中的应用；EMS 与价值链/供应链中的环境影响；EMS

与吸引利益相关方；EMS与同类体系或子体系的关系；EMS与外部信息交流（包括产品信息）；以及在国家或国际政策议程中EMS的定位。

ISO 14000：2015环境管理体系标准旨在为组织提供一个框架，用来保护环境和应对变化的环境状况，以实现与社会经济需求间的平衡。标准规定了能够使组织实现其设定的环境管理体系预期输出的要求。标准提出的环境管理系统方法可为最高管理者提供信息以取得长期成功，及通过以下方式创建选项促进可持续发展：通过预防或减轻不利的环境影响来保护环境；减轻环境状况对组织潜在的不利影响；帮助组织履行合规性义务；提高环境绩效。

2.3.2 ISO 14000：2015环境管理体系的结构和运行模式

国际标准化组织制定的ISO 14000体系标准，被我国等同采用。即：《环境管理体系 要求及使用指南》GB/T 24001—2016，《环境管理体系原则、体系和支持技术通用指南》GB/T 24004—2004。

在《环境管理体系 要求及使用指南》GB/T 24001—2016中，环境是指"组织运行活动的外部存在，包括空气、水、土地、自然资源、植物、动物、人，以及它（他）们之间的相互关系"。这个定义是以组织运行活动为主体，其外部存在主要是指人类认识到的、直接或间接影响人类生存的各种自然因素及其相互关系。对于建设工程项目，环境保护主要是指保护和改善施工现场的环境。企业应当遵照国家和地方的相关法律法规以及行业和企业自身的要求，采取措施控制施工现场的各种粉尘、废水、废气、固体废弃物以及噪声、振动对环境的污染和危害，并且要注意节约资源和避免资源的浪费。

根据《环境管理体系 要求及使用指南》GB/T 24001—2016，组织应根据本标准的要求建立环境管理体系，形成文件，实施、保持和持续改进环境管理体系，并确定它将如何实现这些要求。组织应确定环境管理体系覆盖的范围并形成文件。

如同ISO 9000：2015采用的高阶架构（High Level Structure），《环境管理体系 要求及使用指南》GB/T 24001：2016的结构共分为十章，章节标题与ISO 9000：2015相同，如图2-7所示。《环境管理体系 要求及使用指南》GB/T 24001—2016是环境管理体系系列标准的主要标准，也是在环境管理体系标准中唯一可供认证的管理标准。"环境管理体系要求"指出了管理体系的全部具体内容。

在运行模式上，环境管理体系的方法同ISO 9000：2015一致，也是基于策划、实施、检查与改进（PDCA理念），提供了组织用于实现持续改进的循环过程。它可适用于环境管理体系和其每个单独的要素。其简要描述如下：

策划：建立所需的环境目标和过程以实现与组织的环境方针相一致的结果；

实施：按策划对过程予以实施；

检查：依据环境方针，包括其承诺、环境目标和运行准则对过程实施监测和测量，并报告其结果；

改进：采取措施，持续改进。

图2-8所表明本标准采用的运行模式框架，该框架为环境管理体系提供了一套系统的方法，指导其组织合理有效地推行环境管理工作。该模式可被整合入PDCA循环，可帮助新的和既有用户理解系统方法的重要性。在该模式下，环境管理体系由组织及其环境构

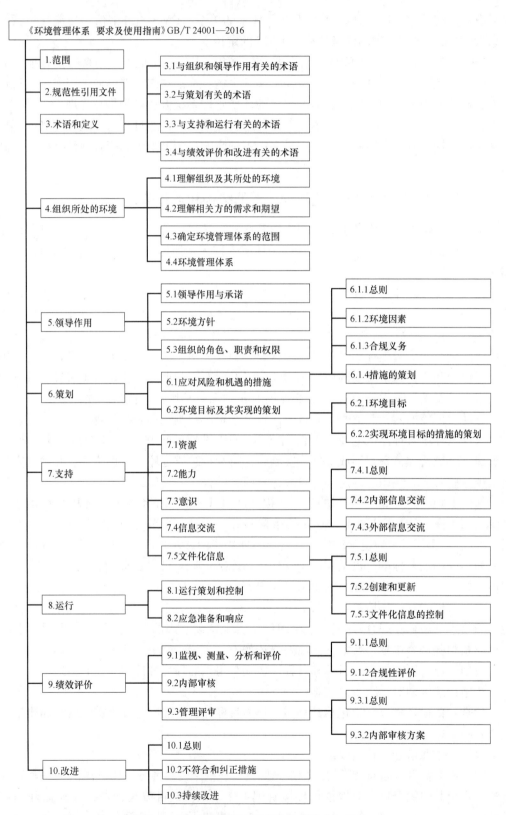

图 2-7 《环境管理体系要求及使用指南》结构

成，即由核心层、动力层和骨架层组成的组织，及其宏观环境和微观环境组成的组织的环境（第4章）构成。其中组织由核心层次-领导力（第5章），动力层－策划过程（第6章），骨架层-支持（第7章）、运行（第8章）、检查（第9章）和改进（第10章）过程构成。在组织中，以新增的焦点——领导力为核心形成高度统一的整体，领导角色中分配具体职责，有助于组织内的环境管理，确保体系的成功。

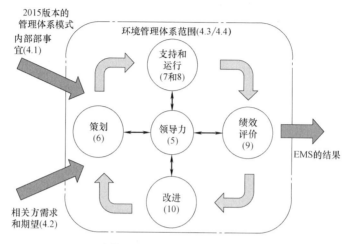

图2-8　环境管理体系运行模式（ISO 14001：2015）

2.3.3　环境管理体系的建立和运行

ISO 14001标准保持与其他管理体系标准的相容性。2015版ISO 14001标准将促进企业建立以预防为主的环境风险管理制度，落实企业主体责任，识别潜在的紧急情况和潜在的事故，运行中对重点风险源、重要和敏感区域定点定期进行管理，实施和保持风险预警及应急预案，并持续改进其有效性。企业在建立和运行该环境管理体系（EMS）时，按照体系中4～10章的内容要求，需考虑以下事项。

1. 基于战略考虑的环境管理（Context of the organization）

组织身处复杂的社会环境、文化环境、经营环境和自然环境中，受到各种环境的影响和制约，面临复杂环境下的风险和机遇，组织应清楚处于何种环境下和面对何种风险和机遇，以寻求保护环境和组织发展的平衡与和谐，更加务实。为此，须将环境管理纳入组织的战略策划过程，确定并理解对组织及其EMS具有重要意义的问题，从外部、内部环境条件需要考虑的事项，以及影响组织或被组织影响的环境状况，特别关注（利益）相关方的需求和期望，建立、实施适合于组织宗旨和所处环境的环境方针。

2. 全生命周期思考（lifecycle thinking）

完整的生命周期需涵盖全球生态系统、上下数百年以及从自然资源到产品最终处置的全价值链，而组织作为一个很小的社会细胞，难以评价完整的生命周期，那么组织从哪里入手呢？组织应考虑在策划、实施、保持和改进过程中尽可能地延伸价值链以分析评价和施加影响，考虑其行为导致的环境负荷增减，降低环境负荷的上升或在实施保护环境的行为时追求和确保环境负荷的减少，将控制或施加影响的行动尽可能延伸至产品生命周期的各个阶段（包括：外包、相关方、供应链），考虑在产品生命周期各个阶段的可以控制和可以施加影响的环境影响，譬如从原材料获取、制造、包装/运输/交付、使用、寿命结束后的处理（使用后的处理）和最终处置。防止本愿为保护环境，但实际效果却破坏了环境，尽可能以扩展时间、空间和价值链的角度，分析环境负荷的损益之后采取行动，切实达到保护环境的目的。

3. 强调环境绩效（environmental performance）

ISO 14000：2015 着重强调环境绩效的改进，即通过改进环境绩效实现持续改进，体现 EMS 的有效性。环境管理体系推行的最终是期望越来越多的组织持续改进其环境绩效，达到保护环境、人与自然和谐发展的目的，以实现人类文明的可持续发展。体系的运行要确保有效性、效率和效果。环境绩效可分为环境状况绩效、环境管理绩效、环境运行绩效，以往在环境管理体系运行中大量组织更多地着眼于运行绩效，例如节能降耗、控制和消减排放等，对于环境状况绩效如生物多样性、土地开发利用效率和均衡和环境承载力等；环境管理绩效如财务绩效、利益相关方影响和员工环境保护相关能力意识提升等关注度和推动力不足，新标准强调环境绩效并需考虑全面的绩效提升，开拓了组织环境管理体系运行可期待的提升范围和重视环境管理体系运行所取得的成绩。

4. 强调领导力（leadership）

最高管理者的参与、指导、支持和承诺是成功的因素。环境管理体系的建立、实施、保持和改进需要资源、科学方法、全员关注和参与，必然需要组织的最高管理者首先要具备能力和意识，懂得保护环境对于组织发展、社会发展以致人类文明的可持续发展的意义，给予高度重视和支持，才能确保环境管理体系运行的充分、适宜和有效性，即体系的成功离不开最高管理者的理解和支持。

5. 主动保护环境（protecting environment）

标准要求组织承诺采取积极主动的行动保护环境；根据组织所处的环境和特征性环境问题，将环境管理从被动的、局限的行动，扩展到主动的、应对更广泛环境问题的行动。以往的环境管理体系强调污染预防，但污染预防虽然称为"预防"，但仍偏于狭隘和末端，新标准提出"保护环境"的概念，扩展至广泛的环境科学领域，提示组织在环境管理体系运行中不仅关注到"污染"，应从全方位的利于环境的角度运行管理，例如：资源可持续利用、气候变化的减缓和适应和保护生态系统和生物多样性等，这些都将是环境管理体系运行绩效的方向和目标。

6. 关注外包活动（outsourcing）

随着社会分工细化，组织改变了过去传统的大而全的模式，于是产生大量的外包活动，而当今的外包又体现为请进来和走出去的两大方式，即一种将本组织内的设施或活动请外包方管理运行，例如很多组织采用将食堂、绿化、班车甚至变配电、仓库、污水处理厂等工辅设施外包运行；另一种形式则是将组织自身所需的过程外包，例如由外包方在组织外完成电镀、机加工、喷漆等工艺过程。对于请进组织的外包管理，组织完全承担其环境影响责任和义务，却是组织间接行为而非直接运行控制，增加了风险；对于外包至组织外的过程，组织可能需承担连带法律责任风险、供应链稳定性导致的运行秩序风险及社会形象风险等，均需组织高度关注和强化管理，同时不应以外包推卸组织的环境责任。

7. 强调对紧急情况的关注（emergency preparing and response）

紧急情况具有发生时机和结果的不确定性，而且无论是导致人员伤害、财产损失或次生环境污染，都是对资源的浪费或环境的破坏，同时，据统计近些年来40%以上的重大环境污染事故来源于紧急情况的次生污染，因此，紧急情况无论是涉及安全或环境污染，均应作为环境管理体系关注重点，而组织运行中的合同方往往因对组织了解不够充分、人员的受教育水平和理解接受能力与组织自身不同等因素，成为可能导致紧急情况或紧急情况发生时的重大不稳定因素，故而新标准中强调对紧急情况以致合同方在紧急情况方面的预防和响应的要求。

8. 以"过程"代替"程序"，注重实效（processes）

对于过程控制的强制文件化要求减弱，体系更加注重运行绩效结果，注重实效，给予组织灵活性，建立充分适宜有效的体系，利于与组织的运营及其他体系融合，强调环境管理体系作为组织整个管理体系的组成部分，避免孤立和割裂，在强调内部沟通的基础上，同时强调外部沟通，对沟通（交流）过程提出具体要求，真正实现与组织内的各种管理运行活动的平衡和谐。

9. 文件化信息（documented information）

随电子信息技术的发展，数据、信息的表达和管理的方式发生很大变化，为适应新的发展和实践，对文件及其管理提出了更加"柔性"的要求。与强调过程相对应，不注重文件形式、名称、种类和用途，实用有效的文件即是好的文件，注重其内涵和效能，达到更好地支持体系运行的效果，更好地用于组织在体系运行中的追溯、分析、证据等用途。

10. 基于风险和机遇的思考（risks and opportunities）

组织的运行中，基于其对所处的组织环境和对环境的影响，存在风险和机遇，以往的体系运行中更多体现了对风险的关注，尤其源于有害的环境影响所导致的法律风险、价值链风险和社会形象风险等，对于机遇的把握不足，新标准明示了在环境管理体系运行中风险和机遇都是存在的，规避和降低风险的同时，应抓住机遇，例如来自于国家的环保政策、国际上的环保关注点等可能带来商机或可以采用更经济的保护环境方法，在降低风险的同时获得机遇，寻求保护环境与组织发展的双赢。

2.4 三标一体化管理体系的建立与运行

2.4.1 概述

自ISO 9000系列标准颁布以来，国际社会逐步认识到制订一套规范的、统一的管理体系对于推动组织管理活动的规范化及其持续改进具有重大的意义。特别是ISO 9000所引入的管理体系的思想与方法，对于解决众多广泛关注的各种管理问题提供了很好的借鉴作用。OHSMS标准（国家标准）和ISO 14001在许多方面借鉴了ISO 9000的管理思想，所以三类标准之间有很强的兼容性。组织可以很容易地在现有质量管理体系（QMS）、环境管理体系（EMS）的基础上引入OHSMS，并使三者有机地结合起来，在组织内建立由QMS、EMS和OHSMS共同组成的"一体化管理体系"。

一体化管理体系是指在同一个组织内，将两个或两个以上管理体系根据需要有机地结合成一个统一的管理体系，其内容包括其整合标准所规定的全部要求。目前，一体化管理体系是指将ISO 9001、ISO 14001、OHSAS 18001三个管理体系整合。因为ISO 9001关注产品，ISO 14001 关注环境，OHSAS 18001 关注员工健康，涵盖了企业最基本的要素——产品、环境、员工，是企业赖以生存和发展的根本。其主要内涵包括：

（1）一个组织的管理体系的诸多部分可以合成一个整体，是使用共有要素的一个管理体系。

（2）质量管理体系、环境管理体系和职业健康安全管理体系分别是组织的管理体系的一部分，质量目标、环境目标和职业健康安全目标分别是组织管理总目标中的一部分，它们与其他管理目标如财务目标、人才发展目标等目标相辅相成，共同构成组织的管理总体目标。

标准化管理目前已经成为现代企业管理的重要组成部分，在企业管理中日益发挥着举足轻重的作用。整合三个标准化管理体系的现实意义在于以下方面：

（1）用一套体系文件进行统一控制，有利于简化企业内部管理，降低企业管理成本，实现企业绩效增值。

（2）企业的管理功能和效率发挥的好坏靠的是管理体系的整体有效性的发挥。一体化管理体系有利于提高企业管理水平，提高企业管理效率，提高执行力。

（3）涵盖多种认证的一体化管理体系有利于增强企业自我发展和自我完善，提升市场竞争力。

2.4.2 三标一体化管理体系的相容性

1. 三个管理体系的一致性

在 ISO 高阶架构（High Level Structure）的体系下，三个管理体系标准在管理原则、体系结构、运行模式和总体要求都是一致的，并且高度相容，ISO 9000：2015 与 ISO 14000：2015 在结构、章节上是一一对应的，在 OHSAS 18000 被 ISO 45000 取代以后，三个标准更将在章节架构上趋于一致。更重要的是：

1) 三个体系标准的基本原理是一致的

（1）系统论、控制（过程控制）论是三个管理体系共同的理论基础；

（2）尽管三个体系的适用范围和目的对象不同，但他们都是通过过程模式，管理与控制体系的全过程，控制模式是相同的；

（3）每个体系都强调预防为主，发挥预防功能是它们的共同特点；

（4）在对要素管理方面，从注重技术解决发展到技术解决与管理职责解决并重；

（5）三个体系都适用 P-D-C-A 循环；

（6）三个标准都鼓励与其他管理体系相融合，国际标准化组织（ISO）在制定 ISO 9000 标准和 ISO 14000 标准时就预留了接口，OHSAS 18000 标准的制定也考虑了与 ISO 9000 和 ISO 14000 标准的兼容性。

2) 三个体系有相同或相似的要素

（1）三个体系都要求建立文件化的体系并对文件进行控制；

（2）三个体系都要求明确管理职责和权限；

（3）三个体系都要求在相关的职能和层次上建立目标和指标，并通过具体的方案加以实施；

（4）三个标准都强调要遵守相关的法律和法规；

（5）三个标准都强调持续的体系改进；

（6）三个标准都要求对不符合的进行控制；

2.4 三标一体化管理体系的建立与运行

(7) 三个标准都非常重视建立纠正和预防措施；

(8) 三个标准都强调培训的重要性，不断提高员工的意识和能力；

(9) 三个标准都要求对记录进行控制；

(10) 三个标准都要求在管理层中指定一名管理者代表。

可见，QMS、EMS、OHSMS 在结构构成的原则上是相互一致的，在构成的要素上大多数是相同的或相似的，在体系结构上是可以相互兼容的。这些就是三个体系有机结合的基本条件。

2. 三个管理体系的差异性

虽然三个体系有相同或相似的要素结构，但是它们也有许多不同点，主要是：

1) 三个体系的适用对象和目的不同

QMS 主要是以产品为对象，建立质量管理体系，通过对体系持续改进及预防不合格来满足顾客要求，以达到顾客满意为目的。EMS 是以组织的环境因素为对象，建立环境管理体系，通过体系的运行和持续改进，规范组织的环境管理达到改善组织环境绩效的目的，满足社会及相关方的要求。而 OHSMS 则是以企业的危险源为对象，建立职业健康安全管理体系，通过体系的运行和持续改进，规范组织的职业健康安全管理和达到改善组织职业健康安全绩效的目的，满足组织员工和相关方对职业健康安全的要求。

2) 三个体系中有的要素名称相同或相近，但内容差别很大

例如，三个体系中均有"方针"和"目标"这两个要素，但质量方针的内容和环境方针的内容以及职业健康安全方针的内容全然不同。同样的道理，质量目标的内容和环境目标、职业健康安全目标的内容也不一样。

3) 三个体系的结构要素并不一一对应

ISO 9000（GB/T 1900）标准中的许多条款要求是 ISO 14000（GB/T 24001）和 OHSAS 18000（GB/T 28001）中所没有的；反过来，ISO 14000（GB/T 24001）和 OHSAS 18000（GB/T 28001）中的一些要素也是 ISO 9000（GB/T 1900）中所没有的。

4) 三个体系分别满足不同相关方的要求（表 2-1）

ISO 9000（GB/T 1900）标准在于帮助组织建立质量管理体系，其目的是满足顾客和其他相关方当前和潜在的要求和期望，达到顾客满意。ISO 14000（GB/T 24001）标准是针对组织的活动、产品或服务的环境影响建立环境管理体系，其目的是要满足众多相关方要求，同时还要满足社会对环境保护的要求。OHSAS 18000（GB/T 28001）标准是针对组织的活动、产品或服务中的危险源和职业健康安全风险，建立职业健康安全管理体系，其目的是旨在使组织能够控制职业健康安全风险并改进其绩效，消除或减少因组织的活动而使员工和其他相关方可能面临的职业健康安全风险，满足员工和其他相关方对职业健康安全的要求。

三标一体化管理体系中各管理体系的侧重　　　　表 2-1

标　　准	管理对象	承诺对象	获得利益
ISO 9000(GB/T 19001)	质量	顾客	市场
ISO 14000(GB/T 24001)	环境因素	社会、相关方	良好的社会关系
OSHAS 18000(GB/T 28001)	危险源	员工、相关方	最低的风险

2.4.3 "三标一体化"管理体系的建立及运行

1. 一体化管理体系的策划

一体化管理体系中各管理体系的有机地结合不是指多种管理体系的简单相加,而是按照系统化原则形成相互统一、相互协调、相互补充、相互兼容的有机整体,这样才能发挥一体化的整体效益和效率。这种有机结合的原则在进行一体化管理体系策划和编写体系文件时应得到充分体现。

1) 体系适用于同时进行多项管理

一个管理体系可用于质量管理体系、环境管理体系、职业健康安全管理体系的多体系管理。

2) 综合的管理策划过程

可对质量管理体系、环境管理体系、职业健康安全管理体系进行总体策划,统筹安排,从而免除了由于单个体系分别策划带来的重复或者遗漏而产生的体系管理缺陷。

3) 综合的方针和目标

在策划组织的质量、环境、职业健康安全的方针和目标时,根据组织的发展方向、服务宗旨、技术和财务能力以及风险可承受能力,综合考虑,分步实施,保证组织总体目标的实现。

4) 综合的质量、环境和职业健康安全的风险评价

在识别产品质量实现过程、识别环境因素、职业健康安全危险源辨识的前提下,可根据组织的技术和财务能力以及风险可承受能力,综合进行风险评价。

5) 综合的管理手册

在同一管理手册中描述质量、环境、职业健康安全三个方面的要求。

6) 共用的体系程序和作业文件

对三个体系共有的要素,可以编制共用的程序文件和作业文件,这样可以减少文件的重复编制和提高实施效率。

7) 使用具有综合能力和素质的复合型人才

一体化管理体系要求组织的员工和内审员同时具备三个标准对人力资源的要求,具有综合的管理能力。

8) 统一协调的运行与监测

组织在实施一体化管理体系时,可统一协调三个方面的运行情况,一并实施必要的监视和测量。

9) 具有综合的管理体系评价

组织进行内审、管理评审时,同时对质量、环境、职业健康安全管理体系进行综合的业绩评价,提高了对管理体系的运行评价效率。

10) 综合考虑体系的持续改进

组织在策划和实施体系改进时,可以综合考虑三个方面的改进需求来确定改进的优先顺序,以期获得组织的最佳业绩和达到组织的优先目标。

2. 一体化管理体系的建立

1) 一体化管理体系建立的基本原则

（1）管理对象相同，管理性要求基本一致的内容可进行整合。如文件控制、记录、内部审核、管理评审等，三个体的控制对象、标准要求基本一致，按此原则，都可以整合。

（2）整合后的管理性要求应覆盖三个标准要求的内容，就高不就低，以三个标准中最高要求为准（以 GB/T 19001 管理体系为主线）。如 GB/T 24001 标准和 GB/T 28001 标准对管理体系文件没有明确要求编制管理手册，而 GB/T 19001 则明确要求编制质量管理手册，按本条原则就要求编制满足三个标准要求的综合管理手册。其他如"法律法规及其他要求"、"设备管理"等，三个标准要求均有差别，按要求最高编制控制文件。

（3）整合后的管理体系文件应具有可操作性。当在同一级别的文件中不能完全描述其全部具体要求时，应考虑引用下一层次文件进行描述的方式，使之条理清楚，可操作性强。

（4）整合应有利于减少文件数量，便于文件使用；有利于同一协调体系的策划、运行与监视测量，实现资源共享；有利于提高管理效率，降低管理成本。

相对于三个分离型的管理体系而言，减少文件数量是一体化管理体系的优点之一，这个优点应充分体现在体系文件的策划与编制过程之中。

统一协调体系的策划、运行和监视与测量，实现资源共享，提高管理效率，也是一体化管理体系的重要特点之一。在进行一体化管理体系策划时，要从机构设置、定编定岗、资源配置、职能分配、运行控制、监视测量等方面统筹规划，精心组织，有机整合。

2）运用"5W1H"的思路分析确定整合的内容

5W1H 即 Who（谁来做），When（何时做），Where（何地做），How（如何做），What（做什么），Why（为何做）。在进行一体化管理体系的建立和整合时，可以按照 5W1H 对三个标准中具有对应关系的活动要求进行分析。当 5W1H 中的一个相同、两个相同、三个相同、全部相同时，即可进行整合。

（1）如果 Who（谁来做）相同，表明组织有复合型人才，三个标准要求同一方面的事都可由同一人来做的，即可整合"谁来做"。如三个体系标准都要求设立"管理者代表"负责体系的建立、实施和保持，整合后的一体化管理体系，可以只设立一个管理者代表，统一负责三个体系整合的一体化管理体系的建立、实施和保持。当然，对一体化管理体系的管理者代表要求要具有三个体系的综合管理能力，他应是一个复合型人才。

（2）如果 Who（谁来做）相同，What（做什么）也相同，原来几个不同部门做相同的事，就可以合并由一个部门来做。如体系文件控制原来可能分别由品管部、环监部和安监部来做，现在整合后的一体化管理体系可能就由一个部门来管理就可以了。

（3）如果 What（做什么）相同，而 How（如何做）不同，则可通过引用下一层次的文件加以详细描述。如系统集成公司对外包合同及承包方的控制，软件外包与工程外包的控制方式和方法不一样，就可以在程序文件的下一层次文件——三级文件中分别加以描述。

（4）如果 Who（谁来做）相同，What（做什么）也相同，How（如何做）还相同，如"培训、意识和能力"均通过确定能力要求、对人员的能力进行评定、提供培训或其他措施、进行有效性评价、保持适当记录等程序来控制，就可进行完全整合。

（5）如果 Who（谁来做）相同，When（何时做），Where（何地做）也相同，而 What（做什么）和 How（如何做）不同，可将文件进行整合，这样可以一次培训到位，也方便使用。如操作人员使用的操作文件（作业指导书、工艺文件、操作规范等），可以在同一份作业指导书中同时规定质量、环境和职业健康安全方面"做什么、如何做"的要求，而不必分别单独编写各自的质量、环境、职业健康安全方面的要求。

3）运用过程方法

过程方法包括按照组织的方针和战略方向，对各过程及其相互作用，系统地进行规定和管理，从而实现预期结果。可通过采用 PDCA 循环以及基于风险的思维对过程和体系进行整体管理，从而有效利用机遇并防止发生非预期结果。单一过程各要素的相互作用如图 2-9 所示。每一过程均有特定的监视和测量检查点，以用于控制，这些检查点根据不同的风险有所不同。

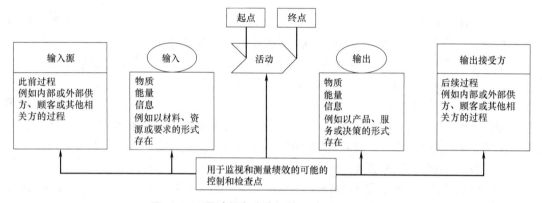

图 2-9　运用过程方法分析单一过程要素示意图

运用过程方法是 ISO 9000、ISO 14000 和 OHSAS 18000 三个标准共同遵循的基本原则，也是我们建立和整合一体化管理体系的基本方法。我们建立和整合的管理体系，既包含有管理过程，也包括有产品的实现和提供过程。一个组织的管理过程中涉及质量管理、环境管理和职业健康安全管理的过程有：文件控制、记录控制、管理评审、内部审核、纠正与预防措施、培训意识和能力等。这些过程涉及三个标准的管理性要求基本相同，可以实现整合。

产品实现和提供过程几乎都涉及质量、环境和职业健康安全的要求，应对每一个过程所涉及的人、机、料、法、环中的质量、环境和职业健康安全三个方面的要求加以整合。结合组织的实际，在相应的体系文件中同一作出规定，在体系运行中按一体化的要求来实施。

3. 一体化管理体系运行和持续改进

1）一体化管理体系的运行

建立一体化管理体系的目的是为了体系的有效实施和运行，通过实施运行发现体系的缺陷及薄弱环节，加以改进，在新的条件下进行新的实施和运行，发现问题再加以改进。这样实施运行-问题改进-再实施运行-再问题改进，周而复始，循环往复，体系在运行中不断改进，推动企业的质量管理、环境管理和职业健康安全绩效不断向更高境界发展。

在实施运行中一般应注意以下几个问题：

（1）培训。按体系要求程序分层次分阶段进行全员培训，培训的深入程度取决于员工的素质和组织产品活动过程的复杂程度，培训越深入，体系的实施运行就越顺利，可以说，培训效果的成功与否，直接影响日后体系是否正常运行。

培训要将体系文件与实际操作结合起来进行，特别是增加的有关环境和职业健康安全方面的内容，除了操作技能方面的培训外，员工的质量意识、环境意识和健康安全意识的增强对整个体系的有效实施和运行起到决定性的影响。

（2）资源配备。三个体系同时运行，需要投入一定的、相适应的必要资源才能保证体系的正常运行。比如，虽然 GB/T 24001 没有强制性要求组织的环境绩效要达到多高程度，但是要求组织通过体系运行，不断改进自身的环境绩效，满足相关方和社会的要求，这就需要组织投入相应的资金、人员和设备来不断改进其环境绩效。对职业健康安全方面，更是员工所关心的，比如，相关作业人员（如炊事员、有毒有害作业人员等）的健康检查、劳保防护用品等，都要投入一定的资金和资源，体系才能有效运行。

（3）内审员培训。三合一体系运行需要培训三合一的复合型内审员。这是一体化体系运行的需要，在体系运行过程中，这些内审员将起到桥梁和指导作用。

（4）运行中要做好各种运行记录。记录是证实体系是否有效运行的客观证据，同时也是实施体系改进的依据。尽管做各种记录是一件很厌烦的事情。但如果体系需要获得认证，一般情况需要提供至少 3 个月的体系有效运行的客观证据。

（5）做好内审和管理评审。内审和管理评审是检验体系运行的充分性、符合性、有效性的评价机制，是管理体系的重要组成部分。体系运行中，我们要充分运用这个机制，自我发现问题，自我解决问题，自我完善，自我提高。

（6）管理部门强有力的管理和指挥能力。一体化体系从管理范围、复杂程度、知识结构、实施要求等多方面对管理部门和管理人员提出了很高的要求，对管理人员的知识、能力、资格、权威、领导艺术、信息利用等都提出了挑战。一个高度整合的管理部门如果资源不足、能力不强、权威性不高、信息系统不畅，不仅不能提高管理的效率，反而会出现管理混乱、效率降低。

2）一体化管理体系的持续改进

持续改进是管理体系永恒的生命力，没有持续改进机制的管理体系是没有生命力的。持续改进要求组织不断寻求对管理体系过程进行改进的机会，以实现组织的管理体系所设定的目标。改进措施可以是日常渐进的改进活动，也可以是重大的改进活动。

一般从六个方面进行持续改进：

（1）定期或适时评审和调整组织管理方针。包括质量、环境、健康安全在内的组织的管理方针代表了组织的经营方向和宗旨，它要依据外界环境的变化而进行调整。定期或适时对组织的方针进行评审并做调整，使体系的运行始终朝着组织所期望的方向发展，为实现组织的战略目标提供体系保障。

（2）定期或适时评审和调整组织管理目标。目标是在某个阶段实现组织管理方针的具体表现，没有目标的管理方针只能是一句空话。目标具有阶段性，不可能一个目标贯穿整个组织的生命周期。对目标的实现程度应进行定期的考核、测量和评价，在评价的基础上提出下一阶段的新的目标，这样周而复始，体系运行就会不断改进，达到组织期望的目标。

（3）按要求进行内部管理体系审核。根据体系规定的周期或适当时机对体系运行进行充分性、符合性审核，能系统有效地发现体系运行中的缺陷和薄弱环节，通过对发现问题的原因分析、采取纠正和预防措施，并对纠正预防措施的实施效果进行有效性验证，这种体系运行、问题诊断、解决问题、改进体系的 PDCA 过程方法在内审中的运用，可以有效地推动体系持续改进。

（4）数据分析。任何改进都是建立在对体系运行的客观分析基础上的，进行客观分析的基础是体系运行的客观数据（或记录），因此，数据分析对体系的改进具有决定性影响。

（5）纠正和预防措施。纠正措施和预防措施的适用范围包括体系运行中所有问题项的解决。包括管理评审、内外部审核、体系运行中出现的不符合项、顾客和相关方投诉、事故事件等问题的解决，都要求分析原因，采取纠正和预防措施。对每一次不符合项问题的有效解决，包括对体系文件的修改，都是对体系的一次改进。体系运行就是通过这种日常的问题分析与解决，不断地推动体系持续改进。

（6）管理评审。管理评审是推动管理体系持续改进的最有效方式，通过组织的最高管理者亲自主持，对体系运行中的问题进行分析和评审，特别是针对组织外部环境的变化，提出组织的应对策略和改进方案并组织实施，保持体系的持续适应性。

本章小结

ISO 9000：2015 为第五版 ISO 9000 族标准，相对于之前的 ISO 9000 标准，质量管理原则从八项减为七项，仍然遵循 ISO 9000：2008 版的 PDCA 的过程实施方法，在我国等同采用的标准为 GB/T 19000—2015。

随着经济全球化的趋势和人们意识到安全生产管理的重要性，行业和企业越来越重视 OHSAS 18000。GB/T 28001 作为我国推荐性标准的职业健康安全管理体系标准，目前被企业普遍采用，用以建立职业健康安全管理体系，该标准覆盖了国际上的 OHSAS 18000 体系标准。GB/T 28001—2011 在确定职业健康安全管理体系模式时，强调按系统理论管理职业健康安全及其相关事务，以达到预防和减少生产事故和劳动疾病的目的，具体实施中采用了 PDCA 模型。

ISO 14000：2015 环境管理体系标准旨在为组织提供一个框架，用来保护环境和应对变化的环境状况，以实现与社会经济需求间的平衡。国际标准化组织制定的 ISO 14000 体系标准，被我国等同采用，即《环境管理体系　要求及使用指南》GB/T 24001—2016。GB/T 24001—2016 是环境管理体系系列标准的主要标准，也是在环境管理体系标准中唯一可供认证的管理标准。在运行模式上，环境管理体系的方法同 ISO 9000：2015 一致，也是基于策划、实施、检查与改进（PDCA 理念），提供了组织用于实现持续改进的循环过程。

目前，一体化管理体系是指将 ISO 9001、ISO 14001、OHSAS 18001 三个管理体系整合，三个体系都适用 P-D-C-A 循环。ISO 9001 关注产品，ISO 14001 关注环境，OHSAS 18001 关注员工健康，涵盖了企业最基本的要素——产品、环境、员工，是企业赖以生存和发展的根本。

思考与练习题

2-1　简述 ISO 9001：2015 质量管理体系结构与运行模式。

思考与练习题

2-2　ISO 9001：2015 的质量管理原则包括什么？

2-3　ISO 45001 新标准的主要内容包括什么？

2-4　简述 GB/T 28001：2011 的结构和运行模式。

2-5　怎样建立和运行职业健康安全管理体系？

2-6　简述 ISO 14000：2015 环境管理体系的结构和运行模式。

2-7　企业在建立和运行该环境管理体系（EMS）时，需考虑哪些事项？

2-8　怎样建立及运行一体化管理体系？

2-9　简述建立三标一体化的意义。

2-10　怎样理解三标一体化管理体系的相容性？

2-11　简述一体化管理体系建立的基本原则。

2-12　简述一体化管理体系的运行。

第 3 章　工程质量与安全管理的组织

本章要点及学习目标

本章要点：
(1) 工程项目的质量安全管理组织机构与规章制度；
(2) 工程参建各方的质量管理责任和安全管理责任；
(3) 工程勘察设计阶段和施工阶段的质量与安全管理流程等内容；
(4) BIM 的常见应用环境与组织。

学习目标：
(1) 熟悉工程建设单位、勘察设计单位、施工单位、监理单位等的质量管理责任；
(2) 熟悉工程建设单位、勘察设计单位、施工单位、监理单位等的安全管理责任；
(3) 熟悉工程项目的质量安全管理组织机构与规章制度；
(4) 掌握工程勘察设计阶段的质量与安全管理流程；
(5) 掌握工程施工阶段的质量与安全管理流程；
(6) 熟悉 BIM 的应用环境、团队组织构架；
(7) 熟悉基于 BIM 的质量管理和安全管理软件应用方案。

3.1　工程项目的质量安全管理组织机构与规章制度

3.1.1　工程项目的质量管理组织机构与规章制度

1. 工程质量管理体制

1）建设工程管理的行为主体

根据我国投资建设项目管理体制，建设工程管理的行为主体可分为三类。

第一类是政府部门，包括中央政府和地方政府的发展和改革部门、住房和城乡建设部门、国土资源部门、环境保护部门、安全生产管理部门等相关部门。政府部门对建设工程的管理属行政管理范畴，主要是从行政上对建设工程进行管理，其目标是保证建设工程符合国家的经济和社会发展的要求，维护国家经济安全、监督建设工程活动不危害社会公众利益。其中，政府对工程质量的监督管理就是为保障公众安全与社会利益不受到危害。

第二类是建设单位。在建设工程管理中，建设单位自始至终是建设工程管理的主导者和责任人，其主要责任是对建设工程的全过程、全方位实施有效管理，保证建设工程总体目标的实现，并承担项目的风险以及经济、法律责任。

第三类是工程建设参与方，包括工程勘察设计单位、工程施工承包单位、材料设备供应单位,以及工程咨询、工程监理、招标代理、造价咨询单位等工程服务机构。他们的主要任务是按照合同约定,对其承担的建设工程相关任务进行管理,并承担相应的经济和法律责任。

2) 工程质量管理体系

工程质量管理体系是指为实现工程项目质量管理目标,围绕着工程项目质量管理而建立的质量管理体系。工程质量管理体系包含三个层次:一是承建方的自控;二是建设方(含监理等咨询服务方)的监控;三是政府和社会的监督。其中,承建方包括勘察单位、设计单位、施工单位、材料供应单位等;咨询服务方包括监理单位、咨询单位、项目管理公司、审图机构、检测机构等。

因此,我国工程建设实行"政府监督、社会监理与检测、企业自控"的质量管理与保证体系。但社会监理的实施,并不能取代建设单位和承建方按法律法规规定的应有的质量责任。

3) 政府监督管理职能

(1) 建立和完善工程质量管理法规

这包括行政性法规和工程技术规范标准,前者如《建筑法》、《招标投标法》、《建设工程质量管理条例》等,后者如工程设计规范、建筑工程施工质量验收统一标准、工程施工质量验收规范等。

(2) 建立和落实工程质量责任制

这包括工程质量行政领导的责任、项目法定代表人的责任、参建单位法定代表人的责任和工程质量终身负责制等。

(3) 建设活动主体资格的管理

国家对从事建设活动的单位实行严格的从业许可证制度,对从事建设活动的专业技术人员实行严格的执业资格制度。建设行政主管部门及有关专业部门按各自分工,负责各类资质标准的审查、从业单位的资质等级的最后认定、专业技术人员资格等级的核查和注册,并对资质等级和从业范围等实施动态管理。

(4) 工程承发包管理

这包括规定工程招投标承发包的范围、类型、条件,对招投标承发包活动的依法监督和工程合同管理。

(5) 工程建设程序管理

这包括工程报建、施工图设计文件审查、工程施工许可、工程材料和设备准用、工程质量监督、施工验收备案等管理。

2. 工程质量管理主要制度

近年来,我国建设行政主管部门先后颁发了多项建设工程质量管理规定。工程质量管理的主要制度有:

1) 工程质量监督管理制度

国务院建设行政主管部门对全国的建设工程质量实施统一监督管理。国务院铁路、交通、水利等有关部门按国务院规定的职责分工,负责对国有的有关专业建设工程质量的监督管理。县级以上地方人民政府建设行政主管部门对本行政区域内的建设工程质量实施监督管理。县级以上地方人民政府交通、水利等有关部门在各自职责范围内,负责本行政区域内的专业建设工程质量的监督管理。

国务院发展和改革委员会按照国务院规定的职责,组织稽查特派员,对国家出资的重大建设项目实施监督检查;国务院工业与信息产业部门按国务院规定的职责,对国家重大技术改造项目实施监督检查。国务院建设行政主管部门和国务院交通运输、水利等有关专业部门、县级以上地方人民政府建设行政主管部门和其他有关部门,对有关建设工程质量的法律、法规和强制性标准执行情况加强监督检查。

县级以上政府建设行政主管部门和其他有关部门履行检查职责时,有权要求被检查的单位提供有关工程质量的文件和资料,有权进入被检查单位的施工现场进行检查。在检查中发现工程质量存在问题时,有权责令改正。政府的工程质量监督管理具有权威性、强制性、综合性的特点。

建设工程质量监督管理,可以由建设行政主管部门或者其他有关部门委托的建设工程质量监督机构具体实施。工程质量监督管理的主体是各级政府建设行政主管部门和其他有关部门。但由于工程建设周期长、环节多、点多面广,工程质量监督工作是一项专业技术性强且很繁杂的工作,政府部门不可能亲自进行日常检查工作。因此,工程质量监督管理由建设行政主管部门或其他有关部门委托的工程质量监督机构具体实施。

工程质量监督机构是经省级以上建设行政主管部门或有关专业部门考核认定,具有独立法人资格的单位。它受县级以上地方人民政府建设行政主管部门或有关专业部门的委托,依法对工程质量进行强制性监督,并对委托部门负责。

2)施工图设计文件审查制度

施工图设计文件(以下简称施工图)审查是政府主管部门对工程勘察设计质量监督管理的重要环节。施工图审查是指国务院建设行政主管部门和省、自治区、直辖市人民政府建设行政主管部门委托依法认定的设计审查机构,根据国家法律、法规,对施工图涉及公共利益、公众安全和工程建设强制性标准的内容进行的审查。

施工图审查的范围:房屋建筑工程、市政基础设施工程施工图设计文件均属审查范围。省、自治区、直辖市人民政府建设行政主管部门,可结合本地的实际,确定具体的审查范围。

建设单位应当将施工图送审查机构审查。建设单位可以自主选择审查机构,但审查机构不得与所审查项目的建设单位、勘察设计单位有隶属关系或其他利害关系。建设单位应当向审查机构提供的资料:①作为勘察、设计的批准文件及附件;②全套施工图。

3)建设工程施工许可制度

建设工程开工前,建设单位应当按照国家有关规定向工程所在地县级以上人民政府建设行政主管部门申请领取施工许可证;但是,国务院建设行政主管部门确定的限额以下的小型工程除外。办理施工许可证应满足的条件是:

(1)已经办理该建设工程用地批准手续;

(2)在城市规划区的建设工程,已经取得规划许可证;

(3)需要拆迁的,其拆迁进度符合施工要求;

(4)已经确定建筑施工企业;

(5)有满足施工需要的施工图纸及技术资料;

(6)有保证工程质量和安全的具体措施;

(7) 建设资金已经落实;

(8) 法律、行政法规规定的其他条件。

4) 工程质量检测制度

工程质量检测工作是对工程质量进行监督管理的重要手段之一。工程质量检测机构是对建设工程、建筑构件、制品及现场所用的有关建筑材料、设备质量进行检测的法定单位。在建设行政主管部门领导和标准化管理部门指导下开展检测工作,其出具的检测报告具有法定效力。法定的国家级检测机构出具的检测报告,在国内为最终裁定,在国外具有代表国家的性质。

5) 工程竣工验收与备案制度

项目建成后必须按国家有关规定进行竣工验收,并由验收人员签字负责。

建设单位收到建设工程竣工报告后,应当组织设计、施工、工程监理等有关单位进行竣工验收。建设工程竣工验收应当具备下列条件:

(1) 完成建设工程设计和合同约定的各项内容;

(2) 有完整的技术档案和施工管理资料;

(3) 有工程使用的主要建筑材料、建筑构配件和设备的进场试验报告;

(4) 有勘察、设计、施工、工程监理等单位分别签署的质量合格文件;

(5) 有施工单位签署的工程保修书。

建设工程经验收合格,方可交付使用。建设单位应当自工程竣工验收合格起 15 日内,向工程所在地的县级以上地方人民政府建设行政主管部门备案。

6) 工程质量保修制度

建设工程质量保修制度是指建设工程在办理交工验收手续后,在规定的保修期限内,因勘察、设计、施工、材料等原因造成的质量问题,要由施工单位负责维修、更换,由责任单位负责赔偿损失。质量问题是指工程不符合国家工程建设强制性标准、设计文件以及合同中对质量的要求。

建设工程承包单位在向建设单位提交工程竣工验收报告时,应向建设单位出具工程质量保修书,质量保修书中应明确建设工程保修范围、保修期限和保修责任等。

在正常使用条件下,建设工程的最低保修期限为:

(1) 基础设施工程、房屋建筑工程的地基基础和主体结构工程,为设计文件规定的该工程的合理使用年限;

(2) 屋面防水工程、有防水要求的卫生间、房间和外墙面的防渗漏,为 5 年;

(3) 供热与供冷系统,为 2 个采暖期、供冷期;

(4) 电气管线、给水排水管道、设备安装和装修工程,为 2 年。

其他项目的保修期由发包方与承包方约定。保修期自竣工验收合格之日起计算。

3.1.2　工程项目的安全管理组织机构与规章制度

1. 工程安全生产的监督管理体制

我国安全生产监督管理的体制是综合监管与行业监管相结合、国家监察与地方监管相结合、政府监督与其他监督相结合的格局。

1) 综合监管和行业监管

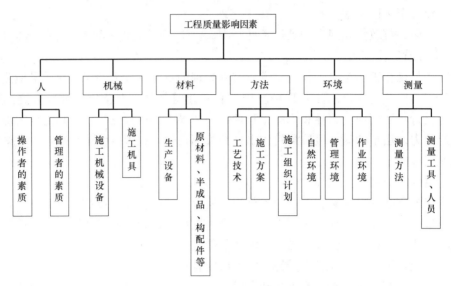

图 3-1　中国工程建设安全生产的政府管理机构体系

根据《建设工程安全生产管理条例》第三十九条，国务院负责安全生产监督管理的部门依照《安全生产法》对全国建筑工程安全生产工作实施综合监督管理。县级以上地方人民政府负责安全生产监督管理的部门依照《安全生产法》对本行政区域内建筑工程安全生产工作实施综合监督管理。

同时，为了督促负有安全监督管理职责的部门及其工作人员依法履行其职责，监察机关依照行政监察法的规定，有权对负有安全生产监督管理的部门及其工作人员实施监察。负有安全监督管理职责的部门，必须依法对涉及安全生产的事项进行审批并加强监督管理。

国务院建设行政主管部门统一负责全国建筑安全生产的管理，县级以上人民政府建设行政主管部门分级负责本辖区内的建筑安全生产管理。各级建设行政主管部门本着"管理生产必须管理安全"的原则，管理本辖区内的建筑安全生产工作，建立安全专管机构，配备安全专职人员。

住房城乡建设部作为负责建设行政管理的国务院组成部门，是建筑行业安全管理的最高行政机构。住房城乡建设部在工程质量安全监督与行业发展司之下设立了安全监督处，负责制定房屋工程和市政工程安全生产的法规、规章和标准，并负责建筑安全生产监督管理，指导重大事故隐患的预防和事故的查处。

在中国建筑行业"统一管理、分级负责"的安全管理模式下，省、市建设行政主管部门一般都成立了代表政府执法检查的建筑安全监督站，负责建筑安全生产的监督检查工作和日常管理工作，已初步形成了"纵向到边，横向到底"的建筑安全生产监督管理体系。

根据《建设工程安全生产管理条例》第四十条第 1 款，国务院建设行政主管部门主管全国建筑工程安全生产的行业监督管理工作，其主要职责是：

（1）贯彻执行国家有关安全生产的法规和方针、政策，起草或者制定建筑安全生产管理的法规、标准；

（2）统一监督管理全国工程建设方面的安全生产工作，完善建筑安全生产的组织保证体系；

（3）制定建筑安全生产管理的中、长期规划和近期目标，组织建筑安全生产技术的开发与推广应用；

（4）指导和监督检查省、自治区、直辖市人民政府建筑行政主管部门开展建筑安全生产的行业监督管理工作；

（5）统计全国建筑职工因工伤亡人数，掌握并发布全国建筑安全生产动态；

（6）负责对申报资质等级一级企业和国家一、二级企业以及国家和部级先进建筑企业进行安全资格审查或者审批，行使安全生产否决权；

（7）组织全国建筑安全生产检查，总结交流建筑安全生产管理经验，并表彰先进；

（8）检查和督促工程建设重大事故的调查处理，组织或者参与工程建设特别重大事故的调查。

根据《建设工程安全生产管理条例》第四十条第 1 款，国务院铁路、交通、水利等有关部门按照国务院规定的职责分工，负责有关专业建筑工程安全生产的监督管理。

根据《建设工程安全生产管理条例》第四十条第 2 款，县级以上地方人民政府建设行政主管部门负责本行政区域建筑工程安全生产的行业监督管理工作，其主要职责是：

（1）贯彻执行国家和地方有关安全生产的法规、标准和方针、政策，起草或者制定本行政区域建筑安全生产管理的实施细则或者实施办法；

（2）制定本行政区域建筑安全生产管理的中、长期规划和近期目标，组织建筑安全生产技术的开发与推广应用；

（3）建立建筑安全生产的监督管理体系，制定本行政区域建筑安全生产监督管理工作制度，组织落实各级领导分工负责的建筑安全生产责任制；

（4）负责本行政区域建筑职工因工伤亡的统计和上报工作，掌握和发布本行政区域建筑安全生产动态；

（5）负责对申报晋升企业资质等级、企业升级和报评先进企业的安全资格进行审查或者审批，行使安全生产否决权；

（6）组织或者参与本行政区域工程建设中人身伤亡事故的调查处理工作，并依照有关规定上报重大伤亡事故；

（7）组织开展本行政区域建筑安全生产检查，总结交流建筑安全生产管理经验，并表彰先进；

（8）监督检查施工现场、构配件生产车间等安全管理和防护措施，纠正违章指挥和违章作业；

（9）组织开展本行政区域建筑企业的生产管理人员、作业人员的安全生产教育、培训、考核及发证工作，监督检查建筑企业对安全技术措施费的提取和使用；

（10）领导和管理建筑安全生产监督机构的工作。

根据《建设工程安全生产管理条例》第 40 条第 2 款，县级以上地方人民政府交通、水利等有关部门在各自的职责范围内，负责本行政区域内的专业建筑工程安全生产的监督管理。

2）国家监察和地方监管

除了综合监督管理与行业监督管理之外，针对某些危险性较高的特殊领域，国家为了加强安全生产监督管理工作，专门建立了国家监察机制。

国家监察是指国家法规授权行政主管部门设立的监察机关，对企业、事业和有关机构履行安全生产职责和执行安全生产法规、政策的情况依法进行监察、纠正和惩戒的工作。

国家安全监察的种类有一般监察、专门监察和事故监察。一般监察是对企业日常生产活动常规的全面监察，包括安全管理、安全技术、行政许可、劳动卫生、女职工和未成年工劳动保护、工时休假、培训教育、事故调查等几十项内容。专门监察是针对特殊问题进行的监察，包括对生产性建设项目的"三同时"监察，对危险性较大、易导致人身和设备事故的特种设备的监察，对特种作业人员的监察，对女职工和未成年工特殊保护的监察，对严重有害作业场所的监察等。事故监察是对伤亡事故、职业性中毒的报告、登记、统计、调查及处理的监察。

安全生产监察分为行为监察与技术监察两种方式。行为监察的内容包括组织管理、规章制度建设、职工教育培训、各级安全生产责任制的实施等。行为监察的目的和作用在于提高安全意识，在工作中切实落实安全措施，其中对违章指挥、违章操作、违反劳动纪律的不安全行为，要严肃纠正和处理。技术监察是指对物质条件的监察，包括对新建、扩建、改建和技术改造工程项目的"三同时"监察；对用人单位现有防护措施与设施的完好率、使用率的监察；对个人防护用品的质量、配备与作用的监察；对危险性较大的设备、危害性较严重的作业场所和特殊工种作业的监察等。技术监察的特点是专业性强、技术要求高，往往需要专门的检测检验机构提供数据。技术监察多是从"本质安全"上着手，是监察的重要内容。

对于煤矿建设，由于国家安全监察机构的力量不足，国家赋予某些权力给地方政府，由地方政府明确相应的部门行使对煤矿安全生产的监督管理权，即实行地方监管，主要履行以下职责：对煤矿安全实施重点监察、专项监察和定期监察，对煤矿违法违规行为依法作出现场处理或实施行政处罚；对地方煤矿监管工作进行检查指导；负责煤矿安全生产许可证的颁发管理工作和矿长安全资格、特种作业人员的培训发证工作；负责煤矿建设工程安全设施的设计审查和竣工验收；组织煤矿安全事故的调查处理等等。

3）政府监督与其他监督

生产经营单位是安全生产的主体，但是加强外部的监督和管理也是安全生产的重要保证。除前面讲的政府监督外，其他方面的监督也十分重要。其他监督是整个安全生产监督管理体制的一个重要组成部分，在安全生产工作中发挥着重要的作用。当前，尤其需要发挥其他方面的监督，如新闻媒体的监督。

政府方面的监督主要有：安全生产监督管理部门和其他负有安全生产监督管理职责的部门；监察部门。其他方面的监督主要有：安全中介机构的监督；社会公众的监督；工会的监督；新闻媒体的监督；居民委员会、村民委员会等组织的监督。

2. 建筑施工企业安全生产管理机构设置

为进一步规范建筑施工企业安全生产管理机构设置及专职安全生产管理人员配备，全面落实建筑施工企业安全生产主体责任，中华人民共和国住房和城乡建设部组织修订了《建筑施工企业安全生产管理机构设置及专职安全生产管理人员配备办法》（建质［2008］91号）。

1）建筑施工企业安全生产管理机构专职安全生产管理人员的配备应满足下列要求，

并应根据企业经营规模、设备管理和生产需要予以增加

(1) 建筑施工总承包资质序列企业：特级资质不少于6人；一级资质不少于4人；二级和二级以下资质企业不少于3人。

(2) 建筑施工专业承包资质序列企业：一级资质不少于3人；二级和二级以下资质企业不少于2人。

(3) 建筑施工劳务分包资质序列企业：不少于2人。

(4) 建筑施工企业的分公司、区域公司等较大的分支机构（以下简称分支机构）应依据实际生产情况配备不少于2人的专职安全生产管理人员。

2）总承包单位配备项目专职安全生产管理人员应当满足下列要求

(1) 建筑工程、装修工程按照建筑面积配备

① 1万平方米以下的工程不少于1人；

② 1万~5万平方米的工程不少于2人；

③ 5万平方米及以上的工程不少于3人，且按专业配备专职安全生产管理人员。

(2) 土木工程、线路管道、设备安装工程按照工程合同价配备

① 5000万元以下的工程不少于1人；

② 5000万~1亿元的工程不少于2人；

③ 1亿元及以上的工程不少于3人，且按专业配备专职安全生产管理人员。

3）分包单位配备项目专职安全生产管理人员应当满足下列要求

(1) 专业承包单位应当配置至少1人，并根据所承担的分部分项工程的工程量和施工危险程度增加。

(2) 劳务分包单位施工人员在50人以下的，应当配备1名专职安全生产管理人员；50~200人的，应当配备2名专职安全生产管理人员；200人及以上的，应当配备3名及以上专职安全生产管理人员，并根据所承担的分部分项工程施工危险实际情况增加，不得少于工程施工人员总人数的5‰。

3. 建筑施工企业安全生产管理机构职责

1）建筑施工企业安全生产管理机构具有以下职责

(1) 宣传和贯彻国家有关安全生产法律法规和标准；

(2) 编制并适时更新安全生产管理制度并监督实施；

(3) 组织或参与企业生产安全事故应急救援预案的编制及演练；

(4) 组织开展安全教育培训与交流；

(5) 协调配备项目专职安全生产管理人员；

(6) 制订企业安全生产检查计划并组织实施；

(7) 监督在建项目安全生产费用的使用；

(8) 参与危险性较大工程安全专项施工方案专家论证会；

(9) 通报在建项目违规违章查处情况；

(10) 组织开展安全生产评优评先表彰工作；

(11) 建立企业在建项目安全生产管理档案；

(12) 考核评价分包企业安全生产业绩及项目安全生产管理情况；

(13) 参加生产安全事故的调查和处理工作；

(14) 企业明确的其他安全生产管理职责。

2) 建筑施工企业安全生产管理机构专职安全生产管理人员在施工现场检查过程中具有以下职责

(1) 查阅在建项目安全生产有关资料、核实有关情况；

(2) 检查危险性较大工程安全专项施工方案落实情况；

(3) 监督项目专职安全生产管理人员履责情况；

(4) 监督作业人员安全防护用品的配备及使用情况；

(5) 对发现的安全生产违章违规行为或安全隐患，有权当场予以纠正或作出处理决定；

(6) 对不符合安全生产条件的设施、设备、器材，有权当场作出查封的处理决定；

(7) 对施工现场存在的重大安全隐患有权越级报告或直接向建设主管部门报告；

(8) 企业明确的其他安全生产管理职责。

3) 安全生产领导小组的主要职责

(1) 贯彻落实国家有关安全生产法律法规和标准；

(2) 组织制定项目安全生产管理制度并监督实施；

(3) 编制项目生产安全事故应急救援预案并组织演练；

(4) 保证项目安全生产费用的有效使用；

(5) 组织编制危险性较大工程安全专项施工方案；

(6) 开展项目安全教育培训；

(7) 组织实施项目安全检查和隐患排查；

(8) 建立项目安全生产管理档案；

(9) 及时、如实报告安全生产事故。

4) 项目专职安全生产管理人员具有以下主要职责

(1) 负责施工现场安全生产日常检查并做好检查记录；

(2) 现场监督危险性较大工程安全专项施工方案实施情况；

(3) 对作业人员违规违章行为有权予以纠正或查处；

(4) 对施工现场存在的安全隐患有权责令立即整改；

(5) 对于发现的重大安全隐患，有权向企业安全生产管理机构报告；

(6) 依法报告生产安全事故情况。

4. 安全生产管理制度

由于建设工程规模大、周期长、参与人数多、环境复杂多变，安全生产的难度很大。因此，通过建立各项制度，规范建设工程的生产行为，对于提高建设工程安全生产水平是非常重要的。

《建筑法》《安全生产法》《安全生产许可证条例》《建设工程安全生产管理条例》《建筑施工企业安全生产许可证管理规定》等建设工程相关法律法规和部门规章对政府部门、有关企业及相关人员的建设工程安全生产和管理行为进行了全面的规范，确立了一系列建设工程安全生产管理制度。现阶段正在执行的主要安全生产管理制度包括：安全生产责任制度；安全生产许可证制度；政府安全生产监督检查制度；安全生产教育培训制度；安全措施计划制度；特种作业人员持证上岗制度；专项施工方案专家论证制度；危及施工安全工艺、设备、材料淘汰制度；施工起重机械使用登记制度；安全检查制度；生产安全事故报告和调查处理制度；"三同时"制度；安全预评价制度；意外伤害保险制度等。

1）安全生产责任制度

安全生产责任制是最基本的安全管理制度，是所有安全生产管理制度的核心。安全生产责任制是按照安全生产管理方针和"管生产的同时必须管安全"的原则，将各级负责人员、各职能部门及其工作人员和各岗位生产工人在安全生产方面应做的事情且应负的责任加以明确规定的一种制度。具体来说，就是将安全生产责任分解到相关单位的主要负责人、项目负责人、班组长以及每个岗位的作业人员身上。

2）安全生产许可证制度

《安全生产许可证条例》规定国家对建筑施工企业实施安全生产许可证制度。其目的是为了严格规范安全生产条件，进一步加强安全生产监督管理，防止和减少生产安全事故。

国务院建设主管部门负责中央管理的建筑施工企业安全生产许可证的颁发和管理；其他企业由省、自治区、直辖市人民政府建设主管部门进行颁发和管理，并接受国务院建设主管部门的指导和监督。

3）政府安全生产监督检查制度

政府安全监督检查制度是指国家法律、法规授权的行政部门，代表政府对企业的安全生产过程实施监督管理。《建设工程安全生产管理条例》第五章"监督管理"对建设工程安全监督管理的规定内容如下：

（1）国务院负责安全生产监督管理的部门依照《中华人民共和国安全生产法》的规定，对全国建设工程安全生产工作实施综合监督管理。

（2）县级以上地方人民政府负责安全生产监督管理的部门依照《中华人民共和国安全生产法》的规定，对本行政区域内建设工程安全生产工作实施综合监督管理。

（3）国务院建设行政主管部门对全国的建设工程安全生产实施监督管理。国务院铁路、交通、水利等有关部门按照国务院规定的职责分工，负责有关专业建设工程安全生产的监督管理。

（4）县级以上地方人民政府建设行政主管部门对本行政区域内的建设工程安全生产实施监督管理。县级以上地方人民政府交通、水利等有关部门在各自的职责范围内，负责本行政区域内的专业建设工程安全生产的监督管理。

（5）县级以上人民政府负有建设工程安全生产监督管理职责的部门在各自的职责范围内履行安全监督检查职责时，有权纠正施工中违反安全生产要求的行为，责令立即排除检查中发现的安全事故隐患，对重大隐患可以责令暂时停止施工。建设行政主管部门或者其他有关部门可以将施工现场安全监督检查委托给建设工程安全监督机构具体实施。

4）安全生产教育培训制度

企业安全生产教育培训一般包括对管理人员、特种作业人员和企业员工的安全教育。其中对管理人员的安全教育包括对企业领导的安全教育，对项目经理、技术负责人和技术干部的安全教育，对行政管理干部的安全教育，对企业安全管理人员的安全教育和对班组长和安全员的安全教育。对企业员工的安全教育主要有新员工上岗前的三级安全教育、改变工艺和变换岗位安全教育、经常性安全教育三种形式。三级安全教育通常是指进厂、进车间、进班组三级，对建设工程来说，具体指企业（公司）、项目（或工区、工程处、施工队）、班组三级。

5）安全措施计划制度

安全措施计划制度是指企业进行生产活动时，必须编制安全措施计划，它是企业有计划地改善劳动条件和安全卫生设施，防止工伤事故和职业病的重要措施之一，对企业加强劳动保护，改善劳动条件，保障职工的安全和健康，促进企业生产经营的发展都起着积极作用。安全措施计划的范围应包括改善劳动条件、防止事故发生、预防职业病和职业中毒等内容，具体包括安全技术措施、职业卫生措施、辅助用房及设施和安全宣传教育措施等。

6）特种作业人员持证上岗制度

《建设工程安全生产管理条例》第二十五条规定：垂直运输机械作业人员、起重机械安装拆卸工、爆破作业人员、起草信号工、登高架设作业人员等特种作业人员，必须按照国家有关规定经过专门的安全作业培训，并取得特种作业操作资格证书后，方可上岗作业。

专门的安全作业培训，是指由有关主管部门组织的专门针对特种作业人员的培训，也就是特种作业人员在独立上岗作业前，必须进行与本工种相适应的、专门的安全技术理论学习和实际操作训练。经培训考核合格，取得特种作业操作资格证书后，才能上岗作业。特种作业操作资格证书在全国范围内有效，离开特种作业岗位一定时间后，应当按照规定重新进行实际操作考核，经确认合格后方可上岗作业。对于未经培训考核，就从事特种作业的，条例第六十二条规定了行政处罚；造成重大安全事故，构成犯罪的，对直接责任人员，依照刑法的有关规定追究刑事责任。

特种作业操作证由安全监管部门统一式样、标准及编号。特种作业操作证有效期为6年，在全国范围内有效。特种作业操作证每3年复审1次。特种作业人员在特种作业操作证有效期内，连续从事本工种10年以上，并且严格遵守有关安全生产法律法规的，经原考核发证机关或者从业所在地考核发证机关同意，特种作业操作证的重审时间可以延长至每6年1次。特种作业操作证申请复审或者延期复审前，特种作业人员应当参加必要的安全培训并考试合格。安全培训时间不少于8个学时，主要培训法律、法规、标准、事故案例和有关新工艺、新技术、新装备等知识。

7）专项施工方案专家论证制度

依据《建设工程安全生产管理条例》第二十六条的规定，施工单位应当在施工组织设计中编制安全技术措施和施工现场临时用电方案。对下列达到一定规模的危险性较大的分部分项工程编制专项施工方案，并附具安全验算结果，经施工单位技术负责人、总监理工程师签字后实施，由专职安全生产管理人员进行现场监督，包括基坑支护与降水工程，土方开挖工程，模板工程，起重吊装工程，脚手架工程，拆除、爆破工程，国务院建设行政主管部门或者其他有关部门规定的其他危险性较大的工程。

对上述所列工程中涉及深基坑、地下暗挖工程、高大模板工程的专项施工方案，施工单位还应当组织专家进行论证、审查。

8）危及施工安全工艺、设备、材料淘汰制度严重危及施工安全的工艺、设备、材料是指不符合生产安全要求，极有可能导致生产安全事故发生，致使人民生命和财产遭受重大损失的工艺、设备和材料。

《建设工程安全生产管理条例》第四十五条规定："国家对严重危及施工安全的工艺、设备、材料实行淘汰制度。具体目录由我部会同国务院其他有关部门制定并公布。"本条明确规定，国家对严重危及施工安全的工艺、设备和材料实行淘汰制度。这一方面有利于保障安全生产；另一方面也体现了优胜劣汰的市场经济规律，有利于提高生产经营单位的工艺水平，促进设备更新。

根据本条的规定，对严重危及施工安全的工艺、设备和材料，实行淘汰制度，需要国务院建设行政主管部门会同国务院其他有关部门确定哪些是严重危及施工安全的工艺、设备和材料，并且以明示的方法予以公布。对于已经公布的严重危及施工安全的工艺、设备和材料，建设单位和施工单位都应当严格遵守和执行，不得继续使用此类工艺和设备，也不得转让他人使用。

9) 施工起重机械使用登记制度

《建设工程安全生产管理条例》第三十五条规定："施工单位应当自施工起重机械和整体提升脚手架、模板等自升式架设设施验收合格之日起三十日内，向建设行政主管部门或者其他有关部门登记。登记标志应当置于或者附着于该设备的显著位置。"

这是对施工起重机械的使用进行监督和管理的一项重要制度，能够有效防止不合格机械和设施投入使用；同时，还有利于监管部门及时掌握施工起重机械和整体提升脚手架、模板等自升式架设设施的使用情况，以利于监督管理。

进行登记应当提交施工起重机械有关资料，包括：

（1）生产方面的资料，如设计文件、制造质量证明书、检验证书、使用说明书、安装证明等；

（2）使用的有关情况资料，如施工单位对于这些机械和设施的管理制度和措施、使用情况、作业人员的情况等。

监管部门应当对登记的施工起重机械建立相关档案，及时更新，加强监管，减少生产安全事故的发生。施工单位应当将标志置于显著位置，便于使用者监督，保证施工起重机械的安全使用。

10) 安全检查制度

安全检查制度是消除隐患、防止事故、改善劳动条件的重要手段，是企业安全生产管理工作的一项重要内容。通过安全检查可以发现企业及生产过程中的危险因素，以便有计划地采取措施，保证安全生产。

安全检查方式有企业组织的定期安全检查，各级管理人员的日常巡回检查，专业性检查，季节性检查，节假日前后的安全检查，班组自检、交接检查，不定期检查等。

安全检查的主要内容包括：查思想、查管理、查隐患、查整改、查伤亡事故处理等。安全检查的重点是检查"三违"和安全责任制的落实。检查后应编写安全检查报告，报告应包括以下内容：已达标项目、未达标项目、存在问题、原因分析、纠正和预防措施。

对查出的安全隐患，不能立即整改的要制定整改计划，定人、定措施、定经费、定完成日期，在未消除安全隐患前，必须采取可靠的防范措施，如有危及人身安全的紧急险情，应立即停工。应按照"登记-整改-复查-销案"的程序处理安全隐患。

11) 生产安全事故报告和调查处理制度

关于生产安全事故报告和调查处理制度，《安全生产法》、《建筑法》、《建设工程安全生产管理条例》、《生产安全事故报告和调查处理条例》、《特种设备安全监察条例》等法律法规都对此作了相应的规定。

《安全生产法》第七十条规定："生产经营单位发生生产安全事故后，事故现场有关人员应当立即报告本单位负责人，单位负责人接到事故报告后，应当迅速采取有效措施，组织抢救，防止事故扩大，减少人员伤亡和财产损失，并按照国家有关规定立即如实报告当地负有安全生产监督管理职责的部门，不得隐瞒不报、谎报或者拖延不报，不得故意破坏事故现场、毁灭有关证据。"

《建筑法》第五十一条规定："施工中发生事故时，建筑施工企业应当采取紧急措施减少人员伤亡和事故损失，并按照国家有关规定及时向有关部门报告。"

《建设工程安全生产管理条例》第五十条对建设工程生产安全事故报告制度的规定为："施工单位发生生产安全事故，应当按照国家有关伤亡事故报告和调查处理的规定，及时、如实地向负责安全生产监督管理的部门、建设行政主管部门或者其他有关部门报告；特种设备发生事故的，还应当同时向特种设备安全监督管理部门报告。接到报告的部门应当按照国家有关规定，如实上报。"本条是关于发生伤亡事故时的报告义务的规定。一旦发生安全事故，及时报告有关部门是及时组织抢救的基础，也是认真进行调查分清责任的基础。因此，施工单位在发生安全事故时，不能隐瞒事故情况。

《特种设备安全监察条例》第六十二条规定："特种设备发生事故，事故发生单位应当迅速采取有效措施，组织抢救，防止事故扩大，减少人员伤亡和财产损失，并按照国家有关规定，及时、如实地向负有安全生产监督管理职责的部门和特种设备安全监督管理部门等有关部门报告。不得隐瞒不报、谎报或者拖延不报。"条例规定在特种设备发生事故时，应当同时向特种设备安全监督管理部门报告。这是因为特种设备的事故救援和调查处理专业性、技术性更强，因此，由特种设备安全监督部门组织有关救援和调查处理更方便一些。

2007年6月1日起实施的《生产安全事故报告和调查处理条例》对生产安全事故报告和调查处理制度作了更加明确的规定。

12)"三同时"制度

"三同时"制度是指凡是我国境内新建、改建、扩建的基本建设项目（工程）、技术改建项目（工程）和引进的建设项目，其安全生产设施必须符合国家规定的标准，必须与主体工程同时设计、同时施工、同时投入生产和使用。安全生产设施主要是指安全技术方面的设施、职业卫生方面的设施、生产辅助性设施。

《中华人民共和国劳动法》第五十三条规定："新建、改建、扩建工程的劳动安全卫生设施必须与主体工程同时设计、同时施工、同时投入生产和使用。"

《中华人民共和国安全生产法》第二十四条规定："生产经营单位新建、改建、扩建工程项目的安全设施，必须与主体工程同时设计、同时施工、同时投入生产和使用。安全设施投资应当纳入建设项目概算。"

新建、改建、扩建工程的初步设计要经过行业主管部门、安全生产管理部门、卫生部门和工会的审查，同意后方可进行施工；工程项目完成后，必须经过主管部门、安全生产管理行政部门、卫生部门和工会的竣工检验；建设工程项目投产后，不得将安全设施闲置不用，生产设施必须和安全设施同时使用。

13）安全预评价制度

安全预评价是在建设工程项目前期，应用安全评价的原理和方法对工程项目的危险性、危害性进行预测性评价。

开展安全预评价工作，是贯彻落实"安全第一，预防为主"方针的重要手段，是企业实施科学化、规范化安全管理的工作基础。科学、系统地开展安全评价工作，不仅直接起到了消除危险有害因素、减少事故发生的作用，有利于全面提高企业的安全管理水平，而且有利于系统地、有针对性地加强对不安全状况的治理、改造，最大限度地降低安全生产风险。

14）意外伤害保险制度

根据《建筑法》第四十八条规定，建筑职工意外伤害保险是法定的强制性保险。2003年5月23日建设部公布了《建设部关于加强建筑意外伤害保险工作的指导意见》（建质[2003]07号），从九个方面对加强和规范建筑意外伤害保险工作提出了较详尽的规定，明确了建筑施工企业应当为施工现场从事施工作业和管理的人员，在施工活动过程中发生的人身意外伤亡事故提供保障，办理建筑意外伤害保险、支付保险费，范围应当覆盖工程项目，同时，还对保险期限、盘额、保费、投保方式、索赔、安全服务且行业自保等都提出了指导性意见。

3.2 工程参建各方的质量管理责任

建设工程质量责任制涵盖了多方主体的质量责任制，除施工单位外，还有建设单位、勘察设计单位、工程监理单位的质量责任制。

《建筑工程五方责任主体项目责任人质量终身责任追究暂行办法》明确规定，建筑工程五方责任主体项目负责人是指承担建筑工程项目建设的建设单位项目负责人、勘察单位项目负责人、设计单位项目负责人、施工单位项目经理、监理单位总监理工程师。

3.2.1 建设单位的质量责任

建设单位作为建设工程的投资人，是建设工程的重要责任主体。建设单位有权选择承包单位，有权对建设过程进行检查、控制，对建设工程进行验收，并要按时支付工程款和费用等，在整个建设活动中居于主导地位。因此，要确保建设工程的质量，首先就要对建设单位的行为进行规范，对其质量责任予以明确。

1. 依法发包工程

《建设工程质量管理条例》规定，建设单位应当将工程发包给具有相应资质等级的单位。建设单位不得将建设工程肢解发包。建设单位应当依法对工程建设项目的勘察、设计、施工、监理以及与工程建设有关的重要设备、材料等的采购进行招标。

《建筑工程五方责任主体项目负责人质量终身责任追究暂行办法》进一步规定，建设单位项目负责人对工程质量承担全面责任，不得违法发包、肢解发包，不得以任何理由要求勘察、设计、施工、监理单位违反法律法规和工程建设标准，降低工程质量，其违法违规或不当行为造成工程质量事故或质量问题应当承担责任。

工程建设活动不同于一般的经济活动，从业单位的素质高低直接影响着建设工程质量。企业资质等级反映了企业从事某项工程建设活动的资格和能力，是国家对建设市场准入管理的重要手段。将工程发包给具有相应资质等级的单位来承担，是保证建设工程质量的基本前提。因此，从事工程建设活动必须符合严格的资质条件。《建设工程勘察设计资质管理规定》、《建筑业企业资质管理规定》、《工程监理企业资质管理规定》等，均对工程勘察单位、工程设计单位、施工企业和工程监理单位的资质等级、资质标准、业务范围等作出了明确规定。如果建设单位将工程发包给没有资质等级或资质等级不符合条件的单位，不仅扰乱了建设市场秩序，更重要的将会因为承包单位不具备完成建设工程的技术能力、专业人员和资金，造成工程质量低劣，甚至使工程项目半途而废。

建设单位发包工程时，应该根据工程特点，以有利于工程的质量、进度、成本控制为原则，合理划分标段，但不得肢解发包工程。如果将应当由一个承包单位完成的工程肢解成若干部分，分别发包给不同的承包单位，将使整个工程建设在管理和技术上缺乏应有的统筹协调，从而造成施工现场秩序的混乱，责任不清，严重影响建设工程质量，一旦出现问题也很难找到责任方。

2. 依法向有关单位提供原始资料

《建设工程质量管理条例》规定，建设单位必须向有关的勘察、设计、施工、工程监理等单位提供与建设工程有关的原始资料。原始资料必须真实、准确、齐全。

原始资料是工程勘察、设计、施工、监理等单位赖以进行相关工程建设的基础性材料。建设单位作为建设活动的总负责方，向有关单位提供原始资料，并保证这些资料的真实、准确、齐全，是其基本的责任和义务。

在工程实践中，建设单位根据委托任务必须向勘察单位提供如勘察任务书、项目规划总平面图、地下管线、地形地貌等在内的基础资料；向设计单位提供政府有关部门批准的项目建议书、可行性研究报告等立项文件，设计任务书，有关城市规划、专业规划设计条件，勘察成果及其他基础资料；向施工单位提供概算批准文件，建设项目正式列入国家、部门或地方的年度固定资产投资计划，建设用地的征用资料，施工图纸及技术资料，建设资金和主要建筑材料、设备的来源落实资料，建设项目所在地规划部门批准文件，施工现场完成"三通一平"的平面图等资料；向工程监理单位提供的原始资料，除包括给施工单位的资料外，还要有建设单位与施工单位签订的承包合同文本。

3. 限制不合理的干预行为

《建筑法》规定，建设单位不得以任何理由，要求建筑设计单位或者建筑施工企业在工程设计或者施工作业中，违反法律、行政法规和建筑工程质量、安全标准，降低工程质量。

《建设工程质量管理条例》进一步规定，建设工程发包单位，不得迫使承包方以低于成本的价格竞标，不得任意压缩合理工期。建设单位不得明示或者暗示设计单位或者施工单位违反工程建设强制性标准，降低建设工程质量。

成本是构成价格的主要部分，是承包方估算投标价格的依据和最低的经济底线。如果建设单位一味强调降低成本，迫使承包方互相压价，以低于成本的价格中标，势必会导致中标单位在承包工程后，为了减少开支、降低成本而采取偷工减料、以次充好、粗制滥造等手段，最终导致建设工程出现质量问题，影响投资效益的发挥。

建设单位也不得任意压缩合理工期。因为，合理工期是指在正常建设条件下，采取科学合理的施工工艺和管理方法，以现行的工期定额为基础，结合工程项目建设的实际，经合理测算和平等协商而确定的使参与各方均获满意的经济效益的工期。如果盲目要求赶工期，势必会简化工序、不按规程操作，从而导致建设工程出现质量等诸多问题。

建设单位更不得以任何理由，诸如建设资金不足、工期紧等，违反强制性标准的规定，要求设计单位降低设计标准，或者要求施工单位采用建设单位采购的不合格材料设备等。这种行为是法律决不允许的。因为，强制性标准是保证建设工程结构安全可靠的基础性要求，违反了这类标准，必然会给建设工程带来重大质量隐患。

4. **依法报审施工图设计文件**

《建设工程质量管理条例》规定，建设单位应当将施工图设计文件报县级以上人民政府建设行政主管部门或者其他有关部门审查。施工图设计文件未经审查批准的，不得使用。

施工图设计文件是设计文件的重要内容，是编制施工图预算、安排材料、设备订货和非标准设备制作，进行施工、安装和工程验收等工作的依据。施工图设计文件一经完成，建设工程最终所要达到的质量，尤其是地基基础和结构的安全性就有了约束。因此，施工图设计文件的质量直接影响建设工程的质量。

建立和实施施工图设计文件审查制度，是许多发达国家确保建设工程质量的成功做法。我国于1998年开始进行建筑工程项目施工图设计文件审查试点工作，在节约投资、发现设计质量隐患和避免违法违规行为等方面都有明显的成效。通过开展对施工图设计文件的审查，既可以对设计单位的成果进行质量控制，也能纠正参与建设活动各方特别是建设单位的不规范行为。

5. **依法实行工程监理**

《建设工程质量管理条例》规定，实行监理的建设工程，建设单位应当委托具有相应资质等级的工程监理单位进行监理，也可以委托具有工程监理相应资质等级并与被监理工程的施工承包单位没有隶属关系或者其他利害关系的该工程的设计单位进行监理。

监理工作要求监理人员具有较高的技术水平和较丰富的工程经验，因此国家对开展工程监理工作的单位实行资质许可。工程监理单位的资质反映了该单位从事某项监理工作的资格和能力。为了保证监理工作的质量，建设单位必须将需要监理的工程委托给具有相应资质等级的工程监理单位进行监理。

目前，我国的工程监理主要是对工程的施工过程进行监督，而该工程的设计人员对设计意图比较理解，对设计中各专业如结构、设备等在施工中可能发生的问题也比较清楚，因此由具有监理资质的设计单位对自己设计的工程进行监理，对保证工程质量是十分有利的。但是，设计单位与承包该工程的施工单位不得有行政隶属关系，也不得存在可能直接影响设计单位实施监理公正性的非常明显的经济或其他利益关系。

《建设工程质量管理条例》还规定，下列建设工程必须实行监理：（1）国家重点建设工程；（2）大中型公用事业工程；（3）成片开发建设的住宅小区工程；（4）利用外国政府或者国际组织贷款、援助资金的工程；（5）国家规定必须实行监理的其他工程。

6. **依法办理工程质量监督手续**

《建设工程质量管理条例条例》规定,建设单位在领取施工许可证或者开工报告前,应当按照国家有关规定办理工程质量监督手续。

办理工程质量监督手续是法定程序,不办理质量监督手续的,不发施工许可证,工程不得开工。因此,建设单位在领取施工许可证或者开工报告之前,应当依法到建设行政主管部门或铁路、交通、水利等有关管理部门,或其委托的工程质量监督机构办理工程质量监督手续,接受政府主管部门的工程质量监督。

建设单位办理工程质量监督手续,应提供以下文件和资料:(1)工程规划许可证;(2)设计单位资质等级证书;(3)监理单位资质等级证书,监理合同及《工程项目监理登记表》;(4)施工单位资质等级证书及营业执照副本;(5)工程勘察设计文件;(6)中标通知书及施工承包合同等。

7. 依法保证建筑材料等符合要求

《建设工程质量管理条例》规定,按照合同约定,由建设单位采购建筑材料、建筑构配件和设备的,建设单位应当保证建筑材料、建筑构配件和设备符合设计文件和合同要求。建设单位不得明示或者暗示施工单位使用不合格的建筑材料、建筑构配件和设备。

在工程实践中,根据工程项目设计文件和合同要求的质量标准,哪些材料和设备由建设单位采购,哪些材料和设备由施工单位采购,应该在合同中明确约定,并且是谁采购谁负责。所以,由建设单位采购建筑材料、建筑构配件和设备的,建设单位必须保证建筑材料、建筑构配件和设备符合设计文件和合同要求。对于建设单位负责供应的材料设备,在使用前施工单位应当按照规定对其进行检验和试验,如果不合格,不得在工程上使用,并应通知建设单位予以退换。

有些建设单位为了赶进度或降低采购成本,常常以各种明示或暗示的方式,要求施工单位降低标准而在工程上使用不合格的建筑材料、建筑构配件和设备。此类行为不仅严重违法,而且危害极大。

8. 依法进行装修工程

随意拆改建筑主体结构和承重结构等,会危及建设工程安全和人民生命财产安全。因此,《建设工程质量管理条例》规定,涉及建筑主体和承重结构变动的装修工程,建设单位应当在施工前委托原设计单位或者具有相应资质等级的设计单位提出设计方案;没有设计方案的,不得施工。房屋建筑使用者在装修过程中,不得擅自变动房屋建筑主体和承重结构。

建筑设计方案是根据建筑物的功能要求,具体确定建筑标准、结构形式、建筑物的空间和平面布置以及建筑群体的安排。对于涉及建筑主体和承重结构变动的装修工程,设计单位会根据结构形式和特点,对结构受力进行分析,对构件的尺寸、位置、配筋等重新进行计算和设计。因此,建设单位应当委托该建筑工程的原设计单位或者具有相应资质条件的设计单位提出装修工程的设计方案。如果没有设计方案就擅自施工,则将留下质量隐患甚至造成质量事故,后果严重。

房屋使用者在装修过程中,也不得擅自变动房屋建筑主体和承重结构,如拆除隔墙、窗洞改门洞等,都是不允许的。

9. 建设单位质量违法行为应承担的法律责任

《建筑法》规定,建设单位违反本法规定,要求建筑设计单位或者建筑施工企业违反建筑工程质量、安全标准,降低工程质量的,责令改正,可以处以罚款;构成犯罪的,依法追究刑事责任。

3.2.2 施工单位的质量责任

施工单位是工程建设的重要责任主体之一。由于施工阶段影响质量稳定的因素和涉及的责任主体均较多,协调管理的难度较大,施工阶段的质量责任制度尤为重要。

2014年8月住房城乡建设部发布的《建筑工程五方责任主体项目负责人质量终身责任追究暂行办法》规定,建筑工程开工建设前,建设、勘察、设计、施工、监理单位法定代表人应当签署授权书,明确本单位项目负责人。建筑工程五方责任主体项目负责人质量终身责任,是指参与新建、扩建、改建的建筑工程项目负责人按照国家法律法规和有关规定,在工程设计使用年限内对工程质量承担相应责任。工程质量终身责任实行书面承诺和竣工后永久性标牌等制度。

1. 对施工质量负责和总分包单位的质量责任

1) 施工单位对施工质量负责

《建筑法》规定,建筑施工企业对工程的施工质量负责。《建设工程质量管理条例》进一步规定,施工单位对建设工程的施工质量负责。施工单位应当建立质量责任制,确定工程项目的项目经理、技术负责人和施工管理负责人。

对施工质量负责是施工单位法定的质量责任。由于参与主体多元化,所以建设工程质量的责任主体也势必多元化。施工单位是建设工程质量的重要责任主体,但不是唯一的责任主体。建设工程各方主体应依法各司其职、各负其责,使建设工程质量责任真正落到实处。施工单位的质量责任制,是其质量保证体系的一个重要组成部分,也是施工质量目标得以实现的重要保证。建立质量责任制,主要包括制定质量目标计划,建立考核标准,并层层分解落实到具体的责任单位和责任人,特别是工程项目的项目经理、技术负责人和施工管理负责人。落实质量责任制,不仅是为了在出现质量问题时可以追究责任,更重要的是通过层层落实质量责任制,做到事事有人管、人人有职责,加强对施工过程的全面质量控制,保证建设工程的施工质量。

《建筑工程五方责任主体项目负责人质量终身责任追究暂行办法》规定,施工单位项目经理应当按照经审查合格的施工图设计文件和施工技术标准进行施工,对因施工导致的工程质量事故或质量问题承担责任。

2) 总分包单位的质量责任

《建筑法》规定,建筑工程实行总承包的,工程质量由工程总承包单位负责,总承包单位将建筑工程分包给其他单位的,应当对分包工程的质量与分包单位承担连带责任。分包单位应当接受总承包单位的质量管理。

《建设工程质量管理条例》进一步规定,建设工程实行总承包的,总承包单位应当对全部建设工程质量负责;建设工程勘察、设计、施工、设备采购的一项或者多项实行总承包的,总承包单位应当对其承包的建设工程或者采购的设备的质量负责。总承包单位依法将建设工程分包给其他单位的,分包单位应当按照分包合同的约定对其分包工程的质量向总承包单位负责,总承包单位与分包单位对分包工程的质量承担连带责任。

据此,无论是实行建设工程总承包还是对建设工程勘察、设计、施工、设备采购的一项或者多项实行总承包,总承包单位都应当对其所承包的工程或工作承担总体的质量责任。这是因为,在总分包的情况下存在着总包、分包两个合同,所以就有两种合同法律关系:(1)总承包单位要按照总包合同向建设单位负总体质量责任,这种责任的承担不论是总承包单位造成的还是分包单位造成的;(2)在总承包单位承担责任后,可以依据分包合同的约定,追究分包单位的质量责任包括追偿经济损失。

同时,分包单位应当接受总承包单位的质量管理。总承包单位与分包单位对分包工程的质量还要依法承担连带责任。当分包工程发生质量问题时,建设单位或其他受害人既可以向分包单位请求赔偿,也可以向总承包单位请求赔偿;进行赔偿的一方,有权依据分包合同的约定,对不属于自己责任的那部分赔偿向对方追偿。

2. 按照工程设计图纸和施工技术标准施工的规定

《建筑法》规定,建筑施工企业必须按照工程设计图纸和施工技术标准施工,不得偷工减料。工程设计的修改由原设计单位负责,建筑施工企业不得擅自修改工程设计。《建设工程质量管理条例》进一步规定,施工单位必须按照工程设计图纸和施工技术标准施工,不得擅自修改工程设计,不得偷工减料。施工单位在施工过程中发现设计文件和图纸有差错的,应当及时提出意见和建议。

2012年7月公安部修改后发布的《建设工程消防监督管理规定》要求,施工单位必须按照国家工程建设消防技术标准和经消防设计审核合格或者备案的消防设计文件组织施工,不得擅自改变消防设计进行施工,降低消防施工质量。

3. 对建筑材料、设备等进行检验检测的规定

《建筑法》规定,建筑施工企业必须按照工程设计要求、施工技术标准和合同的约定,对建筑材料、建筑构配件和设备进行检验,不合格的不得使用。

《建设工程质量管理条例》进一步规定,施工单位必须按照工程设计要求、施工技术标准和合同约定,对建筑材料、建筑构配件、设备和商品混凝土进行检验,检验应当有书面记录和专人签字;未经检验或者检验不合格的,不得使用。

由于建设工程属于特殊产品,其质量隐蔽性强、终检局限性大,在施工全过程质量控制中,必须严格执行法定的检验、检测制度。否则,将给建设工程造成难以逆转的先天性质量隐患,甚至导致质量安全事故。依法对建筑材料、设备等进行检验检测,是施工单位的一项重要法定义务。

4. 施工质量检验和返修的规定

1)施工质量检验制度

《建设工程质量管理条例》规定,施工单位必须建立、健全施工质量的检验制度,严格工序管理,作好隐蔽工程的质量检查和记录。隐蔽工程在隐蔽前,单位应当通知建设单位和建设工程质量监督机构。

施工质量检验,通常是指工程施工过程中工序质量检验(或称为过程检验),包括预检、自检、交接检、专职检、分部工程中间检验以及隐蔽工程检验等。

2)建设工程的返修

《建筑法》规定,对已发现的质量缺陷,建筑施工企业应当修复。《建设工程质量管理条例》进一步规定,施工单位对施工中出现质量问题的建设工程或者竣工验收不合格的建设工程,应当负责返修。

《中华人民共和国合同法》（以下简称《合同法》）也作了相应规定，因施工人的原因致使建设工程质量不符合约定的，发包人有权要求工人在合理期限内无偿修理或者返工、改建。

返修作为施工单位的法定义务，其返修包括施工过程中出现质量问题的建设工程和竣工验收不合格的建设工程两种情形。所谓返工，是指工程质量不符合规定的质量标准，而又无法修理的情况下重新进行施工；修理则是指工程质量不符合标准，而又有可能修复的情况下，对工程进行修补，使其达到质量标准的要求。不论是施工过程中出现质量问题的建设工程，还是竣工验收时发现质量问题的工程，施工单位都要负责返修。

对于非施工单位原因造成的质量问题，施工单位也应当负责返修，但是因此而造成的损失及返修费用由责任方负责。

5. 建立健全职工教育培训制度的规定

《建设工程质量管理条例》规定，施工单位应当建立、健全教育培训制度，加强对职工的教育培训；未经教育培训或者考核不合格的人员，不得上岗作业。

施工单位建立健全教育培训制度，加强对职工的教育培训，是企业重要的基础工作之一。由于施工单位从事一线施工活动的人员大多来自农村，教育培训的任务十分艰巨。施工单位的教育培训通常包括各类质量教育和岗位技能培训等。

先培训、后上岗，特别是与质量工作有关的人员，如总工程师、项目经理、质量体系内审员、质量检查员、施工人员、材料试验及检测人员，关键技术工种如焊工、钢筋工、混凝土工等，未经培训或者培训考核不合格的人员，不得上岗工作或作业。

6. 违法行为应承担的法律责任

施工单位质量违法行为应承担的主要法律责任如下：

1）违反资质管理规定和转包、违法分包造成质量问题应承担的法律责任

《建筑法》规定，建筑施工企业转让、出借资质证书或者以其他方式允许他人以本企业的名义承揽工程的，……对因该项承揽工程不符合规定的质量标准造成的损失，建筑施工企业与使用本企业名义的单位或者个人承担连带赔偿责任。

承包单位将承包的工程转包的，或者违反本法规定进行分包的，……对因转包工程或者违法分包的工程不符合规定的质量标准造成的损失，与接受转包或者分包的单位承担连带赔偿责任。

2）偷工减料等违法行为应承担的法律责任

《建筑法》规定，建筑施工企业在施工中偷工减料的，使用不合格的建筑材料、建筑构配件和设备的，或者有其他不按照工程设计图纸或者施工技术标准施工的行为的，责令改正，处以罚款；情节严重的，责令停业整顿，降低资质等级或者吊销资质证书；造成建筑工程质量不符合规定的质量标准的，负责返工、修理，并赔偿因此造成的损失；构成犯罪的，依法追究刑事责任。

《建设工程质量管理条例》规定，施工单位在施工中偷工减料的，使用不合格的建筑材料、建筑构配件和设备的，或者有不按照工程设计图纸或者施工技术标准施工的其他行为的，责令改正，处工程合同价款2%以上4%以下的罚款；造成建设工程质量不符合规定的质量标准的，负责返工、修理，并赔偿因此造成的损失；情节严重的，责令停业整顿，降低资质等级或者吊销资质证书。

3）项目经理违法行为应承担的法律责任

《建筑工程五方责任主体项目负责人质量终身责任追究暂行办法》规定，符合下列情形之一的，县级以上地方人民政府住房城乡建设主管部门应当依法追究项目负责人的质量终身责任：(1) 发生工程质量事故；(2) 发生投诉、举报、群体性事件、媒体报道并造成恶劣社会影响的严重工程质量问题；(3) 由于勘察、设计或施工原因造成尚在设计使用年限内的建筑工程不能正常使用；(4) 存在其他需追究责任的违法违规行为。

对施工单位项目经理按以下方式进行责任追究：(1) 项目经理为相关注册执业人员的，责令停止执业1年；造成重大质量事故的，吊销执业资格证书，5年以内不予注册；情节特别恶劣的，终身不予注册；(2) 构成犯罪的，移送司法机关依法追究刑事责任；(3) 处单位罚款数额5%以上10%以下的罚款；(4) 向社会公布曝光。

4）检验检测违法行为应承担的法律责任

《建设工程质量管理条例》规定，施工单位未对建筑材料、建筑构配件、设备和商品混凝土进行检验，或者未对涉及结构安全的试块、试件以及有关材料取样检测的，责令改正，处10万元以上20万元以下的罚款；情节严重的，责令停业整顿，降低资质等级或者吊销资质证书；造成损失的，依法承担赔偿责任。

5）构成犯罪的追究刑事责任

《建设工程质量管理条例》规定，建设单位、设计单位、施工单位、工程监理单位违反国家规定，降低工程质量标准，造成重大安全事故，构成犯罪的，对直接责任人员依法追究刑事责任。

建设、勘察、设计、施工、工程监理单位的工作人员因调动工作、退休等原因离开该单位后，被发现在该单位工作期间违反国家有关建设工程质量管理规定，造成重大工程质量事故的，仍应当依法追究法律责任。

2015年8月经修改后公布的《中华人民共和国刑法》（以下简称《刑法》）第137条规定，建设单位、设计单位、施工单位、工程监理单位违反国家规定，降低工程质量标准，造成重大安全事故的，对直接责任人员处5年以下有期徒刑或者拘役，并处罚金；后果特别严重的，处5年以上10年以下有期徒刑，并处罚金。

3.2.3 勘察、设计单位相关的质量责任

《建筑法》规定，建筑工程的勘察、设计单位必须对其勘察、设计的质量负责。勘察、设计文件应当符合有关法律、行政法规的规定和建筑工程质量、安全标准、建筑工程勘察、设计技术规范以及合同的约定。

《建设工程质量管理条例》进一步规定，勘察、设计单位必须按照工程建设强制性标准进行勘察、设计，并对其勘察、设计的质量负责。注册建筑师、注册结构工程师等注册执业人员应当在设计文件上签字，对设计文件负责。

谁勘察设计谁负责，谁施工谁负责，这是国际上通行的做法。勘察、设计单位和执业注册人员是勘察设计质量的责任主体，也是整个工程质量的责任主体之一。勘察、设计质量实行单位与执业注册人员双重责任，即勘察、设计单位对其勘察、设计的质量负责，注册建筑师、注册结构工程师等专业人士对其签字的设计文件负责。

1. 依法承揽工程的勘察、设计业务

《建设工程质量管理条例》规定，从事建设工程勘察、设计的单位应当依法取得相应等级的资质证书，并在其资质等级许可的范围内承揽工程。禁止勘察、设计单位超越其资质等级许可的范围或者以其他勘察、设计单位的名义承揽工程。禁止勘察、设计单位允许其他单位或者个人以本单位的名义承揽工程。勘察、设计单位不得转包或者违法分包所承揽的工程。

勘察、设计作为一个特殊行业，有着严格的市场准入条件。勘察、设计单位只有具备了相应的资质条件，才有能力保证勘察、设计质量。如果超越资质等级许可的范围承揽工程，就超越了其勘察设计能力，也就不能保证勘察设计的质量。在实践中，超越资质等级许可范围承接工程的行为，大多是通过借用、有偿使用其他有资质单位的资质证书、图签来进行的，因而被借用者、出卖者也负有不可推卸的责任。此外，与施工一样，勘察、设计也不允许转包和违法分包。

2. 勘察、设计必须执行强制性标准

《建设工程质量管理条例》规定，勘察、设计单位必须按照工程建设强制性标准进行勘察、设计，并对其勘察、设计的质量负责。

强制性标准是工程建设技术和经验的积累，是勘察、设计工作的技术依据。只有满足工程建设强制性标准才能保证质量，才能满足工程对安全、卫生、环保等多方的质量要求，因而勘察、设计单位必须严格执行。

3. 勘察单位提供的勘察成果必须真实、准确

《建设工程质量管理条例》规定，勘察单位提供的地质、测量、水文等勘察成果必须真实、准确。

工程勘察工作是建设工作的基础工作，工程勘察成果文件是设计和施工的基础资料和重要依据。其真实准确与否直接影响到设计、施工质量，因而工程勘察成果必须真实准确、安全可靠。

4. 设计依据和设计深度

《建设工程质量管理条例》规定，设计单位应当根据勘察成果文件进行建设工程设计。设计文件应当符合国家规定的设计深度要求，注明工程合理使用年限。

勘察成果文件是设计的基础资料，是设计的依据。因此，先勘察、后设计是工程建设的基本做法，也是基本建设程序的要求。我国对各类设计文件的编制深度都有规定，在实践中应当贯彻执行。工程合理使用年限是指从工程竣工验收合格之日起，工程的地基基础、主体结构能保证在正常情况下安全使用的年限。它与《建筑法》中的"建筑物合理寿命年限"、《合同法》中的"工程合理使用期限"等在概念上是一致的。

5. 依法规范设计对建筑材料等的选用

《建筑法》、《建设工程质量管理条例》都规定，设计单位在设计文件中选用的建筑材料、建筑构配件和设备，应当注明规格、型号、性能等技术指标，其质量要求必须符合国家规定的标准。除有特殊要求的建筑材料、专用设备、工艺生产线等外，设计单位不得指定生产厂、供应商。

为了使建设工程的施工能准确满足设计意图，设计文件中必须注明所选用的建筑材料、建筑构配件和设备的规格、型号、性能等技术指标。这也是设计文件编制深度的要求。但是，在通用产品能保证工程质量的前提下，设计单位不可故意选用特殊要求的产

品，也不能滥用权力限制建设单位或施工单位在材料等采购上的自主权。

6. 依法对设计文件进行技术交底

《建设工程质量管理条例》规定，设计单位应当就审查合格的施工图设计文件向施工单位作出详细说明。

设计文件的技术交底，通常的做法是设计文件完成后，通过建设单位发给施工单位，再由设计单位将设计的意图、特殊的工艺要求，以及建筑、结构、设备等各专业在施工中的难点、疑点和容易发生的问题等向施工单位作详细说明，并负责解释施工单位对设计图纸的疑问。

对设计文件进行技术交底是设计单位的重要义务，对确保工程质量有重要的意义。

7. 依法参与建设工程质量事故分析

《建设工程质量管理条例》规定，设计单位应当参与建设工程质量事故分析，并对因设计造成的质量事故，提出相应的技术处理方案。

工程质量的好坏，在一定程度上就是工程建设是否准确贯彻了设计意图。因此，一旦发生了质量事故，该工程的设计单位最有可能在短时间内发现存在的问题，对事故的分析具有权威性。这对及时进行事故处理十分有利。对因设计造成的质量事故，原设计单位必须提出相应的技术处理方案，这是设计单位的法定义务。

8. 勘察、设计单位质量违法行为应承担的法律责任

《建设法》规定，建筑设计单位不按照建筑工程质量、安全标准进行设计的，责令改正，处以罚款；造成工程质量事故的，责令停业整顿，降低资质等级或者吊销资质证书，没收违法所得，并处罚款；造成损失的，承担赔偿责任；构成犯罪的，依法追究刑事责任。

3.2.4 工程监理单位相关的质量责任

工程监理单位接受建设单位的委托，代表建设单位，对建设工程进行管理。因此，工程监理单位也是建设工程质量的责任主体之一。

1. 依法承担工程监理业务

《建筑法》规定，工程监理单位应当在其资质等级许可的监理范围内，承担工程监理业务。工程监理单位不得转让工程监理业务。

《建设工程质量管理条例》进一步规定，工程监理单位应当依法取得相应等级的资质证书，并在其资质等级许可的范围内承担工程监理业务。禁止工程监理单位超越本单位资质等级许可的范围或者以其他工程监理单位的名义承担工程监理业务。禁止工程监理单位允许其他单位或者个人以本单位的名义承担工程监理业务。工程监理单位不得转让工程监理业务。

监理单位按照资质等级承担工程监理业务，是保证监理工作质量的前提。越级监理、允许其他单位或者个人以本单位的名义承担监理业务等，将使工程监理变得有名无实，最终会对工程质量造成危害。监理单位转让工程监理业务，与施工单位转包工程有着同样的危害性。

2. 对有隶属关系或其他利害关系的回避

《建筑法》、《建设工程质量管理条例》都规定，工程监理单位与被监理工程的施工承

包单位以及建筑材料、建筑构配件和设备供应单位有隶属关系或者其他利害关系的，不得承担该项建设工程的监理业务。

由于工程监理单位与被监理工程的承包单位以及建筑材料、建筑构配件和设备供应单位之间，是一种监督与被监督的关系，为了保证客观、公正执行监理任务，工程监理单位与上述单位不能有隶属关系或者其他利害关系。如果有这种关系，工程监理单位在接受监理委托前，应当自行回避；对于没有回避而被发现的，建设单位可以依法解除委托关系。

3. 监理工作的依据和监理责任

《建设工程质量管理条例》规定，工程监理单位应当依照法律、法规以及有技术标准、设计文件和建设工程承包合同，代表建设单位对施工质量实施监理，并对施工质量承担监理责任。

《建筑工程五方责任主体项目负责人质量终身责任追究暂行办法》进一步规定，监理单位总监理工程师应当按照法律法规、有关技术标准、设计文件和工程承包合同进行监理，对施工质量承担监理责任。

工程监理的依据是：(1) 有关法律法规，如《建筑法》、《合同法》、《建设工程质量管理条例》等；(2) 有关技术标准，如《工程建设标准强制性条文》以及建设工程承包合同中确认采用的推荐性标准等；(3) 设计文件，施工图设计等设计文件既是施工的依据，也是监理单位对施工活动进行监督管理的依据；(4) 建设工程承包合同，监理单位据此监督施工单位是否全面履行合同约定的义务。

监理单位对施工质量承担监理责任，包括违约责任和违法责任两个方面：(1) 违约责任。如果监理单位不按照监理合同约定履行监理义务，给建设单位或其他单位造成损失的，应当承担相应的赔偿责任。(2) 违法责任。如果监理单位违法监理，或者降低工程质量标准，造成质量事故的，要承担相应的法律责任。

4. 工程监理的职责和权限

《建设工程质量管理条例》规定，工程监理单位应当选派具备相应资格的总监理工程师和监理工程师进驻施工现场。未经监理工程师签字，建筑材料、建筑构配件和设备不得在工程上使用或者安装，施工单位不得进行下一道工序的施工。未经总监理工程师签字，建设单位不拨付工程款，不进行竣工验收。

监理单位应根据所承担的监理任务，组建驻工地监理机构。监理机构一般由总监理工程师、监理工程师和其他监理人员组成。监理工程师拥有对建筑材料、建筑构配件和设备以及每道施工工序的检查权，对检查不合格的，有权决定是否允许在工程上使用或进行下一道工序的施工。工程监理实行总监理工程师负责制。总监理工程师依法和在授权范围内可以发布有关指令，全面负责受委托的监理工程。

5. 工程监理的形式

《建设工程质量管理条例》规定，监理工程师应当按照工程监理规范的要求，采取旁站、巡视和平行检验等形式，对建设工程实施监理。

所谓旁站，是指对工程中有关地基和结构安全的关键工序和关键施工过程，进行连续不断地监督检查或检验的监理活动，有时甚至要连续跟班监理。所谓巡视，主要是强调除了关键点的质量控制外，监理工程师还应对施工现场进行面上的巡查监理。所谓平行检验，主要是强调监理单位对施工单位已经检验的工程应及时进行检验。对于关键性、较大体量的工程实物,采取分段后平行检验的方式,有利于及时发现质量问题,及时采取措施予以纠正。

6. 工程监理单位质量违法行为应承担的法律责任

《建筑法》规定,工程监理单位与建设单位或者建筑施工企业串通,弄虚作假、降低工程质量的,责令改正,处以罚款,降低资质等级或者吊销资质证书;有违法所得的,予以没收;造成损失的,承担连带赔偿责任;构成犯罪的,依法追究刑事责任。

3.3 工程参建各方的安全管理责任

《建设工程安全生产管理条例》规定,建设单位、勘察单位、设计单位、施工单位、工程监理单位及其他与建设工程安全生产有关的单位,必须遵守安全生产法律、法规的规定,保证建设工程安全生产,依法承担建设工程安全生产责任。

这是因为,建设工程安全生产的重点是施工现场,其主要责任单位是施工单位,但与施工活动密切相关单位的活动也都影响着施工安全。因此,有必要对所有与建设工程施工活动有关的单位的安全责任作出明确规定。

3.3.1 建设单位的安全责任

建设单位是建设工程项目的投资主体或管理主体,在整个工程建设中居于主导地位。但长期以来,我国对建设单位的工程项目管理行为缺乏必要的法律约束,对其安全管理责任更没有明确规定,由于建设单位的某些工程项目管理行为不规范,直接或者间接导致施工生产安全事故的发生是有着不少惨痛教训的。为此,《建设工程安全生产管理条例》中明确规定,建设单位必须遵守安全生产法律、法规的规定,保证建设工程安全生产,依法承担建设工程安全生产责任。

1. 依法办理有关批准手续

《建筑法》规定,有下列情形之一的,建设单位应当按照国家有关规定办理申请批准手续:(1)需要临时占用规划批准范围以外场地的;(2)可能损坏道路、管线、电力、邮电通信等公共设施的;(3)需要临时停水、停电、中断道路交通的;(4)需要进行爆破作业的;(5)法律、法规规定需要办理报批手续的其他情形。

这是因为,上述活动不仅涉及工程建设的顺利进行和施工现场作业人员的安全,也影响到周边区域人们的安全或是正常的工作生活,并需要有关方面给予支持和配合。为此,建设单位应当依法向有关部门申请办理批准手续。

2. 向施工单位提供真实、准确和完整的有关资料

《建筑法》规定,建设单位应当向建筑施工企业提供与施工现场相关的地下管线资料,建筑施工企业应当采取措施加以保护。

《建设工程安全生产管理条例》进一步规定,建设单位应当向施工单位提供施工现场及毗邻区域内供水、排水、供电、供气、供热、通信、广播电视等地下管线资料,气象和水文观测资料,相邻建筑物和构筑物、地下工程的有关资料,并保证资料的真实、准确、完整。

在建设工程施工前,施工单位须搞清楚施工现场及毗邻区域内地下管线,以及相邻建

筑物、构筑物和地下工程的有关资料，否则很有可能会因施工而造成对其破坏，不仅导致人员伤亡和经济损失，还将影响周边地区单位和居民的工作与生活。同时，建设工程的施工周期往往比较长，又多是露天作业，受气候条件的影响较大，建设单位还应当提供有关气象和水文观测资料。建设单位须保证所提供资料的真实、准确，并能满足施工安全作业的需要。

3. 不得提出违法要求和随意压缩合同工期

《建设工程安全生产管理条例》规定，建设单位不得对勘察、设计、施工、工程监理等单位提出不符合建设工程安全生产法律、法规和强制性标准规定的要求，不得压缩合同约定的工期。

由于市场竞争相当激烈，一些勘察、设计、施工、工程监理单位为了承揽业务，往往对建设单位提出的各种要求尽量给予满足，这就造成某些建设单位为了追求利益最大化而提出一些非法要求，甚至明示或者暗示相关单位进行一些不符合法律、法规和强制性标准的活动。因此，建设单位也必须依法规范自身的行为。

合同约定的工期是建设单位与施工单位在工期定额的基础上，根据施工条件、技术水平等，经过双方平等协商而共同约定的工期。建设单位不能片面为了早日发挥建设项目的效益，迫使施工单位大量增加人力、物力投入，或者是简化施工程序，随意压缩合同约定的工期。应该讲，任何违背科学和客观规律的行为，都是施工生产安全事故隐患，都有可能导致施工生产安全事故的发生。当然，在符合有关法律、法规和强制性标准的规定，并编制了赶工技术措施等前提下，建设单位与施工单位就提前工期的技术措施费和提前工期奖励等协商一致后，是可以对合同工期进行适当调整的。

4. 确定建设工程安全作业环境及安全施工措施所需费用

《建设工程安全生产管理条例》规定，建设单位在编制工程概算时，应当确定建设工程安全作业环境及安全施工措施所需费用。

多年的实践表明，要保障施工安全生产，必须有合理的安全投入。因此，建设单位在编制工程概算时，就应当合理确定保障建设工程施工安全所需的费用，并依法足额向施工单位提供。

5. 不得要求购买、租赁和使用不符合安全施工要求的用具设备等

《建设工程安全生产管理条例》规定，建设单位不得明示或者暗示施工单位购买、租赁、使用不符合安全施工要求的安全防护用具、机械设备、施工机具及配件、消防设施和器材。

由于建设工程的投资额、投资效益以及工程质量等，其后果最终都是由建设单位承担，建设单位势必对工程建设的各个环节都非常关心，包括材料设备的采购、租赁等。这就要求建设单位与施工单位应当在合同中约定双方的权利义务，包括采用哪种供货方式等。无论施工单位购买、租赁或是使用有关安全防护用具、机械设备等，建设单位都不得采用明示或者暗示的方式，违法向施工单位提出不符合安全施工的要求。

6. 申领施工许可证应当提供有关安全施工措施的资料

按照《建筑法》的规定，申请领取施工许可证应当具备的条件之一，就是"有保证工程质量和安全的具体措施"。

《建设工程安全生产管理条例》进一步规定，建设单位在领取施工许可证时，应当提

供建设工程有关安全施工措施的资料。依法批准开工报告的建设工程，建设单位应当自开工报告批准之日起 15 日内，将保证安全施工的措施报送建设工程所在地的县级以上地方人民政府建设行政主管部门或者其他有关部门备案。

建设单位在申请领取施工许可证时，应当提供的建设工程有关安全施工措施资料，一般包括：中标通知书，工程施工合同，施工现场总平面布置图，临时设施规划方案和已搭建情况，施工现场安全防护设施搭设（设置）计划、施工进度计划、安全措施费用计划，专项安全施工组织设计（方案、措施），拟进入施工现场使用的施工起重机械设备（塔式起重机、物料提升机、外用电梯）的型号、数量，工程项目负责人、安全管理人员及特种作业人员持证上岗情况，建设单位安全监督人员名册、工程监理单位人员名册，以及其他应提交的材料。

7. 装修工程和拆除工程的规定

《建筑法》规定，涉及建筑主体和承重结构变动的装修工程，建设单位应当在施工前委托原设计单位或者具有相应资质条件的设计单位提出设计方案；没有设计方案的，不得施工。《建筑法》还规定，房屋拆除应当由具备保证安全条件的建筑施工单位承担。

《建设工程安全生产管理条例》进一步规定，建设单位应当将拆除工程发包给具有相应资质等级的施工单位。建设单位应当在拆除工程施工 15 日前，将下列资料报送建设工程所在地的县级以上地方人民政府建设行政主管部门或者其他有关部门备案：(1) 施工单位资质等级证明；(2) 拟拆除建筑物、构筑物及可能危及毗邻建筑的说明；(3) 拆除施工组织方案；(4) 堆放、清除废弃物的措施。

实施爆破作业的，应当遵守国家有关民用爆炸物品管理的规定。

8. 建设单位违法行为应承担的法律责任

《建设工程安全生产管理条例》规定，建设单位未提供建设工程安全生产作业环境及安全施工措施所需费用的，责令限期改正；逾期未改正的，责令该建设工程停止施工。

建设单位未将保证安全施工的措施或者拆除工程的有关资料报送有关部门备案的，责令限期改正，给予警告。

建设单位有下列行为之一的，责令限期改正，处 20 万元以上 50 万元以下的罚款；造成重大安全事故，构成犯罪的，对直接责任人员，依照刑法有关规定追究刑事责任；造成损失的，依法承担赔偿责任：(1) 对勘察、设计、施工、工程监理等单位提出不符合安全生产法律、法规和强制性标准规定的要求的；(2) 要求施工单位压缩合同约定的工期的；(3) 将拆除工程发包给不具有相应资质等级的施工单位的。

3.3.2 施工单位的安全生产责任

建设工程安全生产主要是指施工过程中的安全生产，施工现场的安全生产由施工单位负责，其主要安全责任包括下述内容：

1) 施工单位从事建设工程的新建、扩建、改建和拆除等活动，应当具备国家规定的注册资本、专业技术人员、技术装备和安全生产等条件，依法取得相应等级的资质证书，并在其资质等级许可的范围内承揽工程。

2) 施工单位主要负责人依法对本单位的安全生产工作全面负责。施工单位应当建立健全安全生产责任制度和安全生产教育培训制度，制定安全生产规章制度和操作规程，保证本单位安全生产条件所需资金的投入，对所承担的建设工程进行定期和专项安全检查，并做好安全检查记录。

施工单位的项目负责人应当由取得相应执业资格的人员担任，对建设工程项目的安全施工负责，落实安全生产责任制度、安全生产规章制度和操作规程，确保安全生产费用的有效使用，并根据工程的特点组织制定安全施工措施，消除安全事故隐患，及时、如实报告生产安全事故。

3）施工单位对列入建设工程概算的安全作业环境及安全施工措施所需费用，应当用于施工安全防护用具及设施的采购和更新、安全施工措施的落实、安全生产条件的改善，不得挪作他用。

4）施工单位应当设立安全生产管理机构，配备专职安全生产管理人员。专职安全生产管理人员负责对安全生产进行现场监督检查。发现安全事故隐患，应当及时向项目负责人和安全生产管理机构报告；对违章指挥、违章操作的，应当立即制止。

5）建设工程实行施工总承包的，由总承包单位对施工现场的安全生产负总责。总承包单位应当自行完成建设工程主体结构的施工。总承包单位依法将建设工程分包给其他单位的，分包合同中应当明确各自的安全生产方面的权利、义务。总承包单位和分包单位对分包工程的安全生产承担连带责任。分包单位应当服从总承包单位的安全生产管理，分包单位不服从管理导致生产安全事故的，由分包单位承担主要责任。

6）垂直运输机械作业人员、安装拆卸工、爆破作业人员、起重信号工、登高架设作业人员等特种作业人员，必须按照国家有关规定经过专门的安全作业培训，并取得特种作业操作资格证书后，方可上岗作业。

7）施工单位应当在施工组织设计中编制安全技术措施和施工现场临时用电方案，对下列达到一定规模的危险性较大的分部分项工程编制专项施工方案，并附具安全验算结果，经施工单位技术负责人、总监理工程师签字后实施，由专职安全生产管理人员进行现场监督：①基坑支护与降水工程；②土方开挖工程；③模板工程；④起重吊装工程；⑤脚手架工程；⑥拆除、爆破工程；⑦国务院建设行政主管部门或者其他有关部门规定的其他危险性较大的工程。对前款所列工程中涉及深基坑、地下暗挖工程、高大模板工程的专项施工方案，施工单位还应当组织专家进行论证、审查。

8）建设工程施工前，施工单位负责项目管理的技术人员应当对有关安全施工的技术要求向施工作业班组、作业人员作出详细说明，并由双方签字确认。

9）施工单位应当在施工现场入口处、施工起重机械、临时用电设施、脚手架、出入通道口、楼梯口、电梯井口、孔洞口、桥梁口、隧道口、基坑边沿、爆破物及有害危险气体和液体存放处等危险部位，设置明显的安全警示标志。安全警示标志必须符合国家标准。

施工单位应当根据不同施工阶段和周围环境及季节、气候的变化，在施工现场采取相应的安全施工措施。施工现场暂时停止施工的，施工单位应当做好现场防护，所需费用由责任方承担，或者按照合同约定执行。

10）施工单位应当将施工现场的办公、生活区与作业区分开设置，并保持安全距离；办公、生活区的选址应当符合安全性要求。职工的膳食、饮水、休息场所等应当符合卫生标准。施工单位不得在尚未竣工的建筑物内设置员工集体宿舍。施工现场临时搭建的建筑物应当符合安全使用要求。施工现场使用的装配式活动房屋应当具有产品合格证。

11）施工单位对因建设工程施工可能造成损害的毗邻建筑物、构筑物和地下管线等，应当采取专项防护措施。施工单位应当遵守有关环境保护法律、法规的规定，在施工现场采取措施，防止或者减少粉尘、废气、废水、固体废物、噪声、振动和施工照明对人和环境的危害和污染。在城市市区内的建设工程，施工单位应当对施工现场实行封闭围挡。

12）施工单位应当在施工现场建立消防安全责任制度，确定消防安全责任人，制定用火、用电、使用易燃易爆材料等各项消防安全管理制度和操作规程，设置消防通道、消防水源，配备消防设施和灭火器材，并在施工现场入口处设置明显标志。

13）施工单位应当向作业人员提供安全防护用具和安全防护服装，并书面告知危险岗位的操作规程和违章操作的危害。作业人员有权对施工现场的作业条件、作业程序和作业方式中存在的安全问题提出批评、检举和控告，有权拒绝违章指挥和强令冒险作业。在施工中发生危及人身安全的紧急情况时，作业人员有权立即停止作业或者在采取必要的应急措施后撤离危险区域。

14）作业人员应当遵守安全施工的强制性标准、规章制度和操作规程，正确使用安全防护用具、机械设备等。

15）施工单位采购、租赁的安全防护用具、机械设备、施工机具及配件，应当具有生产（制造）许可证、产品合格证，并在进入施工现场前进行查验。施工现场的安全防护用具、机械设备、施工机具及配件必须由专人管理，定期进行检查、维修和保养，建立相应的资料档案，并按照国家有关规定及时报废。

16）施工单位在使用施工起重机械和整体提升脚手架、模板等自升式架设设施前，应当组织有关单位进行验收，也可以委托具有相应资质的检验检测机构进行验收；使用承租的机械设备和施工机具及配件的，由施工总承包单位、分包单位、出租单位和安装单位共同进行验收。验收合格的方可使用。《特种设备安全监察条例》规定的施工起重机械，在验收前应当经有相应资质的检验检测机构监督检验合格。

施工单位应当自施工起重机械和整体提升脚手架、模板等自升式架设设施验收合格之日起30日内，向建设行政主管部门或者其他有关部门登记。登记标志应当置于或者附着于该设备的显著位置。

17）施工单位的主要负责人、项目负责人、专职安全生产管理人员应当经建设行政主管部门或者其他有关部门考核合格后方可任职。施工单位应当对管理人员和作业人员每年至少进行一次安全生产教育培训，其教育培训情况记入个人工作档案。安全生产教育培训考核不合格的人员，不得上岗。

18）作业人员进入新的岗位或者新的施工现场前，应当接受安全生产教育培训。未经教育培训或者教育培训考核不合格的人员，不得上岗作业。施工单位在采用新技术、新工艺、新设备、新材料时，应当对作业人员进行相应的安全生产教育培训。

19）施工单位应当为施工现场从事危险作业的人员办理意外伤害保险。意外伤害保险费由施工单位支付。实行施工总承包的，由总承包单位支付意外伤害保险费。意外伤害保险期限自建设工程开工之日起至竣工验收合格止。

3.3.3 勘察、设计单位相关的安全责任

建设工程安全生产是一个大的系统工程。工程勘察、设计作为工程建设的重要环节，

对于保障安全施工有着重要影响。

1. 勘察单位的安全责任

《建设工程安全生产管理条例》规定,勘察单位应当按照法律、法规和工程建设强制性标准进行勘察,提供的勘察文件应当真实、准确,满足建设工程安全生产的需要。勘察单位在勘察作业时,应当严格执行操作规程,采取措施保证各类管线、设施和周边建筑物、构筑物的安全。

工程勘察是工程建设的先行官。工程勘察成果是建设工程项目规划、选址、设计的重要依据,也是保证施工安全的重要因素和前提条件。因此,勘察单位必须按照法律、法规的规定以及工程建设强制性标准的要求进行勘察,并提供真实、准确的勘察文件,不能弄虚作假。

此外,勘察单位在进行勘察作业时,也易发生安全事故。为了保证勘察作业的安全,要求勘察人员必须严格执行操作规程,并应采取措施保证各类管线、设施和周边建筑物、构筑物的安全,为保障施工作业人员和相关人员的安全提供必要条件。

2. 设计单位的安全责任

工程设计是工程建设的灵魂。在建设工程项目确定后,工程设计便成为工程建设中最重要、最关键的环节,对安全施工有着重要影响。

1) 按照法律、法规和工程建设强制性标准进行设计

《建设工程安全生产管理条例》规定,设计单位应当按照法律、法规和工程建设强制性标准进行设计,防止因设计不合理导致生产安全事故的发生。

工程建设强制性标准是工程建设技术和经验的总结与积累,对保证建设工程质量和施工安全起着至关重要的作用。从一些生产安全事故的原因分析,涉及设计单位责任的,主要是没有按照强制性标准进行设计,由于设计得不合理导致施工过程中发生了安全事故。因此,设计单位在设计过程中必须考虑施工生产安全,严格执行强制性标准。

2) 提出防范生产安全事故的指导意见和措施建议

《建设工程安全生产管理条例》规定,设计单位应当考虑施工安全操作和防护的需要,对涉及施工安全的重点部位和环节在设计文件中注明,并对防范生产安全事故提出指导意见。采用新结构、新材料、新工艺的建设工程和特殊结构的建设工程,设计单位应当在设计中提出保障施工作业人员安全和预防生产安全事故的措施建议。

设计单位的工程设计文件对保证建设工程结构安全至关重要。同时,设计单位在编制设计文件时,还应当结合建设工程的具体特点和实际情况,考虑施工安全作业和安全防护的需要,为施工单位制定安全防护措施提供技术保障。特别是对采用新结构、新材料、新工艺的建设工程和特殊结构的建设工程,设计单位应当在设计中提出保障施工作业人员安全和预防生产安全事故的措施建议。在施工单位作业前,设计单位还应当就设计意图、设计文件向施工单位做出说明和技术交底,并对防范生产安全事故提出指导意见。

3) 对设计成果承担责任

《建设工程安全生产管理条例》规定,设计单位和注册建筑师等注册执业人员应当对其设计负责。

"谁设计,谁负责",这是国际通行做法。如果由于设计责任造成事故,设计单位就要承担法律责任,还应当对造成的损失进行赔偿。建筑师、结构工程师等注册执业人员应当

在设计文件上签字盖章,对设计文件负责,并承担相应的法律责任。

3. 勘察、设计单位应承担的法律责任

《建设工程安全生产管理条例》规定,勘察单位、设计单位有下列行为之一的,责令限期改正,处 10 万元以上 30 万元以下的罚款;情节严重的,责令停业整顿,降低资质等级,直至吊销资质证书;造成重大安全事故,构成犯罪的,对直接责任人员,依照刑法有关规定追究刑事责任;造成损失的,依法承担赔偿责任:(1)未按照法律、法规和工程建设强制性标准进行勘察、设计的;(2)采用新结构、新材料、新工艺的建设工程和特殊结构的建设工程,设计单位未在设计中提出保障施工作业人员安全和预防生产安全事故的措施建议的。

3.3.4　工程监理、检验检测单位相关的安全责任

1. 工程监理单位的安全责任

工程监理是监理单位受建设单位的委托,依照法律、法规和建设工程监理规范的规定,对工程建设实施的监督管理。但在实践中,一些监理单位只注重对施工质量、进度和投资的监控,不重视对施工安全的监督管理,这就使得施工现场因违章指挥、违章作业而发生的伤亡事故局面未能得到有效控制。因此,须依法加强施工安全监理工作,进一步提高建设工程监理水平。

1) 对安全技术措施或专项施工方案进行审查

《建设工程安全生产管理条例》规定,工程监理单位应当审查施工组织设计中的安全技术措施或者专项施工方案是否符合工程建设强制性标准。

施工组织设计中应当包括安全技术措施和施工现场临时用电方案,对基坑支护与降水工程、土方开挖工程、模板工程、起重吊装工程、脚手架工程、拆除工程、爆破工程等达到一定规模的危险性较大的分部分项工程,还应当编制专项施工方案。工程监理单位要对这些安全技术措施和专项施工方案进行审查,重点审查是否符合工程建设强制性标准;对于达不到强制性标准的,应当要求施工单位进行补充和完善。

2) 依法对施工安全事故隐患进行处理

《建设工程安全生产管理条例》规定,工程监理单位在实施监理过程中,发现存在安全事故隐患的,应当要求施工单位整改;情况严重的,应当要求施工单位暂时停止施工,并及时报告建设单位。施工单位拒不整改或者不停止施工的,工程监理单位应当及时向有关主管部门报告。

工程监理单位受建设单位的委托,有权要求施工单位对存在的安全事故隐患进行整改,有权要求施工单位暂时停止施工,并依法向建设单位和有关主管部门报告。

3) 承担建设工程安全生产的监理责任

《建设工程安全生产管理条例》规定,工程监理单位和监理工程师应当按照法律、法规和工程建设强制性标准实施监理,并对建设工程安全生产承担监理责任。

2. 设备检验检测单位的安全责任

《建设工程安全生产管理条例》规定,检验检测机构对检测合格的施工起重机械和整体提升脚手架、模板等自升式架设设施,应当出具安全合格证明文件,并对检测结果负责。

1) 特种设备检验检测单位的职责

《安全生产法》规定，承担安全评价、认证、检测、检验的机构应当具备国家规定的资质条件，并对其作出的安全评价、认证、检测、检验的结果负责。

《特种设备安全法》规定，……起重机械、……的安装、改造、重大修理过程，应当经特种设备检验机构按照安全技术规范的要求进行监督检验；未经监督检验或者监督检验不合格的，不得出厂或者交付使用。

特种设备检验、检测机构及其检验、检测人员应当客观、公正、及时地出具检验、检测报告，并对检验、检测结果和鉴定结论负责。特种设备检验、检测机构及其检验、检测人员在检验、检测中发现特种设备存在严重事故隐患时，应当及时告知相关单位，并立即向负责特种设备安全监督管理的部门报告。

特种设备生产、经营、使用单位应当按照安全技术规范的要求向特种设备检验、检测机构及其检验、检测人员提供特种设备相关资料和必要的检验、检测条件，并对资料的真实性负责。特种设备检验、检测机构及其检验、检测人员对检验、检测过程中知悉的商业秘密，负有保密义务。

特种设备检验、检测机构及其检验、检测人员不得从事有关特种设备的生产、经营活动，不得推荐或者监制、监销特种设备。特种设备检验机构及其检验人员利用检验工作故意刁难特种设备生产、经营、使用单位的，特种设备生产、经营、使用单位有权向负责特种设备安全监督管理的部门投诉，接到投诉的部门应当及时进行调查处理。

2) 特种设备检验检测单位违法行为应承担的法律责任

《安全生产法》规定，承担安全评价、认证、检测、检验工作的机构，出具虚假证明的，没收违法所得；违法所得在10万元以上的，并处违法所得2倍以上5倍以下的罚款；没有违法所得或者违法所得不足10万元的，单处或者并处10万元以上20万元以下的罚款；对其直接负责的主管人员和其他直接责任人员处2万元以上5万元以下的罚款；给他人造成损害的，与生产经营单位承担连带赔偿责任；构成犯罪的，依照刑法有关规定追究刑事责任。对有前款违法行为的机构，吊销其相应资质。

《特种设备安全法》规定，特种设备检验、检测机构及其检验、检测人员有下列行为之一的，责令改正，对机构处5万元以上20万元以下罚款，对直接负责的主管人员和其他直接责任人员处5000元以上5万元以下罚款；情节严重的，吊销机构资质和有关人员的资格：(1) 未经核准或者超出核准范围、使用未取得相应资格的人员从事检验、检测的；(2) 未按照安全技术规范的要求进行检验、检测的；(3) 出具虚假的检验、检测结果和鉴定结论或者检验、检测结果和鉴定结论严重失实的；(4) 发现特种设备存在严重事故隐患，未及时告知相关单位，并立即向负责特种设备安全监督管理的部门报告的；(5) 泄露检验、检测过程中知悉的商业秘密的；(6) 从事有关特种设备的生产、经营活动的；(7) 推荐或者监制、监销特种设备的；(8) 利用检验工作故意刁难相关单位的。

3.3.5 机械设备等单位相关的安全责任

1. 提供机械设备和配件单位的安全责任

《建设工程安全生产管理条例》规定，为建设工程提供机械设备和配件的单位，应当按照安全施工的要求配备齐全有效的保险、限位等安全设施和装置。

施工机械设备是施工现场的重要设备,在建设工程施工中的应用越来越普及。但是,当前施工现场所使用的机械设备产品质量不容乐观,有的安全保险和限位装置不齐全或是失灵,有的在设计和制造上存在重大质量缺陷,导致施工安全事故时有发生。为此,为建设工程提供施工机械设备和配件的单位,应当配齐有效的保险、限位等安全设施和装置,保证灵敏可靠,以保障施工机械设备的安全使用,减少施工机械设备事故的发生。

2. 出租机械设备和施工机具及配件单位的安全责任

《建设工程安全生产管理条例》规定,出租的机械设备和施工机具及配件,应当具有生产(制造)许可证、产品合格证。出租单位应当对出租的机械设备和施工机具及配件的安全性能进行检测,在签订租赁协议时,应当出具检测合格证明。禁止出租检测不合格的机械设备和施工机具及配件。

近年来,我国的机械设备租赁市场发展很快,越来越多的施工单位是通过租赁方式获取所需的机械设备和施工机具及配件。这对于降低施工成本、提高机械设备等使用率是有着积极作用的,但也存在着出租的机械设备等安全责任不明确的问题。因此,必须依法对出租单位的安全责任作出规定。

2008年1月建设部发布的《建筑起重机械安全监督管理规定》中规定,出租单位应当在签订的建筑起重机械租赁合同中,明确租赁双方的安全责任,并出具建筑起重机械特种设备制造许可证、产品合格证、制造监督检验证明、备案证明和自检合格证明,提交安装使用说明书。有下列情形之一的建筑起重机械,不得出租、使用:(1)属国家明令淘汰或者禁止使用的;(2)超过安全技术标准或者制造厂家规定的使用年限的;(3)经检验达不到安全技术标准规定的;(4)没有完整安全技术档案的;(5)没有齐全有效的安全保护装置的。建筑起重机械有以上第(1)、(2)、(3)项情形之一的,出租单位或者自购建筑起重机械的使用单位应当予以报废,并向原备案机关办理注销手续。

3. 施工起重机械和自升式架设设施安装、拆卸单位的安全责任

施工起重机械,是指施工中用于垂直升降或者垂直升降并水平移动重物的机械设备,如塔式起重机、施工外用电梯、物料提升机等。自升式架设设施,是指通过自有装置可将自身升高的架设设施,如整体提升脚手架、模板等。

1)安装、拆卸施工起重机械和自升式架设设施必须具备相应的资质

《建设工程安全生产管理条例》规定,在施工现场安装、拆卸施工起重机械和整体提升脚手架、模板等自升式架设设施,必须由具有相应资质的单位承担。

施工起重机械和自升式架设设施等的安装、拆卸,不仅专业性很强,还具有较高的危险性,与相关的施工活动关联很大,稍有不慎极易造成群死群伤的重大施工安全事故。因此,按照《建筑业企业资质管理规定》和《建筑业企业资质等级标准》的规定,从事起重设备安装、附着升降脚手架等施工活动的单位,应当按照资质条件申请资质,经审查合格并取得专业承包资质证书后,方可在其资质等级许可的范围内从事安装、拆卸活动。

2)编制安装、拆卸方案和现场监督

《建设工程安全生产管理条例》规定,安装、拆卸施工起重机械和整体提升脚手架、模板等自升式架设设施,应当编制拆装方案、制定安全施工措施,并由专业技术人员现场监督。

《建筑起重机械安全监督管理规定》进一步规定,建筑起重机械使用单位和安装单位

应当在签订的建筑起重机械安装、拆卸合同中明确双方的安全生产责任。实行施工总承包的，施工总承包单位应当与安装单位签订建筑起重机械安装、拆卸工程安全协议书。安装单位应当履行下列安全职责：(1) 按照安全技术标准及建筑起重机械性能要求，编制建筑起重机械安装、拆卸工程专项施工方案，并由本单位技术负责人签字；(2) 按照安全技术标准及安装使用说明书等检查建筑起重机械及现场施工条件；(3) 组织安全施工技术交底并签字确认；(4) 制定建筑起重机械安装、拆卸工程生产安全事故应急救援预案；(5) 将建筑起重机械安装、拆卸工程专项施工方案，安装、拆卸人员名单，安装、拆卸时间等材料报施工总承包单位和监理单位审核后，告知工程所在地县级以上地方人民政府建设主管部门。

安装单位应当按照建筑起重机械安装、拆卸工程专项施工方案及安全操作规程组织安装、拆卸作业。安装单位的专业技术人员、专职安全生产管理人员应当进行现场监督，技术负责人应当定期巡查。

3）出具自检合格证明、进行安全使用说明、办理验收手续的责任

《建设工程安全生产管理条例》规定，施工起重机械和整体提升脚手架、模板等自升式架设设施安装完毕后，安装单位应当自检，出具自检合格证明，并向施工单位进行安全使用说明，办理验收手续并签字。

《建筑起重机械安全监督管理规定》进一步规定，建筑起重机械安装完毕后，安装单位应当按照安全技术标准及安装使用说明书的有关要求对建筑起重机械进行自检、调试和试运转。自检合格的，应当出具自检合格证明，并向使用单位进行安全使用说明。

建筑起重机械安装完毕后，使用单位应当组织出租、安装、监理等有关单位进行验收，或者委托具有相应资质的检验检测机构进行验收。建筑起重机械经验收合格后方可投入使用，未经验收或者验收不合格的不得使用。实行施工总承包的，由施工总承包单位组织验收。

4）依法对施工起重机械和自升式架设设施进行检测

《建设工程安全生产管理条例》规定，施工起重机械和整体提升脚手架、模板等自升式架设设施的使用达到国家规定的检验检测期限的，必须经具有专业资质的检验检测机构检测。经检测不合格的，不得继续使用。

5）机械设备等单位违法行为应承担的法律责任

《建设工程安全生产管理条例》规定，为建设工程提供机械设备和配件的单位，未按照安全施工的要求配备齐全有效的保险、限位等安全设施和装置的，责令限期改正，处合同价款1倍以上3倍以下的罚款；造成损失的，依法承担赔偿责任。

出租单位出租未经安全性能检测或者经检测不合格的机械设备和施工机具及配件的，责令停业整顿，并处5万元以上10万元以下的罚款；造成损失的，依法承担赔偿责任。

施工起重机械和整体提升脚手架、模板等自升式架设设施安装、拆卸单位有下列行为之一的，责令限期改正，处5万元以上10万元以下的罚款；情节严重的，责令停业整顿，降低资质等级，直至吊销资质证书；造成损失的，依法承担赔偿责任：①未编制拆装方案、制定安全施工措施的；②未由专业技术人员现场监督的；③未出具自检合格证明或者出具虚假证明的；④未向施工单位进行安全使用说明，办理移交手续的。

施工起重机械和整体提升脚手架、模板等自升式架设设施安装、拆卸单位有以上规定

的第①项、第③项行为,经有关部门或者单位职工提出后,对事故隐患仍不采取措施,因而发生重大伤亡事故或者造成其他严重后果,构成犯罪的,对直接责任人员,依照刑法有关规定追究刑事责任。

3.4 工程勘察设计阶段的质量与安全管理流程

3.4.1 工程勘察设计阶段质量管理

质量管理作为项目的职能管理工作之一,一般经历如下过程:
(1) 设置质量目标。
(2) 构建质量管理体系和编制质量计划。
(3) 监督项目的实施过程,检查实施结果,记录实施状况,将项目实施的结果与事先制定的质量标准进行比较,找出其中存在的差距。经过检查、对比分析,决定是否接受项目的工作成果,对质量不符合要求的工作责令重新进行(返工)。
(4) 分析质量问题的原因,采取补救和改进质量的措施。使用合适的方法,纠正质量缺陷,排除引起缺陷的原因,以防止再次发生,确保所采取措施的有效性。

在工程项目的实施过程中,质量管理的总体过程(图3-2)。

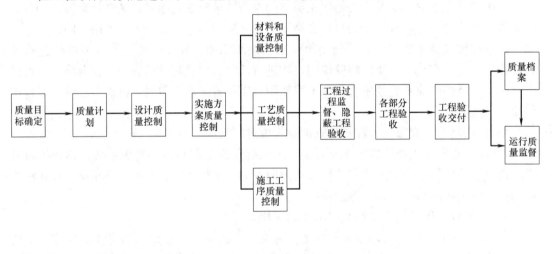

图3-2 工程项目质量管理总体过程

1. 工程勘察质量管理
1) 工程勘察管理的工作特点

工程勘察是勘察单位通过技术手段查明、分析、评价建设场地的水文、地质、地理环境特征和岩土工程条件,编制建设工程勘察文件的活动。

由于工程建设专业门类不同,勘察工作本身差异很大。例如,大城市一般基础设施建设条件较好,长期积累的水文地质资料较多,建设场地集中,勘察工作量不大。但对于高速公路、铁路等项目,线长条件艰苦,工作量大,勘察工作必须与设计工作紧密结合,勘察设计工作的准确性决定了工程造价,在很大程度上决定着项目的可行性和成败。

2) 工程勘察阶段的划分

工程勘察工作一般分三个阶段,即可行性研究勘察、初步勘察、详细勘察。对工程地质条件复杂或有特殊施工要求的重要工程,应进行施工勘察。各勘察阶段的工作要求如下:

(1) 可行性研究勘察,又称选址勘察,其目的是要通过搜集、分析已有资料,进行现场踏勘。必要时,进行工程地质测绘和少量勘探工作,对拟选场址的稳定性和适宜性作出岩土工程评价,进行技术经济论证和方案比较,满足确定场地方案的要求。

(2) 初步勘察是指在可行性研究勘察的基础上,对场地内建筑地段的稳定性作出岩土工程评价,并为确定建筑总平面布置、主要建筑物地基基础方案及对不良地质现象的防治工作方案进行论证,满足初步设计或扩大初步设计的要求。

(3) 详细勘察应对地基基础处理与加固、不良地质现象的防治工程进行岩土工程计算与评价,满足施工图设计的要求。

3) 勘察成果评估报告

包括下列内容:勘察工作概况;勘察报告编制深度,与勘察标准的符合情况;勘察任务书的完成情况;存在问题及建议;评估结论。

4) 工程勘察成果的审查要点

程序性审查包括:工程勘察资料、图表、报告等文件要依据工程类别按有关规定执行各级审核、审批程序,并由负责人签字;工程勘察成果应齐全、可靠,满足国家有关法律法规及技术标准和合同规定的要求;工程勘察成果必须严格按照质量管理有关程序进行检查和验收,质量合格方能提供使用。对工程勘察成果的检查验收和质量评定应当执行国家、行业和地方有关工程勘察成果检查验收评定的规定。

技术性审查包括:报告中不仅要提出勘察场地的工程地质条件和存在的地质问题,更重要的是结合工程设计、施工条件,以及地基处理、开挖、支护、降水等工程的具体要求,进行技术论证和评价,提出岩土工程问题及解决问题的决策性具体建议,并提出基础、边坡等工程的设计准则和岩土工程施工的指导性意见,为设计、施工提供依据,服务于工程建设全过程。另外,应针对不同勘察阶段,对工程勘察报告的内容和深度进行检查,看其是否满足勘察任务书和相应设计阶段的要求。如:在可行性研究勘察阶段,要得到建筑场地选址的可行性分析报告,对拟建场地的稳定性和适宜性做出评价;在初步勘察阶段,要注明地层、构造、岩土物理力学性质、地下水埋藏条件及冻结深度,描绘出场地不良地质现象的成因、分布、对场地稳定性的影响及其发展趋势,对抗震设防烈度等于或大于 7 度的场地,应判定场地和地基的地震效应;在详细勘察阶段,要提供满足设计、施工所需的岩土技术参数,确定地基承载力,预测地基沉降及其均匀性,并且提出地基和基础设计方案建议。

2. 工程设计质量管理

建设工程设计是指根据建设单位的要求,对建设工程所需的技术、经济、资源、环境等条件进行综合分析、论证,编制建设工程设计文件的活动。一般分为方案设计、初步设计、施工图设计三个阶段。初步设计、技术设计和施工图设计三个阶段工程项目质量控制工作流程见图 3-3～图 3-5。

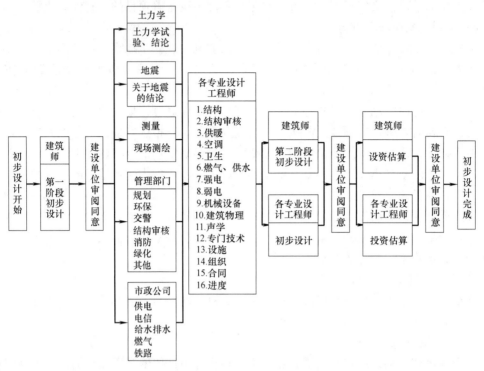

图 3-3 初步设计阶段工程项目质量控制工作流程

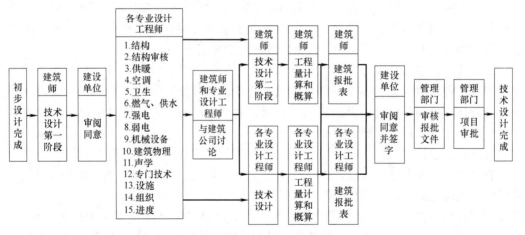

图 3-4 技术设计阶段工程项目质量控制工作流程

1) 工程设计质量管理的依据

（1）有关工程建设及质量管理方面的法律、法规，城市规划，国家规定的建设工程勘察、设计深度要求。铁路、交通、水利等专业建设工程，还应当依据专业规划的要求。

（2）有关工程建设的技术标准，如勘察和设计的工程建设强制性标准规范及规程、设计参数、定额、指标等。

（3）项目批准文件，如项目可行性研究报告、项目评估报告及选址报告。

（4）体现建设单位建设意图的设计规划大纲、纲要和合同文件。

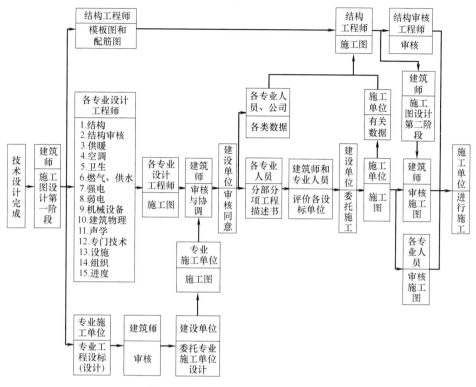

图 3-5 施工图设计阶段工程项目质量控制工作流程

(5) 反映项目建设过程中和建成后所需要的有关技术、资源、经济、社会协作等方面的协议、数据和资料。

2) 工程设计质量管理的主要工作内容

(1) 设计单位选择

设计招标的目的是选择最适合项目需要的设计单位,设计单位的社会信誉、所选派的主要设计人员的能力和业绩等是主要的考察内容。

(2) 起草设计任务书

起草设计任务书的过程,是各方就项目的功能、标准、区域划分、特殊要求等涉及项目的具体事宜不断沟通和深化交流,最终达成一致并形成文字资料的过程,这对于建设单位意图的把握非常重要,可以互相启发,互相提醒,使设计工作少走弯路。

(3) 起草设计合同

设计质量目标主要通过项目描述和设计合同反映出来,设计描述和设计合同综合起来,确立设计的内容、深度、依据和质量标准,设计质量目标要尽量避免出现语义模糊和矛盾。

(4) 分阶段设计审查

由建设单位组织有关专家或机构进行工程设计评审,目的是控制设计成果质量,优化工程设计,提高效益。设计评审包括设计方案评审、初步设计评审和施工图设计评审各阶段的内容。

(5) 审查备案

审查设计单位提出的新材料、新工艺、新技术、新设备在相关部门的备案情况,必要时应协助建设单位组织专家评审。

(6) 深化设计的协调管理

对于专业性较强或有行业专门资质要求的项目，目前的通行做法是委托专业设计单位，或由具有专业设计资质的施工单位出具深化设计图纸，由设计单位统一会签，以确认深化设计符合总体设计要求，并对于相关的配套专业能否满足深化图纸的要求予以确认。设计管理对于总体设计单位和深化图设计单位的横向管理很重要。

3.4.2 勘察设计阶段安全管理

按照国家的有关规定，一般工程项目按两个设计阶段进行设计，即初步设计和施工图设计。对于技术复杂而又缺乏设计经验的工程项目，经主管部门批准，可增加技术设计阶段。对于一些大型联合企业、矿山、水利水电枢纽和房地产小区，为解决总体部署和开发问题，在进行初步设计以前，还需进行总体设计。

设计阶段是工程项目中的一个非常重要的环节，设计安全对于工程项目的安全具有决定性影响，如果在设计中疏忽项目的安全性，有时会对工程项目造成不可弥补的损失。

1. 初步设计阶段的安全管理

对于一般工程项目，初步设计阶段是设计的第一阶段，主要任务是提出设计方案，把可行性研究报告中提出的安全措施和设施，以及安全预评价报告中建议的安全措施和设施，在初步设计中加以体现，并编写安全报告加以说明。初步设计中的安全报告主要包括以下内容：

1) 设计依据

(1) 工程项目依据的批准文件和相关的合法证明；

(2) 国家、地方政府和主管部门的有关规定；

(3) 采用的主要技术标准、规范和规程；

(4) 其他设计依据，如地质勘探报告、可行性研究报告和安全预评价报告等。

2) 工程概述

(1) 本工程的基本情况；

(2) 工程中涉及安全问题的新研究成果、新工艺、新技术和新设备等；

(3) 影响安全的主要因素及防范措施；

(4) 对项目安全及周边影响的总体评价；

(5) 存在问题及建议。

3) 地质安全影响因素

(1) 区域地质特点、主要构造带的分布、发生地质灾害的可能性；

(2) 地表水系和地下水赋存状况及对项目实施的影响。

4) 工程项目安全评述

(1) 选用的施工技术方法的安全性；

(2) 项目作业对周边建筑物安全的分析；

(3) 应急设施的功能和可靠性。

5) 总平面布置

6) 机电及其他

(1) 机电设备的安全性；
(2) 供配电系统的安全性；
(3) 供排水系统的可靠性。
7) 卫生保健设施

2. 施工图设计阶段的安全管理

施工图设计根据已批准的初步设计（或技术设计）文件编制，是把初步设计中确定的设计原则和设计方案，根据建筑安装工程或非标准设备制作的需要，进一步具体化、明确化，通过详细的计算和安排，绘制出正确、完整的建筑、安装图纸，并编制施工图预算。施工图设计的内容以施工图为主，还包括设计说明、材料及设备明细表、施工图预算等。

施工图设计是工程项目实施的依据。如果图纸中存有不安全的因素，则实施过程中或工程竣工后，先天性的隐患就会包含其中，工程项目的安全危险性就会变大，这些隐患如果不加以排除，将会造成施工过程中或工程完成后发生安全事故，造成人员的伤亡及财产损失。因此必须做好图纸设计中的安全管理工作，应对图纸中的设计是否符合有关的标准、规范、规定和条例进行复查，确保工程项目的安全。

施工图设计中的安全报告应包括以下内容：

1) 全项目性文件
(1) 设计总说明中的相关的安全法律规定；
(2) 总平面设计的安全性说明；
(3) 室外管线图设计的安全性；
(4) 编制工程总概算时应考虑安全管理经费。

2) 各建筑物、构筑物的设计文件
(1) 协调建筑设计与结构安全的方案；
(2) 构造设计的安全性；
(3) 水暖、电气、卫生、热机等设备安排的安全性；
(4) 非标准设备的制造的安全性；
(5) 材料安排的安全性；
(6) 设备安装的安全性；
(7) 单项工程预算中应考虑安全管理经费。

3) 各专业工程计算书、计算机辅助设计软件及资料的安全性
4) 工程施工中的安全性要求

3.5 工程施工阶段的质量与安全管理流程

3.5.1 工程施工阶段质量管理

施工阶段工程项目质量控制工作主要包括材料、构件、制品和设备质量的检查，施工质量监督，中间验收和竣工验收等工作。建设单位委托工程监理单位施工阶段项目质量控制工作流程，如图 3-6 所示。

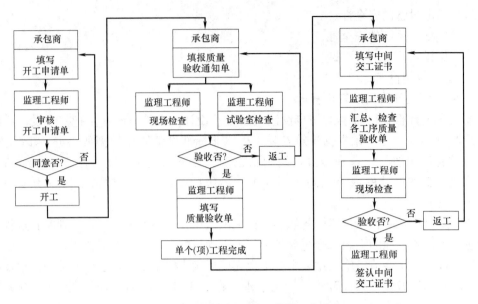

图 3-6 施工阶段项目质量控制工作流程

1. 施工阶段质量管理的依据

1) 工程承包合同

工程施工承包合同规定了参与建设的各方在质量控制方面的权利和义务,有关各方必须履行合同中规定的有关质量的承诺。

2) 设计文件

工程设计规定了工程质量的固有特性,"按图施工"是施工阶段工作的重要原则,因此,经过批准的设计图纸和技术说明等设计文件,是质量控制的重要依据。

3) 法律法规

国家及政府有关部门颁布的有关质量管理方面的法律、法规文件。

4) 有关质量检验与控制的专门技术规范

主要有关部门针对不同行业、不同质量控制对象而制定的技术规范文件,包括各种有关的标准、规范、规程或规定。

2. 施工单位的质量管理工作

(1) 在施工阶段,施工单位是工程质量形成的主体,要对工程质量负全面责任。施工单位要设立专门主管质量的副总经理,协助最高管理者加强质量管理。要建立质量管理的职能机构,领导、监督各级施工组织加强质量管理。

(2) 施工单位要建立健全质量管理体系,制订质量管理体系文件,包括质量手册、程序文件、作业手册和操作规程。

(3) 要根据工程的特点,结合施工组织设计的编制,制定项目质量计划,将工程质量目标层层分解、层层下达、层层落实,落实到每个作业班组,落实到岗位和个人,使每个人都了解完成本职工作的质量要求和具体质量标准,明确自己的努力方向。

(4) 确定过程质量控制点、质量检验标准和方法。质量控制点一般是指对项目的性能、安全、寿命、可靠性有影响的关键部位或关键工序,这些点的质量得到控制,工程质量就得到了保证。一般将国家颁布的建筑工程质量检验评定标准中规定应检验的项目，作为质量控制点。质量控制点可划分为A、B、C三级，其中，A级为最重要的质量控制点，其质量必须由施工分包方、总承包方质检人员和监理工程师检查确认；B级为重要的质量控制点，其质量必须由施工分包方、总承包方双方质检人员检查确认；C级为一般质量控制点，其质量由施工分包方检查确认，总承包方质检人员抽查。

（5）按质量计划实施过程控制，前后工序间要有交接确认制度。关键质量控制点实行施工质量认可签字制度，只有上一道工序得到质量认可签字之后，才能进行下一道工序的施工。现场发现不合格品或不符合规程的作业，不能保证质量的操作方法、手段和措施，质量监督人员可行使否决权，并通知其弥补、停工或返工。

（6）加强进场材料、构配件和设备的检验。材料、构配件和设备是永久性工程组成部分，对工程质量影响极大。凡是进入现场的材料、构配件和设备，生产厂家都要提供质量合格文件，即产品合格证、技术说明书、质量检验证明等。施工单位质检部门要对现场的材料、配件和设备进行逐项检查。凡是不符合设计文件和图纸要求的，不符合合同文件质量条款要求的，一律不能使用。

（7）建立质量记录资料制度。

（8）建立人员考核准入制度。

3.5.2 工程施工阶段安全管理

工程项目施工阶段的安全管理包括施工安全策划、编制施工安全计划、安全计划的实施、安全检查、安全计划验证与持续改进，直到工程竣工交付，具体步骤见图3-7。

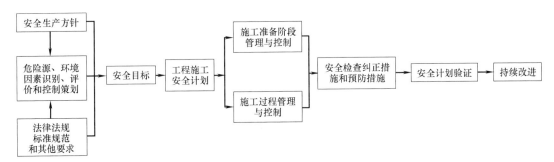

图3-7 工程项目施工安全管理程序图

1. 施工安全策划

针对项目的规模、结构、环境、技术特点、危险源与环境因素的识别、评价和控制策划结果、适用法律法规和其他管理要求、资源配置等因素进行工程项目的施工安全策划。

2. 编制施工安全计划

根据项目施工安全策划的结果，编制工程项目施工安全计划。工程项目施工安全计划的内容主要是规划、确定安全目标，确定过程控制要求，制定安全技术措施，配备必要资源，确保安全目标的实现。

施工安全计划应针对项目特点、项目实施方案及程序，依据安全法规和标准等加以编制，主要内容包括：

（1）项目概况。包括工程项目的性质和作用、建筑结构特征、建造地点特征、施工特征以及可能存在的主要的不安全因素等。

(2) 明确安全控制和管理目标。

(3) 确定安全控制和管理程序。

(4) 确定安全组织机构，包括项目的安全组织机构形式、安全组织管理层次、安全职责和权限、安全管理人员组成以及建立安全管理规章制度。

(5) 确定安全管理组织结构和职责权限。根据组织机构状况明确不同层次各相关人员的职责和权限，进行责任分配。

(6) 确保安全资源配置。

(7) 制订安全技术措施。

(8) 落实安全检查评价和奖惩制度。

3. 施工安全计划的实施

项目的施工安全计划应经上级机构审批后实施。施工安全计划的实施包括建立和执行安全生产管理制度，开展安全教育培训，进行安全技术交底等工作。

4. 安全检查

对施工现场安全生产的安全检查应贯穿于工程项目施工的全过程，以及时发现施工过程中存在的安全问题，并落实人员进行整改、消除隐患。同时，安全检查还包括对施工现场安全生产管理制度、安全管理资料等进行检查。

5. 工程项目施工安全计划验证与持续改进

项目负责人应定期组织具有资格的安全生产管理人员验证工程项目施工安全计划的实施效果。当工程项目施工安全管理中存在安全问题或安全隐患时，应提出解决措施，每次验证应做出记录，并予以保存。对重复出现的安全隐患问题，不仅要分析原因、采取措施、给予纠正，而且要追究责任，给予处罚。同时，应持续改进工程项目的安全业绩，不断提高安全管理的有效性和效率。

3.6 BIM 的常见应用环境与组织

3.6.1 BIM 常见应用软件环境

1. BIM 软件方案的选用

BIM 软件选择是企业 BIM 应用的首要环节。在选用过程中，应采取相应的方法和程序，以保证正确选用符合企业需要的 BIM 软件。其基本步骤和主要工作内容如下：

1) 调研和初步筛选

全面考察和调研市场上现有的国内外 BIM 软件及应用状况。结合本企业的业务需求、企业规模，从中筛选出可能适用的 BIM 软件工具集。筛选条件可包括：BIM 软件功能、本地化程度、市场占有率、数据交换能力、二次开发扩展能力、软件性价比及技术支持能力等。如有必要，企业也可请相关的 BIM 软件服务商、专业咨询机构等提出建议。

2) 分析及评估

对初选的每个 BIM 软件进行分析和评估。分析评估考虑的主要因素包括：是否符合企业的整体发展战略规划；可为企业业务带来的收益；软件部署实施的成本和投资回报率

3.6 BIM的常见应用环境与组织

估算;工程人员接受的意愿和学习难度等。

3)测试及试点应用

抽调部分工程人员,对选定的部分 BIM 软件进行试用测试,测试的内容包括:在适合企业自身业务需求的情况下,与现有资源的兼容情况;软件系统的稳定性和成熟度;易于理解、易于学习、易于操作等易用性;软件系统的性能及所需硬件资源;是否易于维护和故障分析,配置变更是否方便等可维护性;本地技术服务质量和能力;支持二次开发的可扩展性。如条件允许,建议在试点工程中全面测试,使测试工作更加完整和可靠。

4)审核批准及正式应用

基于 BIM 软件调研、分析和测试,形成备选软件方案,由企业决策部门审核批准最终 BIM 软件方案,并全面部署。

常用 BIM 应用软件及其施工阶段应用点见表 3-1。

常用施工 BIM 应用软件　　　　　　表 3-1

软件工具			施工阶段			
公司	软件	专业功能	施工投标	深化设计	施工管理	竣工交付
Autodesk	Revit	建筑 结构 机电	●	●	●	
	Navisworks	协调 管理	●	●	●	●
	Civil3D	地形 场地 道路	●	●	●	
Graphisoft	ArchiCAD	建筑	●	●	●	
广联达 Progman Oy	MagiCAD	机电	●	●	●	
Bentley	AECOsim Building Designer	建筑 结构 机电	●	●	●	
	ProSteel	钢结构			●	
	Navigator	协调 管理	●	●	●	●
	ConstructsSim	建造	●	●		
广联达	广联达 BIM5D	造价	●	●	●	●
Trimble	Tekla Structure	钢结构	●	●	●	
鲁班	鲁班 BIM系统	造价	●	●	●	●
建研科技	PKPM	结构	●	●	●	
RIB集团	iTWO	进度 造价	○	○		○

注:表中"●"为主要或直接应用,"○"为次要应用或需要定制、二次开发。

基于BIM的质量管理软件应用方案见图3-8，相关说明见表3-2。

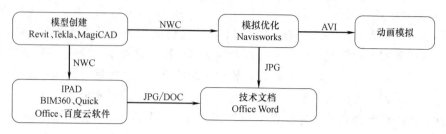

图3-8　基于BIM的质量管理软件应用方案

基于BIM的质量管理软件应用方案说明　　　　表3-2

工作阶段	工作内容	软件解决方案
施工前	模型、动画辅助技术交底	利用Revit、Tekla等建模软件进行模型建立，利用Navisworks软件进行动画模拟，将模型截图放入技术交底，动画模拟进行交底会议沟通
	动态样板引路	通过开发动态样板引路系统，将模型、重要样板工序导入系统中，在现场布置触摸屏后直接使用
施工时	现场模型对比、资料填写	在IPAD上安装BIM360、Quick Office、百度云软件，将模型导入BIM360进行现场实体对比，利用Quick Office进行文件的查阅和整改问题等资料的填写，通过百度云服务进行资料的传输

基于BIM的安全管理软件应用方案见图3-9，相关说明见表3-3。

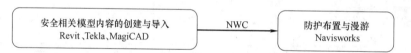

图3-9　基于BIM的安全管理软件应用方案

基于BIM的安全管理软件应用方案说明　　　　表3-3

工作阶段	工作内容	软件解决方案
施工前	防护设施模型建立及布置	Revit软件建立项目模型和防护设施模型内容库，将防护设施模型内容库在项目模型中进行布置
	仿真模拟	将布置好的Revit模型导入Navisworks软件中，第三人仿真模拟进行漫游，继续找出有可能的危险源

3.6.2　BIM应用硬件和网络环境

企业BIM硬件环境包括：客户端（个人计算机）、服务器、网络及存储设备等。BIM应用硬件和网络在企业BIM应用初期的资金投入相对集中，对后期的整体应用效果影响较大。

鉴于IT技术的快速发展，硬件资源的生命周期越来越短。在BIM硬件环境建设中，既要考虑BIM对硬件资源的要求，也要将企业未来发展与现实需求结合考虑；既不能盲目求高求大，也不能过于保守，以避免企业资金投入过大带来的浪费或因资金投入不够带来的内部资源应用不平衡等问题。

企业应当根据整体信息化发展规划，以及BIM应用对硬件资源的要求进行整体考虑。

3.6 BIM的常见应用环境与组织

在确定所选用的BIM软件系统以后,重新检查现有的硬件资源配置及其组织架构,整体规划并建立适应BIM应用需要的硬件资源,实现对企业硬件资源的合理配置。特别应优化投资,在适用性和经济性之间找到合理的平衡,为企业的长期信息化发展奠定良好的硬件资源基础。

当前,采用个人计算机终端运算、服务器集中存储的硬件基础架构较为成熟,其总体思路是:在个人计算机终端中直接运行BIM软件,完成BIM的建模、分析及计算等工作;通过网络,将BIM模型集中存储在企业数据服务器中,实现基于BIM模型的数据共享与协同工作。

该架构方式技术相对成熟、可控性较强,在企业现有的硬件资源组织及管理方式基础上部署,实现方式相对简单,可迅速进入BIM实施过程,是目前企业BIM应用过程中的主流硬件基础架构。但该架构对硬件资源的分配相对固定,不能充分利用企业硬件资源,存在资源浪费的问题。

图3-10和图3-11分别为项目网络硬件配置和公司网络硬件配置的典型方案,供参考。

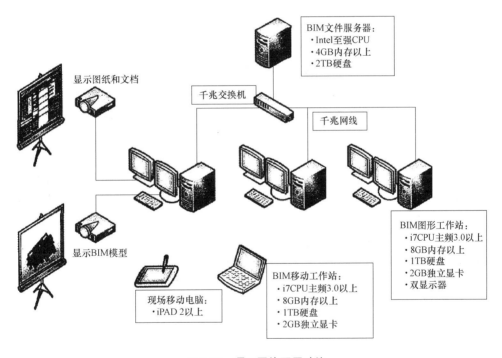

图3-10 项目网络配置建议

3.6.3 BIM模型的组织管理

鉴于目前计算机软硬件的性能限制,整个项目都使用单一模型文件进行工作是不太可能实现的,必须对模型进行拆分。不同的建模软件和硬件环境对于模型的处理能力会有所不同,模型拆分也没有硬性的标准和规则,需根据实际情况灵活处理,以下是实际项目操作中比较常用的模型拆分建议。

1. 一般模型拆分原则

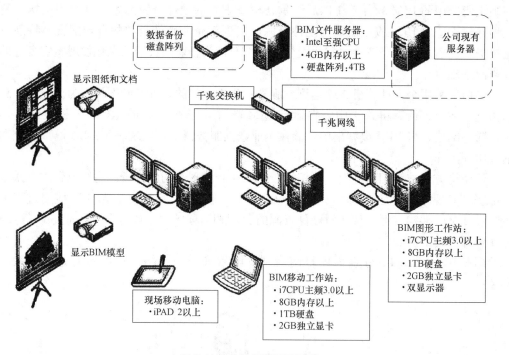

图 3-11 公司网络配置建议

模型拆分的主要目的是协同工作,以及降低由于单个模型文件过大造成的工作效率降低。通过模型拆分达到以下目的:多用户访问;提高大型项目的操作效率;实现不同专业间的协作。

2. 模型拆分方式

模型拆分时采用的方法,应尽量考虑所有相关 BIM 应用团队(包括内部和外部的团队)的需求。应在 BIM 应用的早期,由具有经验的工程技术人员设定拆分方法,尽量避免在早期创建孤立的、单用户文件,然后随着模型的规模不断增大或设计团队成员不断增多,被动进行模型拆分的做法。

一般按建筑、结构、水暖电专业来组织模型文件,建筑模型仅包含建筑数据(对于复杂幕墙建议单独建立幕墙模型),结构模型仅包含结构数据,水暖电专业要视使用的软件和协同工作模式而定,以 Revit 为例:

(1)使用工作集模式。水暖电各专业都在同一模型文件里分别建模,以便于专业协调。

(2)使用链接模式。水暖电各专业分别建立各自专业的模型文件,相互通过链接的方式进行专业协调。

根据一般的硬件配置,一般建议单专业模型,其面积控制在 $8000m^2$ 以内,多专业模型(水暖电各专业都在同一模型文件里)其面积控制在 $5000m^2$ 以内,单文件的大小不应超过 100MB。

为了避免重复或协调错误,应明确规定并记录每部分数据的责任人。如果一个项目中要包含多个模型,应考虑创建一个"容器"文件,其作用就是将多个模型组合在一起,供专业协调和冲突检测时使用。

典型的模型拆分方法见表3-4。

模型拆分示例 表3-4

专业(链接)	拆分(链接或工作集)
建筑	(1)依据建筑分区拆分； (2)依据楼号拆分； (3)依据施工缝拆分； (4)依据楼层拆分； (5)依据建筑构件拆分
幕墙(如果是独立模型)	(1)依据建筑立面拆分； (2)依据建筑分区拆分
结构	(1)依据结构分区拆分； (2)依据楼号拆分； (3)依据施工缝拆分； (4)依据楼层拆分； (5)依据建筑构件拆分
机电专业	(1)依据建筑分区拆分； (2)依据楼号拆分； (3)依据施工缝拆分； (4)依据楼层拆分； (5)依据系统/子系统拆分

3. 工作集模型拆分原则（仅适合 Revit）

借助"工作集"机制，多个用户可以通过一个"中心"文件和多个同步的"本地"副本，同时处理一个模型文件。若合理使用，工作集机制可大幅提高大型、多用户项目的效率。工作集模型拆分原则如下：

（1）应以合适的方式建立工作集，并把每个图元指定到工作集。可以逐个指定，也可以按照类别、位置、任务分配等信息进行批量指定。该部分的工作应统一由项目经理或专业负责人完成。

（2）为了提高硬件性能，建议仅打开必要的工作集。

（3）建立工作集后，建议根据命名规则在文件名后面添加-CENTRAL 或-LOCAL 后缀。

对于使用工作集的所有设计人员，应将原模型复制到本地硬盘来创建一份模型的"本地"副本，而不是通过打开中心文件再进行"另存为"操作。

4. 链接模型拆分原则（仅适合 Revit）

通过"链接"机制，用户可以在模型中引用更多的几何图形和数据作为外部参照。链接的数据可以是一个项目的其他部分，也可以是来自另一专业团队或外部公司的数据。链接模型拆分原则如下：

（1）可根据不同的目的使用不同的容器文件，每个容器只包含其中的一部分模型。

（2）在细分模型时，应考虑到任务如何分配，尽量减少用户在不同模型之间切换。

（3）模型链接时，应采用"原点对原点"的插入机制。

（4）在跨专业的模型链接情况下，参与项目的每个专业（无论是内部还是外部团队）都应拥有自己的模型，并对该模型的内容负责。一个专业团队可链接另一专业团队的共享模型作为参考。

5. 文件目录结构

对于涉外工程项目，为了方便项目各方的沟通交流，文件目录命名宜采用英文，以下目录结构以比较详细和实用的英国 BIM 标准为基础调整而成,采用中英文对照方式,使用时根据实际项目情况选择。

1) BIM 资源文件夹结构(以 Revit 为例说明)

标准模板、图框、族和项目手册等通用数据保存在中央服务器中,并实施访问权限管理,文件夹组织与命名参见图 3-12。

```
📁 BIM 资源(BIM_Resource)
   📁 Revit
      📁 族库(Families)              [族文件]
      📁 标准(Standards)             [标准文档]
      📁 样板(Templates)             [样板文件]
      📁 图框(Titleblocks)           [图框文件]
```

图 3-12　BIM 资源文件夹结构

2) 项目文件夹

项目数据也统一集中保存在中央服务器上,对于采用 Revit 工作集模式时,只有"本地副本"才存放在客户端的本地硬盘上。以下是中央服务器上项目文件夹结构和命名方式,在实际项目中还应根据项目实际情况进行调整,文件夹组织与命名参见图 3-13。

```
📁 项目名称(Project Name)
   📁 01-工作(WIP)                              [工作文件夹]
      📁 BIM 模型(BIM_Models)                    [BIM 设计模型]
         📁 建筑(Architecture)                   [建筑专业]
            📁 1 层/A 区等(1F/Zone A)            [视模型拆分方法而定]
            📁 2 层/B 区等(2F/Zone B)
            📁 n 层/n 区等(nF/Zone n)
         📁 结构(Structure)                      [结构专业]
            📁 1 层/A 区等(1F/Zone A)            [视模型拆分方法而定]
            📁 2 层/B 区等(2F/Zone B)
            📁 n 层/n 区等(nF/Zone n)
         📁 水暖电(MEP)                          [水暖电专业]
            📁 1 层/A 区等(1F/Zone A)            [视模型拆分方法而定]
            📁 2 层/B 区等(2F/Zone B)
            📁 n 层/n 区等(nF/Zone n)
      📁 出图(Sheet_Files)                       [基于 BIM 模型导出的 dwg 图纸]
      📁 输出(Export)                            [输出给其他分析软件使用的模型]
         📁 结构分析模型
         📁 建筑性能分析模型
   📁 02-对外共享(Shared)                        [给对外协作方的数据]
      📁 BIM 模型(BIM_Models)
      📁 CAD
   📁 03-发布(Published)                         [发布的数据]
      📁 YYYY.MM.DD_描述(YYYY.MM.DD_Description)  [日期和描述]
      📁 YYYY.MM.DD_描述(YYYY.MM.DD_Description)  [日期和描述]
   📁 04-存档(Archived)
      📁 YYYY.MM.DD_描述(YYYY.MM.DD_Description)  [日期和描述]
      📁 YYYY.MM.DD_描述(YYYY.MM.DD_Description)  [日期和描述]
   📁 05-接收(Incoming)                          [接收文件夹]
      📁 某顾问
      📁 施工方
```

图 3-13　项目文件夹示例

3.6.4 BIM 团队的组织管理

1. BIM 团队在项目组织结构中的位置

BIM 不是一个人、一家企业能够完成的事业,而需要所有参建单位共同参与。"独善其身"做不好 BIM,"协同"才是 BIM 的灵魂所在。在工程项目建设中,BIM 团队在整个项目组织管理架构的位置有多种形式,在辅助工程建设方面,各有自己的特色和优缺点。

1) 常规 BIM 团队组织架构

以施工单位主导 BIM 工作为例,其常见的组织管理构架主要为成立 BIM 工作室负责 BIM 技术的应用,如图 3-14 所示,此方式的特点在于,团队技术能力较易控制,能迅速解决工程中问题,缺点在于不利于 BIM 技术的发展及推广,BIM 技术仅局限在一个较小的团队中,由于缺少沟通,无法及时反映工程实际情况,BIM 技术深入实际的程度依赖于 BIM 经理的职业素质和责任心,BIM 技术往往会流于形式,计划、实际两张皮,从长远看,该组织结构的设置不利于 BIM 技术人员的成长。在 BIM 技术尚未普及的而当下,BIM 人才较为稀缺,不可避免会在项目管理中采用此种机构设置方式。

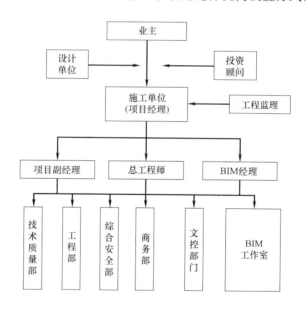

图 3-14 以施工单位为主导的常规 BIM 团队组织构架图

2) 较高级 BIM 团队组织架构

当 BIM 技术发展到一定程度,一定数量的传统技术条线管理人员已掌握 BIM 技术,或企业 BIM 发展水平较高,技术人员除接受传统技术培养外,还系统地掌握了 BIM 技术,则可取消项目管理中 BIM 工作室的设置,将具备 BIM 技能的人员分散至各个部门,BIM 技术作为一种基础性工具来支持日常工作,技术人员能主动地用 BIM 技术解决问题,这将大大提高 BIM 技术在工程管理中的应用程度,充分发挥技术优势。

3) 理想的 BIM 团队组织架构

BIM 作为一项全新的技术手段，推动传统建筑行业变革，也必将产生新的工作岗位和职责需求，BIM 总监的职位应运而生。BIM 总监由业主指定，传统业主的投资理念和项目诉求，由 BIM 总监代表业主制订设计任务书和 BIM 要求，接受设计单位交付的 BIM 成果，控制 BIM 模型的质量，形成基于 BIM 的数据库。投资顾问、工程监理、施工单位各条线技术人员共享建筑信息资料，投资顾问根据 BIM 数据库提取工程量清单，形成投资成本分析；工程监理和施工单位根据 BIM 数据库确定施工内容、制订施工方案、组织安排生产。在这样一个理想的组织机构内，由 BIM 团队来产生和维护 BIM 数据库，其他各利益集团共享数据，并随之产生新的数据，新的数据再次共享，不同利益集团各取所需，充分发挥 BIM 应用的巨大优势。理想的 BIM 团队组织架构如图 3-15 所示。

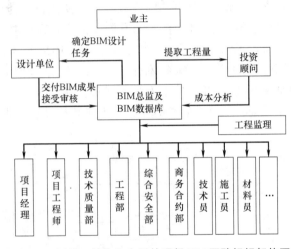

图 3-15 以施工单位为主导的理想 BIM 团队组织架构图

4）企业内部 BIM 团队组织架构

各参建单位，根据自身机构设置特点和项目情况，可组建 BIM 中心，以支撑多项目的 BIM 技术应用，从事项目 BIM 技术管理，为本单位 BIM 技术发展进行人员储备、团队培养。可参考的 BIM 团队组织构架如图 3-16 所示，从建模、信息交互、应用、维护几个方面配备人员。

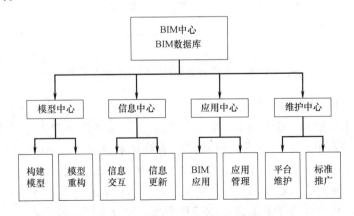

图 3-16 企业内部 BIM 中心组织架构图

3.6 BIM的常见应用环境与组织

2. 项目 BIM 团队的内部组织

项目 BIM 团队由总包方与分包方 BIM 团队共同组成，各专业分包方 BIM 团队在总包 BIM 团队负责人的统一管理和组织下开展 BIM 工作（图 3-17），项目 BIM 团队工作职责见表 3-5。

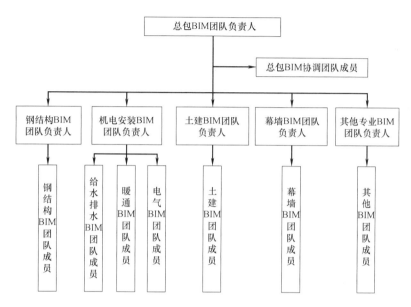

图 3-17 项目 BIM 团队组织机构图

项目 BIM 团队工作职责　　　　表 3-5

部门名称	工 作 职 责
总包 BIM 团队	接收施工图设计模型，对合约范围内的施工图设计模型进行必要的校核和调整，完善成为施工深化设计模型，并在施工过程中及时更新，保持适用性，成为施工过程 BIM 模型。统筹管理各分包方 BIM 团队施工深化设计模型和施工过程模型，方便各专业间模型互用
BIM 协调团队	组织各专业分包方应用施工图设计模型，协调各专业间进行碰撞检查，对发现的工艺、工序、进度等问题，协调相关单位进行统筹解决
土建 BIM 团队	接收自身合约范围内的施工图设计模型，进行必要的校核和调整，完善成为施工深化设计模型，并利用 BIM 解决可能存在的设计问题、碰撞、施工关键工艺问题等隐患，并进行校核和调整。在项目全生命期内配合总包 BIM 团队完成相关 BIM 工作
机电安装 BIM 团队	基于施工图设计模型等资料，检查各个机电专业间综合管线碰撞的同时，符合整体管线净高，并进行必要的校核和调整。对于涉及其他承包单位的问题，向总包 BIM 团队提交相关碰撞检查报告、机电管线综合优化报告。基于施工深化设计 BIM 模型，针对设备机房，进行设备和管线的综合碰撞检查，优化机房内部设备、管线、支吊架布置的合理性，进行必要的校核和调整。在项目全生命期内配合总包 BIM 团队完成相关 BIM 工作
钢结构 BIM 团队	接收自身合约范围内的施工图设计模型，进行必要的校核和调整，完善成为施工深化设计模型，与其他专业施工深化设计模型进行综合碰撞检查，并进行校核和调整。对于涉及其他承包单位的问题，向总包 BIM 团队提交相关碰撞检查报告。在项目全生命期内配合总包 BIM 团队完成相关 BIM 工作
幕墙 BIM 团队	基于幕墙施工图设计模型及图纸进行深化设计，与其他专业施工深化设计模型进行综合碰撞检查，并进行校核和调整，对于涉及其他承包单位的问题，向总承包单位提交相关碰撞检查报告。在项目全生命期内配合总包 BIM 团队完成相关 BIM 工作
其他专业 BIM 团队	接收自身合约范围内的施工图设计模型，进行必要的校核和调整，完善成为施工深化设计模型，并在施工过程中及时更新，保持适用性。向总包 BIM 团队提交自身合约范围内的施工深化设计模型和施工过程模型。在项目全生命期内配合总包 BIM 团队完成相关 BIM 工作

BIM 在实施过程中，加强与项目其他部门人员的协同工作与沟通交流非常重要，可建立在项目例会与里程碑节点会议的 BIM 汇报交底工作制度。其中，在项目例会上，BIM 工作列为讨论议项。BIM 工作在例会上的议程包括：

(1) 对上一次例会中关于 BIM 工作要求落实情况的检视；
(2) 本例会中出现的 BIM 问题及落实解决要求；
(3) 对下一阶段 BIM 工作的要求；
(4) 其他关于 BIM 的工作。

项目里程碑节点时，可召开专门项目 BIM 工作会议，对 BIM 工作进行相关内容的讨论和决议：

(1) 项目总承包管理 BIM 实施方案审议；
(2) 各专业分包方招标文件编制时；
(3) 主要专业承包单位进场时；
(4) 工程重大里程碑节点开始及结束时；
(5) 主体结构完工封顶时；
(6) 幕墙安装工程完工时；
(7) 各机电主要设备、管道安装完成时；
(8) 各机电系统调试完成时；
(9) 全系统系统联动调试完成时；
(10) 工程整体竣工时。

本章小结

为了确保工程建设中的质量和安全，必须建立质量管理和安全管理组织机构，并制定相应的规章制度，明确管理机构职责。明确建设单位、施工单位、勘察设计单位、工程监理单位的质量责任，明确建设单位、施工单位、勘察设计单位、工程监理单位、检测检验单位、机械设备等单位的安全责任。理解工程勘察设计阶段的质量与安全管理流程，工程施工阶段的质量与安全管理流程。

BIM 软件选择是企业 BIM 应用的首要环节。在选用过程中，应采取相应的方法和程序，以保证正确选用符合企业需要的 BIM 软件。应用硬件和网络环境可以参考项目网络硬件配置和公司网络硬件配置的典型方案。不同的建模软件和硬件环境对于模型的处理能力有所不同，模型拆分也没有硬性的标准和规则，需根据实际情况灵活处理。在工程项目建设中，BIM 团队在整个项目组织管理架构的位置有多种形式，在辅助工程建设方面，各有自有的特色和优缺点。

思考与练习题

3-1 简述工程质量管理体制。
3-2 简述工程质量管理主要制度。
3-3 简述中国工程建设安全生产的政府管理机构体系。

3-4 简述安全生产管理主要制度。

3-5 建设单位的质量责任，勘察设计单位的质量责任，施工单位的质量责任，监理单位的质量责任分别是什么？

3-6 建设单位的安全责任，勘察设计单位的安全责任，施工单位的安全责任，监理单位的安全责任分别是什么？

3-7 简述工程设计质量管理的依据。

3-8 简述工程设计质量管理的主要工作内容。

3-9 简述施工阶段质量管理的依据。

3-10 简述施工单位的质量管理工作内容。

3-11 初步设计中的安全报告主要包括哪些内容？

3-12 施工图设计中的安全报告应包括哪些内容？

3-13 施工安全计划主要内容包括什么？

3-14 BIM 团队的组织管理模式有哪几种？

3-15 简述 BIM 应用的规则。

3-16 BIM 团队组织构架有哪几种？

3-17 简述项目 BIM 团队组织机构及工作职责。

第 4 章 工程施工阶段的质量管理

本章要点及学习目标

本章要点：
(1) 施工质量影响因素分析；
(2) 工程施工准备阶段的质量控制；
(3) 工程施工过程质量控制；
(4) BIM 支持的施工准备质量控制工作；
(5) BIM 支持的施工过程质量控制；
(6) 工程质量的主要试验与检测方法等内容。

学习目标：
(1) 了解质量的内涵和影响工程质量的因素；
(2) 了解工程质量的主要试验与检测方法；
(3) 熟悉工程施工准备阶段的质量控制内容；
(4) 熟悉 BIM 支持的施工准备质量控制工作；
(5) 熟悉 BIM 支持的施工过程质量控制；
(6) 掌握工程施工过程质量控制要点。

4.1 施工质量影响因素分析

工程施工是一种物质生产活动，控制工程质量，就必须控制工程质量形成过程中影响质量的诸因素。建筑工程生产工业化程度低、施工技术比较落后、效率低、劳动强度大，在现场生产过程中手工操作多、现场制作多、湿作业多、高空作业多，影响工程质量的因素多。归纳起来影响工程质量的因素有人的因素、材料因素、机械因素、方法因素、环境因素和测量因素，归纳为 5M1E 即人（Man）、材料（Material）、机械（Machine）、方法（Method）、环境（Environment）和测量（Measure）等方面，如图 4-1 所示。

在图 4-1 中，人的因素主要指施工操作人员的质量意识、技术能力和工艺水平，施工管理人员的经验和管理能力；材料因素包括原材料、半成品和构配件的品质和质量，工程设备的性能和效率；方法因素包括施工方案、施工工艺技术和施工组织设计的合理性、可行性和先进性；环境因素包括施工现场自然环境因素、施工质量管理环境因素（如管理制度的健全与否、质量管理体系完善与否、质量保证活动开展的情况等）和施工作业环境因素；测量因素主要是测量工具、测量方法以及对测量数据的分析。

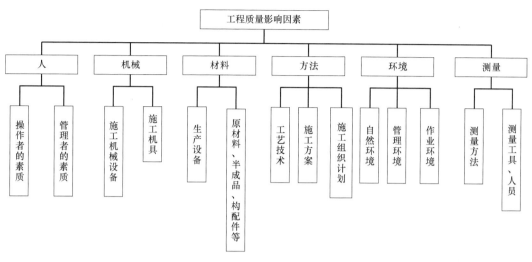

图 4-1 施工质量的影响因素

4.1.1 人的控制

人,是指直接参与工程施工的组织者、指挥者和操作者。人是质量的创造者,根据分析,大多数工程质量事故和质量通病是由于人的因素造成的,如何调动每一个员工在质量活动中的作用,是项目管理者应该解决的问题。

质量控制必须"以人为核心",充分发挥人的主动性和创造性,避免产生失误,增强人的责任感,提高人的质量意识,以人的工作质量来保证工序质量和工程质量。首先要提高人的质量意识和工作水平,牢固树立"质量第一"的思想,提高员工自觉性和主观能动性;第二要加强专业技能培训,提高员工的操作水准;第三要加强现场管理,提高管理水平,通过有效措施消除人为造成的质量通病。

施工人员的质量包括参与工程施工各类人员的施工技能、文化素养、生理体能、心理行为等方面的个体素质及经过合理组织和激励发挥个体潜能综合形成的群体素质。在工程施工质量控制中,应考虑人的以下素质。

1. 项目施工管理者的素质

项目管理者在企业的授权范围内选用作业队伍、采购物资、使用资金,确定计酬办法,制定项目管理计划,负责项目日常管理,协调和处理与施工项目部管理有关的内部与外部事项。项目施工管理者的素质是确保工程施工质量的决定性因素。项目管理者应具有与所承担施工项目管理任务相应的专业技术、管理、经济和法律、法规知识,具有丰富的管理经验和业绩,良好的职业道德,较高的管理、领导能力。

2. 人的技术水平

人的技术水平直接影响工程质量的水平,尤其是对技术复杂、难度大、精度高的工序或操作,如混凝土模板支设、重型构件的吊装、高级装饰与饰面、金属结构的焊接、钢屋架的放样等,都应由技术熟练、经验丰富的工人来完成。必要时,还应对他们的技术水平予以考核。

3. 人的生理缺陷

根据工程施工的特点和环境,应严格控制人的生理缺陷,如有高血压、心脏病的人,不能从事高空作业和水下作业;反应迟钝、应变能力差的人,不能操作快速运行、动作复杂的机械设备;视力、听力差的人,不宜参与校正、测量或用信号、旗语指挥的作业等。否则,将影响工程质量,引起安全事故,产生质量事故。

4. 人的心理行为

人由于要受社会、经济、环境条件和人际关系的影响,要受组织纪律和管理制度的制约,因此,人的劳动态度、注意力、情绪、责任心等在不同地点、不同时期也会有所变化。所以,对某些需确保质量、万无一失的关键工序和操作,一定要控制人的思想活动,稳定人的情绪。

5. 人的错误行为

人的错误行为,是指人在工作场地或工作中吸烟、打赌、错视、错听、误判断、误动作等,都会影响质量或造成质量事故。所以,对具有危险源的现场作业,应严禁吸烟、嬉戏。当进入强光或暗环境对工程质量进行检验测试时,应经过一定时间,使视力逐渐适应光照度的改变,然后才能正常工作,以免发生错视;在不同的作业环境,应采用不同的色彩、标志,以免产生误判断或误动;对指挥信号,应有统一明确的规定,并保证畅通,避免噪声的干扰,这些措施,均有利于预防发生质量和安全事故。

因此,企业应通过择优录用、技能培训、职业道德和质量意识教育、合理的组织、严格考核,并辅以必要的激励机制,使员工的潜能得到充分的发挥和最好的组合,使施工人员在质量控制系统中发挥主体自控作用,以人的工作质量来保证工序质量和工程质量。

4.1.2 机械的控制

机械设备主要指施工过程中使用的各类机具设备,如起重运输设备、人货电梯、加工机械、操作工具以及专用工具和施工安全设施等,它们是施工生产的手段。

由于设备的原因或使用操作工具不当引发的质量事故和质量通病是经常发生的。在施工过程正确使用机械设备的基础上,及时发现机器管理方面存在的问题,进行分析和制定对策;同时可以对操作工具进行技术革新,以提高工作效率,确保施工质量。施工机械设备是所有施工方案和工法得以实施的重要物质基础,是机械化施工必不可少的设备。施工机械设备的选择是否适用、先进和合理,将直接影响工程项目的施工质量和进度。

施工机械控制的主要内容:

(1) 根据工程项目的布置、结构形式、施工现场条件、施工程序、施工方法和施工工艺,选择适用、先进、合理的施工机械形式和主要性能参数。如在单层厂房吊装中起重机的选择,首先要选择起重机的类型;如一般高度较低的小型厂房,选用自行杆式起重机是比较合理的;当厂房的高度和长度较大时,可选用塔式起重机吊装屋盖结构;大跨度的重型工业厂房,可以选用大型自行杆式起重机、牵缆式桅杆起重机、重型塔式起重机和塔桅起重机吊装,也可以用双机抬吊等方法来解决重型构件的吊装问题。然后再选择起重机的性能参数,根据所安装构件的重量与索具的重量确定起重机的起升载荷;根据所安装构件的支座表面高度、吊装间隙、绑扎点至吊起后底面的距离、索具高度来确定起重机的起升高度;根据吊装工况确定起重机的工作幅度。

(2) 施工机械之间的生产能力应协调。如在进行土方开挖时,为保证挖掘机连续施工,必须配备一定数量的运土汽车及时把挖土运出。

(3) 工程所用的施工机械,必须进行安装验收,做到资料齐全准确;对危险较大的现场安装的起重机械设备,不仅要对其安装方案进行审批,而且安装完毕交付使用前必须经专业管理部门的验收,合格后方可使用。

(4) 工程所用模板、脚手架的施工设备,除先进行选型外,还应按设计及施工要求进行专项设计,对其设计方案及制作质量应作为验收的重点。

(5) 机械设备操作人员应持证上岗,实行岗位责任制,严格按照操作规范作业。

(6) 在机械使用过程中应用养结合,做好维护和管理,提高机械的使用效率。

4.1.3 材料的控制

材料包括原材料、成品、半成品、构配件、仪器仪表、生产设备等,是工程项目实体的构成部分,是工程项目实体质量的基础。施工中的建筑材料品种繁多,材料本身的质量对工程质量的影响非常大。要做好材料的检测和验收。对原材料要根据规定进行进场检测,对常规材料要定期进行抽检,对成品和半成品材料要根据相关标准进行验收,要将不合格材料和产品杜绝在施工现场以外。材料控制的目标是按计划保质、保量、及时供应材料,保证工程正常施工。

1. 材料质量控制的内容

(1) 控制材料设备的性能、标准、技术参数与设计文件的相符性。

(2) 控制材料、设备各项技术性能指标、检验测试指标与标准规范要求的相符性。

(3) 控制材料、设备进场验收程序的正确性及质量文件资料的完备性。

(4) 控制优先采用节能低碳的新型建筑材料和设备,禁止使用国家明令或淘汰的建筑材料和设备。

2. 材料质量控制的重点

(1) 认真阅读设计图纸,掌握设计文件对材料设备性能、标准、技术参数的要求,根据工程施工进度,编排材料采购计划。

(2) 收集和掌握材料供应信息,通过对比分析优选质优、价廉、供货能力强的供货单位,确保材料质量符合设计文件要求,供货速度满足工程施工进度要求。

(3) 进场的材料应进行数量验收和质量认证,做好相应的验收记录和标识。不合格的材料应更换、退货或让步接收(降级使用),严禁使用不合格的材料。

(4) 材料的计量设备必须经具有资格的机构定期检验,确保计量所需要的精确度。检验不合格的设备不允许使用。

(5) 进入现场的材料应有生产厂家的材质证明(包括厂名、品种、出厂日期、出厂编号、试验数据)和出厂合格证。要求复检的材料,应按规定内容进行复检,检测试样必须进行见证取样,试样从施工现场随机抽取,试样应有唯一性标识,试样交接时,应对试样外观、数量等进行检查确认。新材料未经试验鉴定,不得用于工程。现场配置的材料应经试配,使用前应经认证。

(6) 试验室在接受试验任务时,须由送检单位填写委托单,委托单上要设置见证人签名栏。委托单必须与同一委托试验的其他原始资料一并由试验室存档。

(7) 做好材料储存工作。材料应分别编号按型号、品种分区堆放;易燃易爆材料应专门存放并有严格的防火、防爆措施；有防潮、防湿要求的材料应采取防潮、防湿措施，并做好标识；有保质期的材料应定期检查防止过期并做好标识；易损坏的材料应保护好外包装，防止损坏。

（8）实行材料的使用认证，严防材料的错用误用。对于工程项目中所用的主要设备，应审查是否符合设计文件或标书中所规定的规格、品种、型号和技术性能。

3. 主要材料复试内容及要求

（1）钢筋：屈服强度、抗拉强度、伸长率和冷弯。有抗震设防要求的框架结构受力钢筋抗拉强度实测值与屈服强度实测值之比不应小于1.25，钢筋屈服强度实测值与屈服强度标准值之比不应大于1.3。

（2）水泥：抗压强度、抗折强度、安定性、凝结时间。钢筋混凝土结构、预应力混凝土结构中严禁使用含氯化物的水泥。同一生产厂家、同一等级、同一品种、同一批号且连续进场的水泥，袋装不超过200t，散装不超过500t为一批检验。

（3）混凝土外加剂：检验报告中应有碱含量指标，预应力混凝土结构中严禁使用含氯化物的外加剂。混凝土结构中使用含氯化物的外加剂时，混凝土氯化物总含量应符合规定。

（4）石子：筛分析、含泥量、泥块含量、含水率、吸水率及石子的非活性骨料检验。

（5）砂子：筛分析、泥块含量、含水率、吸水率及非活性骨料检验。

（6）建筑外墙金属窗、塑料窗、气密性、水密性、抗风压性能。

（7）装饰材料用人造木板及胶粘剂：甲醛含量。

（8）饰面板（砖）：室内用花岗岩放射性；外墙陶瓷面砖的吸水率及抗冻性能复验。

（9）混凝土小型砌块：同一部位工程使用的小砌块应持有同一厂家生产的合格证书和进场复试报告，小砌块在场内的养护龄期及其后停放总时间必须确保28d。

（10）预拌混凝土：检查预拌混凝土合格证书及配套的水泥、砂子、石子、外加剂掺合料原材复试报告和合格证、混凝土配合比单、混凝土石块强度报告。

4. 生产设备的控制

对生产设备的控制，主要是控制设备的检查验收、设备的安装质量和设备的试车运转。要求按设计选型购置设备；设备进场时，要按设备的名称、型号、规格、数量的清单逐一检查验收；设备安装要符合有关设备的技术要求和质量标准；试车运转正常，要能配套投产。尽可能及早安装，增加设备安装后使用阶段的保修期和索赔期。

机械设备的检验是一项专业性、技术性较强的工作，须要求有关技术、生产部门参加。重要的关键性大型设备，应组织专业鉴定小组进行检验。一切随机的原始资料、自制设备的设计计算资料、图纸、测试记录、验收鉴定结论等应全部清点，整理归档。

4.1.4 施工方法的控制

施工方法主要是指工程项目的施工组织设计、施工方案、施工技术措施、施工工艺、检测方法和措施等。施工中采用的标准、规范、工法以及施工程序对工程质量也是至关重要的，必须引起足够重视。

要严格遵守现行质量标准，包括技术标准和管理标准。严格遵守施工程序，确保上道工序施工完全合格后方能进入到下一道工序施工。交叉作业、立体施工，必须要有可靠的技术措施作保证，并合理安排工期。大力推进和采用新技术，不断提高工艺水平，是保证工程质量稳定提高的重要因素。

施工方法直接影响到工程项目的质量形成，特别是施工方案是否合理和正确，不仅影响到施工质量，还对施工的进度和费用产生重要影响。

施工方法的主要控制内容：

(1) 深入分析工程特征、技术关键及环境条件等资料，明确质量目标验收标准、控制的重点和难点。

(2) 制定合理有效的有针对性的施工技术方案和组织方案，前者包括施工工艺、施工方法，后者包括施工段的划分、施工流向及劳动组织等。

(3) 合理选择施工机械设备和施工临时设施，合理布置施工总平面图和各阶段施工平面图。

(4) 编制工程所采用的新材料、新技术、新工艺的专项技术方案和质量管理方案。

(5) 针对工程具体情况，分析气象、地质等环境因素对施工的影响，制定针对性措施。

4.1.5 环境因素的控制

环境的因素主要包括施工现场自然环境因素、施工质量管理环境因素和施工作业环境因素。

建筑产品在实现过程中都是在露天完成的，必然会受到天气、温度等外在环境的影响，特别是操作工人、建筑材料受其影响更大，会直接对工程质量产生不利影响。此外，施工现场的环境有其复杂性、多变性，施工交叉作业多，人员流动大，干扰因素多，各专业之间相互影响，处理不好也会对质量造成直接或间接影响。环境因素对工程质量的影响，具有复杂多变和不确定性的特点。要消除其对施工质量的不利影响，主要采取预测预防和控制这些未知的、有可能发生的外因环境变化。

1. 对施工现场自然环境影响因素的控制

对地质、水文、周边环境保护等方面的影响因素，应根据设计要求，分析工程岩土工程地质资料，预测不利因素，并会同设计等方面制定相应的措施，采取如基坑降水、排水、加固围护等技术控制方案。

对天气气象方面的影响因素，如连续高温、雨（冬）期施工等，应在施工方案中制定专项预案，明确在不利条件下的施工措施，落实人员、器材等方面的准备以紧急应对，从而控制其对施工质量的不利影响。

2. 对施工质量管理环境因素的控制

施工质量管理环境主要指施工单位质量保证体系、质量管理制度和各参建施工单位之间的协调因素。要根据工程承发包的合同结构，理顺管理关系，建立统一的现场施工组织系统和质量管理的综合运行机制，确保质量保证体系处于良好的状态，创造良好的质量管理环境和氛围，使施工顺利进行，保证施工质量。

3. 施工作业环境质量的控制

施工现场的作业环境因素主要指施工现场的给水排水条件，各种能源介质供应，施工照明、通风、安全防护设施，施工场地空间条件和通道，以及交通运输和道路条件等因素。要认真实施经过审批的施工组织设计和施工方案，落实保证措施，严格执行相关管理制度和施工纪律，保证上述环境条件良好，使施工顺利进行以及施工质量得到保证。

4.1.6 测量因素的控制

由于检测工具、测量方法、测量人员操作造成的误差，会使质量波动处于异常，从而直接影响到工程质量和对施工质量的正确评定。

施工过程中采用的仪器、量具等测量工具均应符合标准的规定，并定期校核，以确保其准确度。工程施工中，除应配备满足精度要求的先进仪器外，还要对操作人员进行必要的业务技术和基本素质培训。操作人员的技术水平、责任心和工作态度将关系到仪器的可靠性、数据的准确性，并直接影响工程质量。

4.2 工程施工准备阶段的质量控制

工程项目施工经过从施工准备→施工、安装→竣工验收、交付全过程，工程项目施工质量的控制应贯彻全面、全过程质量管理思想，根据不同的施工阶段，质量控制分为施工准备控制（事前控制）、施工过程控制（事中控制）、竣工验收控制（事后控制），如图4-2所示。

4.2.1 质量控制原理

1. 控制

控制就是控制者对控制对象施加主动影响（或作用），其目的是为了保持事物状态的稳定性或促使事物状态由一种状态向另一种状态转换。控制这个概念具有丰富的内涵，第一，控制是一种有目的的主动行为，没有明确的目的或目标，就谈不上控制。第二，控制行为必须有控制主体和控制对象，控制主体决定控制的目的并向控制对象提供条件、发出指令，控制对象是直接实现控制目的的部分，其运行效果反映出控制的效果。第三，控制对象的行为必须有可描述和量测的状态变化。第四，控制是目的和手段的统一。

2. 反馈

反馈是把施控系统的信息作用（输入）到被控系统后产生的结果再返送回来，并对信息的再输出发生影响的过程，如图4-3所示。

3. 前馈

与反馈相对应的是前馈，前馈是指施控系统根据已有的可靠信息分析预测得出被控系统将要产生偏离目标的输出时，预先向被控系统输入纠偏信息，使被控系统不产生偏差或减少偏差。

4. 控制过程和主要的控制环节

控制过程如图4-4所示，控制始于计划，在工作开始前应先制定计划，然后按计划投入人力、材料、机具、信息等，工作开展后不断输出实际的状况和实际的质量、进度、投资、安全等指标，由于受到系统内外各种因素的影响，这些输出的指标可能与相应的计划指标发生偏离，控制人员应广泛收集与控制指标相关的信息，并将这些信息进行整理、分类和综合，提出工作状况报告；控制部门根据这些报告将工作实际完成的质量、进度、投

4.2 工程施工准备阶段的质量控制

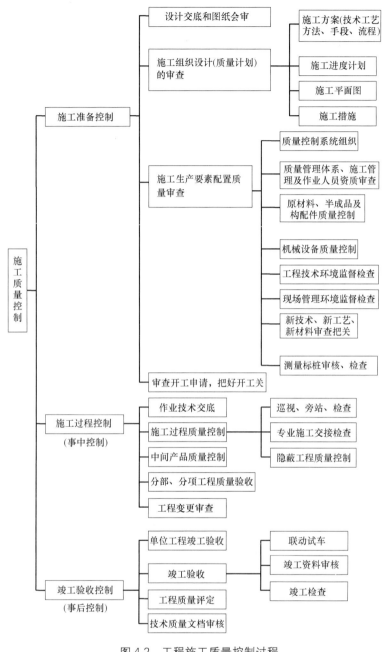

图 4-2 工程施工质量控制过程

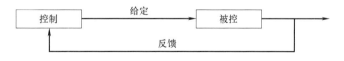

图 4-3 反馈

资、安全等指标与计划指标进行对比,以确定是否产生了偏差,如果计划运行正常,就按原计划继续运行,如果有偏差,或预计将要产生偏差,就要采取纠正措施,或改变投入,或修改计划,使计划呈现一种新的状态,然后工程按新的计划进行,开始一个新的循环过程。这样的循环一直持续到工作的完成。

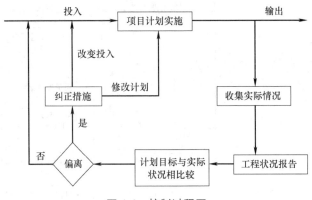

图 4-4 控制过程图

从图 4-4 可知,控制循环过程的主要环节有:投入、转换、反馈、对比、纠正。

(1) 投入,根据计划要求投入人力、财力、物力。

(2) 转换,主要指工程项目由投入到产出的过程,也就是工程施工的过程。

(3) 反馈,指反馈工程施工中的各种信息,如质量、进度、投资、安全实际施工情况,还包括对工程未来的预测信息。

(4) 对比,是将实际目标值与计划目标值进行比较,以确定是否产生偏差以及偏差的大小。同时还要分析偏差产生的原因,以便找到消除偏差的措施。

(5) 纠正,即纠正偏差。根据偏差的大小和产生偏差的原因,有针对性地采取措施来纠正偏差。

4.2.2 质量控制内容

1. 施工质量计划

施工准备阶段的质量控制是在各工程对象正式施工活动开始前,对各项准备工作及影响质量的各种因素进行主动控制,这是确保施工质量的先决条件。

施工单位在工程开工前编制施工质量计划,明确质量目标,制定施工方案,设置质量管理点,落实质量责任,分析可能导致质量目标偏离的各种影响因素,针对这些影响因素制定有效的预防措施,防患于未然。因此应将长期形成的先进技术、管理方法和经验智慧创造性地应用于工程项目,找准影响工程质量的影响因素,制定有效的控制措施和对策。

2. 质量责任制度

施工现场质量管理应具有健全的质量管理体系、相应的施工技术标准、施工质量检验制度和综合施工质量水平评定考核制度。

施工现场质量管理检查记录一般包括项目部质量管理体系、现场质量责任制、主要专业工种操作岗位证书、分包单位管理制度、图纸会审记录、地质勘察资料、施工技术标准、施工组织设计与施工方案编制及审批、物资采购管理制度、施工设施和机械设备管理制度、计量设备配备、检测试验管理制度和工程质量检查验收制度等。

4.2.3 BIM 支持的施工准备质量控制工作

1. 图纸会审

图纸会审是施工准备阶段的主要工作内容之一，认真做好图纸会审，检查图纸是否符合相关条文规定，是否满足施工要求，施工工艺与设计要求是否矛盾，以及各专业之间是否冲突，对于减少施工图中的差错、完善设计、提高工程质量和保证施工顺利进行都有重要意义。图纸会审在一定程度上影响着工程的进度、质量、成本等，做好图纸会审这项工作，图纸中的一些问题就能及时解决，可以提高施工质量，缩短施工工期，进而节约施工成本。

应用 BIM 进行三维可视化辅助图纸会审，形象直观（图 4-5）。在传统模式下，施工单位与设计单位因考虑问题角度不同和专业的局限性，图纸会审常常因为缺乏直观模型而出现争议。而基于 BIM 技术的模型则在建立过程中能够把施工图纸中各类"错漏碰缺"暴露出来，在会审中提前进行施工性检查，及时发现构件尺寸不清、标高错误、详图与平面图不对应等图纸问题，并进行设计确认，在施工前加以解决，降低返工成本。各专业模型整合后进行碰撞检查，可快速发现专业间的碰撞或设计不合理，利用三维模型进行交流，不仅更好地与业主、设计、监理单位进行图纸问题沟通，直观快捷地确定优化方案，也能够使各方直观理解问题所在、分析解决，为后续图纸复核、变更、施工跟进、问题监督等提供了有力的支撑依据。

 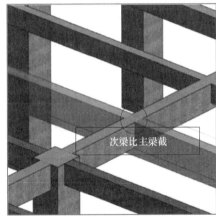

图 4-5 图纸会审的建筑土建模型检查

2. 碰撞检查与调整

碰撞检查是建筑工程中一项常见也是非常重要的环节，通过碰撞检查功能，找出设计与施工流程中的空间碰撞，通关 BIM 软件的碰撞检查功能，针对碰撞点进行分析排除合理碰撞后，针对碰撞点进行讨论，期望能在施工前预先解决问题，节省工时不必要的变更与浪费。

一般来说在建模完成确认无误之后，将建立的好的模型导入相关碰撞 BIM 软件中，根据工地施工所预定的流程进度，进行施工流程模拟，通过软件碰撞检查功能开展施工碰撞检查。检查类型分为硬碰撞与间隙碰撞两种，硬碰撞是对于检测两个几何图形间的实际交叉碰撞，而间隙碰撞用于检测制定的几何图形需与另一几何图形具有特定距离。所以，确保分析出的碰撞结果与现场施工时所产生的施工冲突相符，通过软件中针对施工空间检查方面确实可行。例如在 MEP 与混凝土结构分析中,所分析出的碰撞点是否合理,需要经过对 MEP 模型在绘制是将已完成的混凝土结构模型导入其中,列为参考基准进行绘制,所以在绘制时就避免了非合理碰撞的发生。而在 BIM 碰撞软件中产生的碰撞,需要经过工地现场对比,判断是否属于合理碰撞,在来分析是否需要忽略。MEP 模型的碰撞检查与问题处理如图 4-6 所示。

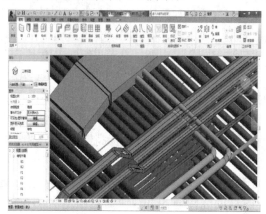 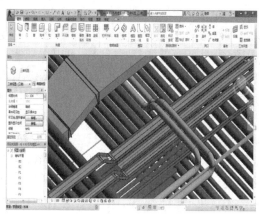

图 4-6　MEP 模型的碰撞检查与问题处理

3. 虚拟样板

"样板引路"是施工质量控制和工程创优的一项重要管理手段,通过样板既可以让施工作业人员明白施工作业要点和质量标准,也可以让管理人员掌握过程管理的关键点和验收的质量标准。在施工的每个阶段、甚至每道工序都要施工样板,因此,每个建筑工程项目都要花费大量的资金在施工样板上。不仅如此,大量的样板仅作为展示、观摩的展览品,并不是建筑某一部分用于短时间的展示学习,这些样板最后还需拆除、运走;尤其是在进行精装修样板施工时,由于色彩、选材和排布不能满足设计师和业主的要求,往往需要进行多次样板间"施工-拆除-重建",这两种情况不但会提高项目成本,也浪费大量建筑材料,并产生建筑垃圾污染环境,与绿色施工背道而驰。采用虚拟样板替代实体样板,一方面起到样板引路的作用,另一方面节约实体样板展示区建造成本,符合绿色建造的施工理念。BIM 施工虚拟样板如图 4-7 所示。

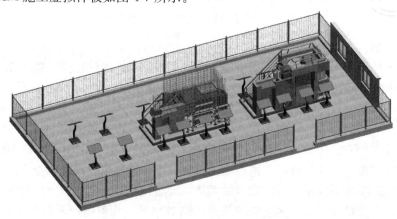

图 4-7　BIM 施工虚拟样板

4.2 工程施工准备阶段的质量控制

4. 可视化交底

利用BIM所见即所得的特点对关键工序建立实体模型，辅助传统二维技术交底，夯实交底效果。在传统的CAD图纸中，表达方式是二维的，复杂部位节点有时是平面图要结合多个剖面图才能表达清楚，对于一线施工人员来说还有一个识图的过程，有些现场班组的施工人员识图能力有限，常常把技术人员交底的节点加工错误。BIM以三维数字技术为基础，可以把相关的复杂节点做出真实空间比例关系的BIM模型，其真实的空间尺寸和360°的视角可以让人清晰地识别复杂节点部位的结构。BIM管线施工交底如图4-8所示。

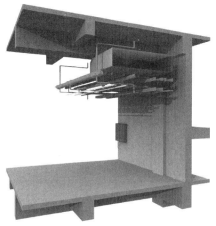

图4-8 BIM管线施工交底

5. 施工方案推演

依托BIM模型模拟推演，提前发现施工方案存在的问题，有助于方案的现场实施，为安全施工及质量保障提供了有力的支持。传统的施工方案设计，是在二维的施工图上想象构思，利用以往的施工经验，主观选择施工方案的装备、工艺等。但往往存在装备选型不合适、工艺繁琐或可行性差，以及简单的"错、漏、碰"等问题。然而，BIM的3D可视化设计环境和4D虚拟仿真环境，为施工方案的装备、工艺的设计优化、可行性验证提供了技术途径。在完成施工场地模型、建筑、结构、机电模型和施工设施模型的基础上，依据模型构件的施工动态逻辑关系，通过施工步序的时间任务项驱动模型构件，表达施工方案的虚拟建造过程。BIM施工方案推演如图4-9所示。

图4-9 BIM施工方案推演

6. 管线综合排布

机电安装工程施工前的总体策划是保证机电安装工程质量的必要阶段，对于现代建筑工程，特别是具有较复杂功能的智能建筑，其机电系统很复杂，子系统很多。而机电系统全部都是由管、线将功能设备连接而成，这些管、线、设备在建筑物内必定要占据一定的空间，而现代建筑的内部空间是有限的。所以，机电安装工程的管、线、设备的合理布置就成为机电安装工程施工准备阶段的首要任务。

通过BIM的可视化模型，可以科学合理排布管线，使各种管线的高度、走向合理、美观，避免在管线布置中出现违反规范的现象。一般来说，管线自上而下应为电、风、水。由于风管的截面最大，所以一般在综合布置管道时应首先考虑风管的标高和走向，但同时要考虑较大管径水管的布置，尽量避免大口径水管和风管在同一房间内多次交叉，尽量减少水、风管道转弯的次数，避免无谓地增加水、风的流动阻力，同时也可以避免水、风管道产生气阻、喘振、水击等问题。管道排布避让原则一般为小管避让大管、有压管避让无压管、水管避让风管、电管与桥架应在水管上方，先安装大管后安装小管，先施工无压管后施工有压管，先安装上层的电管、桥架后安装下层水管。BIM管线综合排布如图4-10所示。

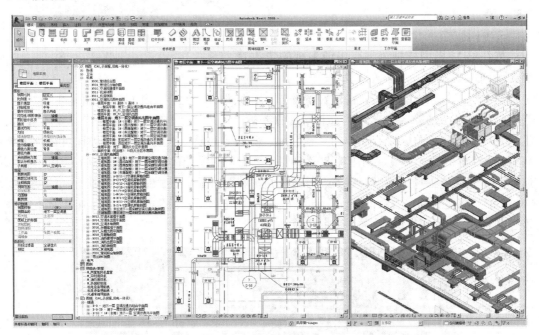

图4-10　BIM管线综合排布

4.3　施工过程的质量控制

工程项目施工质量的控制就是工程施工形成的工程实体满足建设工程项目决策、设计文件和施工合同所确定的预期使用功能和质量标准。工程施工是实现工程设计意图形成工程实体的阶段，是最终形成工程产品质量和工程使用价值的重要阶段。因此施工阶段的质量控制是工程项目质量控制的重点。

工程项目施工是由投入资源（人力、材料、设备、机械）开始，按选定的施工方法进行施工生产，最终形成产品的过程。所以工程施工阶段的质量控制就是从投入资源的质量控制开始，优选先进、合理的施工方法，经过施工生产过程的质量控制，直到产品（成品）的质量控制，从而形成一个施工质量控制的系统。

施工过程的运行结果主要是指施工工序的产出品、已完分项分部工程及已完准备交验的单位工程。施工过程的质量控制是指施工过程中间产品及最终产品的控制。只有施工过程中间产品的质量均符合要求，才能保证最终单位工程产品的质量。

4.3.1 施工过程质量控制工作程序

工程项目施工一般经过施工准备阶段、基础施工阶段、主体施工阶段、装饰及设备安装施工阶段、附属设施及工程结束施工阶段。每一个施工阶段又由许多施工工序组成，如某砖混结构墙下混凝土条形基础施工阶段可由测量放线→场地平整→井点降水→土方开挖→基槽验收→基础垫层施工→基础模板架立→基础钢筋绑扎→基础混凝土浇筑→基础墙体砌筑→基础构造柱、圈梁施工（钢筋绑扎、模板架立、混凝土浇筑）→基础隐蔽验收→土方回填等施工工序组成。所以工程项目的施工，是由一系列相互关联、相互制约的作业过程（工序）构成，建筑施工企业必须按照工程设计、施工技术标准和合同的约定，按选定的施工方法组织每一道工序的施工。施工过程的质量控制就是对各道施工工序进行质量控制，是工程项目质量实际形成过程中的事中质量控制。施工工序的质量控制是施工过程质量控制的基础和核心。结合工程施工过程，质量控制程序如图4-11所示。

根据我国《建筑法》及相关法律、法规的规定，在工程施工阶段，监理工程师（建设单位）对工程施工质量进行全过程和全方位的监督、检查与控制。当一个检验批、分项工程、分部工程完成后，承包单位首先需要自检并填写相应的质量验收记录表。待确认质量符合要求后，再向项目监理机构提交报验申请表及自检相关资料。经项目监理机构现场检查及对相关资料审核后，符合要求时予以签认验收。否则，指令施工承包单位进行整改或返工处理。

施工企业作为建筑产品的生产者和经营者，应全面履行企业的质量责任，向顾客提供合格的工程产品；在生产过程中，前道工序的作业者，应向后道工序提供合格的作业成果（中间产品），只有上一道工序被确认质量合格后，方能准许下一道工序开始施工；同样供货厂商应根据供货合同约定的质量标准和要求提供合格的产品，他们是工程质量的自控主体，不能因为监控主体——监理工程师的存在和监控责任的实施而减轻或免除其质量责任。

4.3.2 施工过程质量控制原则

1. 坚持质量第一

工程项目使用周期长，直接关系到人民生命财产的安全和社会经济建设，施工阶段是直接形成工程质量的关键阶段，应坚持质量第一的原则，不合格工序产品未经整改或返工处理后重新验收合格，不允许下道工序开工。

2. 坚持以人为核心

人是质量的创造者，充分发挥人主动性和创造性，增强人的责任感，提高人的质量意识，以人的工作质量保证工序质量和工程质量。

3. 坚持预防为主

坚持预防为主就是重点做好质量的事前控制，通过对影响工程质量影响因素的事前预控，工作质量、工序质量的预控来保证工程质量。

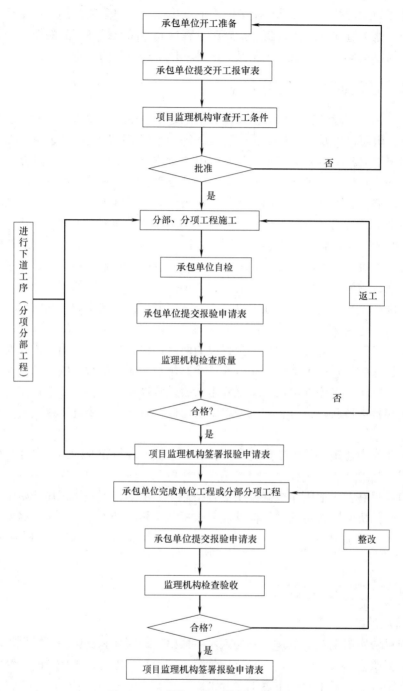

图 4-11 工程施工质量控制工作程序

4. 坚持质量标准

以合同规定的质量验收标准为依据，一切用数据说话，严格检查，做好质量监控。

4.3.3 施工工序质量控制内容

工序施工质量控制主要包括工序施工条件质量控制和工序施工效果质量控制。

1. 工序施工条件控制

工序施工条件是指从事工序活动的各生产要素质量及生产环境条件。工序施工条件就是控制工序活动的各种投入要素质量和环境条件质量。控制的手段主要有：检查、测试、试验、跟踪监督等。控制的主要依据有：设计质量标准、材料质量标准、机械设备技术性能标准、施工工艺标准及操作规程等。

2. 工序施工效果控制

工序施工效果主要反映工序产品的质量特征和特性指标。对工序施工效果的控制就是控制产品的质量特征和特性指标能否达到设计质量标准以及施工质量验收标准的要求。工序施工效果的控制属于事后控制，其控制的主要途径是：实测获取数据、统计分析所获得的数据、判断认定质量等级和纠正质量偏差。

4.3.4 施工工序质量控制步骤

施工工序作业质量的控制主要由施工作业组织的成员进行的，基本的控制环节有：作业技术交底、作业活动的实施和作业质量的自检自查以及专职管理人员的质量检查等。

1. 施工作业技术交底

技术交底的目的是使管理者的计划和决策意图为实施人员所理解，是施工组织设计和施工方案的具体化，从施工组织设计到分部分项作业计划，在实施之前都应进行技术交底，施工技术交底的内容必须具有可行性和可操作性。

施工作业技术交底是最基层的技术交底和管理活动，内容包括作业的范围、施工依据、作业程序、技术标准和要领、质量目标以及其他与安全、进度、成本、环境等目标管理有关的要求和注意事项。

2. 施工作业活动的实施

施工作业活动是由一系列的工序所组成。为了保证工序质量受控，首先要对作业条件进行再确认，即按照作业计划检查作业准备状态是否落实到位，其中包括对施工程序和作业工艺顺序的检查确认，在此基础上严格按作业计划程序、步骤和质量要求展开工序作业活动。

3. 施工作业质量的检验

施工作业的质量检查，是贯穿整个施工过程最基本的质量控制活动，包括施工单位内部的工序作业质量自检、互检、专检和交接检查，以及现场监理机构的旁站检查、平行检验等。施工作业质量检查是施工质量验收的基础，已完检验批及分项分部工程的施工质量，必须在施工单位完成质量自检并确认合格后，才能报请现场监理机构进行检查验收。

前道工序作业质量经验收合格后，才可进入下道工序施工。未经验收合格的工序，不得进入下道工序施工。

因此，施工工序质量控制的步骤为：

（1）进行工序作业技术交底，包括作业技术要领、质量标准、施工依据、与前后工序的关系等。

（2）检查施工工序、程序的合理性、科学性，防止工序流程错误，导致工序质量失控。检查内容包括：施工总体流程和具体施工工序的先后顺序，在正常的情况下，要坚持先准备后施工、先深后浅、先土建后安装、先验收后交工等。

（3）检查工序施工条件，即每道工序投入的材料，使用的工具、设备和操作方法及环境条件等是否符合技术交底的要求。

（4）检查工序施工中人员操作程序、操作质量是否符合质量规程要求。

（5）检查工序施工中间产品的质量，即工序质量、分项工程质量。

（6）对工序质量符合要求的中间产品（分项工程）及时进行工序验收或隐蔽工程验收。

（7）质量合格的工序经验收后可进入下道工序施工。未经验收合格的工序，不得进入下道工序施工。

4.3.5 施工过程质量控制关键工作

施工过程的质量控制从对人、材料、机械、方法、环境和测量的控制开始，在施工过程中对施工工序的质量进行控制，到最后的工程验收，是一个复杂的系统工程。在这个系统中，关键性的控制工作如下。

1. 严把开工关

施工准备应为工程开工创造良好的施工条件，为保证工程质量，工程开工时应做好以下工作：

（1）建立符合工程质量管理要求的项目管理质量管理体系、技术管理体系和质量保证体系。组织机构完整，制度齐全，专职管理人员和特种作业人员资格证、上岗证完备。

（2）编制施工组织设计（施工组织设计中包括施工方案、质量计划、资源需要量计划）。

（3）施工现场准备。场地障碍物清理、平整，水通、路通、电通、电信通，按施工组织设计要求搭设临时设施，现场工程定位放样等。

（4）组织施工人员、材料、机械进场。

（5）进行设计交底和图纸会审。

（6）熟悉工程施工环境。工程施工环境包括现场环境，场地自然条件、气象、水文地质、工程地质、周边环境保护要求（场地周边道路、管线、相邻建筑物的保护要求）；工程所在地的技术经济环境，主要材料、成品、半成品、机械设备的供应情况，模板、防水等专业分包情况；工程所在地的社会环境，文化、习俗等；工程质量管理环境，建设单位、监理、质量监督管理部门的要求。

（7）办理各种施工证件。

（8）向监理工程师报验，监理工程师审核批准后工程开工。

2. 做好质量控制点的预控

质量控制点就是为了保证施工质量，将对施工质量影响大的特殊工序、操作、施工顺序、技术、材料、机械、自然条件、施工环境等，作为质量控制的重点来预控。常见的质量控制点包括以下方面：

（1）施工过程中的关键工序、环节或隐蔽工程。

（2）施工中的隐蔽环节或质量不稳定的工序、部位。

(3) 对后续工程施工、后续质量或安全有重大影响的工序、部位或对象。
(4) 采用新技术、新工艺、新材料的部位或环节。
(5) 施工条件困难、技术难度大或不熟悉的工序或环节。

建筑工程质量控制点的设置位置见表 4-1。

建筑工程质量控制点的设置位置　　　　　表 4-1

分项工程	质量控制点
工程测量定位	标准轴线桩、水平桩、龙门板、定位轴线、标高
地基、基础（含设备基础）	基坑支护,周边环境保护,基坑(槽)尺寸、标高,土质、地基承载力,基础垫层标高,基础位置、尺寸、标高,预留洞孔、预埋件的位置、规格、数量,基础标高、杯底弹线
砌体	砌体轴线,皮数杆,砂浆配合比,预留洞孔、预埋件的位置、数量,砌块排列、砌体抗震构造措施
模板	位置、尺寸、标高,预埋件的位置,预留洞口尺寸、位置,模板强度及稳定性,模板内部清理及润湿情况
钢筋混凝土	水泥品种、强度等级,砂石质量,混凝土配合比,外加剂,混凝土振捣,钢筋品种、规格、尺寸、搭接长度,钢筋焊接,预留洞孔及预埋件规格、数量、尺寸、位置,预制构件吊装或出场(脱模)强度,吊装位置、标高、支承长度、焊接长度
吊装	吊装设备起重能力、吊具、索具、地锚
钢结构	翻样图、放大样
焊接	焊接条件、焊接工艺
装修	视具体情况而定

施工单位应在工程施工前列出质量控制点的名称或控制内容、检验标准及方法等,提交项目监理机构审查批准后,在此基础上实施质量预控。对质量控制点的作业条件、作业过程、作业效果进行全面的控制。

3. 做好工序交接验收

工序交接是指施工作业活动中一种必要的技术停顿、作业方式的转换及作业活动效果的中间确认。上道工序应该满足下道工序的施工条件和要求。每道工序完成后,施工承包单位应该按下列程序进行自检:

(1) 作业活动者在其作业结束后必须进行自检。
(2) 不同工序交接、转换时必须由相关人员进行交接检查。
(3) 施工承包单位专职质量检查员进行检查。

经施工承包单位按上述程序进行自检确认合格后,再由监理工程师进行复核确认。施工承包单位专职质量检查员没有检查或检查不合格的工序,监理工程师拒绝进行检查确认。

4. 做好隐蔽工程验收

1) 建筑工程常见隐蔽工程

隐蔽工程验收是在检查对象被覆盖之前对其质量进行的最后一道检查验收,是工程质量控制的一个关键环节。建筑工程施工中常见的隐蔽工程有:基础施工之前对地基质量的检查,尤其是地基承载力;基坑回填土之前对基础施工质量的检查;混凝土浇筑之前对钢筋的检查(包括模板的检查);混凝土墙体施工之前对敷设在墙内的电线管质量检查;防水层施工之前对基层质量的检查;建筑幕墙施工挂板之前对龙骨系统的检查;屋面板与屋架(梁)埋件的焊接检查;避雷引下线及接地引下线的连接;覆盖之前对直埋于楼地面的电缆,封闭之前对敷设于暗井道、吊顶、楼板垫层内的设备管道的检查等。

2)隐蔽工程验收程序

(1)隐蔽工程施工完毕,承包单位按有关技术规程、规范、施工图纸进行自检。自检合格后,填写报验申请表,并附有关证明材料、试验报告、复试报告等,报送监理工程师。

(2)监理工程师收到报验申请表后首先应对质量证明材料进行审查,并在合同规定的时间内到现场进行检查(检测或核查),施工承包单位的专职质量检查员及相关施工人员应随同一起到现场。

(3)经现场检查,如果符合质量要求,监理工程师及相关人员在报验申请表及隐蔽工程检查记录上签字确认,准予承包单位隐蔽、覆盖,进入下一道工序施工。如经现场检查发现质量不合格,则监理工程师指令承包单位进行整改,待整改完毕经自检合格后,再报监理工程师进行复查。

5. 做好检验批、分项工程、分部工程的质量验收

6. 做好工程质量资料工作

施工质量跟踪档案是施工全过程期间实施质量控制活动的全景记录,包括各自的有关文件、图纸、试验报告、质量合格证、质量自检单、质量验收单、各工序的质量记录、不符合项报告及处理情况等,还包括监理工程师对质量控制活动的意见和承包单位对这些意见的答复与处理结果。施工质量跟踪档案不仅对工程施工期间的质量控制有重要作用,而且可以为追溯工程质量情况以及工程维修管理提供大量有用的资料信息。

7. 做好施工成品质量保护

建设工程已完工的成品保护,目的是避免已完施工成品受到来自后续施工以及其他方面的污染和损坏。在施工顺序安排时,防止施工顺序安排不当或交叉作业造成相互干扰、污染和损坏;成品形成后可采取防护、覆盖、封闭、包裹等相应措施进行保护。

4.3.6 BIM 支持的施工过程质量控制

1. BIM 移动应用于现场与模型对比

随着互联网技术的成熟,可以通过 BIM360 或者鲁班 BIM 等软件,将 BIM 模型导入到 IPAD、手机等移动终端设备,让现场管理人员利用模型进行现场工作的布置和实体的对比,直观快速发现现场质量与安全问题,并将发现的问题拍摄后直接在移动设备上记录整改问题(图 4-12~图 4-14),将照片与问题汇总后生成整改通知单下发,确保问题的及时处理,从而加强对施工过程的质量和安全管理。

通过手机或 PAD 的 APP 应用客户端的 BIM 移动应用,一方面可在施工现场使用手机拍摄施工节点,将节点照片上传到项目模型系统,与 BIM 模型相关位置进行对应,在安全、质量会议上解决问题非常方便,大大提高工作效率。另一方面,在施工过程中,通过移动端将现场缺陷通过拍照来记录,一目了然;同时将缺陷直接定位于 BIM 模型上,不仅让管理者对缺陷的位置准确掌控,也便于管理者在办公室随时掌握现场的质量缺陷安全风险因素。

4.3 施工过程的质量控制

图 4-12 移动端拍摄施工现场质量问题并上传

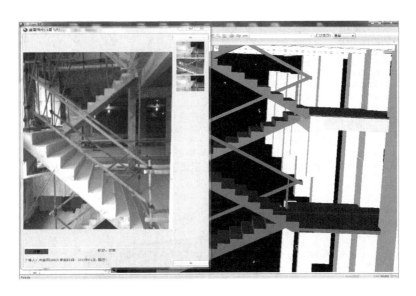

图 4-13 在 BIM 模型查看施工现场上传照片

2. BIM 智能现场测绘与放线

随着测绘技术的发展,BIM 模型数据已经可以通过放样机器人直接转化为现场的精确点位。传统施工测绘与放线作业,借助 CAD 图纸使用卷尺等工具纯人工现场放样,放样误差大、无法保证施工精度,且工效低。利用 BIM 技术支持的放样机器人设备(图4-15),可以从 BIM 模型中设置现场控制点坐标和建筑物结构点坐标分量作为 BIM 模型复合对比依据,在 BIM 模型中创建放样控制点;在已通过审批的 BIM 施工模型中,设置结构、建筑、机电等控制点位布置,并将所有的放样点导入相应软件中;进入现场以后,使用 BIM 放样机器人对现场放样控制点进行数据采集,即刻定位放样机器人的现场坐标;通过平板电脑选取 BIM 模型中所需放样点,指挥机器人发射红外激光自动照准现实点位,实现"所见点即所得",从而将 BIM 模型精确的反映到施工现场。

3. BIM 与三维激光扫描仪逆向检测

序号	照片标识	照片名称	更	更新时间	位置	标签	描述	状态	编辑	查看	下载	删除
1	变更	2013072316...	王	2013-07-23 16:17	50层...	技术...	质量安全	显示				×
2	进度	2013072315...	王	2013-07-23 15:28	50层...	技术...	质量	显示				×
3	进度	2013072315...	王	2013-07-23 15:28	50层...	技术...	质量	显示				×
4	进度	2013072315...	王	2013-07-23 15:27	50层...	技术...	质量	显示				×
5	安全	2013072314...	王	2013-07-23 14:02	1层 ...		有问题	显示				×
6	安全	2013072313...	王	2013-07-23 13:18	1层 ...		有问题	显示				×
7	安全	2013071820...	王	2013-07-18 20:33	50层...		一个	显示				×
8	安全	2013071820...	王	2013-07-18 20:31	50层...			显示				×
9	变更	2013071811...	王	2013-07-18 11:47	50层...			显示				×
10	其他	2013070819...	王	2013-07-08 19:15	50层...			显示				×
11	安全	1373013349...	王	2013-07-08 16:39	50层...	技术单		显示				×
12	质量	2013062614...	王	2013-07-02 17:27	50层...		管井...	显示				×
13	进度	2013062614...	王	2013-07-02 17:27	50层...			显示				×
14	质量	2013062517...	王	2013-07-02 17:27	50层...			显示				×
15	变更	2013061409...	王	2013-07-02 17:27	50层...			显示				×
16	安全	2013061315...	王	2013-07-02 17:27	50层...			显示				×
17	质量	2013061313...	王	2013-07-02 17:27	50层...			显示				×
18	安全	2013042713...	王	2013-07-02 17:27	50层...		门	显示				×
19	变更	2013062908...	王	2013-07-02 17:27	50层...			显示				×
20	质量	2013042707...	王	2013-07-02 17:27	50层...			显示				×
21	变更	2013042614...	王	2013-07-02 17:27	50层...		弯头固定	显示				×
22	进度	2013062808...	王	2013-07-02 17:27	50层...		桥架...	显示				×
23	安全	2013042614...	王	2013-07-02 17:27	50层...		保温问题	显示				×
24	安全	2013062713...	王	2013-07-02 17:27	50层...			显示				×
25	进度	2013062614...	王	2013-07-02 17:27	50层...		桥架...	显示				×
26	变更	2013062614...	王	2013-07-02 17:27	50层...		风管...	显示				×
27	安全	2013062614...	王	2013-07-02 17:27	50层...		高空...	显示				×
28	安全	2013061915...	王	2013-07-02 17:27	50层...			显示				×

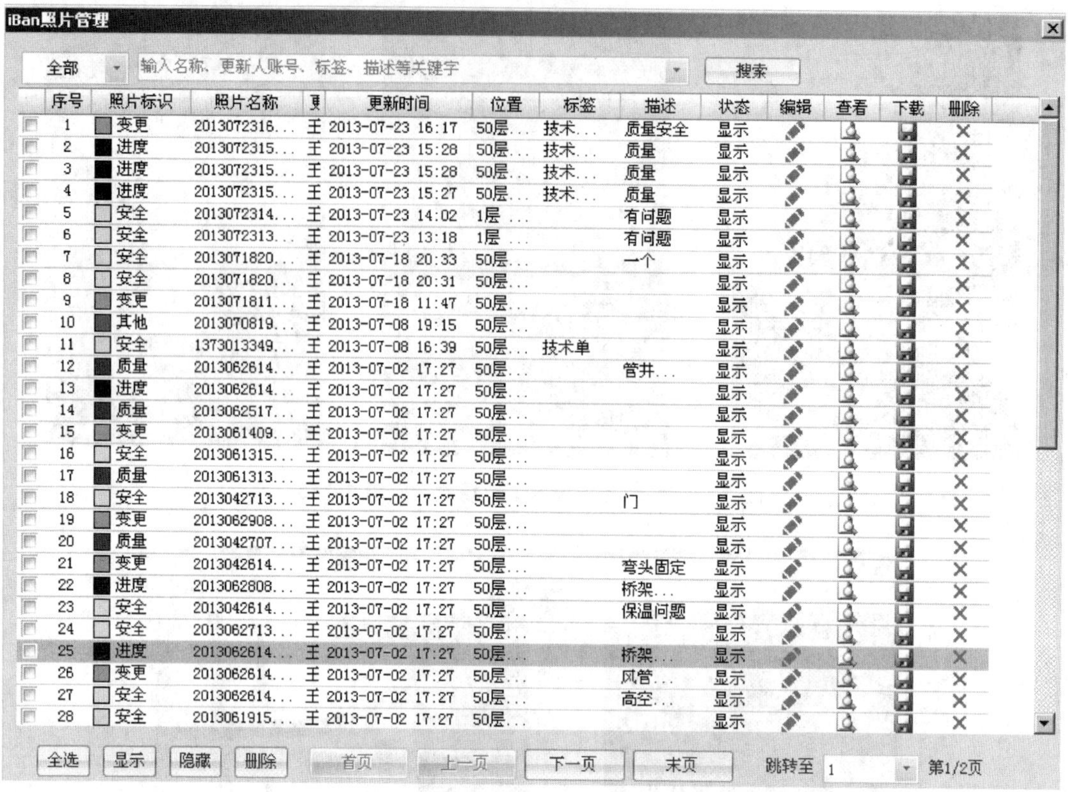

图 4-14　项目汇总现场记录的质量安全问题

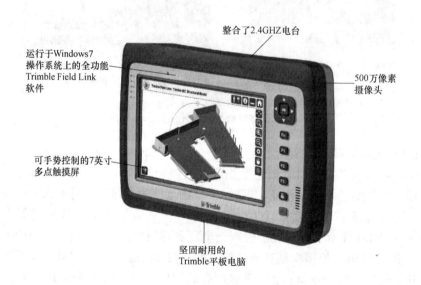

图 4-15　BIM 放样机器人手持端 BIM 模型

三维激光扫描技术是利用激光测距的原理，密集地记录目标物体的表面三维坐标、反射率和纹理信息，对整个空间进行的三维测量（图 4-16）。传统的测量手段如卷尺、全站仪、GPS 都是单点测量，通过测量物体的特征点，然后特征点连线的方式反映所测物体的信息,当所测物体是规则结构时,这种测量方法是适合的,但是如果所测物体是复杂曲面结构体时,传统测量手段就无法准确地表达物体的结构信息,采用三维扫描技术作为有效连接 BIM 模型和工程现场的纽带,它能够有效地、完整地记录下工程现场复杂的情况。

三维激光扫描技术对于工程现场最大的好处在于优化现场人员主要以钢尺、传统图纸作业这种繁琐的工作方式,可以大量精简现场工作,作业人员只需在现场进行扫描工作,对比偏差与测量可在后台完成(图 4-17);可以方便管理人员在现场的测量工作,可利用像素测量、点云测量技术,完成一些费力、高危险部位的测量;可以降低管理人员的工作量,可以直接在图像上标示,而无需再进行纸上记录,也可直接得到扫描结果与设计模型的偏差,而无需先测量、后对照图纸、最后确认偏差;可以完善管理人员的沟通方式,可以直接利用直观的图像、视频甚至转换后的模型与施工方进行沟通。

图 4-16 三维激光扫描点云模型

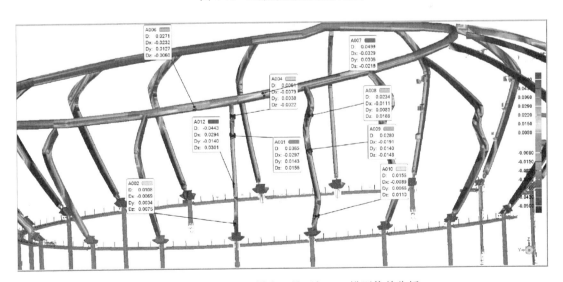

图 4-17 三维激光扫描点云模型与 BIM 模型偏差分析

4.4 工程质量的试验与检测管理

工程质量检测是一项实践性很强的活动，是依据国家有关法律法规、标准规范、规范性文件等要求，确定工程材料、构配件以及分部分项工程等的质量或其他有关特性的工作，是工程质量验收的重要组成部分。

工程质量检测一般包括两个方面，一是利用目测了解结构或构件的外观质量，其中包括基础是否有沉降表征；结构或构件是否有裂缝；混凝土结构表面是否存在蜂窝、麻面；钢结构焊缝是否存在夹渣、气泡；结构连接构件是否松动等现象，主要是对工程结构的质量进行判定。二是通过仪器设备量测结构或构件几何尺寸，检测各类原材料或构件的物理力学性能，实体检测结构或构件的结构性能等，对检测得到的信息数据进行统计、计算和分析。

4.4.1 基本规定

建筑工程施工现场检测试验技术管理程序为制定检验试验计划-制取试样-登记台账-送检-检测试验-检测试验报告管理。

检测试验计划由施工单位项目部编制，包括两部分；第一是施工检测试验计划，即常规检测试验计划；第二是见证取样和送检计划。两个计划，可以独立编制，其效果是一目了然；也可融为一体，其效果是便于监督管理和实施。但计划中，各个检测试验项目的总试验组数与见证取样和送检的组数应清楚地反映出来。

制取试样包括两个方面：一是取样，即按照相应规范的规定随机抽取一定数量的样品，按要求进行切断、剪裁、缩分等简单处理后即可成为标准的检测试验样品的过程，如防水卷材的取样；二是制样，即按照相应规范的规定随机抽取一定数量的样品，经过深度加工，改变了其原有状态或规格的过程。如混凝土拌合物的取样到试件成型、大尺寸结构钢的取样到试件加工成一定直径的标准试件等。

为防止规格、颜色、状态等相同或相近的试样相混淆，要求制取试样过程中对试样实行标识；在不会发生试样混淆的前提下，也可在制取试样后实行标识。委托单位对试样的标识是标识的第一阶段，检测单位接受试样时的标识是标识的第二阶段。此外，对于见证试样，取样人员还应按规定，对试样或其包装上作出标识、封志。标识和封志应标明工程名称、取样部位、取样日期、样品名称和样品数量，并由见证人员和取样人员签字。

台账是试样制作和委托台账的简称。登记台账是一项极其重要的施工现场检测试验技术管理内容。建立内容恰当的试样台账，检测试验计划在台账上随施工进度得以逐一体现，并将制取试样、送检、检测试验报告管理等工作内容和状态，一一体现出来。台账作为资料保存，还能为检测试验工作的追溯提供可靠的线索和依据。

送检包括试样的运送和委托。运送是将标识后的试样运送至检测单位的过程，它包括非见证和见证试样的运送，见证人员应参与见证试样的送检过程并在委托单上签字。

检查试验报告管理包括检查试验报告的领取、移交和修改等工作。

4.4.2 检测试验项目

施工现场检测试验项目按施工进程分为材料设备进场检测、施工过程质量检测试验和工程实体质量与使用功能检测三个部分，具体内容如下。

1. 材料、设备进场检测

1) 检测内容

材料、设备的进场检测内容应包括材料性能复试和设备性能测试。进场材料性能复试与设备性能测试的项目和主要检测参数，应依据国家现行相关标准、设计文件和合同要求确定。常用建筑材料进场复试项目、主要检测参数和取样依据可按相关规范的规定确定。

2) 大型构配件和设备的检测

对不能在施工现场制取试样或不适于送检的大型构配件及设备等，可由监理单位与施工单位等协商在供货方提供的检测场所进行检测。

2. 施工过程质量检测试验

1) 检测内容

施工过程质量检测试验项目和主要检测试验参数应依据国家现行相关标准、设计文件、合同要求和施工质量控制的需要确定。

施工过程质量检测试验的主要内容应包括：土方回填、地基与基础、基坑支护、结构工程、装饰装修。施工过程质量检测试验项目、主要检测试验参数和取样依据可按表 4-2 的规定确定。

施工过程质量检测试验项目、主要检测试验参数和取样依据 表 4-2

序号	类别	检测试验项目		主要检测试验参数	取样依据	备注
1	土方回填	土工击实		最大干密度	《土工试验方法标准》GB/T 50123	
				最优含水率		
		压实程度		压实系数*	《建筑地基基础设计规范》GB 50007	
2	地基与基础	换填地基		压实系数*或承载力	《建筑地基处理技术规范》JGJ 79	
		加固地基、复合地基		承载力	《建筑地基基础工程施工质量验收规范》GB 50202	
		桩基		承载力	《建筑桩基检测技术规范》JGJ 106	
				桩身完整性		钢桩除外
3	基坑支护	土钉墙		土钉抗拔力	《建筑基坑支护技术规程》JGJ 120	
		水泥土墙		墙身完整性		
				墙体强度		设计有要求时
		锚杆、锚索		锁定力		
4	结构工程	钢筋连接	机械连接工艺检验*	抗拉强度	《钢筋机械连接通用技术规程》JGJ 107	
			机械连接现场检验			

续表

序号	类别	检测试验项目		主要检测试验参数	取样依据	备注
4	结构工程	钢筋连接	钢筋焊接工艺检验*	抗拉强度	《钢筋焊接及验收规程》JGJ 18	适用于闪光对焊、气压焊接头
				弯曲		
			闪光对焊	抗拉强度		
				弯曲		
			气压焊	抗拉强度		适用于水平连接筋
				弯曲		
			电弧焊、电渣压力焊、预埋件钢筋T形接头	抗拉强度		
			网片焊接	抗剪力		热轧带肋钢筋
				抗拉强度		
				抗剪力		冷轧带肋钢筋
		混凝土	混凝土配合比设计	工作性	《普通混凝土配合比设计规程》JGJ 55	指工作度、坍落度和坍落扩展度等
				强度等级		
			混凝土性能	标准养护试件强度	《混凝土结构工程施工质量验收规范》GB 50204 《混凝土外加剂应用技术规范》GB 50119 《建筑工程冬季施工规程》JGJ 104	同条件养护28d转标准养护28d试件强度和受冻临界强度试件按冬期施工相关要求增设,其他同条件试件根据施工需要留置
				同条件试件强度*(受冻临界、拆模、张拉、放张和临时负荷等)		
				同条件养护28d转标准养护28d试件强度		
				抗渗性能	《地下防水工程质量验收规范》GB 50208 《混凝土结构工程施工质量验收规范》GB 50204	有抗渗要求时
		砌筑砂浆	砂浆配合比设计	强度等级	《砌筑砂浆配合比设计规程》JGJ 98	
				稠度		
			砂浆力学性能	标准养护试件强度	《砌体工程施工质量验收规范》GB 50203	
				同条件养护试件强度		冬期施工时增设
		钢结构	网架结构焊接球节点、螺栓球节点	承载力	《钢结构工程施工质量验收规范》GB 50205	安全等级一级、$L \geq 40m$且设计有要求时
			焊缝质量	焊缝探伤		
			后锚固(植筋、锚栓)	抗拔承载力	《混凝土结构后锚固技术规程》JGJ 145	
5	装饰装修	饰面砖粘结		粘结强度	《建筑工程饰面砖粘结强度检验标准》JGJ 110	

注:带有"*"标志的检测试验项目或检测试验参数可由企业试验室试验,其他检测试验项目或检测试验参数的检测应符合相关规定。

2) 工艺参数检测

施工工艺参数检测试验项目应由施工单位根据工艺特点及现场施工条件确定。

施工工艺参数检测是对分项工程中的质量安全控制。对施工工艺复杂、工艺参数的微小变化对施工质量有较大影响的工艺过程，施工单位可在国家规定的范围以外，自行决定增设施工工艺参数的试验，以保证施工过程质量。

可增设施工工艺参数试验的施工过程见表4-3。

可增设施工工艺参数试验的施工过程 表4-3

序号	施工过程名称	工艺参数
1	大体积混凝土浇筑	1. 原材料温度；2. 混凝土入模温度；3. 保温材料与厚度；4. 降温措施
2	冬期阶段特殊结构混凝土浇筑	1. 原材料温度；2. 混凝土入模温度；3. 保温材料与厚度
3	压实填土	夯实或压实次数
4	饰面砖粘贴	1. 饰面砖的浸水时间或含水率；2. 基层含水率；3. 灰浆饱满度
5	植筋	1. 植筋深度；2. 植筋胶的硬化时间

3. 工程实体质量与使用功能检测

1) 检测项目

工程实体质量与使用功能检测项目应依据国家现行相关标准、设计文件及合同要求确定。

2) 检测内容

工程实体质量与使用功能检测的主要内容应包括实体质量及使用功能等2类。工程实体质量与使用功能检测项目、主要检测参数和取样依据可按表4-4的规定确定。

工程实体质量与使用功能检测项目、主要检测参数和取样依据 表4-4

序号	类别	检查项目	主要检测参数	取样依据
1	实体质量	混凝土结构	钢筋保护层厚度	《混凝土结构工程施工质量验收规范》GB 50204
			结构实体检验用同条件养护试件强度	
		围护结构	外窗气密性能（适用于严寒、寒冷、夏热冬冷地区）	《建筑节能工程施工质量验收规范》GB 50411
			外墙节能构造	
2	使用功能	室内环境污染物	氡	《民用建筑工程室内环境污染控制规范》GB 50325
			甲醛	
			苯	
			氨	
			TVOC	
		系统节能性能	室内温度	《建筑节能工程施工质量验收规范》GB 50411
			供热系统室外管网的水力平衡度	
			供热系统的补水率	
			室外管网的热输送效率	
			各风口的风量	
			通风与空调系统的总风量	
			空调机组的水流量	
			空调系统冷热水、冷却水总流量	
			平均照度与照明功率密度	

4.5 工程质量问题分析与处理

4.5.1 工程质量问题分类和处理方法

工程项目建设与工业生产相比有很大的差别,一般要经过可行性研究、决策、设计、施工、竣工验收等阶段,且工程项目具有单件性、勘察的复杂性、规划设计的预设性、建筑材料与设备的多样性、工程施工的流动性、科学技术的发展性、组织项目建设内外协作关系的多元性,智力指挥与手工操作的交叉性,其中任何一个环节、任何一个管理单位出现问题都有可能会引起质量问题。

1. 建筑工程质量问题分类

1) 工程质量缺陷

根据我国《质量管理体系 基础和术语》GB/T 19000—2008 的规定,凡工程产品没有满足某个规定要求,就称之为质量不合格;而未满足某个与预期或规定用途有关的要求,称为质量缺陷。按其程度可分为严重缺陷和一般缺陷。严重缺陷是指对结构构件的受力性能或安装使用性能有决定性影响的缺陷;一般缺陷是指对结构构件的受力性能或安装使用性能无决定性影响的缺陷。

2) 工程质量通病

工程质量通病是指各类影响工程质量结构、使用功能和外形观感的常见性质量损伤。

3) 工程质量事故

工程质量事故指由于建设、勘察、设计、施工、监理等单位违反工程质量有关法律法规和工程建设标准,使工程产生结构安全、重要使用功能等方面的质量缺陷,造成人身伤亡或者重大经济损失的事故。

根据不同时期的经济条件等诸方面情况,关于工程质量事故划分的标准,也在不断变化。1990年4月4日建设部关于《工程建设重大事故报告和调查程序规定》有关问题的说明规定:凡质量达不到合格标准的工程,必须进行返修、加固或报废,由此而造成的直接经济损失在 5000 元(含 5000 元)以上的为工程质量事故,5000 元以下的称为质量问题。2010 年,住房城乡建设部根据现阶段的经济形势,对房屋建筑和市政基础设施施工工程质量事故标准作出了新规定,在《关于做好房屋建筑和市政基础设施工程质量事故报告和调查处理工作的通知》(建质【2010】111号),根据工程事故造成的人员伤亡或直接经济损失,把工程质量事故分为特别重大事故、重大事故、较大事故和一般事故四个等级:

(1) 特别重大事故,是指造成 30 人以上死亡,或 100 人以上重伤,或者 1 亿元以上直接经济损失的事故;

(2) 重大事故,是指造成 10 人以上 30 人以下死亡,或者 50 人以上 100 人以下重伤,或者 5000 万元以上 1 亿元以下直接经济损失的事故;

(3) 较大事故,是指造成 3 人以上 10 人以下死亡,或者 10 人以上 50 人以下重伤,或者 1000 万元以上 5000 万元以下直接经济损失的事故;

(4) 一般事故,是指造成 3 人以下死亡,或者 10 人以下重伤,或者 100 万元以上

1000万元以下直接经济损失的事故。

上述文中所称"以上"包括本数,所称"以下"不包括本数。根据新的事故划分标准,质量问题覆盖范围大大扩大,成为质量控制的主要问题。

2. 常见的工程质量问题

工程质量问题表现的形式多种多样,根据危害程度分为质量缺陷、质量通病、质量事故等。如混凝土结构质量缺陷分为尺寸偏差缺陷和外观缺陷,混凝土外观质量缺陷分为露筋、蜂窝、空洞、夹渣、疏松、裂缝、连接部位缺陷、外形缺陷、外表缺陷等。常见的质量通病有:地基基础工程中地基沉降变形、桩身质量(地基处理强度)不符合要求;地下防水工程中防水混凝土结构裂缝、渗水,柔性防水层空鼓、裂缝、渗漏水;砌体工程中砌体裂缝、砌筑砂浆饱满度不符合规范要求,砌体标高、轴线等几何尺寸偏差;混凝土结构工程中混凝土结构裂缝,混凝土保护层偏差,混凝土构件的轴线、标高等几何尺寸偏差;楼地面工程中楼地面起砂、空鼓、裂缝,楼梯踏步阳角开裂或脱落、尺寸不一致,厨、卫间楼地面渗漏水,底层地面沉陷;装饰装修工程中外墙空鼓、开裂、渗漏,顶棚裂缝、脱落,门窗变形、渗漏、脱落,栏杆高度不够、间距过大、连接固定不牢、耐久性差,玻璃安全度不够;屋面工程中找平层起砂、起皮,屋面防水层渗漏。

在设备安装工程中,给水排水及采暖工程中管道系统渗漏,管道及支吊架锈蚀,卫生器具不牢固和渗漏,排水系统水封破坏,排水不畅,保温(绝热)不严密,管道结露滴水,采暖效果差,存在消防隐患;电气工程中防雷、等电位联结不可靠,接地故障保护不安全,电导管引起墙面、楼地面裂缝,电导管线槽及导线损坏,电气产品无安全保证,电气线路连接不可靠,照明系统未进行全负荷试验;通风排烟工程中风管系统泄漏、系统风量和风口风量偏差大;电梯工程中电梯导轨码架和地坎焊接不饱满,电控操作和功能安全保护不可靠;智能建筑工程中系统功能可靠性差、故障多,调试和检验偏差大,接地保护不可靠;建筑节能工程中外墙外保温裂缝、保温效果差,外窗隔热性能达不到要求。

常见的工程质量事故有:倾倒事故、开裂事故、错位事故、边坡支护事故、沉降事故、功能事故、安装事故、管理事故等。

3. 工程质量问题产生的原因

影响工程质量的主要因素有人、材料、机械、方法及环境,只要有一个或几个因素发生问题,就可能产生质量问题。所以产生质量问题的原因多种多样,主要有:

1) 违背基本建设程序

基本建设程序是工程项目建设客观规律的反映,违背基本建设程序,不按建设程序办事,就会出现质量问题。例如,未进行可行性研究就进行项目的设计施工,竣工后发现和预期设想差距巨大,项目全部或部分的功能不能发挥作用,造成巨大的经济损失;边设计、边施工;无图施工;不经竣工验收就交付使用等。

2) 地质勘察原因

未认真进行地质勘察或勘探时钻孔深度、间距、范围不符合规定要求,造成对基岩起伏、土层分布、水文地质或周边地下环境误判,从而采用不合理的基础方案、基坑支护方案、周边环境保护方案,造成地基不均匀沉降、失稳、上部结构开裂、倾斜、倒塌、支护结构失效,引起周边环境破坏等质量问题。

3) 设计计算问题

建筑方案不合理，采用不合理的结构方案，计算简图与实际受力情况不符，荷载组合漏项，内力计算不准确，构造措施不到位，都会产生质量问题。

4）施工与管理问题

许多工程质量事故，往往是由施工和管理所造成。例如：

（1）不按图施工。未认真读图理解掌握设计意图，施工中生搬硬套、盲目施工。如建筑中设置的后浇带，有单独解决收缩变形问题的后浇带；有单独解决地基沉降问题的后浇带；有复合作用的后浇带，一条后浇带既解决收缩变形问题又解决沉降变形问题。在施工时应准确把握后浇带的作用，即设计意图，选择合理的后浇带封闭时间，如果是单独解决收缩变形问题的后浇带，应在收缩变形基本稳定后就可封闭后浇带；如果是单独解决地基沉降问题的后浇带，应在地基沉降基本稳定后封闭后浇带；如果是复合作用的后浇带，应待收缩变形、沉降变形基本稳定后才能封闭后浇带。图纸未经会审，仓促施工；未经设计部门同意，擅自变更等。

（2）不按有关施工验收规范、标准、规程施工。如土方回填时，不分层回填，分层压实；现浇结构不按规定位置和方法留设施工缝，不按规定的强度拆除模板；砌体不按选定的组砌方式砌筑；搭设脚手架时，不按规定设置剪刀撑、扫地杆等。

（3）现场施工操作质量差。如用插入式振捣器捣实混凝土时，不按插点均布、快插慢拔、上下抽动、层层扣搭的操作方法，致使混凝土振捣不实，整体性差；搭设扣件式脚手架时，扣件螺栓未扭紧；模板接缝不严。

（4）施工管理混乱。施工单位质量管理体系不完善，检验制度不严密，质量控制不严格，质量管理措施落实不力，检测仪器设备管理不善而失准，以及材料检验不严等原因引起质量问题。

5）使用不合格的建筑材料和建筑设备

例如，钢筋直径缩水，有害物含量高，冷加工性能差，都会影响构件性能；水泥安定性不良，造成混凝土开裂。

6）自然环境因素

空气温度、湿度、暴雨、大风、洪水、雷电、日晒和浪潮等均可能成为质量问题的诱因。

7）使用不当

对建筑物或设施使用不当也易造成质量问题，例如，擅自改变建筑物的使用功能，把办公房改为库房；未经校核验算进行建筑加层；装饰时随意拆除承重构件。

4. 工程质量问题的处理方法

工程质量问题多种多样，根据危害程度分为质量缺陷、质量通病、质量事故等。工程出现质量问题之后，处理方法也不同，分为质量缺陷处理、质量事故处理。

1）质量问题原因分析

产生质量问题的原因千变万化，可能是一种，可能是多种原因，出现质量问题以后，应根据质量问题的特征表现、工程现场的实际情况条件进行具体分析，找出原因，制定专项处理方案进行处理。

工程质量问题原因分析的步骤如下：

（1）进行细致的现场调查研究，观察记录全部实况，充分了解与掌握引发质量问题的现象和特征；

（2）收集调查与质量问题有关的全部设计和施工资料，分析摸清工程在施工或使用过程中所处的环境及面临的各种条件和情况；

（3）找出可能产生质量问题的所有因素；

（4）分析、比较和判断，找出最有可能造成质量问题的原因；

（5）进行必要的计算分析或模拟试验予以论证确认。

2）工程质量缺陷的处理

（1）一般缺陷处理

根据现场缺陷情况，确定缺陷的类别，如为一般缺陷，施工单位按规范施工方法进行修整。

（2）严重缺陷

当质量问题确定为严重缺陷时，应认真分析缺陷产生的原因，施工单位应制定专项修整方案，报监理单位和设计单位，方案论证及批准后方可实施，不得擅自处理。缺陷信息、缺陷修整方案的相关资料应及时归档，做到可追溯。

3）工程质量事故的处理

工程质量事故的处理程序如图4-18所示。

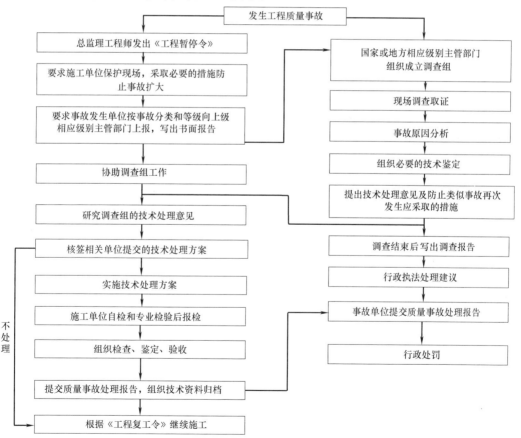

图4-18 施工质量事故处理程序

(1) 事故处理的依据

① 质量事故的实况资料，包括质量事故发生的时间、地点；质量事故状况的描述；质量事故发展变化的情况；有关质量事故的观测记录、事故现场状态的照片或录像；事故调查组调查研究所获得的第一手资料。

② 有关合同及合同文件，包括工程承包合同、设计委托合同、设备与器材购销合同、监理合同及分包合同等。

③ 有关技术文件和档案，主要是有关的设计文件（如施工图纸和技术说明）、与施工有关技术文件、档案和资料（如施工方案、施工计划、施工记录、施工日志、有关建筑材料的质量证明资料、现场制备材料的质量证明资料、质量事故发生后对事故状况的观测记录、试验记录或试验报告等）。

④ 相关的建设法规，主要包括《建筑法》和与工程质量及事故处理有关的法规，以及勘察、设计、施工、监理等单位资质管理方面的法规，从业者资格管理方面的法规，建筑市场方面的法规，建筑施工方面的法规，关于标准化管理方面的法规。

(2) 事故报告

工程质量事故发生以后，施工项目负责人应按法定的时间和程序，及时向建设单位负责人、施工企业报告事故的状况，同时根据事故的具体状况，组织在场人员果断采取应急措施保护现场，救护人员，防止事故扩大；做好现场记录、标识、拍照等，为后续的事故调查保留客观真实场景。

工程建设单位负责人接到报告后，应于1小时内向事故发生地县级以上人民政府住房城乡建设主管部门及有关部门报告。情况紧急时，事故现场有关人员可直接向事故发生地县级以上人民政府住房城乡建设主管部门报告。

住房城乡建设主管部门接到事故报告后，应立即按下列规定上报事故情况，并同时通知公安、监察机关有关部门：

① 较大、重大及特别重大事故逐级上报至国务院住房城乡建设主管部门，一般事故逐级上报至省级人民政府住房城乡建设主管部门，必要时可以越级上报事故情况；

② 住房城乡建设主管部门上报事故情况，应当同时报告本级人民政府；国务院住房城乡建设主管部门接到重大和特别重大事故的报告后，应立即报告国务院；

③ 住房城乡建设主管部门逐级上报事故情况时，每级上报时间不得超过 2h。

质量事故报告应包括下列内容：

① 事故发生的时间、地点、工程项目名称、工程各参建单位名称；

② 事故发生的简要经过、伤亡人数（包括下落不明的人数）和初步估计的直接经济损失；

③ 事故的初步原因；

④ 事故发生后采取的措施及事故控制情况；

⑤ 事故报告单位、联系人及联系方式；

⑥ 其他应当报告的情况。

事故报告后出现新情况，以及事故发生之日起 30 日内伤亡人数发生变化时，应当及时补报。

事故发生地住房城乡建设主管部门接到事故报告后，其负责人应立即赶赴事故现场，组织事故救援；发生一般及以上事故，或者领导有批示要求的，设区的市级住房城乡建设主管部门应派员赶赴现场了解事故有关情况；发生较大及以上事故，或者领导有批示要求的，省级住房城乡建设主管部门应派员赶赴现场了解事故有关情况；发生重大及以上事故，或者领导有批示要求的，国务院住房城乡建设主管部门应根据相关规定派员赶赴现场了解事故有关情况。没有造成人员伤亡，直接经济损失没有达到100万元，但是社会影响恶劣的工程质量问题，参照上述规定执行。

（3）事故调查

事故调查是搞清质量事故原因，有效进行技术处理，分清质量事故责任的重要手段。事故调查包括现场施工管理组织的自查和来自企业的技术、质量管理部门的调查；此外根据事故的性质，需要接受政府建设行政主管部门、工程质量监督部门以及检察、劳动部门等的调查，现场施工管理组织应积极配合，如实提供情况和资料。

住房城乡建设主管部门应当按照有关人民政府的授权和委托，组织或参与事故调查组对事故进行调查，并履行下列职责：

① 核实事故基本情况，包括事故发生的经过、人员伤亡情况及直接经济损失；

② 核查事故项目基本情况，包括项目履行法定建设程序情况、工程各参建单位履行职责的情况；

③ 依据国家法律法规和工程建设标准分析事故的直接原因和间接原因，必要时组织对事故项目进行检测鉴定和专家技术论证；

④ 认定事故性质和事故责任；

⑤ 依照国家有关法律法规提出对事故责任单位和责任人员的处理意见；

⑥ 总结事故教训，提出防范和整改措施；

⑦ 提交事故调查报告。

事故调查应力求及时、客观、全面，以便为事故的分析与处理提供正确的依据，调查结果应整理成事故调查报告。事故调查报告应当包括下列内容：

① 事故项目及各参建单位概况；

② 事故发生经过和事故救援情况；

③ 事故造成的人员伤亡和直接经济损失；

④ 事故项目有关质量检测报告和技术分析报告；

⑤ 事故发生的原因和事故性质；

⑥ 事故责任的认定和事故责任者的处理建议；

⑦ 事故防范和整改措施。

事故调查报告应附具有关证据材料。事故调查组成员应当在事故调查报告上签名。

在事故情况调查的基础上进行事故原因分析，避免情况不明就主观推断事故的原因。特别是对涉及勘察、设计、事故、材料和管理等方面的质量事故，事故原因错综复杂，应进行仔细分析，去伪存真，找出事故的主要原因，必要时组织对事故项目进行检测鉴定和专家技术论证。

（4）事故处理

事故处理包括两大方面，即事故的技术处理，解决施工质量不合格和缺陷问题；事故的责任处罚，根据事故性质、损失大小、情节轻重对责任单位和责任人作出相应行政处分直至追究刑事责任等。

事故的处理应建立在原因分析的基础上,并广泛听取专家及有关方面的意见,经过科学论证,制定事故处理方案。事故处理应做到安全可靠、不留隐患、满足生产和使用要求、施工方便、经济合理;重视消除造成事故的原因,注意综合治理;正确确定事故处理的范围,选择合理的处理方法和时间;加强事故处理的检查验收工作,认真复查事故处理的实际情况;确保事故处理期间的安全。

事故的责任处理:住房城乡建设主管部门应当依据有关人民政府对事故调查报告的批复和有关法律法规,对事故相关责任者实施行政处罚。处罚权限不属本级住房城乡建设主管部门的,应当在收到事故调查报告批复15个工作日内,将事故调查报告(附有关证据材料)、结案批复、本级住房城乡建设主管部门对有关责任者的处理建议等转送有权限的住房城乡建设主管部门。对事故负有责任的建设、勘察、设计、施工、监理等单位和施工图审查、质量检测等有关单位分别给予罚款、停业整顿、降低资质等级、吊销资质证书其中一项或多项处罚,对事故负有责任的注册执业人员分别给予罚款、停止执业、吊销执业资格证书、终身不予注册其中一项或多项处罚。

(5) 施工质量事故处理的基本方法

① 加固处理。主要针对危及承载力的质量缺陷的处理。通过对缺陷的加固处理,使建筑结构恢复或提高承载力,重新满足结构安全和可靠性的要求,使结构能继续使用或改作其他用途。

② 返工处理。当工程质量缺陷不具备补救可能性,则必须采取返工处理方案。

③ 限制使用。当工程质量缺陷无法修补、加固、返工时,不得已时可作出结构卸荷或减荷以及限制使用的决定。

④ 报废处理。出现质量事故的工程,通过分析或实践,采取各种处理方法仍不能满足规定的质量要求或标准,则必须予以报废处理。

(6) 事故处理的鉴定验收

工程质量事故按施工处理方案处理以后,是否达到预期的目的,是否依然存在隐患,应通过检查鉴定和验收作出确认。事故处理的质量检查鉴定,应严格按施工验收规范和相关的质量标准的规定进行,必要时还应通过实际量测、试验和仪器检测等方法获取必要的数据,以便准确地对事故处理的结果作出鉴定。事故处理后,必须尽快提交完整的事故处理报告,其内容包括:事故调查的原始资料、测试的数据;事故原因分析、论证;事故处理的依据;事故处理的方案及技术措施;实施质量处理中有关的数据、记录、资料;检查验收记录;事故处理的结论等。

常见事故处理结论如下:

① 事故已排除,可以继续施工;

② 隐患已消除,结构安全有保证;

③ 经修补处理后,完全能够满足使用要求;

④ 基本上满足使用要求,但使用时应有附加限制条件,例如,限制荷载等;

⑤ 对耐久性的结论;

⑥ 对建筑物外观影响的结论;

⑦ 对短期内难以作出结论的,可提出进一步观测检验意见。

4.5.2 建筑工程常见质量问题分析

工程质量问题产生，是一个系统的过程，从项目前期调研、可行性研究、设计、施工到竣工验收投入使用，可能是一个因素，也可能是多个因素的综合作用，应根据工程的实际情况具体问题具体分析。下面是常见质量问题分析处理。

1. 基坑边坡塌方

1) 现象

在土方开挖过程中，局部或大面积土方塌方，基坑内无法继续施工，对施工人员生命构成威胁，危害基坑周边环境安全。

2) 原因

由于土质及外界因素的影响，造成土体内抗剪强度降低或土体剪应力的增加，使土体剪应力超过了土体抗剪强度。

引起土体抗剪强度降低的原因有：

(1) 因风化、气候等的影响使土质变得松软；
(2) 黏土中的夹层因浸水而产生润滑作用；
(3) 饱和的细砂、粉砂土等因受振动而液化。

引起土体内剪应力增加的原因有：

(1) 基坑上边缘附近存在荷载（堆土、材料、机具等），尤其是动载；
(2) 雨水、施工用水渗入边坡，增加土的含水量，从而增加土体自重；
(3) 有地下水时，地下水在土中渗流产生一定的动水压力；
(4) 水浸入土体裂缝内产生静水压力。

3) 防治措施

(1) 保证边坡坡度按设计要求施工；
(2) 控制边坡荷载，尤其是动荷载满足设计要求；
(3) 降低地下水；
(4) 排除地面水；
(5) 做好基坑边坡的巡视检查工作，尤其在雨季；
(6) 必要时可适当放缓边坡或设置支护。

2. 混凝土强度等级偏低，不符合设计要求

1) 现象

混凝土标准养护试块或现场检测强度按规范标准评定达不到设计要求的强度等级。

2) 原因

(1) 配置混凝土所用原材料的材质不符合国家标准的规定；
(2) 混凝土配合比试验报告不合理；
(3) 拌制混凝土时原材料计量偏差大；
(4) 拌制混凝土原料与实验室级配试验材料不一致；
(5) 混凝土搅拌、运输、浇筑、养护施工工艺不符合规范要求。

3) 防治措施

(1) 拌制混凝土所用水泥、砂、石和外加剂等均应合格；

(2) 混凝土配合比应由有资质的检测单位进行试配；

(3) 配制混凝土时应按质量比进行计量投料，根据现场砂石含水量进行施工配合比换算，且计量准确；

(4) 拌制混凝土的原料应与配合比试验材料一致；

(5) 根据混凝土的种类选择合理的混凝土搅拌机械；

(6) 控制混凝土的拌制质量；投料顺序为：粗骨料→水泥→细骨料→水；控制混凝土的进料容量、搅拌速度、搅拌时间等；

(7) 混凝土的运输和浇筑应在混凝土初凝前完成；

(8) 控制混凝土的浇筑和振捣质量；混凝土浇筑应分层浇筑，分层振捣，正确留置施工缝；振捣器应均匀分布，不得漏振，让混凝土密实，但也不得过振，使混凝土出现分层现象；

(9) 控制混凝土的养护质量。

3. 混凝土表面缺陷

1) 现象

拆模后混凝土表面出现麻面、露筋、蜂窝、孔洞等。

2) 原因

(1) 模板表面不光滑、安装质量差，接缝不严、漏浆，模板表面污染未清除；

(2) 木模板在混凝土入模之前没有充分湿润，钢模板脱模剂涂刷不均匀；

(3) 钢筋保护层垫块厚度或放置间距、位置等不当；

(4) 局部配筋、铁件过密，阻碍混凝土下料或无法正常振捣；

(5) 混凝土坍落度、和易性不好；

(6) 混凝土搅拌时间过短，水泥浆包裹骨料不充分；

(7) 混凝土浇筑方法不当、不分层或分层过厚，布料顺序不合理等；

(8) 混凝土浇筑高度超过规定要求，且未采取措施，导致混凝土离析；

(9) 混凝土漏振或振捣不实；

(10) 混凝土拆模过早。

3) 防治措施

(1) 模板使用前应进行表面清理，保持表面清洁光滑；钢模还应保证边框平直；

(2) 模板架立时接缝应严密，防止漏浆，必要时可用胶带加强；

(3) 模板支撑构造合理，在模板接缝处有足够的刚度，保证混凝土浇筑后接缝处模板变形小，不漏浆；

(4) 在混凝土浇筑前充分湿润模板；钢模板在浇筑前均匀涂刷脱模剂；

(5) 按混凝土搅拌制度制备混凝土，保证混凝土的搅拌时间；

(6) 混凝土分层布料，分层振捣，防止漏振；

(7) 对局部配筋或铁件处，应事先制定处理措施，保证混凝土能顺利通过，浇筑密实；

4. 混凝土柱、墙、梁等构件尺寸、轴线位置偏差大

1) 现象

混凝土柱、墙、梁等构件外形尺寸、轴线位置偏差超过规范允许偏差值。

2）原因

（1）没有按施工图进行放线或放线误差过大；

（2）模板的强度和刚度不足；

（3）模板支撑强度、刚度不足，基座不牢移位，受力变形大。

3）防治措施

（1）施工前必须按图放线，认真进行校对复核，并确保构件尺寸、轴线与标高准确；

（2）模板及其支撑架必须具有足够的强度、刚度和稳定性，确保在混凝土浇筑及养护过程中不跑模、胀模，变形在允许范围内；

（3）确保模板支撑基座牢固坚实；

（4）在混凝土施工过程中安排工人看模，发现问题及时解决。

5. 混凝土收缩裂缝

1）现象

裂缝多出现在新浇筑并暴露于空气中的结构构件表面，有塑态收缩、沉陷收缩、干燥收缩、碳化收缩、凝结收缩等收缩裂缝。

2）原因

（1）混凝土原材料质量不合格，如骨料含泥量大等；

（2）水泥或掺入料用量超出规范规定；

（3）混凝土水灰比、坍落度偏大，和易性差；

（4）混凝土浇筑振捣差，养护不及时或养护差。

3）防治措施

（1）选用合格的原材料；水泥进场时应对其品种、级别、包装或批次、出厂日期和进场数量等进行检查，并对强度、安定性及其他必要的性能指标进行复验；外加剂应采用减水率高、分散性能好、对混凝土收缩影响较小的外加剂，其减水率不应低于12%；矿物掺合料的质量应符合相关标准规定，掺量应根据试验确定；粗骨料颗粒级配与粗细程度、颗粒形态和表面特征、强度、坚固性、含泥量、有害物质及碱骨料反应指标应符合现行国家标准和有关规定；细骨料应选用级配良好、质地坚硬、颗粒洁净的砂。

（2）优化混凝土配合比，并确保混凝土的制备质量。

（3）确保混凝土振捣密实，并在混凝土初凝前进行二次抹压。

（4）在变形敏感区域设置温度收缩钢筋。如在外墙阳角处楼板设置放射形钢筋；在建筑物两端端开间及变形缝两侧的现浇板应设置双层双向钢筋，钢筋直径不应小于8mm，间距不应大于100mm；梁腹板高度大于等于450mm时，应在梁两侧面设置腰筋。

（5）控制保护层厚度，防止温度收缩钢筋偏离正确位置。

（6）确保混凝土及时养护，并保证混凝土养护质量要求。

6. 填充墙砌筑不当，与主体结构交接处裂缝

1）现象

框架梁底、柱边出现裂缝。

2）原因

不同材料交接处温度变形不一致引起开裂。

3）防治措施

(1) 填充墙砌至接近梁底时,应留有一定的空隙,填充墙砌筑完并间隔 15d 以后,方可将其补砌挤紧;补砌时,对双侧竖缝用高强度等级的水泥砂浆嵌填密实。

(2) 填充墙拉结筋应满足砖模数要求,不应折弯压入砖缝;拉结筋宜采用预埋法留置。

(3) 填充墙采用粉煤灰砖、加气混凝土砌块等材料砌筑时,框架柱与墙的交接处宜用 15mm×15mm 木条预先留缝,在加贴网片前浇水湿润,再用 1:3 水泥砂浆嵌实。

(4) 抹灰前,在不同材料交接处,必须铺设抗裂钢丝网或玻纤网,与各基体间的搭接宽度不应小于 150mm。

7. 屋面防水层渗漏

1) 现象

屋面防水层渗漏。

2) 原因

屋面防水层直接暴露在自然环境中,影响防水性能的因素众多,温度变化、阳光照射、屋面结构性能、防水材料质量、施工质量等均对防水层有重要的影响,所以,屋面渗漏原因千变万化,且具有很强的隐蔽性,应根据现场情况具体问题具体分析,找出主要原因,采取针对性处理措施。下面所列原因只是其中的一部分原因:

(1) 屋面防水层空鼓、开裂;

(2) 防水材料质量不合格,易老化;

(3) 防水节点处理不到位;

(4) 卷材搭接接缝不符合要求;

(5) 基层潮湿,隔气排气不畅通,长期使用造成防水层空鼓、开裂。

3) 防治措施

防水层破坏以后,雨水沿屋面薄弱处渗流,有时影响范围很大,破坏处和渗漏处有时有较长的距离,所以在处理渗漏时,常常适当扩大处理的范围。

(1) 屋面工程施工前,应编制详细施工方案,经审批后实施;

(2) 防水材料应符合相关规定;

(3) 基层清理干净、干燥,做好隔气层,不应在雨天、大雾、雪天时施工;

(4) 在卷材大面积铺贴前,应先做好节点密封处理、附加层和屋面排水集中部位(如屋面与水落口连接处、檐口、天沟、檐沟、屋面转角处、板端缝等)细部构造处理;

(5) 卷材搭接宽度应符合相关规定;高聚物改性沥青防水卷材和合成高分子防水卷材的搭接缝宜用材料性能相容的密封材料封严;叠层铺贴时,上下层卷材间的搭接缝应错开;防水层收头应牢固;

(6) 做好防水层保护层。

8. 防水混凝土结构裂缝、渗水

1) 现象

防水混凝土结构裂缝、渗水,变形缝渗、漏水,后浇带施工缝渗、漏水。

2) 原因分析

(1) 混凝土原材料质量不稳定,如砂含泥量高、粒径小、级配不良,外加剂质量不稳定等;

(2) 混凝土搅拌时间短，搅拌不均匀；

(3) 混凝土振捣局部漏振，局部密实度不够；

(4) 混凝土构件温度变化大，产生收缩裂缝；

(5) 防水混凝土养护不够；

(6) 防水构造措施不到位，如模板对拉螺栓、施工缝；

(7) 在支模和钢筋绑扎的过程中，掉入模板内的杂物未清理；

(8) 钢筋过密、内外模板狭窄，混凝土浇捣困难，施工质量不易保证；

(9) 混凝土下料方法不当，形成混凝土分层离析；

(10) 浇筑流线不合理，在浇筑新混凝土先浇筑的混凝土已初凝。

3) 防治措施

(1) 根据渗漏情况、水压大小，采用促凝胶浆或氰凝灌浆堵漏；

(2) 保证原材料的质量，骨料粒径、级配、含泥量应满足相关要求，外加剂掺合料应按规范复试符合要求后使用，其掺量应经试验确定；

(3) 控制混凝土搅拌时间，提高混凝土搅拌质量；

(4) 合理规划混凝土浇筑流线，保证在下层混凝土初凝前完成上层混凝土浇筑；

(5) 分层浇筑、分层振捣，防止漏振，提高混凝土的密实度；

(6) 保证防水构造措施质量；对拉螺栓应加焊止水环；拆模后应将留下的凹槽封堵密实，并在迎水面涂刷防水涂料；

(7) 后浇带施工缝浇筑混凝土前，应将其表面浮浆和杂物清除，并凿到密实混凝土，再铺设去石水泥砂浆；浇筑混凝土时，先浇水湿润，再及时浇筑混凝土，并振捣密实；

(8) 混凝土浇筑前清理模板内杂物；

(9) 浇筑混凝土前应考虑混凝土内外温差的影响，采取适当的预防混凝土收缩的措施；

(10) 防水混凝土水平构件表面宜覆盖塑料薄膜或双层草袋浇水养护，竖向构件宜采用喷涂养护液进行养护，养护时间不少于14d；

(11) 地下工程施工时，应保持地下水位低于防水混凝土500mm以上，并应排除地下水；

(12) 底板、顶板不宜留施工缝，墙体不应留设垂直施工缝；墙体水平施工缝不应留设在剪力与弯矩最大处或底板与侧墙交接处，应留在高出底板300mm的墙体上。

9. 建筑装饰装修工程常见质量问题

1) 现象

建筑装饰装修工程常见的施工质量缺陷有：空、裂、渗、观感效果差等，如表4-5所示。

2) 原因分析

建筑装饰工程量大、工作面多、工期长、质量要求高，组织管理难度大，产生质量问题的原因多种多样，应结合工程实际情况从影响工程质量的人、材料、机械、施工方法、环境条件等方面进行分析，主要原因如下：

(1) 企业缺乏施工技术标准和施工工艺规程；

(2) 施工人员操作技能不够；

(3) 装饰材料质量不符合设计要求，存在以次充好现象；

建筑装饰装修工程常见质量问题　　　　　　　　　　　　　表 4-5

序号	子分部工程	质量问题
1	建筑地面	水泥地面：起砂、空鼓、倒泛水、渗漏等
		板块地面：天然石材地面色泽纹理不协调、泛碱、断裂、地面砖爆裂拱起，板块类地面空鼓等
		木、竹地板地面：表面不平整、拼缝不严、地板起鼓等
2	抹灰	一般抹灰：抹灰层脱层、空鼓、面层爆灰、裂缝、表面不平整、接槎和抹纹明显等
		装饰抹灰：除去一般抹灰存在的缺陷外，还存在色差、掉角、脱皮等
3	外墙防水	渗漏
4	门窗	木门窗：安装不牢固、开关不灵活、关闭不严密、安装留缝、倒翘等
		金属门窗：划痕、碰伤、漆膜或保护层不连续；框与墙体之间连接不紧密
5	吊顶	吊杆、龙骨和饰面材料安装不牢固； 金属吊杆、龙骨的接缝不均匀，角缝不吻合，表面不平整、翘曲； 木质吊杆和龙骨不顺直、劈裂、变形； 吊顶内填充的吸声材料无防散落措施； 饰面材料表面不洁净、色泽不一致，有翘曲、裂缝及缺损
6	轻质隔墙	墙板材安装不牢固、脱层、翘曲，接缝有裂缝或缺损
7	饰面板	安装不牢固、表面不平整、色泽不一致、裂痕和缺损，石材表面泛碱
8	饰面砖	粘结不牢固、表面不平整、色泽不一致、裂痕和缺损
9	幕墙	安装不牢固、结构胶和耐候胶问题
10	涂饰	泛碱、咬色、流坠、疙瘩、沙眼、刷纹、漏涂、透底、起皮和掉粉
11	裱糊与软包	拼接、花饰不垂直，花饰不对称，离缝或亏纸，相邻壁纸（墙布）搭缝、翘边、壁纸（墙布）空鼓，壁纸（墙布）死折、壁纸（墙布）色泽不一致
12	细部	橱柜制作与安装工程：变形、翘曲、损坏、面层拼接不严密
		窗帘盒、窗台板、散热器罩制作与安装工程：窗帘盒安装上口下口不平、两端距离洞口长度不一致；窗台板水平偏差大于 2mm，安装不牢固、翘曲；散热器罩翘曲、不平
		木门窗套制作与安装工程：安装不牢固、翘曲，门窗套线条不顺直、接缝不严密、色泽不一致
		护栏和扶手制作与安装工程：护栏安装不牢固、护栏和扶手转角弧度不顺、护栏玻璃选材不当等
		花饰制作与安装工程：条形花饰歪斜、单独花饰中心位置偏移、接缝不严、有裂缝等

(4) 施工机具不能满足施工工艺要求；
(5) 在施工过程中质量检查验收控制不到位；
(6) 施工操作标准化程度地；
(7) 施工工序安排不合理，后续施工对先期施工产品产生不利影响，成品保护不够；
(8) 盲目抢工期、降低成本。

3）防治措施

（1）及时纠正。在装修施工过程中，加强检查验收，发现问题及时返修、处理。

（2）合理预防，制定质量预防措施。

本章小结

　　工程施工是由施工企业按照设计图纸及有关技术要求，将建设产品建造起来的全部生产活动。它包括从施工准备到工程验收、交付使用的全部过程。随着我国建筑业的迅猛发展，工程项目变得越来越复杂，技术、组织难度越来越大，质量要求越来越高。建设产品品种多、体积大、复杂多变、整体难分、不能移动，使得工程施工具有生产的流动性、单件性、生产周期长、受自然条件影响大、投资大、风险大等特点，施工形成的工程产品质量具有影响因素多、质量波动大、隐蔽性强、终检局限大特点，所以应加强施工过程中的质量控制。

　　工程施工阶段是工程实体最终形成的阶段，也是最终形成工程产品质量和工程使用价值的重要阶段。因此，施工阶段的质量管理是工程项目质量管理的重点。

　　BIM在施工准备质量控制和施工过程质量控制中的应用，提高了施工质量，加强了对施工过程的质量和安全管理。

思考与练习题

4-1　简述影响工程质量的因素。

4-2　如何理解人在施工质量控制中的作用？

4-3　什么是工程项目施工质量控制？

4-4　什么是控制？有哪些主要的控制环节？

4-5　什么是施工方法？

4-6　简述施工过程质量控制的原则。

4-7　简述质量控制点及其设置。

4-8　质量事故有哪些分类？

4-9　工程质量事故处理报告有哪些内容？

4-10　施工质量事故处理方法有哪些？

4-11　简述BIM支持的施工准备质量控制工作。

4-12　简述BIM支持的施工过程质量控制。

第 5 章 工程质量的验收与保修

本章要点及学习目标

本章要点：
(1) 工程质量验收概述；
(2) 工程施工过程质量验收；
(3) 住宅工程分户质量验收；
(4) 工程竣工质量验收和工程项目的质量保修等内容。
学习目标：
(1) 了解工程质量验收的条件和要求；
(2) 熟悉住宅工程分户质量验收、工程项目的质量保修内容；
(3) 掌握工程施工过程质量验收和工程竣工验收的要点。

5.1 工程质量验收概述

验收是指建筑工程质量在施工单位自行检查合格的基础上，由工程质量验收责任方组织，工程建设相关单位参加，对检验批、分项、分部、单位工程及其隐蔽工程的质量进行抽样检验，对技术文件进行审核，并根据设计文件和相关标准以书面形式对工程质量是否达到合格作出确认。正确地进行工程项目质量验收，是施工质量控制的重要手段。

5.1.1 工程质量验收条件

《中华人民共和国建筑法》规定："交付竣工验收的建筑工程，必须符合规定的建筑工程质量标准，有完整的工程技术经济资料和经签署的工程保修书，并具备国家规定的其他竣工条件。建筑工程竣工经验收合格后，方可交付使用；未经验收或者验收不合格的，不得交付使用。"根据《建设工程质量管理条例》的规定，建设工程竣工验收应当具备以下条件：
(1) 完成建设工程设计和合同约定的各项内容；
(2) 有完整的技术档案和施工管理资料；
(3) 有工程使用的主要建筑材料、建筑构配件和设备的进场试验报告；
(4) 有勘察、设计、施工、工程监理等单位分别签署的质量合格文件；
(5) 有施工单位签署的工程保修书。

5.1.2 工程质量验收要求

1. 施工质量控制要求

5.1 工程质量验收概述

工程质量的形成涉及材料、施工和验收等内容，为了加强工程项目质量的控制，施工现场质量管理应具有健全的质量管理体系、相应的施工技术标准、施工质量检验制度和综合施工质量水平评定考核制度。施工现场质量管理可按相关标准的要求进行检查记录。

施工单位应推行生产控制和合格控制的全过程质量控制，应有健全的生产控制和合格控制的质量管理体系。这里不仅包括原材料控制、工艺流程控制、施工操作控制、每道工序质量检查、各道相关工序间的交接检验以及专业工种之间等中间交接环节的质量管理和控制要求，还应包括满足施工图设计和功能要求的抽样检验制度等。施工单位还应通过内部的审核与管理者的评审，找出质量管理体系中存在的问题和薄弱环节，并制定改进的措施和跟踪检查落实等措施，使单位的质量管理体系不断健全和完善，是施工单位不断提高建筑工程施工质量的基本保证。

施工单位应重视综合质量控制水平，应从施工技术、管理制度、工程质量控制等方面制定综合质量控制水平的指标，以提高企业整体管理、技术水平和经济效益。

建筑工程应按下列规定进行施工质量控制：

（1）建筑工程采用的主要材料、半成品、成品、建筑构配件、器具和设备应进场检验。凡涉及安全、节能、环境保护和主要使用功能的重要材料、产品，应按各专业工程施工规范、验收规范和设计要求等规定进行复检，并应经监理工程师检查认可。

（2）各施工工序应按施工技术标准进行质量控制，每道施工工序完成后，经施工单位自检符合规定后，才能进行下道工序施工。各专业工种之间的相关工序应进行交接检验，并应记录。

（3）对于监理单位提出检查要求的重要工序，应经监理工程师检查认可，才能进行下道工序施工。

2. 建筑工程施工质量验收要求

根据《建筑工程施工质量验收统一标准》GB 50300 的规定，建筑工程施工质量应按下列要求进行验收：

（1）工程质量的验收均应在施工单位自检合格的基础上进行；

（2）参加工程施工质量验收的各方人员应具备相应的资格；

（3）检验批的质量应按主控项目和一般项目验收；

（4）对涉及结构安全、节能、环境保护和主要使用功能的试块、试件及材料，应在进场时或施工中按规定进行见证检验；

（5）隐蔽工程在隐蔽前应由施工单位通知监理单位进行验收，并应形成验收文件，验收合格后方可继续施工；

（6）对涉及结构安全、节能、环境保护和使用功能的重要分部工程，应在验收前按规定进行抽样检验；

（7）工程的观感质量应由验收人员现场检查，并应共同确认。

根据工程质量的形成过程，工程质量验收的前提条件为施工单位自检合格，验收时施工单位对自检中发现的问题已完成整改。

参加工程施工质量验收的各方人员资格包括岗位、专业和技术职称等要求，具体要求应符合国家、行业和地方有关法律、法规及标准、规范的规定，尚无规定时可由参加验收的单位协商确定。

主控项目是指建筑工程中对安全、节能、环境保护和主要使用功能起决定性作用的检验项目，一般项目是指除主控项目以外的检验项目，主控项目和一般项目的划分应符合各专业验收规范的规定。

见证检验的项目、内容、程序、抽样数量等应符合国家、行业和地方有关规范的规定。

考虑到隐蔽工程在隐蔽后难以检验，因此隐蔽工程在隐蔽前应进行验收，验收合格后方可继续施工。

抽样检验不仅包括涉及结构安全和使用功能的分部工程，还包括涉及节能、环境保护等的分部工程，具体内容可由各专业验收规范确定，抽样检验和实体检验结果应符合有关专业验收规范的规定。

观感质量可通过观察和简单的测试确定，观感质量的综合评价结果应由验收各方共同确认并达成一致。对影响观感及使用功能或质量评价为差的项目应进行返修。

3. 建筑工程质量验收的划分

建筑工程质量验收应划分为单位工程、分部工程、分项工程和检验批。

1) 单位工程应按下列原则划分

（1）具备独立施工条件并能形成独立使用功能的建筑物或构筑物为一个单位工程；

（2）对于规模较大的单位工程，可将其能形成独立使用功能的部分划分为一个子单位工程。

2) 分部工程应按下列原则划分

（1）可按专业性质、工程部位确定；

（2）当分部工程较大或较复杂时，可按材料种类、施工特点、施工程序、专业系统及类别将分部工程划分为若干子分部工程。

3) 分项工程可按主要工种、材料、施工工艺、设备类别进行划分。

4) 检验批可根据施工、质量控制和专业验收的需要，按工程量、楼层、施工段、变形缝进行划分。

5) 室外工程可根据专业类别和工程规模划分子单位工程、分部工程和分项工程。

在实际施工过程中，多层及高层建筑的分项工程可按楼层或施工段来划分检验批，单层建筑的分项工程可按变形缝等划分检验批；地基基础的分项工程一般划分为一个检验批，有地下层的基础工程可按不同地下层划分检验批；屋面工程的分项工程可按不同楼层屋面划分为不同的检验批；其他分部工程中的分项工程，一般按楼层划分检验批；对于工程量较少的分项工程可划为一个检验批。安装工程一般按一个设计系统或设备组别划分为一个检验批。室外工程一般划分为一个检验批。散水、台阶、明沟等含在地面检验批中。

另外，随着建筑工程领域的技术进步和建筑功能要求的提升，会出现一些新的验收项目，并需要有专门的分项工程和检验批与之相对应，具体划分可由建设单位组织监理、施工等单位在施工前根据工程具体情况协商确定，并据此整理施工技术资料和进行验收。

5.1.3 工程质量验收程序和组织

1. 检验批验收

检验批应由专业监理工程师组织施工单位项目专业质量检查员、专业工长等进行验收。

检验批验收是建筑工程施工质量验收的最基本层次,是单位工程质量验收的基础,所有检验批均应由专业监理工程师组织验收。验收前,施工单位应完成自检,对存在的问题自行整改处理,然后申请专业监理工程师组织验收。

2. 分项工程验收

分项工程应由专业监理工程师组织施工单位项目专业技术负责人等进行验收。

分项工程由若干个检验批组成,也是单位工程质量验收的基础。验收时在专业监理工程师组织下,可由施工单位项目技术负责人对所有检验批验收记录进行汇总,核查无误后报专业监理工程师审查,确认符合要求后,由项目专业技术负责人在分项工程质量验收记录中签字,然后由专业监理工程师签字通过验收。

在分项工程验收中,如果对检验批验收结论有怀疑或异议时,应进行相应的现场检查核实。

3. 分部工程验收

分部工程应由总监理工程师组织施工单位项目负责人和项目技术负责人等进行验收。

勘察、设计单位项目负责人和施工单位技术、质量部门负责人应参加地基与基础分部工程的验收。

设计单位项目负责人和施工单位技术、质量部门负责人应参加主体结构、节能分部工程的验收。

对房屋建筑工程而言,在所包含的十个分部工程中,参加验收的人员可有以下三种情况:

(1) 除地基基础、主体结构和建筑节能三个分部工程外,其他七个分部工程的验收组织相同,即由总监理工程师组织,施工单位项目负责人和项目技术负责人等参加。

(2) 由于地基与基础分部工程情况复杂,专业性强,且关系到整个工程的安全,为保证质量,严格把关,规定勘察、设计单位项目负责人应参加验收,并要求施工单位技术、质量部门负责人也应参加验收。

(3) 由于主体结构直接影响使用安全,建筑节能是基本国策,直接关系到国家资源战略、可持续发展等,故这两个分部工程,规定设计单位项目负责人应参加验收,并要求施工单位技术、质量部门负责人也应参加验收。

参加验收的人员,除指定的人员必须参加验收外,允许其他相关人员共同参加验收。

由于各施工单位的机构和岗位设置不同,施工单位技术、质量负责人允许是两位人员,也可以是一位人员。

勘察、设计单位项目负责人应为勘察、设计单位负责本工程项目的专业负责人,不应由与本项目无关或不了解本项目情况的其他人员、非专业人员代替。

4. 单位工程验收

单位工程中的分包工程完工后,分包单位应对所承包的工程项目进行自检,并应按本标准规定的程序进行验收。验收时,总包单位应派人参加;分包单位应将所分包工程的质量控制资料整理完整,并移交给总包单位。

单位工程完工后,施工单位应组织有关人员进行自检。总监理工程师应组织各专业监理工程师对工程质量进行竣工预验收。存在施工质量问题时,应由施工单位整改。整改完毕后，由施工单位向建设单位提交工程竣工报告，申请工程竣工验收。

建设单位收到工程竣工验收报告后，应由建设单位项目负责人组织监理、施工、设计、勘察等单位项目负责人进行单位工程验收。

单位工程完成后，施工单位应首先依据验收规范、设计图纸等组织有关人员进行自检，对检查发现的问题进行必要的整改。监理单位应根据要求对工程进行竣工预验收。符合规定后由施工单位向建设单位提交工程竣工报告和完整的质量控制资料，申请建设单位组织竣工验收。

工程竣工预验收由总监理工程师组织，各专业监理工程师参加，施工单位由项目经理、项目技术负责人等参加，其他各单位人员可不参加。工程预验收除参加人员与竣工验收不同外，其方法、程序、要求等应与工程竣工验收相同。

单位工程质量验收应由建设单位项目负责人组织，由于勘察、设计、施工、监理单位都是责任主体，因此各单位项目负责人应参加验收，考虑到施工单位对工程负有直接生产责任，而施工项目部不是法人单位，故施工单位的技术、质量负责人也应参加验收。

在一个单位工程中，对满足生产要求或具备使用条件、施工单位已自行检验、监理单位已预验收的子单位工程，建设单位可组织进行验收。由几个施工单位负责施工的单位工程，当其中的子单位工程已按设计要求完成，并经自行检验，也可按规定的程序组织正式验收，办理交工手续。在整个单位工程验收时，已验收的子单位工程验收资料应作为单位工程验收的附件。

5.2 工程施工过程质量验收

工程的质量是通过工序的质量形成的，是一个细部到整体的过程，按照检验批、分项工程、分部工程到单位工程，逐步进行，实现合格的工程产品。重视施工过程的质量控制是项目管理者的重要任务。

5.2.1 工程质量验收内容

1. 检验批质量验收

检验批是按相同的生产条件或按规定的方式汇总起来供抽样检验用的，由一定数量样本组成的检验体。检验批是工程验收的最小单位，是分项工程、分部工程、单位工程质量验收的基础。

检验批是施工过程中条件相同并有一定数量的材料、构配件或安装项目，由于其质量水平基本均匀一致，因此可以作为检验的基本单元，并按批验收。检验批验收包括资料检查、主控项目和一般项目检验。

检验批质量验收合格应符合下列规定：

(1) 主控项目的质量经抽样检验均应合格。

(2) 一般项目的质量经抽样检验合格。当采用计数抽样时，合格点率应符合有关专业验收规范的规定，且不得存在严重缺陷。对于计数抽样的一般项目，正常检验一次、二次抽样可按质量验收标准判定。

(3) 具有完整的施工操作依据、质量验收记录。

质量控制资料反映了检验批从原材料到最终验收的各施工工序的操作依据、检查情况以及保证质量所必需的管理制度等。对其完整性的检查,实际是对过程控制的确认,是检验批合格的前提。

检验批验收时,应进行现场检查并填写现场验收检查原始记录。该原始记录应由专业监理工程师、施工单位专业质量检查员和专业工长共同签署,并在单位工程竣工验收前存档备查,保证该记录的可追溯性。现场验收检查原始记录的格式可由施工、监理等单位确定,包括检查项目、检查位置、检查结果等内容。检验批质量验收记录表如表5-1所示。

检验批质量验收记录　　　　　　　　　　　表 5-1

单位(子单位)工程名称		分部(子分部)工程名称		分项工程名称	
施工单位		项目负责人		检验批容量	
分包单位		分包单位项目负责人		检验批部位	
施工依据				验收依据	

		验收项目	设计要求及规范规定	最小/实际抽样数量	检查记录	检查结果
主控项目	1					
	2					
	3					
	4					
	5					
	6					
	7					
	8					
	9					
	10					
一般项目	1					
	2					
	3					
	4					
	5					

施工单位检查结果	专业工长 项目专业质量检查员: 　　　　　　　　年　月　日
监理单位验收结论	专业监理工程师: 　　　　　　　　年　月　日

检验批的合格与否主要取决于对主控项目和一般项目的检验结果。主控项目是对检验

批的基本质量起决定性影响的检验项目,须从严要求,因此要求主控项目必须全部符合有关专业验收规范的规定,这意味着主控项目不允许有不符合要求的检验结果。对于一般项目,虽然允许存在一定数量的不合格点,但某些不合格点的指标与合格要求偏差较大或存在严重缺陷时,仍将影响使用功能或观感质量,对这些部位应进行维修处理。

为了使检验批的质量满足安全和功能的基本要求,保证建筑工程质量,各专业验收规范对各检验批的主控项目、一般项目的合格质量给予了明确的规定。

2. 分项工程质量验收

分项工程质量验收合格应符合下列规定:

(1) 所含检验批的质量均应验收合格;

(2) 所含检验批的质量验收记录应完整。

分项工程的验收是以检验批为基础进行的。一般情况下,检验批和分项工程两者具有相同或相近的性质,只是批量的大小不同而已。分项工程质量合格的条件是构成分项工程的各检验批验收资料齐全完整,且各检验批均已验收合格。

分项工程质量验收记录由项目专业技术负责人填写,记录表如表5-2所示。

分项工程质量验收记录 表5-2

单位(子单位)工程名称		分部(子分部)工程名称			
分项工程数量		检验批数量			
施工单位		项目负责人		项目技术负责人	
分包单位		分包单位项目负责人		分包内容	
序号	检验批名称	检验批容量	部位/区段	施工单位检查结果	监理单位验收结论
1					
2					
3					
4					
5					
6					
7					
8					
9					
10					
11					
12					
13					
14					
15					

5.2 工程施工过程质量验收

续表

说明:		
施工单位 检查结果	项目专业技术负责人: 年　月　日	
监理单位 验收结论	专业监理工程师: 年　月　日	

3. 分部工程质量验收

分部工程质量验收合格应符合下列规定:

(1) 所含分项工程的质量均应验收合格;
(2) 质量控制资料应完整;
(3) 有关安全、节能、环境保护和主要使用功能的抽样检验结果应符合相应规定;
(4) 观感质量应符合要求。

分部工程的验收是以所含各分项工程验收为基础进行的。首先,组成分部工程的各分项工程已验收合格且相应的质量控制资料齐全、完整。此外,由于各分项工程的性质不尽相同,因此作为分部工程不能简单地组合而加以验收,尚须进行以下两类检查项目:

(1) 涉及安全、节能、环境保护和主要使用功能的地基与基础、主体结构和设备安装等分部工程应进行有关的见证检验或抽样检验。

(2) 以观察、触摸或简单量测的方式进行观感质量验收,并结合验收人的主观判断,检查结果并不给出"合格"或"不合格"的结论,而是综合给出"好"、"一般"、"差"的质量评价结果。对于"差"的检查点应进行返修处理。

地基与基础分部工程的验收应由施工、勘察、设计单位项目负责人和总监理工程师参加并签字;主体结构、节能分部工程的验收应由施工、设计单位项目负责人和总监理工程师参加并签字。分部工程质量验收记录如表 5-3 所示。

分部工程质量验收记录　　　　　　　　　表 5-3

单位(子单位) 工程名称				子分部工程 数量		分项工程 数量	
施工单位				项目负责人		技术(质量) 负责人	
分包单位				分包单位 负责人		分包内容	
序号	子分部工程名称	分项工程 名称	检验批 数量	施工单位检查结果		监理单位验收结论	
1							
2							
3							

续表

序号	子分部工程名称	分项工程名称	检验批数量	施工单位检查结果	监理单位验收结论
4					
5					
6					
7					
8					
	质量控制资料				
	安全和功能检验结果				
	观感质量检验结果				
综合验收结论					

施工单位 项目负责人： 年 月 日	勘察单位 项目负责人： 年 月 日	设计单位 项目负责人： 年 月 日	监理单位 总监理工程师： 年 月 日

《建筑工程施工质量验收统一标准》GB 50300—2013 将建筑工程划分为地基与基础、主体结构、建筑装饰装修、屋面、建筑给水排水及采暖、通风与空调、建筑电气、智能建筑、建筑节能与电梯等十个分部工程。

5.2.2 主要分部工程质量验收

1. 地基与基础工程质量验收

地基与基础工程包括地基、基础、基坑支护、地下水控制、土方、边坡和地下防水等子分部工程，所对应的分项工程如表 5-4 所示。

地基与基础工程一览表　　　　　表 5-4

序号	子分部工程	分项工程
1	地基	素土、灰土地基，砂和砂石地基，土工合成材料地基，粉煤灰地基，强夯地基，注浆地基，预压地基，砂石桩复合地基，高压喷射注浆地基，水泥土搅拌桩地基，土和灰土挤密桩复合地基，水泥粉煤灰碎石桩复合地基，夯实水泥土桩复合地基
2	基础	无筋扩展基础，钢筋混凝土扩展基础，筏形与箱形基础，钢结构基础，钢管混凝土结构基础，型钢混凝土结构基础，钢筋混凝土预制桩基础，泥浆护壁成孔灌注桩基础，干作业成孔桩基础，长螺旋钻孔灌注桩基础，沉管灌注桩基础，钢桩基础，锚杆静压桩基础，岩石锚杆基础，沉井与沉箱基础
3	基坑支护	灌注桩排桩围护墙，板桩围护墙，咬合桩围护墙，型钢水泥土搅拌墙，土钉墙，地下连续墙，水泥土重力式挡墙，内支撑，锚杆，与主体结构相结合的基坑支护

续表

序号	子分部工程	分项工程
4	地下水控制	降水与排水,回灌
5	土方	土方开挖,土方回填,场地平整
6	边坡	喷锚支护,挡土墙,边坡开挖
7	地下防水	主体结构防水,细部构造防水,特殊施工法结构防水,排水,注浆

1) 地基与基础工程验收条件

(1) 工程实体

① 地基与基础分部验收前,基础墙面上的施工孔洞须按规定镶堵密实,并作隐蔽工程验收记录;

② 混凝土结构工程模板应拆除并对其表面清理干净,混凝土结构存在缺陷处应整改完成;

③ 楼层标高控制线应清楚弹出,竖向结构主控轴线应弹出墨线,并做醒目标志;

④ 工程技术资料存在的问题均已悉数整改完成;

⑤ 施工合同和设计文件规定的地基与基础分部工程施工的内容已完成,检验、检测报告(包括环境检测报告)应符合现行验收规范和标准的要求;

⑥ 安装工程中各类管道预埋结束,相应测试工作已完成,其结果符合规定要求;

⑦ 地基与基础分部工程施工中,质监站发出整改(停工)通知书要求整改的质量问题都已整改完成,完成报告书已送质监站归档。

(2) 工程资料

① 施工单位在地基与基础工程完工之后对工程进行自检,确认工程质量符合有关法律、法规和工程建设强制性标准提供主体结构施工质量自评报告,该报告应由项目经理和施工单位负责人审核、签字、盖章;

② 监理单位在地基与基础工程完工后对工程全过程监理情况进行质量评价,提供主体工程质量评估报告,该报告应当由总监和监理单位有关负责人审核、签字、盖章;

③ 勘察、设计单位对勘察、设计文件及设计变更进行检查对工程地基与基础实体是否与设计图纸及变更一致,进行认可;

④ 有完整的地基与基础工程档案资料,见证试验档案,监理资料;施工质量保证资料;管理资料和评定资料。

2) 地基与基础工程验收依据

① 《建筑地基基础工程施工质量验收规范》GB 50202 等现行质量验收规范;

② 国家及地方关于建设工程的强制性标准;

③ 经审查通过的施工图纸、设计变更、工程洽商以及设备技术说明书;

④ 其他有关建设工程的法律、法规、规章和规范性文件。

3) 地基与基础工程验收内容

应对所有子分部工程实体及工程资料进行检查。工程实体检查主要针对是否按照设计图纸、工程洽商进行施工,有无重大质量缺陷等;工程资料检查主要针对子分部工程验收记录、原材料各项报告、隐蔽工程验收记录等。

4) 地基与基础工程验收流程

① 由地基与基础工程验收小组组长主持验收会议；

② 建设、施工、监理、设计、勘察单位分别书面汇报工程合同履约状况和在工程建设各环节执行国家法律、法规和工程建设强制性标准情况；

③ 验收组听取各参验单位意见，形成经验收小组人员分别签字的验收意见；

④ 参建责任方签署的地基与基础工程质量验收记录，应在签字盖章后3个工作日内由项目监理人员报送质监站存档；

⑤ 当在验收过程参与工程结构验收的建设、施工、监理、设计、勘察单位各方不能形成一致意见时，应当协商提出解决的方法，待意见一致后，重新组织工程验收；

⑥ 地基与基础工程未经验收或验收不合格，责任方擅自进行上部施工的，应签发局部停工通知书责令整改，并按有关规定处理。

2. 主体结构工程质量验收

主体结构工程包括混凝土结构、砌体结构、钢结构、钢管混凝土结构、型钢混凝土结构、铝合金结构和木结构等子分部工程，所对应的分项工程如表5-5所示。

主体结构工程一览表 表5-5

序号	子分部工程	分项工程
1	混凝土结构	模板，钢筋，混凝土，预应力，现浇结构，装配式结构
2	砌体结构	砖砌体，混凝土小型空心砌块砌体，石砌体，配筋砌体，填充墙砌体
3	钢结构	钢结构焊接，紧固件连接，钢零部件加工，钢构件组装及预拼装，单层钢结构安装，多层及高层钢结构安装，钢管结构安装，预应力钢索和膜结构，压型金属板，防腐涂料涂装，防火涂料涂装
4	钢管混凝土结构	构件现场拼装，构件安装，钢管焊接，构件连接，钢管内钢筋骨架，混凝土
5	型钢混凝土结构	型钢焊接，紧固件连接，型钢与钢筋连接，型钢构件组装与预拼装，型钢安装，模板，混凝土
6	铝合金结构	铝合金焊接，紧固件连接，铝合金零部件加工，铝合金构件组装，铝合金构件预拼装，铝合金框架结构安装，铝合金空间网格结构安装，铝合金面板，铝合金幕墙结构安装，防腐处理
7	木结构	方木和原木结构，胶合木结构，轻型木结构，木结构的防护

1) 主体结构验收条件

(1) 工程实体

① 主体分部验收前，墙面上的施工孔洞须按规定镶堵密实，并作隐蔽工程验收记录。未经验收不得进行装饰装修工程的施工，对确需分阶段进行主体分部工程质量验收时，建设单位项目负责人在质监交底上向质监人员提出书面申请，并经质监站同意；

② 混凝土结构工程模板应拆除并对其表面清理干净，混凝土结构存在缺陷处应整改完成；

③ 楼层标高控制线应清楚弹出墨线，并做醒目标志；

④ 工程技术资料存在的问题均已悉数整改完成；

⑤ 施工合同、设计文件规定和工程洽商所包括的主体分部工程施工的内容已完成；

⑥ 安装工程中各类管道预埋结束，位置尺寸准确，相应测试工作已完成，其结果符

合规定要求；

⑦ 主体分部工程验收前，可完成样板间或样板单元的室内粉刷；

⑧ 主体分部工程施工中，质监站发出整改（停工）通知书要求整改的质量问题都已整改完成，完成报告书已送质监站归档。

(2) 工程资料

① 施工单位在主体工程完工之后对工程进行自检，确认工程质量符合有关法律、法规和工程建设强制性标准提供主体结构施工质量自评报告，该报告应由项目经理和施工单位负责人审核、签字、盖章；

② 监理单位在主体结构工程完工后对工程全过程监理情况进行质量评价，提供主体工程质量评估报告，该报告应当由总监和监理单位有关负责人审核、签字、盖章；

③ 设计单位对设计文件及设计变更进行检查，对工程主体实体是否与设计图纸及变更一致进行认可；

④ 有完整的主体结构工程档案资料，见证试验档案，监理资料；施工质量保证资料；管理资料和评定资料；

⑤ 相关子分部质量验收记录等。

2) 主体结构验收主要依据

①《建筑工程施工质量验收统一标准》GB 50300 等现行质量检验评定标准、施工验收规范；

② 国家及地方关于建设工程的强制性标准；

③ 经审查通过的施工图纸、设计变更、工程洽商以及设备技术说明书；

④ 其他有关建设工程的法律、法规、规章和规范性文件。

3) 主体工程验收流程

① 由主体工程验收组组长主持验收会议；

② 建设、施工、监理、设计单位分别书面汇报工程合同履约状况和在工程建设各环节执行国家法律、法规和工程建设强制性标准情况；

③ 验收组听取各参验单位意见，形成经验收小组人员分别签字的验收意见；

④ 参建责任方签署的主体分部工程质量及验收记录，应在签字盖章后 3 个工作日内由项目监理人员报送质监站存档；

⑤ 当在验收过程参与工程结构验收的建设、施工、监理、设计单位各方不能形成一致意见时，应当协商提出解决的方法，待意见一致后，重新组织工程验收。

5.2.3 质量验收问题处理

1. 处理原则

当建筑工程施工质量不符合要求时，应按下列规定进行处理：

(1) 经返工或返修的检验批，应重新进行验收。

(2) 经有资质的检测机构检测鉴定能够达到设计要求的检验批，应予以验收。

(3) 经有资质的检测机构检测鉴定达不到设计要求、但经原设计单位核算认可能够满足安全和使用功能的检验批，可予以验收。

(4) 经返修或加固处理的分项、分部工程，满足安全及使用功能要求时，可按技术处理方案和协商文件的要求予以验收。

经返修或加固处理仍不能满足安全或重要使用要求的分部工程及单位工程，严禁验收。

一般情况下，不合格现象在检验批验收时就应发现并及时处理，但实际工程中不能完全避免不合格情况的出现。

（1）检验批验收时，对于主控项目不能满足验收规范规定或一般项目超过偏差限值的样本数量不符合验收规定时，应及时进行处理。其中，对于严重的缺陷应重新施工，一般的缺陷可通过返修、更换予以解决，允许施工单位在采取相应的措施后重新验收。如能够符合相应的专业验收规范要求，应认为该检验批合格。

（2）当个别检验批发现问题，难以确定能否验收时，应请具有资质的法定检测机构进行检测鉴定。当鉴定结果认为能够达到设计要求时，该检验批应可以通过验收。这种情况通常出现在某检验批的材料试块强度不满足设计要求时。

（3）如经检测鉴定达不到设计要求，但经原设计单位核算、鉴定，仍可满足相关设计规范和使用功能要求时，该检验批可予以验收。这主要是因为一般情况下，标准、规范的规定是满足安全和功能的最低要求，而设计往往在此基础上留有一些余量。在一定范围内，会出现不满足设计要求而符合相应规范要求的情况，两者并不矛盾。

（4）经法定检测机构检测鉴定后认为达不到规范的相应要求，即不能满足最低限度的安全储备和使用功能时，则必须进行加固或处理，使之能满足安全使用的基本要求。这样可能会造成一些永久性的影响，如增大结构外形尺寸，影响一些次要的使用功能。但为了避免建筑物的整体或局部拆除，避免社会财富更大的损失，在不影响安全和主要使用功能条件下，可按技术处理方案和协商文件进行验收，责任方应按法律法规承担相应的经济责任和接受处罚。需要特别注意的是，这种方法不能作为降低质量要求、变相通过验收的一种出路。

分部工程及单位工程经返修或加固处理后仍不能满足安全或重要的使用功能时，表明工程质量存在严重的缺陷。重要的使用功能不满足要求时，将导致建筑物无法正常使用，安全不满足要求时，将危及人身健康或财产安全，严重时会给社会带来巨大的安全隐患，因此对这类工程严禁通过验收，更不得擅自投入使用，需要专门研究处置方案。

2. 处理程序和方法

工程质量问题的处理流程如图 5-1 所示。

1）萌芽状态的质量问题

对于萌芽状态的工程质量问题，应及时处理。例如，在处理萌芽状态的施工质量问题时，可以要求施工单位立即更换不合格的材料、设备或不称职人员，或者要求施工单位立即改正不正确的施工方法和操作工艺。

2）已经出现的质量问题

因施工原因已经出现工程质量问题时，监理工程师应立即向施工单位发出《监理通知单》，要求施工单位对已出现的工程质量问题采取补救措施，并且采取有效的保证施工质量的措施。施工单位应妥善处理施工质量问题，并报监理工程师。

3）需暂停施工的质量问题

对需要加固补强的质量问题，或质量问题的存在影响下道工序和分项工程的质量时，

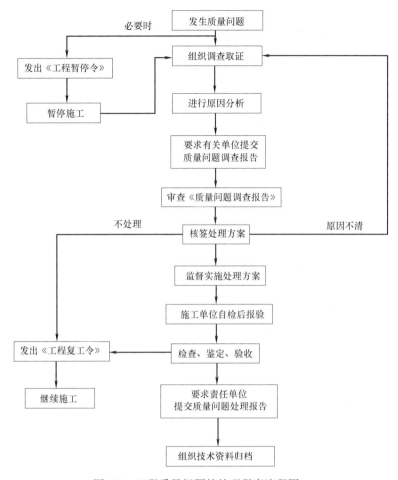

图 5-1 工程质量问题的处理程序流程图

监理工程师应签发《工程暂停令》，指令施工单位停止有质量问题部位和与其有关联部位及下道工序施工的施工。必要时，应要求施工单位采取防护措施，责成施工单位写出质量问题调查报告，由设计单位提出处理方案，并征得建设单位同意，批复承包单位处理。处理结果应重新进行验收。

4) 验收不合格的质量问题

当某道工序或分项工程完工以后，出现不合格项，监理工程师应要求施工单位及时采取措施予以整改，并对其补救方案进行确认，跟踪处理工程，对处理结果进行验收，否则不允许进行下道工序或分项工程的施工。

5.3 住宅工程质量分户验收

5.3.1 质量分户验收概述

为进一步加强住宅工程质量管理，落实住宅工程参建各方主体质量责任，提高住宅工程质量水平，住房城乡建设部于 2009 年下发了《关于做好住宅工程质量分户验收工作的通知》(建质〔2009〕291号),文件指出,住宅工程质量分户验收(以下简称分户验收),是指建设单位组织施工、监理等单位,在住宅工程各检验批、分项、分部工程验收合格的基础上,在住宅工程竣工验收前,依据国家有关工程质量验收标准,对每户住宅及相关公共部位的观感质量和使用功能等进行检查验收,并出具验收合格证明的活动。

1. 分户验收内容

分户验收内容主要包括:

(1) 地面、墙面和顶棚质量;

(2) 门窗质量;

(3) 栏杆、护栏质量;

(4) 防水工程质量;

(5) 室内主要空间尺寸;

(6) 给水排水系统安装质量;

(7) 室内电气工程安装质量;

(8) 建筑节能和采暖工程质量;

(9) 有关合同中规定的其他内容。

2. 分户验收依据

分户验收依据为国家现行有关工程建设标准,以及经审查合格的施工图设计文件。

3. 分户验收程序

分户验收应当按照以下程序进行:

(1) 根据分户验收的内容和住宅工程的具体情况确定检查部位、数量;

(2) 按照国家现行有关标准规定的方法,以及分户验收的内容适时进行检查;

(3) 每户住宅和规定的公共部位验收完毕,应填写《住宅工程质量分户验收表》,建设单位和施工单位项目负责人、监理单位项目总监理工程师分别签字;

(4) 分户验收合格后,建设单位必须按户出具《住宅工程质量分户验收表》,并作为《住宅质量保证书》的附件,一同交给住户。

分户验收不合格,不能进行住宅工程整体竣工验收。同时,住宅工程整体竣工验收前,施工单位应制作工程标牌,将工程名称、竣工日期和建设、勘察、设计、施工、监理单位全称镶嵌在该建筑工程外墙的显著部位。

4. 分户验收的组织实施

分户验收由施工单位提出申请,建设单位组织实施,施工单位项目负责人、监理单位项目总监理工程师及相关质量、技术人员参加,对所涉及的部位、数量按分户验收内容进行检查验收。已经预选物业公司的项目,物业公司应当派人参加分户验收。

建设、施工、监理等单位应严格履行分户验收职责,对分户验收的结论进行签认,不得简化分户验收程序。对于经检查不符合要求的,施工单位应及时进行返修,监理单位负责复查。返修完成后重新组织分户验收。

工程质量监督机构要加强对分户验收工作的监督检查,发现问题及时监督有关方面认真整改,确保分户验收工作质量。对在分户验收中弄虚作假、降低标准或将不合格工程按合格工程验收的,依法对有关单位和责任人进行处罚,并纳入不良行为记录。

5.3.2 江苏省住宅工程质量分户验收规定

江苏省从 2007 年年初开始,在全省范围内施行住宅工程质量分户验收,是我国最早开展住宅工程质量分户验收的地区之一,2010 年,《江苏省住宅工程质量分户验收规程》DGJ 32/J 103—2010 正式出台,明确了住宅工程质的工作目标和任务。标准规定的分户验收前的准备工作包括以下内容:

(1) 建设单位负责成立分户验收小组,组织制定分户验收方案,进行技术交底。
(2) 配备好分户验收所需的检测仪器和工具,并经计量检定合格。
(3) 做好屋面、厕浴间、外窗等有防水要求部位的蓄水(淋水)试验的准备工作。
(4) 在室内标识好暗埋的各类管线走向和空间尺寸测量的控制点、线;配电控制箱内电气回路标识清楚,并且暗埋的各类管线走向应附图纸。
(5) 确定检查单元。检查单元划分如下:
① 室内每一户为一个检查单元;
② 每个单元每层进户处的楼(电)梯间及上下梯段、下休息平台(通道)为一个检查单元;
③ 每个单元的每一面外墙为一个检查单元;
④ 每个单元的屋面或其他屋面分别为一个检查单元;
⑤ 地下室(地下车库的大空间等)的每个单元或每个分隔空间为一个检查单元。
(6) 建筑物外墙的显著部位镶刻工程铭牌。

工程铭牌应包括工程名称、竣工日期;建设、勘察、设计、监理、施工单位全称;建设、勘察、设计、监理、施工单位负责人姓名。

分户验收现场使用仪器参考表 5-6 内容执行。

分户验收使用仪器一览表 表 5-6

仪器(工具)名称	用途	配备数量
小锤	检查地坪、墙面、天棚粉刷层空鼓情况	验收小组每人一把
钢尺	测量构件及短距离范围的尺寸	验收小组每人一个
(便携式)激光测距仪	测量室内空间净尺寸	每个验收小组不少于一台
漏电保护相位检测器	测量插座相位、接地	每个验收小组不少于一个

住宅工程分户验收应符合下列规定:
(1) 检查项目应符合规程的规定。
(2) 每一检查单元计量检查的项目中有 90% 及以上检查点在允许偏差范围内,最大偏差应在允许偏差的 1.2 倍以内。
(3) 分户验收记录完整。

住宅工程质量分户验收不符合要求时,应按下列规定进行处理:
(1) 施工单位制订处理方案报建设单位审核后,对不符合要求的部位进行返修或返工。
(2) 处理完成后,应对返修或返工部位重新组织验收,直至全部符合要求。
(3) 当返修或返工确有困难而造成质量缺陷时,在不影响工程结构安全和使用功能的情况下，建设单位应根据《建筑工程施工质量验收统一标准》GB 50300 的规定进行处理，并将处理结果存入分户验收资料。

1. 室内地面质量验收

1）普通水泥楼地面（水泥混凝土、水泥砂浆楼地面）

（1）水泥楼地面面层粘结质量。要求面层与基层应结合牢固，无空鼓缺陷。用小锤轻击，沿自然间进深和开间两个方向每间隔 400～500mm 均匀布点，逐点全数敲击检验。空鼓面积不大于 400cm^2，且每自然间（标准间）不多于 2 处可不计。

（2）面层观感质量。要求水泥楼地面工程面层应平整，不应有裂缝、脱皮、起砂等缺陷，阴阳角应方正顺直。通过俯视地坪观察检查，逐间检查。

2）板块楼地面面层

（1）板块面层粘贴质量。要求板块面层与基层上下层应结合牢固、无空鼓缺陷。用小锤轻击，对每一自然间板块地坪按梅花形布点进行敲击，板块阳角处应全数检查。单块板块局部空鼓，面积不大于单块板材面积的 20%，且每自然间（标准间）不超过总数的 5% 可不计。

（2）板块楼地面面层观感质量。要求板块面层表面应洁净、平整，无明显色差，接缝均匀、顺直，板块无裂缝、掉角、缺棱等缺陷。俯视地坪检查板块面层观感质量缺陷，全数检查。

3）木、竹楼地面面层

（1）木、竹面层铺设、粘贴等质量。要求木、竹面层铺设应牢固，粘结无空鼓，脚踩无响声。观察、脚踩或用小锤轻击，对每一自然间木、竹地面按梅花形布点进行检查。

（2）木、竹楼地面面层观感质量。要求木、竹面层表面应洁净、平整，无明显色差，接缝严密、均匀，面层无损伤、划痕等缺陷。检查木、竹面层观感质量缺陷，俯视面层观察，全数检查。同房间每处划痕最长不超过 100mm，所有划痕累计长度不超过 300mm。

4）室内楼梯

楼梯踏步尺寸，要求室内楼梯踏步的宽度、高度应符合设计要求，相邻踏步高差、踏步两端宽度差不应大于 10mm。全数尺量检查。

室内楼梯面层的质量按材质不同分别对应规程的质量验收要求进行验收。

2. 室内墙面、顶棚抹灰工程

1）室内墙面

（1）室内墙面抹灰面层

① 室内墙面面层与基层粘结质量。要求抹灰层与基层之间及各抹灰层之间必须粘结牢固，不应有脱层、空鼓等缺陷。空鼓用小锤在可击范围内轻击，间隔 400～500mm 均匀布点，逐点敲击。自然间内，空鼓面积不大于 400cm^2，且每自然间（标准间）不多于 2 处可不计。全数检查。

② 室内墙面观感质量。要求室内墙面应平整，颜色基本均匀，立面垂直度、表面平整度应符合《建筑装饰装修工程质量验收规范》GB 50210 的相关要求，阴阳角应顺直。不应有爆灰、起砂和裂缝。距墙面 0.8～1.0m 处观察，全数检查。

（2）室内墙面涂饰面层

① 室内墙面涂饰面层与基层粘结质量。要求涂饰面层应粘结牢固，不得漏涂、透底、

起皮、掉粉和反锈等缺陷。观察、手摸全数检查。

② 室内墙面涂饰面层观感质量。要求室内墙面涂饰面层不应有爆灰、裂缝、起皮，同一面墙无明显色差；表面无划痕、损伤、污染，阴阳角应顺直。距墙面0.8～1.0m处观察，全数检查。

(3) 室内墙面裱糊及软包面层

① 室内墙面裱糊及软包面层与基层粘结、安装质量。要求裱糊面层应粘结牢固，不得有漏贴、补贴、脱层、空鼓和翘边；软包的龙骨、衬板、边框应安装牢固，无翘曲，拼缝应平直。观察、手摸，全数检查。

② 室内墙面裱糊及软包面层观感质量。要求室内裱糊墙面应平整、色泽一致，相邻两幅面层不显拼缝、不离缝、花纹图案应自然吻合；同一块软包面料不应有接缝，四周应绷压严密。手摸，距墙面0.8～1.0m处观察，全数检查。

(4) 室内墙面饰面板（砖）面层

① 室内墙面饰面板（砖）面层粘贴质量。要求室内墙面饰面板（砖）面层应结合牢固、无空鼓缺陷。用小锤轻击检查，对每一自然间内间隔400～500mm按梅花形布点进行敲击，板块阳角处应全数检查。单块板块局部空鼓，面积不大于单块板材面积的20%，且每自然间（标准间）不超过总数的5%可不计。

② 室内墙面饰面板（砖）面层观感质量。要求室内墙面饰面板（砖）面层表面应洁净、平整，无明显色差，接缝均匀，板块无裂缝、掉角、缺棱等缺陷。手摸，距墙面0.8～1.0m处观察，全数检查。

2) 室内顶棚抹灰

(1) 室内顶棚抹（批）灰

① 顶棚抹（批）灰与基层的粘结质量。要求顶棚抹（批）灰层与基层之间及各抹（批）灰层之间必须粘结牢固，无空鼓。全数观察检查。当发现顶棚抹（批）灰有裂缝、起鼓等现象时，采用小锤轻击检查。

② 顶棚抹（批）灰观感质量。要求顶棚抹（批）灰应光滑、洁净，面层无爆灰和裂缝，表面应平整。全数观察检查。

(2) 室内顶棚涂饰面层、裱糊面层的质量要求同室内墙面相关要求。

3. 空间尺寸

空间尺寸是指住宅工程户内自然间内部净空尺寸，主要包括净开间、净进深和净高度尺寸。

1) 室内净开间、进深和净高的空间尺寸偏差和极差

应符合表5-7规定。

室内空间尺寸的允许偏差值和允许极差值　　表5-7

项　目	允许偏差(mm)	允许极差(mm)	检查工具
净开间、进深	±15	20	激光测距仪辅以钢卷尺
净高度	−15	20	

注：表中极差是指同一自然间内实测值中最大值与最小值之差。

2) 检查方法

空间尺寸检查前应根据户型特点确定测量方案，并按设计要求和施工情况确定空间尺

寸的推算值。

空间尺寸测量宜按下列程序进行：

(1) 在分户验收记录所附的套型图上标明房间编号。

(2) 净开间、进深尺寸每个房间各测量不少于 2 处，测量部位宜在距墙角（纵横墙交界处）50cm。净高尺寸每个房间测量不少于 5 处，测量部位宜为房间四角距纵横墙 50cm 处及房间几何中心处。

(3) 每户检查时应进行记录，检查完毕检查人员应现场签字。

特殊形状的自然间可单独制定测量方法。

3) 检查数量

自然间全数检查。

4. 门窗、护栏和扶手、玻璃安装、橱柜工程

1) 门窗工程

(1) 门窗开启性能

验收门窗开关使用性能，要求门窗应开关灵活、关闭严密，无倒翘。全数观察、手扳检查；开启和关闭检查。

(2) 门窗配件

验收门窗配件规格、数量、位置，要求门窗配件的规格、数量应符合设计要求，安装应牢固，位置应正确，功能应满足使用要求。配件应采用不锈钢、铜等材料，或有可靠的防锈措施。全数观察、手扳检查；开启和关闭检查。

(3) 门窗扇的橡胶密封条或毛毡密封条

验收门窗扇的橡胶密封条或毛毡密封条，要求门窗扇的橡胶密封条或毛毡密封条应安装完好，不应脱槽。铝合金门窗的橡胶密封条应在转角处断开，并用密封胶在转角处固定。全数观察、手扳检查。

(4) 门窗的排水及窗周质量

验收门窗的排水孔、流水坡度、滴水线（槽），要求有排水孔的门窗，排水孔位置、数量及窗台流水坡度，滴水线（槽）设置应满足设计要求。全数观察、手摸检查。

(5) 分户门质量

验收分户门的种类、性能、开启及外观质量，要求分户门的种类、性能应符合设计要求，开启灵活，关闭严密，无倒翘，表面色泽均匀，无明显损伤和划痕。全数检查质保书及检测报告，观察、开启检查。

(6) 户内门质量

验收内门种类、外观质量，要求内门种类应符合设计要求；内门开关灵活，关闭严密，无倒翘，表面无损伤、划痕。全数观察；开启检查。

(7) 窗帘盒、门窗套及台面

验收窗帘盒、门窗套及台面种类、表面质量，要求窗帘盒、门窗套种类及台面应符合设计要求；门窗套平整、线条顺直、接缝严密、色泽一致，门窗套及台面表面无划痕及损坏。全数观察；手摸检查。

2) 护栏和扶手工程

要求护栏高度、栏杆间距、安装位置必须符合设计要求。护栏安装必须牢固。

(1) 护栏应以坚固、耐久的材料制作,并能承受荷载规范规定的水平荷载。

(2) 阳台、内廊、内天井、露台等临空处栏杆高度不应小于1.05m,中高层、高层建筑的栏杆高度不应低于1.10m。

(3) 栏杆应采用不易攀登的构造。当采用花式栏杆或有水平杆件时,应设置防攀爬(设置金属密网或钢化玻璃肋)措施。

(4) 楼梯扶手高度不应小于0.9m,水平段杆件长度大于0.5m时,其扶手高度不应小于1.05m。

(5) 栏杆垂直杆件的净距不应大于0.11m。

(6) 外窗台低于0.9m时,应有防护措施。

(7) 护栏玻璃应使用公称厚度不小于12mm的钢化玻璃或钢化夹层玻璃。当护栏一侧距楼地面高度5m及以上时,应使用钢化夹层玻璃。

检查时全数观察、尺量检查;手扳检查。

3) 玻璃安装工程

(1) 玻璃质量

验收玻璃的品种、规格、尺寸、色彩、图案和涂膜朝向,要求玻璃的质量应符合设计和相应标准的要求。全数观察、尺量检查;检查玻璃标记。

(2) 落地门窗、玻璃隔断的安全措施

要求落地门窗、玻璃隔断等易受人体或物体碰撞的玻璃,应加设护栏或在视线高度设醒目标志;碰撞后可能发生高处人体或玻璃坠落的部位,必须设置可靠的护栏。全数观察检查。

(3) 玻璃观感质量

验收门窗玻璃安装、表面观感,要求安装后的玻璃应牢固,不应有裂缝、损伤和松动。中空玻璃内外表面应洁净,玻璃中空层内不应有灰尘和水蒸气。全数尺量、观察检查。

4) 橱柜工程

(1) 橱柜安装

验收橱柜安装位置及固定方法,要求橱柜安装位置、固定方法应符合设计要求,且安装必须牢固,配件齐全,开启方便。全数观察、手扳检查。

(2) 观感质量

验收橱柜表面观感质量,要求橱柜表面平整、洁净、色泽一致,无裂缝、翘曲及损坏。橱柜裁口顺直、拼缝严密。全数观察检查。

5. 防水工程

1) 外墙防水

验收外墙面的防渗漏功能,要求工程竣工时,墙面不应有渗漏等缺陷。

做外窗淋水后,全数逐户进户目测观察检查,对户内外墙体发现有渗漏水、渗湿、印水及墙面开裂现象的部位作醒目标记,查明渗漏、开裂原因,并将检查情况作详细书面记录。

2) 外窗防水

验收住宅外窗的防水性能,质量要求:

① 建筑外墙金属窗、塑料窗水密性、气密性应由经备案的检测单位进行现场抽检合格；

② 门窗框与墙体之间采用密封胶密封；密封胶表面应光滑、顺直、无裂缝；

③ 外窗及周边不应有渗漏。

检验建筑外墙金属窗、塑料窗的现场抽样检测报告。淋水观察检查。采用人工淋水试验，每3～4层（有挑檐的每1层）设置一条横向淋水带，淋水时间不少于1h后进户目测观察检查，对户内外门、窗发现有渗漏水、渗湿、印水现象的部位作醒目标记，查明渗漏原因，并将检查、处理情况作出详细书面记录。

建筑外墙金属窗、塑料窗现场抽样数量按国家、行业和地区有关规定进行。人工淋水逐户全数检查。

3）防水地面

验收厨卫间、开放式阳台等有防水、排水要求的楼地面防水质量，要求防水楼地面不得存在渗漏和积水现象，排水畅通。全数蓄水、放水后检查。蓄水深度不小于20mm，蓄水时间不少于24小时。

厕浴间、厨房和有排水（或其他液体）要求的建筑地面面层与相连接各类面层的标高差应符合设计要求。全数目测和测量检查。

4）屋面防水

屋面防水，顶层户内不应有渗漏痕迹。逐户全数观察检查。

此外，规程还对给水排水工程、室内采暖系统、电气工程、智能建筑、通风与空调工程及其他内容做了详细阐述。

5.4 工程竣工质量验收

单位工程竣工验收是依据国家有关法律、法规及规范、标准的规定，全面考核建设工作成果，检查工程质量是否符合设计文件和合同约定的各项要求。竣工验收通过后，工程将投入使用，发挥其投资效益，也将与使用者的人身健康或财产安全密切相关。因此工程建设的参与单位应对竣工验收给予足够的重视。

5.4.1 竣工验收要求

根据《房屋建筑和市政基础设施工程竣工验收规定》（建质［2013］171号）的规定，工程竣工验收由建设单位负责组织实施，工程符合下列要求方可进行竣工验收：

（1）完成工程设计和合同约定的各项内容。

（2）施工单位在工程完工后对工程质量进行了检查，确认工程质量符合有关法律、法规和工程建设强制性标准，符合设计文件及合同要求，并提出工程竣工报告。工程竣工报告应经项目经理和施工单位有关负责人审核签字。

（3）对于委托监理的工程项目，监理单位对工程进行了质量评估，具有完整的监理资料，并提出工程质量评估报告。工程质量评估报告应经总监理工程师和监理单位有关负责人审核签字。

（4）勘察、设计单位对勘察、设计文件及施工过程中由设计单位签署的设计变更通知书进行了检查,并提出质量检查报告。质量检查报告应经该项目勘察、设计负责人和勘察、设计单位有关负责人审核签字。

(5) 有完整的技术档案和施工管理资料。

(6) 有工程使用的主要建筑材料、建筑构配件和设备的进场试验报告,以及工程质量检测和功能性试验资料。

(7) 建设单位已按合同约定支付工程款。

(8) 有施工单位签署的工程质量保修书。

(9) 对于住宅工程,进行分户验收并验收合格,建设单位按户出具《住宅工程质量分户验收表》。

(10) 建设主管部门及工程质量监督机构责令整改的问题全部整改完毕。

(11) 法律、法规规定的其他条件。

5.4.2 竣工验收程序

工程竣工验收应当按以下程序进行:

1) 工程完工后,施工单位向建设单位提交工程竣工报告,申请工程竣工验收。实行监理的工程,工程竣工报告须经总监理工程师签署意见。

2) 建设单位收到工程竣工报告后,对符合竣工验收要求的工程,组织勘察、设计、施工、监理等单位组成验收组,制定验收方案。对于重大工程和技术复杂工程,根据需要可邀请有关专家参加验收组。

3) 建设单位应当在工程竣工验收 7 个工作日前将验收的时间、地点及验收组名单书面通知负责监督该工程的工程质量监督机构。

4) 建设单位组织工程竣工验收。

(1) 建设、勘察、设计、施工、监理单位分别汇报工程合同履约情况和在工程建设各个环节执行法律、法规和工程建设强制性标准的情况;

(2) 审阅建设、勘察、设计、施工、监理单位的工程档案资料;

(3) 实地查验工程质量;

(4) 对工程勘察、设计、施工、设备安装质量和各管理环节等方面作出全面评价,形成经验收组人员签署的工程竣工验收意见。

参与工程竣工验收的建设、勘察、设计、施工、监理等各方不能形成一致意见时,应当协商提出解决的方法,待意见一致后,重新组织工程竣工验收。

工程竣工验收合格后,建设单位应当及时提出工程竣工验收报告。工程竣工验收报告主要包括工程概况,建设单位执行基本建设程序情况,对工程勘察、设计、施工、监理等方面的评价,工程竣工验收时间、程序、内容和组织形式,工程竣工验收意见等内容。

工程竣工验收报告还应附有下列文件:

1) 施工许可证。

2) 施工图设计文件审查意见。

3) 前述规定中关于工程竣工报告、工程质量评估报告、工程质量检查报告和工程质量保修书项规定的文件。

4) 验收组人员签署的工程竣工验收意见。

5) 法规、规章规定的其他有关文件。

负责监督该工程的工程质量监督机构应当对工程竣工验收的组织形式、验收程序、执行验收标准等情况进行现场监督，发现有违反建设工程质量管理规定行为的，责令改正，并将对工程竣工验收的监督情况作为工程质量监督报告的重要内容。

建设单位应当自工程竣工验收合格之日起15日内，依照《房屋建筑和市政基础设施工程竣工验收备案管理办法》（住房城乡建设部令第2号）的规定，向工程所在地的县级以上地方人民政府建设主管部门备案。

5.4.3 竣工验收合格规定

单位工程质量验收合格应符合下列规定：
（1）所含分部工程的质量均应验收合格；
（2）质量控制资料应完整；
（3）所含分部工程有关安全、节能、环境保护和主要使用功能的检验资料应完整；
（4）主要使用功能的抽查结果应符合相关专业验收规范的规定；
（5）观感质量应符合要求。

单位工程质量验收记录应按规定要求填写。分部工程检验资料与质量控制资料同等重要。资料复查要全面检查其完整性，不得有漏检缺项，其次复核分部工程验收时要补充进行的见证抽样检验报告，这体现了对安全和主要使用功能等的重视。

主要使用功能进行抽查是对建筑工程和设备安装工程质量的综合检验，也是用户最为关心的内容，体现了质量验收完善手段、过程控制的原则，也将减少工程投入使用后的质量投诉和纠纷。因此，在分项、分部工程验收合格的基础上，竣工验收时再作全面检查。抽查项目是在检查资料文件的基础上由参加验收的各方人员商定，并用计量、计数的方法抽样检验，检验结果应符合有关专业验收规范的规定。

观感质量应通过验收。观感质量检查须由参加验收的各方人员共同进行，单位工程观感质量检查记录中的质量评价结果填写"好"、"一般"或"差"，可由各方协商确定，也可按以下原则确定：项目检查点中有1处或多于1处"差"可评价为"差"，有60%及以上的检查点"好"可评价为"好"，其余情况可评价为"一般"，最后共同协商确定是否通过验收。

5.4.4 BIM竣工模型的移交

基于BIM的竣工验收与传统的竣工验收不同。基于BIM的工程管理注重工程信息的实时性，项目的各参与方均需根据施工现场的实际情况将工程信息实时录入到BIM模型中，并且信息录入人员须对自己录入的数据进行检查并负责到底。在施工过程中，分部、分项工程的质量验收资料，工程洽商、设计变更文件等都要以数据的形式存储并关联到BIM模型中，竣工验收时信息的提供方须根据交付规定对工程信息进行过滤筛选，不宜包含冗余的信息。

竣工BIM模型与工程资料的关联关系：通过分析施工过程中形成的各类工程资料，结合BIM模型的特点与工程实际施工情况，根据工程资料与模型的关联关系，将工程资料分为三种：

(1) 一份资料信息与模型多个部位关联；
(2) 多份资料信息与模型一个部位发生关联；
(3) 工程综合信息的资料，与模型部位不关联。

将上述三种类型资料与BIM模型链接在一起，形成蕴含完整工程资料并便于检索的竣工BIM模型，以建筑专业为例，竣工模型应当包含的信息如表5-8所示。

建筑专业竣工模型内容表　　　　　　　表5-8

序号	构件名称	几何信息	非几何信息
1	场地	场地边界（用地红线、高程、正北）、地形表面、建筑地坪、场地道路等	地理区位、基本项目信息
2	建筑物主体	外观形状、体量大小、位置、建筑层数、高度、基本功能分隔构件、基本面积、建筑标高等	建筑房间与空间类别及使用人数；建筑占地面积、总面积、容积率及覆盖率；防火类别及防火等级；人防类别及等级；防水防潮等级等基础数据
3	主体建筑构件（楼地面、柱、外墙、外幕墙、屋顶、内墙、门窗、楼梯、坡道、电梯、管井、吊顶等）	几何尺寸、定位信息	材料信息、材质信息、规格尺寸、物理性能、构造做法、工艺要求等
4	次要建筑构件（构造柱、过梁、基础、排水沟、集水坑等）	几何尺寸、定位信息	材料信息、材质信息、物理性能、构造做法、工艺要求等
5	主要建筑设施（卫浴、家具、厨房设施等）	几何尺寸、定位信息	材料信息、材质信息、型号、物理性能、构造做法、工艺要求等
6	主要建筑细部（栏杆，扶手，装饰构件，功能性构件如：防水防潮、保温、隔声吸声）	几何尺寸、定位信息	材料信息、材质信息、物理性能、设计参数、构造做法、工艺要求等
7	预留洞口和隐蔽工程	几何尺寸、定位信息	材料信息、材质信息、物理性能、设计参数、构造做法、工艺要求等

5.5 工程项目的质量保修

5.5.1 工程质量保修期限

根据《建设工程质量管理条例》的规定，建设工程承包单位在向建设单位提交工程竣工验收报告时，应当向建设单位出具质量保修书。质量保修书中应当明确建设工程的保修范围、保修期限和保修责任等。

在正常使用下，房屋建筑工程的最低保修期限为：
(1) 地基基础和主体结构工程，为设计文件规定的该工程的合理使用年限；
(2) 屋面防水工程、有防水要求的卫生间、房间和外墙面的防渗漏，为5年；
(3) 供热与供冷系统，为2个采暖期、供冷期；

（4）电气系统、给水排水管道、设备安装为 2 年；

（5）装修工程为 2 年。

其他项目的保修期限由建设单位和施工单位约定。房屋建筑工程保修期从工程竣工验收合格之日起计算。

5.5.2 工程质量保修书

建设工程在保修范围和保修期限内发生质量问题的，施工单位应当履行保修义务，并对造成的损失承担赔偿责任。

住房城乡建设部和国家工商行政管理总局 2013 年颁布了《建设工程施工合同（示范文本）》GF-2013-0201，其中关于工程质量保修书的文本如下：

工程质量保修书

发包人（全称）：_____

承包人（全称）：_____

发包人、承包人根据《中华人民共和国建筑法》、《建设工程质量管理条例》，经协商一致就_____（工程全称）签订工程质量保修书。

一、工程质量保修范围和内容

承包人在质量保修期内，按照有关法律规定和合同约定，承担工程质量保修责任。

质量保修范围包括地基基础工程、主体结构工程，屋面防水工程、有防水要求的卫生间、房间和外墙面的防渗漏，供热与供冷系统，电气管线、给水排水管道、设备安装和装修工程，以及双方约定的其他项目。具体保修的内容，双方约定如下：

_____

_____。

二、质量保修期

根据《建设工程质量管理条例》及有关规定，工程质量保修期如下：

1. 地基基础工程和主体结构工程为设计文件规定的该工程合理使用年限；
2. 屋面防水工程，有防水要求的卫生间、房间和外墙面的防渗漏为____年；
3. 装修工程为____年；
4. 电气管线、给水排水管道、设备安装工程为____年；
5. 供热与供冷系统为____个采暖期、供冷期；
6. 住宅小区内的给排水设施、道路等配套工程为____年；
7. 其他项目保修期限约定如下：

_____

_____。

质量保修期自工程竣工验收合格之日起计算。

三、缺陷责任期

工程缺陷责任期为_____个月，缺陷责任期自工程竣工验收合格之日起计算。单位工程先于全部工程进行验收，单位工程缺陷责任期自单位工程竣工验收合格之日起计算。

缺陷责任期终止后，发包人应退还剩余的质量保证金。

四、质量保修责任

1. 属于保修范围、内容的项目,承包人应当在接到保修通知之日起 7 天内派人保修。承包人不在约定期限内派人保修的,发包人可以委托他人修理。

2. 发生紧急抢修事故的,承包人在接到事故通知后,应当立即到达事故现场抢修。

3. 对于涉及结构安全的质量问题,应当按照《建设工程质量管理条例》的规定,立即向当地建设行政主管部门和有关部门报告,采取安全防范措施,并由原设计人或者具有相应资质等级的设计人提出保修方案,承包人实施保修。

4. 质量保修完成后,由发包人组织验收。

五、保修费用

保修费用由造成质量缺陷的责任方承担。

六、双方约定的其他工程质量保修事项

_____

_____。

工程质量保修书发包人、承包人在竣工验收前共同签署,作为施工合同附件,其有效期限至保修期满。

发 包 人(公章)　　　　　　　　承 包 人(公章)

法定代表人(签字)　　　　　　　法定代表人(签字)

年 月 日　　　　　　　　　　　年 月 日

5.5.3 工程保修期质量问题的处理

房屋建筑工程在保修期限内出现质量缺陷,建设单位或者房屋建筑所有人应当向施工单位发出保修通知。施工单位接到保修通知后,应当到现场核查情况,在保修书约定的时间内予以保修。发生涉及结构安全或者严重影响使用功能的紧急抢修事故,施工单位接到保修通知后,应当立即到达现场抢修。

发生涉及结构安全的质量缺陷,建设单位或者房屋建筑所有人应当立即向当地建设行政主管部门报告,由原设计单位或者具有相应资质等级的设计单位提出保修方案,施工单位实施保修,原工程质量监督机构负责监督。

保修完成后,由建设单位或者房屋建筑所有人组织验收。涉及结构安全的,应当报当地建设行政主管部门备案。施工单位不按工程质量保修书约定保修的,建设单位可以另行委托其他单位保修,由原施工单位承担相应责任。保修费用由质量缺陷的责任方承担。

在保修期内,因房屋建筑工程质量缺陷造成房屋所有人、使用人或者第三方人身、财产损害的,房屋所有人、使用人或者第三方可以向建设单位提出赔偿要求。建设单位向造成房屋建筑工程质量缺陷的责任方追偿。

因保修不及时造成新的人身、财产损害,由造成拖延的责任方承担赔偿责任。

对房地产企业开发的商品住宅,按照相关规定由业主向建设单位报告,按有关规定执行。

建设工程在超过合理使用年限后需要继续使用的，产权所有人应当委托具有相应资质等级的勘察、设计单位鉴定，并根据鉴定结果采取加固、维修等措施，重新界定使用期。

本章小结

工程施工质量验收是工程建设质量控制的重要环节，包括施工质量的中间过程验收和竣工验收等内容，是施工质量水平的体现。工程建设有关各方应按照合同和相关标准的规定，做好工程质量验收工作。

思考与练习题

5-1　简述建筑工程质量验收的要求。

5-2　单位工程、分部工程和分项工程划分的原则是什么？

5-3　什么是主控项目？什么是一般项目？

5-4　简述检验批和分项工程合格质量的要求。

5-5　分部工程质量验收合格有哪些条件？

5-6　什么是观感质量？如何验收？

5-7　建筑工程的主要功能项目包括哪些内容？

5-8　简述分户验收的程序。

5-9　分户验收的内容是什么？

5-10　分户验收不符合要求如何进行处理？

5-11　单位工程验收合格有什么要求？

5-12　工程质量不符合要求时，如何进行处理？

5-13　简述竣工验收的程序和内容。

5-14　在正常使用下，房屋建筑工程的最低保修期限是什么？

5-15　简述建筑工程在保修期出现质量缺陷的处理方法。

第6章 施工现场安全管理与文明施工

本章要点及学习目标

本章要点:
(1) 施工现场安全管理的基本要求;
(2) 施工现场环境管理;
(3) 施工现场防火安全管理;
(4) BIM 技术在安全管理与文明施工的主要应用;
(5) 施工现场文明施工管理等内容。

学习目标:
(1) 了解现场安全管理的内容和要求,施工现场防火安全管理的规定;
(2) 熟悉施工现场环境管理的内容,文明施工管理的要求;
(3) 熟悉 BIM 技术在安全管理与文明施工的主要应用;
(4) 掌握文明施工检查评定要点。

6.1 施工现场安全管理的基本要求

6.1.1 《建筑施工安全检查标准》JGJ 59—2015 对施工安全管理的要求

1. 安全生产责任制
(1) 工程项目部应建立以项目经理为第一责任人的各级管理人员安全生产责任制;
(2) 安全生产责任制应经责任人签字确认;
(3) 工程项目部应有各工种安全技术操作规程;
(4) 工程项目部应按规定配备专职安全员;
(5) 对实行经济承包的工程项目,承包合同中应有安全生产考核指标;
(6) 工程项目部应制定安全生产资金保障制度;
(7) 按安全生产资金保障制度,应编制安全资金使用计划,并应按计划实施;
(8) 工程项目部应制定以伤亡事故控制、现场安全达标、文明施工为主要内容的安全生产管理目标;
(9) 按安全生产管理目标和项目管理人员的安全生产责任制,应进行安全生产责任目标分解;
(10) 应建立对安全生产责任制和责任目标的考核制度,按考核制度,应对项目管理人员定期进行考核。

2. 施工组织设计及专项施工方案

(1) 工程项目部在施工前应编制施工组织设计，施工组织设计应针对工程特点、施工工艺制定安全技术措施；

(2) 危险性较大的分部分项工程应按规定编制安全专项施工方案，专项施工方案应有针对性，并按有关规定进行设计计算；

(3) 超过一定规模危险性较大的分部分项工程，施工单位应组织专家对专项施工方案进行论证；

(4) 施工组织设计、安全专项施工方案，应由有关部门审核，施工单位技术负责人、监理单位项目总监批准；

(5) 工程项目部应按施工组织设计、专项施工方案组织实施。

3. 安全技术交底

(1) 施工负责人在分派生产任务时，应对相关管理人员、施工作业人员进行书面安全技术交底；

(2) 安全技术交底应按施工工序、施工部位、施工栋号分部分项进行；

(3) 安全技术交底应结合施工作业场所状况、特点、工序，对危险因素、施工方案、规范标准、操作规程和应急措施进行交底；

(4) 安全技术交底应由交底人、被交底人、专职安全员进行签字确认。

4. 安全检查

(1) 工程项目部应建立安全检查制度；

(2) 安全检查应由项目负责人组织，专职安全员及相关专业人员参加，定期进行并填写检查记录；

(3) 对检查中发现的事故隐患应下达隐患整改通知单，定人、定时间、定措施进行整改。重大事故隐患整改后，应由相关部门组织复查。

5. 安全教育

(1) 工程项目部应建立安全教育培训制度；

(2) 当施工人员入场时，工程项目部应组织进行以国家安全法律法规、企业安全制度、施工现场安全管理规定及各工种安全技术操作规程为主要内容的三级安全教育培训和考核；

(3) 当施工人员变换工种或采用新技术、新工艺、新设备、新材料施工时，应进行安全教育培训；

(4) 施工管理人员、专职安全员每年度应进行安全教育培训和考核。

6. 应急救援

(1) 工程项目部应针对工程特点，进行重大危险源的辨识。应制定防触电、防坍塌、防高处坠落、防起重及机械伤害、防火灾、防物体打击等主要内容的专项应急救援预案，并对施工现场易发生重大安全事故的部位、环节进行监控；

(2) 施工现场应建立应急救援组织，培训、配备应急救援人员，定期组织员工进行应急救援演练；

(3) 按应急救援预案要求，应配备应急救援器材和设备。

7. 分包单位安全管理

(1) 总包单位应对承揽分包工程的分包单位进行资质、安全生产许可证和相关人员安全生产资格的审查；

（2）当总包单位与分包单位签订分包合同时，应签订安全生产协议书，明确双方的安全责任；

（3）分包单位应按规定建立安全机构，配备专职安全员。

8. 持证上岗

（1）从事建筑施工的项目经理、专职安全员和特种作业人员，必须经行业主管部门培训考核合格，取得相应资格证书，方可上岗作业；

（2）项目经理、专职安全员和特种作业人员应持证上岗。

9. 生产安全事故处理

（1）当施工现场发生生产安全事故时，施工单位应按规定及时报告；

（2）施工单位应按规定对生产安全事故进行调查分析，制定防范措施；

（3）应依法为施工作业人员办理保险。

10. 安全标志

（1）施工现场入口处及主要施工区域、危险部位应设置相应的安全警示标志牌；

（2）施工现场应绘制安全标志布置图；

（3）应根据工程部位和现场设施的变化，调整安全标志牌设置；

（4）施工现场应设置重大危险源公示牌。

6.1.2 条例对施工安全管理的要求

《建设工程安全生产管理条例》对现场安全生产进行了明确的规定，具体内容有：

（1）施工单位应当在施工现场入口处、施工起重机械、临时用电设施、脚手架、出入通道口、楼梯口、电梯井口、孔洞口、桥梁口、隧道口、基坑边沿、爆破物及有害危险气体和液体存放处等危险部位，设置明显的安全警示标志。安全警示标志必须符合国家标准。

（2）施工单位应当根据不同施工阶段和周围环境及季节、气候的变化，在施工现场采取相应的安全施工措施。施工现场暂时停止施工的，施工单位应当做好现场防护，所需费用由责任方承担，或者按照合同约定执行。

（3）施工单位应当将施工现场的办公、生活区与作业区分开设置，并保持安全距离；办公、生活区的选址应当符合安全性要求。职工的膳食、饮水、休息场所等应当符合卫生标准。施工单位不得在尚未竣工的建筑物内设置员工集体宿舍。

（4）施工现场临时搭建的建筑物应当符合安全使用要求。施工现场使用的装配式活动房屋应当具有产品合格证。

（5）施工单位对因建设工程施工可能造成损害的毗邻建筑物、构筑物和地下管线等，应当采取专项防护措施。

（6）施工单位应当遵守有关环境保护法律、法规的规定，在施工现场采取措施，防止或者减少粉尘、废气水、固体废物、噪声、振动和施工照明对人和环境的危害和污染。

（7）在城市市区内的建设工程，施工单位应当对施工现场实行封闭围挡。

（8）施工单位应当在施工现场建立消防安全责任制度，确定消防安全责任人，制定用火、用电、使用易燃易爆材料等各项消防安全管理制度和操作规程，设置消防通道、消防水源，配备消防设施和灭火器材，并在施工现场入口处设置明显标志。

6.1.3 施工现场隐患排查治理要求

根据住房城乡建设部《房屋市政工程生产安全重大隐患排查治理挂牌督办暂行办法》，推动企业落实生产安全重大隐患排查治理责任，积极防范和有效遏制事故的发生。按照规定，建筑施工企业是房屋市政工程生产安全重大隐患排查治理的责任主体，应当建立健全重大隐患排查治理工作制度，并落实到每一个工程项目。通过建筑施工安全生产隐患排查专项治理，排查建筑施工现场存在的安全隐患和安全管理中的薄弱环节，采取有效地针对性措施，消除施工安全事故隐患，进一步落实安全生产主体责任，认真执行安全生产标准规范，切实提高建筑施工安全生产水平，坚决遏制建筑施工安全事故的发生。

1. 排查治理内容

(1) 建筑施工安全法规、标准规范和规章制度的贯彻执行。

(2) 建设工程各方主体特别是建设单位、施工单位和工程监理单位的安全生产责任制建立和落实。

(3) 安全生产费用的提取和使用。

(4) 危险性较大工程安全方案的制定、论证和执行落实。

(5) 安全教育培训，特别是"三类人员"、特种作业人员持证上岗和生产一线职工（包括农民工）的教育培训。

(6) 应急救援预案的制定、演练及有关物资、设备配备和维护。

(7) 建筑施工企业、项目和班组的安全检查和整改落实。

(8) 事故报告和处理及对有关责任单位和责任人的追究等。

2. 排查治理方式

(1) 坚持与建筑安全专项治理结合起来，解决影响建筑安全生产的突出矛盾和问题。

(2) 坚持与日常建筑安全生产监督管理结合起来，加强安全生产许可、制度的动态监管，加大监督检查力度。

(3) 坚持与加强建筑企业安全管理和技术进步结合起来，提高建筑施工安全质量标准化管理水平，加大安全投入，推进安全技术改造，夯实安全管理基础。

3. 排查治理重点

(1) 安全责任制落实情况。工程项目建设单位、施工单位、监理单位、脚手架搭设单位、建筑起重机械设备产权单位、检验检测单位安全生产责任落实情况，自查自纠责任落实情况。

(2) 从业人员持证上岗情况。施工企业主要负责人、项目负责人、专职安全生产管理人员持证上岗情况；建筑起重机械司机、安装拆卸工、司索信号工、架子工等特种作业人员持证上岗情况。

(3) 安全专项施工方案管理情况。建筑起重机械设备安装拆卸方案、群塔作业方案、脚手架及模板支撑系统搭设拆除等危险性较大的分部分项工程专项施工方案的编制、审核、专家论证的程序，及施工现场实施是否与施工方案相一致情况。

(4) 模架系统安全管理情况。模板支撑系统搭设前材料检测及基础验收、安全技术交底、搭设后检查验收，以及混凝土浇筑工序、现场安全监测等制度执行情况。

(5) 起重机械设备程序管理情况。建筑起重机械设备产权备案、安装告知、检验检测、安装验收、使用登记等制度执行情况。

(6) 起重机械设备使用过程中安全管理情况。监理单位对起重机械设备安拆单位相关证件核查记录、起重机械设备日常安全检查记录情况；使用单位对起重机械设备日常安全检查记录、运转记录、交接班记录等情况。

(7) 起重机械设备产权单位管理情况。起重机械设备产权单位安装资质和安全生产许可证、相关人员持证上岗情况、起重机械设备转场维修保养记录、日常维修保养记录、日常安全检查记录、起重机械设备分布一览表等情况。

(8) 脚手架搭设单位是否具有资质和安全生产许可证，相关人员持证上岗情况，钢管、扣件、安全网检测情况，附着式升降脚手架检测情况。

6.2 施工现场环境管理

环境保护是为解决现实的或潜在的环境问题，协调人类与环境的关系，保障经济社会的健康持续发展而采取的各种活动。为了保证工程建设的有序进行，施工单位应做好绿色施工，节约能源资源，保护环境，创建整洁文明的施工现场，保障施工人员的身体健康和生命安全，改善建设工程施工现场的工作环境与生活条件。

6.2.1 一般规定

(1) 建设工程总承包单位应对施工现场的环境与卫生负总责，分包单位应服从总承包单位的管理。参建单位及现场人员应有维护施工现场环境与卫生的责任和义务。

(2) 建设工程的环境与卫生管理应纳入施工组织设计或编制专项方案，应明确环境与卫生管理的目标和措施。

(3) 施工现场应建立环境与卫生制度，落实管理责任制，应定期检查并记录。

(4) 建设工程的参与建设单位应根据法律的规定，针对可能发生的环境、卫生等突发事件建立应急管理体系，制定相应的应急预案并组织演练。

(5) 当施工现场发生有关环境、卫生等突发事件时，应按相关规定及时向施工现场所在地建设行政主管部门和相关部门报告，并应配合调查处置。

(6) 施工人员的教育培训、考核应包括环境与卫生等有关内容。

(7) 施工现场临时设施、临时道路的设置应科学合理，并应符合安全、消防、节能、环保等有关规定。施工区、材料加工及存放区应与办公区、生活区划分清楚，并应采取相应的隔离措施。

(8) 施工现场应实行封闭管理，并应采用硬质围挡。市区主要路段的施工现场围挡高度不应低于2.5m，一般路段围挡高度不应低于1.8m，围挡应牢固、稳定、整洁。距离交通路口20m范围内占据道路施工设置的围挡，其0.8m以上部分应采用通透性围挡，并应采取交通疏导和警示措施。

(9) 施工现场出入口应标有企业名称或企业标识。主要出入口明显处应设置工程概况牌，施工现场大门内应有施工现场总平面图和安全管理、环境保护与绿色施工、消防保卫等制度牌和宣传栏。

（10）施工单位应采取有效的安全防护措施。参建单位必须为施工人员提供必备的劳动防护用品，施工人员应正确使用劳动防护用品。劳动防护用品应符合现行行业标准《建筑施工作业劳动防护用品配备及使用标准》JGJ 184 的规定。

（11）有毒有害作业场所应在醒目位置设置安全警示标识，并应符合现行国家标准《工作场所职业病危害警示标识》GBZ 158 的规定，施工单位应依据有关规定对从事有职业病危害作业的人员定期进行体检和培训。

（12）施工单位应根据季节气候特点，做好施工人员的饮食卫生和防暑降温、防寒保暖、防中毒、卫生防疫等工作。

6.2.2　绿色施工

绿色施工是工程建设中实现环境保护的一种手段，是在保证质量、安全等基本要求的前提下，通过科学管理和技术进步，最大限度地节约资源与减少对环境负面影响的施工活动，实现节能、节地、节水、节材和环境保护。

1. 节约能源资源

节约能源是我国基本国策和可持续发展的要求。在施工现场，施工总平面布置、临时设施的布置设计及材料选用应科学合理，节约能源。临时用电设备及器具应选用节能型产品。施工现场宜利用新能源和可再生能源。

施工现场宜利用拟建道路路基作为临时道路路基。临时设施应利用既有建筑物、构筑物和设施。土方施工应优化施工方案，减少土方开挖和回填量。施工现场周转材料宜采用金属、化学合成材料等可回收再利用产品代替，并应加强保养维护，提高周转率。施工现场应合理安排材料进场计划，减少二次搬运，并应实行限额领料。

施工现场办公应利用信息化管理，减少办公用品的使用及消耗。施工现场生产生活用水用电等资源能源的消耗应实行计量管理。

施工现场应保护地下水资源。采取施工降水时应执行国家及当地有关水资源保护的规定，并应综合利用抽排出的地下水。施工现场应采用节水器具，并应设置节水标识。施工现场宜设置废水回收、循环再利用设施，宜对雨水进行收集利用。

施工现场应对可回收再利用物资及时分拣、回收、再利用。

2. 大气污染防治

建设工程施工的扬尘污染，是指在房屋建设施工、道路与管线施工、物料运输、物料堆放、道路保洁、泥地裸露等活动中产生粉尘颗粒物，对大气造成的污染。

施工现场的主要道路要进行硬化处理。裸露的场地和堆放的土方应采取覆盖、固化或绿化等措施。施工现场土方作业应采取防止扬尘措施，主要道路应定期清扫、洒水。拆除建筑物或者构筑物时，应采用隔离、洒水等降噪、降尘措施，并及时清理废弃物。

土方和建筑垃圾的运输必须采用封闭式运输车辆或采取覆盖措施。施工现场出口处应设置车辆冲洗设施，并应对驶出的车辆进行清洗。建筑物内垃圾应采用容器或搭设专用封闭式垃圾道的方式清运，严禁凌空抛掷。施工现场严禁焚烧各类废弃物。

在规定区域内的施工现场应使用预拌制混凝土及预拌砂浆。采用现场搅拌混凝土或砂浆的场所应采取封闭、降尘、降噪措施。水泥和其他易飞扬的细颗粒建筑材料应密闭存放或采取覆盖等措施。当市政道路施工进行铣刨、切割等作业时，应采取有效的防扬尘措施。灰土和无机料应采用预拌进场，碾压过程中应洒水降尘。城镇、旅游景点、重点文物保护区及人口密集区的施工现场应使用清洁能源。

施工现场的机械设备、车辆的尾气排放应符合国家环保排放标准。当环境空气质量指数达到中度及以上的污染时，施工现场应增加洒水频次，加强覆盖措施，减少宜造成大气污染的施工作业。

3. 水土污染防治

施工现场应设置排水管及沉淀池，施工污水应经沉淀处理达到排放标准后，方可排入市政污水管网。废弃的降水井应及时回填，并应封闭井口，防止污染地下水。施工现场临时厕所的化粪池应进行防渗漏处理。施工现场存放的油料和化学溶剂等物品应设置专用库房，地面应进行防渗漏处理。

施工现场的危险废物应按国家有关规定处理，严禁填满。

4. 施工噪声及光污染防治

施工现场场界噪声排放应符合现行国家标准《建筑施工场界环境噪声排放标准》GB 12523的规定。施工现场应对场界噪声排放进行监测、记录和控制，并应采取降低噪声的措施。

施工现场宜选用低噪声、低振动的设备，强噪声设备宜设置在远离居民区的一侧，并应采用隔声、吸声材料搭设的防护棚或屏障。进入施工现场的车辆禁止鸣笛。装卸材料应轻拿轻放。因生产工艺要求或其他特殊要求，确需进行夜间施工的，施工单位因加强噪声控制，并减少人为噪声。

施工现场应对强光作业和照明灯具采取遮挡措施，减少对周边居民和环境的影响。

6.2.3 环境卫生

1. 临时设施

临时设施是施工期间临时搭建、租赁及使用的各种建筑物、构筑物。施工现场应设置办公室、宿舍、食堂、厕所、盥洗设施、淋浴房、开水间、文体活动室、职工夜校等临时设施。文体活动室应配备文体活动设施和用品。尚未竣工的建筑物内严禁设置宿舍。

生活区、办公区的通道、楼梯处应设置应急疏散、逃生指示标识和应急照明灯。宿舍内宜设置烟感报警装置。施工现场应设置封闭式建筑垃圾站。办公区和生活区应设置封闭式垃圾容器。生活垃圾应分类存放，并应及时清运、消纳。

施工现场应配备常用药及绷带、止血带、担架等急救器材。宿舍内应保证必要的生活空间，室内净高不得小于2.5m，通道宽度不得小于0.9m，宿舍人员人均面积不得小于2.5m^2，每间宿舍居住人员不得超过16人。宿舍应有专人负责管理，床头宜设置姓名卡。施工现场生活区宿舍、休息室必须设置可开启式外窗，床铺不得超过2层，不得使用通铺。

施工现场宜采用集中供暖，使用炉火取暖时应采取防止一氧化碳中毒的措施。彩钢板活动房严禁使用炉火或明火取暖。宿舍内应有防暑降温措施。宿舍应设生活用品专柜、鞋柜或鞋架、垃圾桶等生活设施。生活区应提供晾晒衣物的场所和晾衣架。宿舍照明电源宜选用安全电压，采用强电照明的宜使用限流器。生活区宜单独设置手机充电柜或充电房间。

食堂应设置在远离厕所、垃圾站、有毒有害场所等有污染源的地方。食堂应设置隔油池，并应定期清理。食堂应设置独立的制作间、储藏间，门扇下方应设不低于 0.2m 的防鼠挡板。制作间灶台及周边应采取宜清洁、耐擦洗措施，墙面处理高度大于 1.5m，地面应做硬化和防滑处理，并保持墙面、地面整洁。

食堂应配备必要的排风和冷藏设施，宜设置通风天窗和油烟净化装置，油烟净化装置应定期清理。食堂宜使用电炊具。使用燃气的食堂，燃气罐应单独设置存放间并应加装燃气报警装置，存放间应通风良好并严禁存放其他物品。供气单位资质应齐全，气源应有可追溯性。食堂制作间的炊具宜存放在封闭的橱柜内，刀、盆、案板等炊具应生熟分开。食堂制作间、锅炉房、可燃材料库房及易燃易爆危险品库房等应采用单层建筑，应与宿舍和办公用房分别设置，并应按相关规定保持安全距离。临时用房内设置的食堂、库房和会议室应设在首层。

易燃易爆危险品库房应使用不燃材料搭建，面积不应超过 $200m^2$。

施工现场应设置水冲式或移动式厕所，厕所地面应硬化，门窗应齐全并通风良好。侧位宜设置门及隔板，高度不应小于 0.9m。厕所面积应根据施工人员数量设置。厕所应设专人负责，定期清扫、消毒、化粪池应及时清掏。高层建筑施工超过 8 层时，宜每隔 4 层设置临时厕所。

淋浴间内应设置满足需要的淋浴喷头，并应设置储衣柜或挂衣架。施工现场应设置满足施工人员使用的盥洗设施。盥洗设施的下水管口应设置过滤网，并应与市政污水管线连接，排水应畅通。

生活区应设置开水炉、点热水器或保温水桶，施工区应配备流动保温水桶。开水炉、电热水器、保温水桶应上锁由专人负责管理。

未经施工总承包单位批准，施工现场和生活区不得使用电热器具。

2. 卫生防疫

办公区和生活区应设专职或兼职保洁员，并应采取灭鼠、灭蚊蝇、灭蟑螂等措施。

食堂应取得相关部门颁发的许可证，并应悬挂在制作间醒目位置。炊事人员必须经体检合格并持证上岗。炊事人员上岗应穿戴整洁的工作服、工作帽和口罩，并应保持个人卫生。非炊事人员不得随意进入食堂制作间。食堂的炊具、餐具和公共饮水器具应及时清洗定期消毒。

施工现场应加强食品、原料的进货管理，建立食品、原料采购台账，保存原始采购单据。严禁购买无照、无证商贩的食品和原料。食堂应按许可范围经营，严禁制售易导致食物中毒食品和变质食品。生熟食品应分开加工和保管，存放成品或半成品的器皿应有耐擦洗的生熟标识。成品或半成品应遮盖，遮盖物品应有正反面标识。各种佐料和副食应存放在密闭器皿内，并应有标识。存放食品原料的储藏间或库房应有通风、防潮、防虫、防鼠等措施，库房不得兼作他用。粮食存放台距墙和地面应大于 0.2m。

当事故现场遇突发疫情时，应及时上报，并应按卫生防疫部门的相关规定进行处理。

6.3 施工现场防火安全管理

建筑施工中的火灾事故时有发生，给人民的生命财产造成不可挽回的损失，高层房屋建筑的新建和装修施工以及大型市政基础设施建设施工发生火灾影响更大。2008年《中华人民共和国消防法》修订颁布，2011年住房城乡建设部发布了《建设工程施工现场消防安全技术规范》GB 50720—2011，为工程建设预防火灾和减少火灾灾害，加强应急救援工作，保护人身、财产安全，维护公共安全奠定了法律基础。

2010年国务院发出《关于进一步做好消防工作坚决遏制重特大火灾事故的通知》（国办发明电［2010］35号）要求严格落实消防安全责任制。各单位负责人对本单位消防安全工作负总责，进一步落实消防安全责任制和岗位责任制。要加大火灾事故责任追究力度，实行责任倒查和逐级追查，做到事故原因不查清不放过、事故责任者得不到处理不放过、整改措施不落实不放过、教训不吸取不放过。

我国消防工作贯彻预防为主、防消结合的方针，按照政府统一领导、部门依法监管、单位全面负责、公民积极参与的原则，实行消防安全责任制，建立健全社会化的消防工作网络。

根据消防法的规定，建筑施工活动中工程承包单位的消防安全职责如下：

（1）落实消防安全责任制，制定本单位的消防安全制度、消防安全操作规程，制定灭火和应急疏散预案；

（2）按照国家标准、行业标准配置消防设施、器材，设置消防安全标志，并定期组织检验、维修，确保完好有效；

（3）对建筑消防设施每年至少进行一次全面检测，确保完好有效，检测记录应当完整准确，存档备查；

（4）保障疏散通道、安全出口、消防车通道畅通，保证防火防烟分区、防火间距符合消防技术标准；

（5）组织防火检查，及时消除火灾隐患；

（6）组织进行有针对性的消防演练；

（7）法律、法规规定的其他消防安全职责。

消防法还规定，消防安全重点单位除应当履行上述规定的职责外，还应当履行下列消防安全职责：

（1）确定消防安全管理人，组织实施本单位的消防安全管理工作；

（2）建立消防档案，确定消防安全重点部位，设置防火标志，实行严格管理；

（3）实行每日防火巡查，并建立巡查记录；

（4）对职工进行岗前消防安全培训，定期组织消防安全培训和消防演练。

同一建筑物由两个以上单位管理或者使用的，应当明确各方的消防安全责任，并确定责任人对共用的疏散通道、安全出口、建筑消防设施和消防车通道进行统一管理。

6.3.1 施工现场防火管理要求

建设工程施工现场的防火，必须遵循国家有关方针、政策，针对不同施工现场的火灾特点，立足自防自救，采取可靠防火措施，做到安全可靠、经济合理、方便适用。施工现场的消防安全管理由施工单位负责。实行施工总承包的，由总承包单位负责。分包单位应向总承包单位负责，并应服从总承包单位的管理，同时应承担国家法律、法规规定的消防责任和义务。

1. 基本要求

消防法规定，禁止在具有火灾、爆炸危险的场所吸烟、使用明火。因施工等特殊情况需要使用明火作业的，应当按照规定事先办理审批手续，采取相应的消防安全措施；作业人员应当遵守消防安全规定。

进行电焊、气焊等具有火灾危险作业的人员和自动消防系统的操作人员，必须持证上岗，并遵守消防安全操作规程。

建筑构件、建筑材料和室内装修、装饰材料的防火性能必须符合国家标准；没有国家标准的，必须符合行业标准。人员密集场所室内装修、装饰，应当按照消防技术标准的要求，使用不燃、难燃材料。

任何单位、个人不得损坏、挪用或者擅自拆除、停用消防设施、器材，不得埋压、圈占、遮挡消火栓或者占用防火间距，不得占用、堵塞、封闭疏散通道、安全出口、消防车通道。

依法应当进行消防验收的建设工程，未经消防验收或者消防验收不合格的，禁止投入使用；其他建设工程经依法抽查不合格的，应当停止使用。

2. 施工工地防火安全管理具体要求

1）消防安全管理制度

施工单位应针对施工现场可能导致火灾发生的施工作业及其他活动，制订消防安全管理制度。消防安全管理制度应包括下列主要内容：

（1）消防安全教育与培训制度；

（2）可燃及易燃易爆危险品管理制度；

（3）用火、用电、用气管理制度；

（4）消防安全检查制度；

（5）应急预案演练制度。

2）防火技术方案

施工单位应编制施工现场防火技术方案，并应根据现场情况变化及时对其修改、完善。防火技术方案应包括下列主要内容：

（1）施工现场重大火灾危险源辨识；

（2）施工现场防火技术措施；

（3）临时消防设施、临时疏散设施配备；

（4）临时消防设施和消防警示标识布置图。

3）灭火及应急疏散预案

施工单位应编制施工现场灭火及应急疏散预案。灭火及应急疏散预案应包括下列主要内容：

（1）应急灭火处置机构及各级人员应急处置职责；

（2）报警、接警处置的程序和通信联络的方式；

（3）扑救初起火灾的程序和措施；

（4）应急疏散及救援的程序和措施。

4）安全教育和培训

施工人员进场前，施工现场的消防安全管理人员应向施工人员进行消防安全教育和培训。防火安全教育和培训应包括下列内容：
（1）施工现场消防安全管理制度、防火技术方案、灭火及应急疏散预案的主要内容；
（2）施工现场临时消防设施的性能及使用、维护方法；
（3）扑灭初起火灾及自救逃生的知识和技能；
（4）报火警、接警的程序和方法。

5）消防安全技术交底

施工作业前，施工现场的施工管理人员应向作业人员进行消防安全技术交底。消防安全技术交底应包括下列主要内容：
（1）施工过程中可能发生火灾的部位或环节；
（2）施工过程应采取的防火措施及应配备的临时消防设施；
（3）初起火灾的扑救方法及注意事项；
（4）逃生方法及路线。

6）消防安全检查

施工过程中，施工现场的消防安全负责人应定期组织消防安全管理人员对施工现场的消防安全进行检查。消防安全检查应包括下列主要内容：
（1）可燃物及易燃易爆危险品的管理是否落实；
（2）动火作业的防火措施是否落实；
（3）用火、用电、用气是否存在违章操作，电、气焊及保温防水施工是否执行操作规程；
（4）临时消防设施是否完好有效；
（5）临时消防车道及临时疏散设施是否畅通。

除上述管理规定以外，施工单位应依据灭火及应急疏散预案，定期开展灭火及应急疏散的演练。同时应做好并保存施工现场消防安全管理的相关文件和记录，建立现场消防安全管理档案。

6.3.2 施工现场防火技术管理

1. 总平面布局一般规定

临时用房、临时设施的布置应满足现场防火、灭火及人员安全疏散的要求。下列临时用房和临时设施应纳入施工现场总平面布局：
（1）施工现场的出入口、围墙、围挡；
（2）场内临时道路；
（3）给水管网或管路和配电线路敷设或架设的走向、高度；
（4）施工现场办公用房、宿舍、发电机房、配电房、可燃材料库房、易燃易爆危险品库房、可燃材料堆场及其加工场、固定动火作业场等；
（5）临时消防车道、消防救援场地和消防水源。

施工现场出入口的设置应满足消防车通行的要求，并宜布置在不同方向，其数量不宜少于2个。当确有困难只能设置1个出入口时，应在施工现场内设置满足消防车通行的环形道路。

施工现场临时办公、生活、生产、物料存贮等功能区宜相对独立布置，防火间距应符合规定要求。固定动火作业场应布置在可燃材料堆场及其加工场、易燃易爆危险品库房等全年最小频率风向的上风侧;宜布置在临时办公用房、宿舍、可燃材料库房、在建工程等全年最小频率风向的上风侧。

易燃易爆危险品库房应远离明火作业区、人员密集区和建筑物相对集中区。可燃材料堆场及其加工场、易燃易爆危险品库房不应布置在架空电力线下。

2. 防火间距

易燃易爆危险品库房与在建工程的防火间距不应小于15m,可燃材料堆场及其加工场、固定动火作业场与在建工程的防火间距不应小于10m,其他临时用房、临时设施与在建工程的防火间距不应小于6m。

施工现场主要临时用房、临时设施的防火间距不应小于表6-1的规定,当办公用房、宿舍成组布置时,其防火间距可适当减小,但应符合以下要求:①每组临时用房的栋数不应超过10栋,组与组之间的防火间距不应小于8m;②组内临时用房之间的防火间距不应小于3.5m;当建筑构件燃烧性能等级为A级时,其防火间距可减少到3m。

施工现场主要临时用房、临时设施的防火间距(m)　　　　表6-1

名称间距	办公用房、宿舍	发电机房、变配电房	可燃材料库房	厨房操作间、锅炉房	可燃材料堆场及其加工场	固定动火作业场	易燃易爆危险品库房
办公用房、宿舍	4	4	5	5	7	7	10
发电机房、变配电房	4	4	5	5	7	7	10
可燃材料库房	5	5	5	5	7	7	10
厨房操作间、锅炉房	5	5	5	5	7	7	10
可燃材料堆场及其加工场	7	7	7	7	7	10	10
固定动火作业场	7	7	7	7	10	10	12
易燃易爆危险品库房	10	10	10	10	10	12	12

注:1. 临时用房、临时设施的防火间距应按临时用房外墙外边线或堆场、作业场、作业棚边线间的最小距离计算,如临时用房外墙有突出可燃构件时,应从其突出可燃构件的外缘算起;
　　2. 两栋临时用房相邻较高一面的外墙为防火墙时,防火间距不限;
　　3. 本表未规定的,可按同等火灾危险性的临时用房、临时设施的防火间距确定。

3. 临时用房防火

1) 宿舍、办公用房的防火设计

(1) 建筑构件的燃烧性能等级应为A级。当采用金属夹芯板材时,其芯材的燃烧性能等级应为A级;

(2) 建筑层数不应超过3层,每层建筑面积不应大于300m^2;

(3) 层数为3层或每层建筑面积大于200m^{2}时,应设置不少于2部疏散楼梯,房间疏散门至疏散楼梯的最大距离不应大于25m;

(4) 单面布置用房时,疏散走道的净宽度不应小于1.0m;双面布置用房时,疏散走道的净宽度不应小于1.5m;

(5) 疏散楼梯的净宽度不应小于疏散走道的净宽度;

(6) 宿舍房间的建筑面积不应大于30m^2,其他房间的建筑面积不宜大于100m^2;

（7）房间内任一点至最近疏散门的距离不应大于15m，房门的净宽度不应小于0.8m，房间建筑面积超过50m²时，房门的净宽度不应小于1.2m；

（8）隔墙应从楼地面基层隔断至顶板基层底面。

2）发电机房、变配电房、厨房操作间、锅炉房、可燃材料库房及易燃易爆危险品库房的防火设计：

（1）建筑构件的燃烧性能等级应为A级；

（2）层数应为1层，建筑面积不应大于200m²；

（3）可燃材料库房单个房间的建筑面积不应超过30m²，易燃易爆危险品库房单个房间的建筑面积不应超过20m²；

（4）房间内任一点至最近疏散门的距离不应大于10m，房门的净宽度不应小于0.8m。

3）其他防火设计

（1）宿舍、办公用房不应与厨房操作间、锅炉房、变配电房等组合建造；

（2）会议室、文化娱乐室等人员密集的房间应设置在临时用房的第一层，其疏散门应向疏散方向开启。

4. 在建工程防火

在建工程作业场所的临时疏散通道应采用不燃、难燃材料建造并与在建工程结构施工同步设置，也可利用在建工程施工完毕的水平结构、楼梯。在建工程作业场所临时疏散通道的设置应符合下列规定：

（1）耐火极限不应低于0.5h；

（2）设置在地面上的临时疏散通道，其净宽度不应小于1.5m；利用在建工程施工完毕的水平结构、楼梯作临时疏散通道，其净宽度不应小于1.0m；用于疏散的爬梯及设置在脚手架上的临时疏散通道，其净宽度不应小于0.6m；

（3）临时疏散通道为坡道时，且坡度大于25°时，应修建楼梯或台阶踏步或设置防滑条；

（4）临时疏散通道不宜采用爬梯，确需采用爬梯时，应有可靠固定措施；

（5）临时疏散通道的侧面如为临空面，必须沿临空面设置高度不小于1.2m的防护栏杆；

（6）临时疏散通道设置在脚手架上时，脚手架应采用不燃材料搭设；

（7）临时疏散通道应设置明显的疏散指示标识；

（8）临时疏散通道应设置照明设施。

既有建筑进行扩建、改建施工时，必须明确划分施工区和非施工区。施工区不得营业、使用和居住；非施工区继续营业、使用和居住时，应符合下列要求：

（1）施工区和非施工区之间应采用不开设门、窗、洞口的耐火极限不低于3.0h的不燃烧体隔墙进行防火分隔；

（2）非施工区内的消防设施应完好和有效，疏散通道应保持畅通，并应落实日常值班及消防安全管理制度；

（3）施工区的消防安全应配有专人值守，发生火情应能立即处置；

（4）施工单位应向居住和使用者进行消防宣传教育、告知建筑消防设施、疏散通道的位置及使用方法，同时应组织进行疏散演练；

(5) 外脚手架搭设不应影响安全疏散、消防车正常通行及灭火救援操作；外脚手架搭设长度不应超过该建筑物外立面周长的二分之一。

外脚手架、支模架的架体宜采用不燃或难燃材料搭设，其中，下列工程的外脚手架、支模架的架体应采用不燃材料搭设：

(1) 高层建筑；

(2) 既有建筑改造工程。

高层建筑外脚手架、既有建筑外墙改造时的外脚手架以及临时疏散通道的安全防护网应采用阻燃型安全防护网。作业场所应设置明显的疏散指示标志，其指示方向应指向最近的临时疏散通道入口。作业层的醒目位置应设置安全疏散示意图。

5. 临时消防设施

施工现场应设置灭火器、临时消防给水系统和临时消防应急照明等临时消防设施。临时消防设施应与在建工程的施工同步设置。房屋建筑工程中，临时消防设施的设置与在建工程主体结构施工进度的差距不应超过3层。

施工现场在建工程可利用已具备使用条件的永久性消防设施作为临时消防设施。当永久性消防设施无法满足使用要求时，应增设临时消防设施，并应符合有关规定。

施工现场的消火栓泵应采用专用消防配电线路。专用消防配电线路应自施工现场总配电箱的总断路器上端接入，且应保持不间断供电。

地下工程的施工作业场所宜配备防毒面具。临时消防给水系统的贮水池、消火栓泵、室内消防竖管及水泵接合器等，应设有醒目标识。

6. 灭火器配备

1) 在建工程及临时用房的下列场所应配置灭火器：

(1) 易燃易爆危险品存放及使用场所；

(2) 动火作业场所；

(3) 可燃材料存放、加工及使用场所；

(4) 厨房操作间、锅炉房、发电机房、变配电房、设备用房、办公用房、宿舍等临时用房；

(5) 其他具有火灾危险的场所。

2) 施工现场灭火器配置应符合下列规定：

(1) 灭火器的类型应与配备场所可能发生的火灾类型相匹配；

(2) 灭火器的最低配置标准应符合表6-2的规定。

灭火器最低配置标准　　　　　表6-2

项　目	固体物质火灾		液体或可熔化固体物质火灾、气体火灾	
	单具灭火器最小灭火级别	单位灭火级别最大保护面积(m^2/A)	单具灭火器最小灭火级别	单位灭火级别最大保护面积(m^2/B)
易燃易爆危险品存放及使用场所	3A	50	89B	0.5
固定动火作业场	3A	50	89B	0.5
临时动火作业点	2A	50	55B	0.5
可燃材料存放、加工及使用场所	2A	75	55B	1.0

续表

项　　目	固体物质火灾		液体或可熔化固体物质火灾、气体火灾	
	单具灭火器最小灭火级别	单位灭火级别最大保护面积(m²/A)	单具灭火器最小灭火级别	单位灭火级别最大保护面积(m²/B)
厨房操作间、锅炉房	2A	75	55B	1.0
自备发电机房	2A	75	55B	1.0
变、配电房	2A	75	55B	1.0
办公用房、宿舍	1A	100	—	—

灭火器的配置数量应按照《建筑灭火器配置设计规范》GB 50140 经计算确定，且每个场所的灭火器数量不应少于 2 具。灭火器的最大保护距离应符合表 6-3 的规定。

灭火器的最大保护距离 (m)　　表 6-3

灭火器配置场所	固体物质火灾	液体或可熔化固体物质火灾、气体类火灾
易燃易爆危险品存放及使用场所	15	9
固定动火作业场	15	9
临时动火作业点	10	6
可燃材料存放、加工及使用场所	20	12
厨房操作间、锅炉房	20	12
发电机房、变配电房	20	12
办公用房、宿舍等	25	—

7. 临时消防给水系统

施工现场或其附近应设置稳定、可靠的水源，并应能满足施工现场临时消防用水的需要。消防水源可采用市政给水管网或天然水源。当采用天然水源时，应采取措施确保冰冻季节、枯水期最低水位时顺利取水，并满足临时消防用水量的要求。

1）临时消防用水量

临时消防用水量应为临时室外消防用水量与临时室内消防用水量之和。临时室外消防用水量应按临时用房和在建工程的临时室外消防用水量的较大者确定，施工现场火灾次数可按同时发生 1 次确定。

临时用房建筑面积之和大于 1000m² 或在建工程单体体积大于 10000m³ 时，应设置临时室外消防给水系统。当施工现场处于市政消火栓 150m 保护范围内且市政消火栓的数量满足室外消防用水量要求时，可不设置临时室外消防给水系统。

临时用房的临时室外消防用水量不应小于表 6-4 的规定。

临时用房的临时室外消防用水量　　表 6-4

临时用房的建筑面积之和	火灾延续时间(h)	消火栓用水量(L/s)	每支水枪最小流量(L/s)
1000m² < 面积 ≤ 5000m²	1	10	5
面积 > 5000m²		15	5

在建工程的临时室外消防用水量不应小于表 6-5 的规定。

在建工程的临时室外消防用水量 表 6-5

在建工程(单体)体积	火灾延续时间(h)	消火栓用水量(L/s)	每支水枪最小流量(L/s)
10000m³＜体积≤30000m³	1	15	5
体积＞30000m³	2	20	5

在建工程的临时室内消防用水量不应小于表 6-6 的规定。

在建工程的临时室内消防用水量 表 6-6

建筑高度、在建工程体积(单体)	火灾延续时间(h)	消火栓用水量(L/s)	每支水枪最小流量(L/s)
24m＜建筑高度≤50m 或 30000m³＜体积≤50000m³	1	10	5
建筑高度＞50m 或体积＞50000m³	1	15	5

2) 消防系统设置

施工现场临时室外消防给水系统的设置应符合下列要求：

(1) 给水管网宜布置成环状；

(2) 临时室外消防给水干管的管径应依据施工现场临时消防用水量和干管内水流计算速度进行计算确定，且不应小于 DN100；

(3) 室外消火栓应沿在建工程、临时用房及可燃材料堆场及其加工场均匀布置，距在建工程、临时用房及可燃材料堆场及其加工场的外边线不应小于 5m；

(4) 消火栓的间距不应大于 120m；

(5) 消火栓的最大保护半径不应大于 150m。

建筑高度大于 24m 或单体体积超过 30000m³ 的在建工程，应设置临时室内消防给水系统。

在建工程室内临时消防竖管的设置应符合下列要求：

(1) 消防竖管的设置位置应便于消防人员操作，其数量不应少于 2 根，当结构封顶时，应将消防竖管设置成环状；

(2) 消防竖管的管径应根据在建工程临时消防用水量、竖管内水流计算速度进行计算确定，且不应小于 DN100。

设置室内消防给水系统的在建工程，应设消防水泵接合器。消防水泵接合器应设置在室外便于消防车取水的部位，与室外消火栓或消防水池取水口的距离宜为 15～40m。

设置临时室内消防给水系统的在建工程，各结构层均应设置室内消火栓接口及消防软管接口，并应符合下列要求：

(1) 消火栓接口及软管接口应设置在位置明显且易于操作的部位；

(2) 消火栓接口的前端应设置截止阀；

(3) 消火栓接口或软管接口的间距，多层建筑不大于 50m，高层建筑不大于 30m。

在建工程结构施工完毕的每层楼梯处，应设置消防水枪、水带及软管，且每个设置点不少于 2 套。高度超过 100m 的在建工程，应在适当楼层增设临时中转水池及加压水泵。中转水池的有效容积不应少于 10m³，上下两个中转水池的高差不宜超过 100m。临时消防给水系统的给水压力应满足消防水枪充实水柱长度不小于10m的要求;给水压力不能满足要求时,应设置消火栓泵,消火栓泵不应少于2台,且应互为备用;消火栓泵宜设置自动启动装置。

当外部消防水源不能满足施工现场的临时消防用水量要求时,应在施工现场设置临时贮水池。临时贮水池宜设置在便于消防车取水的部位,其有效容积不应小于施工现场火灾延续时间内一次灭火的全部消防用水量。

施工现场临时消防给水系统应与施工现场生产、生活给水系统合并设置,但应设置将生产、生活用水转为消防用水的应急阀门。应急阀门不应超过2个,且应设置在易于操作的场所,并设置明显标识。严寒和寒冷地区的现场临时消防给水系统,应采取防冻措施。

8. 用火、用电、用气管理

1)用火管理

施工现场用火,应符合下列要求:

(1)动火作业应办理动火许可证;动火许可证的签发人收到动火申请后,应前往现场查验并确认动火作业的防火措施落实后,方可签发动火许可证;

(2)动火操作人员应具有相应资格;

(3)焊接、切割、烘烤或加热等动火作业前,应对作业现场的可燃物进行清理;作业现场及其附近无法移走的可燃物,应采用不燃材料对其覆盖或隔离;

(4)施工作业安排时,宜将动火作业安排在使用可燃建筑材料的施工作业前进行;确需在使用可燃建筑材料的施工作业之后进行动火作业,应采取可靠防火措施;

(5)裸露的可燃材料上严禁直接进行动火作业;

(6)焊接、切割、烘烤或加热等动火作业,应配备灭火器材,并设动火监护人进行现场监护,每个动火作业点均应设置一个监护人;

(7)五级(含五级)以上风力时,应停止焊接、切割等室外动火作业,否则应采取可靠的挡风措施;

(8)动火作业后,应对现场进行检查,确认无火灾危险后,动火操作人员方可离开;

(9)具有火灾、爆炸危险的场所严禁明火;

(10)施工现场不应采用明火取暖;

(11)厨房操作间炉灶使用完毕后,应将炉火熄灭,排油烟机及油烟管道应定期清理油垢。

2)用电管理

施工现场用电,应符合下列要求:

(1)施工现场供用电设施的设计、施工、运行、维护应符合现行国家标准《建设工程施工现场供用电安全规范》GB 50194的要求;

(2)电气线路应具有相应的绝缘强度和机械强度,严禁使用绝缘老化或失去绝缘性能的电气线路,严禁在电气线路上悬挂物品;破损、烧焦的插座、插头应及时更换;

(3)电气设备与可燃、易燃易爆和腐蚀性物品应保持一定的安全距离;

(4)有爆炸和火灾危险的场所,按危险场所等级选用相应的电气设备;

(5)配电屏上每个电气回路应设置漏电保护器、过载保护器,距配电屏2m范围内不应堆放可燃物,5m范围内不应设置可能产生较多易燃、易爆气体、粉尘的作业区;

(6) 可燃材料库房不应使用高热灯具，易燃易爆危险品库房内应使用防爆灯具；

(7) 普通灯具与易燃物距离不宜小于 300mm；聚光灯、碘钨灯等高热灯具与易燃物距离不宜小于 500mm；

(8) 电气设备不应超负荷运行或带故障使用；

(9) 禁止私自改装现场供用电设施；

(10) 应定期对电气设备和线路的运行及维护情况进行检查。

3) 用气管理

施工现场用气，应符合下列要求：

(1) 储装气体的罐瓶及其附件应合格、完好和有效；严禁使用减压器及其他附件缺损的氧气瓶，严禁使用乙炔专用减压器、回火防止器及其他附件缺损的乙炔瓶；

(2) 气瓶运输、存放、使用时，应符合下列规定：

① 气瓶应保持直立状态，并采取防倾倒措施，乙炔瓶严禁横躺卧放；

② 严禁碰撞、敲打、抛掷、滚动气瓶；

③ 气瓶应远离火源，距火源距离不应小于 10m，并应采取避免高温和防止暴晒的措施；

④ 燃气储装瓶罐应设置防静电装置；

(3) 气瓶应分类储存，库房内通风良好；空瓶和实瓶同库存放时，应分开放置，两者间距不应小于 1.5m；

(4) 气瓶使用时，应符合下列规定：

① 使用前，应检查气瓶及气瓶附件的完好性，检查连接气路的气密性，并采取避免气体泄漏的措施，严禁使用已老化的橡皮气管；

② 氧气瓶与乙炔瓶的工作间距不应小于 5m，气瓶与明火作业点的距离不应小于 10m；

③ 冬季使用气瓶，如气瓶的瓶阀、减压器等发生冻结，严禁用火烘烤或用铁器敲击瓶阀，禁止猛拧减压器的调节螺栓；

④ 氧气瓶内剩余气体的压力不应小于 0.1MPa；

⑤ 气瓶用后，应及时归库。

6.3.3 施工现场各类作业防火管理

1. 电焊、气割作业

(1) 从事电焊、气割操作人员，应当经专门培训，掌握焊割的安全技术、操作规程，经考试合格，取得特种作业人员操作资格证书后方可持证上岗。学徒工不能单独操作，应当在师傅的监护下进行作业。

(2) 严格执行动火审批程序和制度。操作前应当办理动火申请手续，经单位领导同意及消防或者安全技术部门审查批准后方可进行作业。

(3) 动火审批人员要认真负责，严格把关。审批前要深入动火地点查看，确认无火险隐患后再行审批。批准动火应当采取定时（时间）、定位（层、段、档）、定人（操作人、看火人）、定措施（应当采取的具体防火措施）的办法及定责任。

2. 油漆作业

（1）喷漆、涂漆的场所应当有良好的通风，防止形成爆炸极限浓度，引起火灾或者爆炸。

（2）喷漆、涂漆的场所内禁止一切火源，应当采用防爆的电器设备。

（3）禁止与焊工同时间、同部位的上下交叉作业。

（4）油漆工不能穿易产生静电的工作服。接触涂料、稀释剂的工具应当采用防火花型。

（5）浸有涂料、稀释剂的破布、纱团、手套和工作服等，应当及时清理，防止因化学反应而生热，发生自燃。

（6）在油漆作业中应当严格遵守操作规程和程序。

（7）使用脱漆剂时，应当采用不燃性脱漆剂。若因工艺或者技术上的要求，使用易燃性脱漆剂时，一次涂刷脱漆剂量不宜过多，控制在能使漆膜起皱膨胀为宜，清除掉的漆膜要及时妥善处理。

3. 木工操作间

（1）操作间建筑应当采用阻燃材料搭建。

（2）冬季宜采用暖气（水暖）供暖。如用火炉取暖时，应当在四周采取挡火措施；不准燃烧劈柴、刨花代煤取暖。每个火炉都要有专人负责，下班时将余火熄灭。

（3）电气设备的安装要符合防火要求。抛光、电锯等部位的电气设备应当采用密封式或者防爆式。刨花、锯木较多部位的电动机，应当安装防尘罩。

4. 电工作业

（1）电工应当经专门培训，掌握安装与维修的安全技术，并经考试合格后，方可持证上岗。

（2）施工现场暂设线路、电气设备的安装与维修应当执行《施工现场临时用电安全技术规范》JGJ 46。

（3）新设、增设的电气设备，应当经主管部门检查合格后，方可通电使用。

（4）各种电气设备或者线路，不应当超过安全负荷。保险设备要绝缘良好和安装合格。严禁用铜丝、铁丝等代替保险丝。

5. 熬炼作业

（1）熬沥青灶应当设在工程的下风方向，不得设在电线垂直下方，距离新建工程、料场、库房和临时工棚等应当在 25m 以上。现场窄小的工地有困难时，应当采取相应的防火措施或者尽量采用冷防水施工工艺。

（2）沥青锅灶要坚固、无裂缝，靠近火门上部的锅台，应当砌筑 18～24cm 的砖沿，防止沥青溢出引燃。火口与锅边应当有 70cm 的隔离设施，锅与烟囱的距离应当大于 80cm，锅与锅的距离应当大于 2m。锅灶高度不宜超过地面 60cm。

（3）熬沥青灶应当由熟悉此项操作的技工进行，操作人员不得擅离岗位。

6. 仓库防火管理

（1）严格执行《仓库防火安全管理规则》有关规定。

（2）熟悉存放物品的性质、防火要求及灭火方法，严格按照其性质、包装、灭火方法、储存防火要求和密封条件等分别存放。性质相抵触的物品不得混存。

（3）物品入库前应当进行检查，确定无火种等隐患后，方可入库。

（4）库房管理人员在每日下班前，应当对经管的库房巡查一遍，确认无火灾隐患后，关好门窗，切断电源，方可离开。

（5）严禁在仓库内兼设办公室、休息室或更衣室、值班室以及各种加工作业等。

7. 民用建筑外保温系统及外墙装饰施工作业防火管理

2009年9月25日公安部、住房城乡建设部为有效防止建筑外保温系统火灾事故，联合制定并印发《民用建筑外保温系统及外墙装饰防火暂行规定》（公通字［2009］46号），对墙体、屋顶、金属夹芯复合板材、施工及使用防火作出了具体的规定。该规范性文件规定，民用建筑外保温材料的燃烧性能宜为A级，而且不应低于B2级。建筑外墙的装饰层，除采用涂料外，应采用不燃材料。用于临时性居住建筑的金属夹芯复合板材，其芯材应当采用不燃或者难燃保温材料。

2011年3月14日，公安部消防局以公消［2011］65号文印发《关于进一步明确民用建筑外保温材料消防监督管理有关要求的通知》，确定将民用建筑外保温材料纳入建设工程消防设计审核、消防验收和备案抽查范围。在新标准发布前，从严执行公通字［2009］46号文件第二条的规定，民用建筑外保温材料采用燃烧性能为A级的材料。

6.4 施工现场文明施工管理

6.4.1 管理要求

文明施工管理是建筑施工安全生产管理的重要内容，施工单位应对文明施工管理提出要求。具体内容包括：

（1）应对安全文明施工提出管理要求；

（2）安全文明施工管理要求比较全面，且应符合有关规定；

（3）有相关的安全文明施工管理目标与考核规定；

（4）企业应建立安全文明施工监督机制，落实检查与考核的具体实施办法；施工现场安全文明施工活动应开展情况良好；

（5）企业应建立安全文明施工的管理档案；施工现场用相应的安全文明施工管理实施情况的记录档案；

（6）其他管理要求。

6.4.2 安全警示标志管理

正确使用安全警示标志是施工现场安全管理的重要内容。

安全标志是指在操作人员容易产生错误而造成事故的场所，为了确保安全，提醒操作人员注意所采用的一种特殊标志，其目的是引起人们对不安全因素的注意，预防事故的发生。但安全标志不能代替安全操作规程和保护措施。根据国家有关标准，安全标志应由安全色、几何图案和图形符号构成。

国家规定的安全色有红、蓝、黄、绿四种颜色。红色：传递禁止、停止、危险或提示消防防备、设施的信息；蓝色：传递必须遵守规定的指令性信息；黄色：传递注意、警告的信息；绿色：传递安全的提示性信息。

6.4.3 安全防护管理

"三宝"是施工中必须使用的防护用品。"四口"和"五临边"是建筑施工中不可少和经常出现的。为了预防高处坠落、从"口""边"处坠落和物体打击事故的发生，在施工中被广泛使用的三种防护用具安全帽、安全带、安全网，通称为"三宝"。楼梯口、电梯口、预留洞口、通道口称为"四口"。基坑周边，两层以上楼、楼层周边、分层施工的楼梯口和梯段边、各种垂直运输接料平台边、井架与施工用电梯和脚手架等与建筑物通道的两侧边称为"五临边"。

在其"四口"、"五临边"作业时，容易发生高坠事故，而无"三宝"保护，又容易遭物打和碰撞事故。它们都可以转换能量，两者之间虽未有有机联系，但出事故是交叉的，即有高坠又有物打，而出现的事故又是一种不正常的或不希望的能量转换，所以防护要求一定要明确、防范技术要合理，并要经济适用。

1. 正确使用安全帽

施工企业要购置符合国家标准的安全帽。要监督施工现场的作业人员正确佩戴安全帽。尤其是必须系紧下颚系带，防止安全帽坠落失去防护作用。

2. 正确选用安全网

安全网分平网和立网两种。安全网是预防坠落伤害的一种劳动保护用品，是为了防止高处作业的人或者处于高处作业面的物体发生坠落时避免伤害事故的发生。因此企业要购置符合国家标准生产的安全网。每张安全网都必须有国家指定的监督检验部门批量检验证和工厂检验合格证。工程施工过程中，为防止落物和减少污染，必须采用密目式安全网对建筑物进行全封闭。安全网的类型不同，防范的目的和使用要求不同，在使用中不能混用。安全网使用必须符合有关技术性能要求，使用过的安全网的技术性能达不到要求，不得再使用。

3. 正确使用安全带

安全带俗称"救命绳"。企业要监督架子工和登高作业人员必须使用安全带。使用安全带应做垂直悬挂，高挂低用较为安全。当作水平位置悬挂使用时，要注意摆动碰撞。不宜低挂高用；不应将绳打结使用，以免绳结受力后剪断；不应将挂钩直接挂在不牢固物和直接挂在非金属绳上，防止绳被割断。

4. 楼梯口、电梯井口防护

《建筑施工高处作业安全技术规范》JGJ 80 规定：进行洞口作业以及因工程工序需要而产生的，使人与物有坠落危险或者危及人身安全的其他洞口进行高处作业时，必须按规定设置防护措施。防护栏杆、防护棚门应当符合规范规定，整齐牢固，与现场规范化管理相适应。防护设施应当在施工组织设计中有设计、有图纸，并经验收形成工具化、定型化的防护用具，安全可靠、整齐美观，周转使用。

5. 预留洞口、坑、井防护

按照《建筑施工高处作业安全技术规范》JGJ 80 规定，对孔洞口（水平孔洞短边尺寸大于 2.5cm 的，竖向孔洞下边沿至楼板或底面低于 80cm 的）都要进行防护。各类洞口的防护具体做法，应当针对洞口大小及作业条件，在施工组织设计中分别进行设计规定，并在一个单位或者在一个施工现场中形成定型化，不允许由作业人员随意找材料覆盖洞口的临时做法，防止由于不严密不牢固而存在安全隐患。

6. 通道口防护

在建工程地面入口处和施工现场人员流动密集的通道上方，应设置防护棚，防止因坠落物产生的物体打击事故。

7. 阳台、楼板、屋面等临边防护

《建筑施工高处作业安全技术规范》JGJ 80 规定，施工现场中，工作面边沿无防护设施或者围护设施高度低于 80cm 时，都要按规定搭设临边防护栏杆，栏杆搭设应符合规范要求。

6.4.4 文明施工管理

文明施工是指保持施工场地整洁、卫生，施工组织科学，施工程序合理的一种施工活动。文明施工的基本条件包括：有整套的施工组织设计（或施工方案），有严格的成品保护措施和制度，大小临时设施和各种材料、构件、半成品按平面布置堆放整齐，施工场地平整，道路畅通，排水设施得当，水电线路整齐，机具设备状况良好，使用合理，施工作业符合消防和安全要求。

文明施工及管理的主要内容包括：

1. 现场围挡

工地必须沿四周连续设置封闭围挡，围挡材料应选用砌体、金属板材等硬性材料，并做到坚固、稳定、整洁和美观。

（1）市区主要路段的工地应设置高度不小于 2.5m 的封闭围挡；

（2）一般路段的工地应设置高度不小于 1.8m 的封闭围挡；

（3）围挡应坚固、稳定、整洁、美观。

2. 封闭管理

现场进出口应设置大门、门卫室、企业名称或标识、车辆冲洗设施等，并严格执行门卫制度，持工作卡进出现场。

（1）施工现场进出口应设置大门，并应设置门卫值班室；

（2）应建立门卫职守管理制度，并应配备门卫职守人员；

（3）施工人员进入施工现场应佩戴工作卡；

（4）施工现场出入口应标有企业名称或标识，并应设置车辆冲洗设施。

3. 施工场地

现场主要道路必须采用混凝土、碎石或其他硬质材料进行硬化处理，做到畅通、平整，其宽度应能满足施工及消防等要求。

对现场易产生扬尘污染的路面、裸露地面及存放的土方等，应采取合理、严密的防尘措施。

（1）施工现场的主要道路及材料加工区地面应进行硬化处理；

（2）施工现场道路应畅通，路面应平整坚实；

（3）施工现场应有防止扬尘措施；

（4）施工现场应设置排水设施，且排水通畅无积水；

（5）施工现场应有防止泥浆、污水、废水污染环境的措施；

(6) 施工现场应设置专门的吸烟处，严禁随意吸烟；
(7) 温暖季节应有绿化布置。

4. 材料管理

应根据施工现场实际面积及安全消防要求，合理布置材料的存放位置，并码放整齐。现场存放的材料（如：钢筋、水泥等），为了达到质量和环境保护的要求，应有防雨水浸泡、防锈蚀和防止扬尘等措施。

建筑物内施工垃圾的清运，为防止造成人员伤亡和环境污染，必须要采用合理容器或管道运输，严禁凌空抛掷。现场易燃易爆物品必须严格管理，在使用和储藏过程中，必须有防暴晒、防火等保护措施，并应间距合理、分类存放。

(1) 建筑材料、构件、料具应按总平面布局进行码放；
(2) 材料应码放整齐，并应标明名称、规格等；
(3) 施工现场材料码放应采取防火、防锈蚀、防雨等措施；
(4) 建筑物内施工垃圾的清运，应采用器具或管道运输，严禁随意抛掷；
(5) 易燃易爆物品应分类储藏在专用库房内，并应制定防火措施。

5. 现场办公与住宿

为了保证住宿人员的人身安全，在施工程、伙房、库房严禁兼做员工的宿舍。

施工现场应做到作业区、材料区与办公区、生活区进行明显的划分，并应有隔离措施；如因现场狭小，不能达到安全距离的要求，必须对办公区、生活区采取可靠的防护措施。

宿舍内严禁使用通铺，床铺不应超过2层，为了达到安全和消防的要求，宿舍内应有必要的生活空间，居住人员不得超过16人，通道宽度不应小于0.9m，人均使用面积不应小于$2.5m^2$。

(1) 施工作业、材料存放区与办公、生活区应划分清晰，并应采取相应的隔离措施；
(2) 在建工程、伙房、库房不得兼做宿舍；
(3) 宿舍、办公用房的防火等级应符合规范要求；
(4) 宿舍应设置可开启式窗户，床铺不得超过2层，通道宽度不应小于0.9m；
(5) 宿舍内住宿人员人均面积不应小于$2.5m^2$，且不得超过16人；
(6) 冬季宿舍内应有采暖和防一氧化碳中毒措施；
(7) 夏季宿舍内应有防暑降温和防蚊蝇措施；
(8) 生活用品应摆放整齐，环境卫生应良好。

6. 现场防火

现场临时用房和设施，包括办公用房、宿舍、厨房操作间、食堂、锅炉房、库房、变配电房、围挡、大门、材料堆场及其加工场、固定动火作业场、作业棚、机具棚等设施，在防火设计上，必须达到有关消防安全技术规范的要求。

现场木料、保温材料、安全网等易燃材料必须实行入库、合理存放，并配备相应、有效、足够的消防器材。

为了保证现场防火安全，动火作业前必须履行动火审批程序，经监护和主管人员确认、同意，消防设施到位后，方可施工。

(1) 施工现场应建立消防安全管理制度、制定消防措施；

(2) 施工现场临时用房和作业场所的防火设计应符合规范要求；
(3) 施工现场应设置消防通道、消防水源，并应符合规范要求；
(4) 施工现场灭火器材应保证可靠有效，布局配置应符合规范要求；
(5) 明火作业应履行动火审批手续，配备动火监护人员。

7. 综合治理
(1) 生活区内应设置供作业人员学习和娱乐的场所；
(2) 施工现场应建立治安保卫制度、责任分解落实到人；
(3) 施工现场应制定治安防范措施。

8. 公示标牌
(1) 大门口处应设置公示标牌，主要内容应包括：工程概况牌、消防保卫牌、安全生产牌、文明施工牌、管理人员名单及监督电话牌、施工现场总平面图；
(2) 标牌应规范、整齐、统一；
(3) 施工现场应有安全标语；
(4) 应有宣传栏、读报栏、黑板报。

施工现场的进口处应有明显的公示标牌，如果认为内容还应增加，可结合本地区、本企业及本工程特点进行要求。

9. 生活设施
(1) 应建立卫生责任制度并落实到人；
(2) 食堂与厕所、垃圾站、有毒有害场所等污染源的距离应符合规范要求；
(3) 食堂必须有卫生许可证，炊事人员必须持身体健康证上岗；
(4) 食堂使用的燃气罐应单独设置存放间，存放间应通风良好，并严禁存放其他物品；
(5) 食堂的卫生环境应良好，且应配备必要的排风、冷藏、消毒、防鼠、防蚊蝇等设施；
(6) 厕所内的设施数量和布局应符合规范要求；
(7) 厕所必须符合卫生要求；
(8) 必须保证现场人员卫生饮水；
(9) 应设置淋浴室，且能满足现场人员需求；
(10) 生活垃圾应装入密闭式容器内，并应及时清理。

食堂与厕所、垃圾站等污染及有毒有害场所的间距必须大于15m，并应设置在上述场所的上风侧（地区主导风向）。

食堂必须经相关部门审批，颁发卫生许可证和炊事人员的身体健康证。食堂使用的煤气罐应进行单独存放，不能与其他物品混放，且存放间有良好的通风条件。食堂应设专人进行管理和消毒，门扇下方设防鼠挡板，操作间设清洗池、消毒池、隔油池、排风、防蚊蝇等设施，储藏间应配有冰柜等冷藏设施，防止食物变质。

厕所的蹲位和小便槽应满足现场人员数量的需求，高层建筑或作业面积大的场地应设置临时性厕所，并由专人及时进行清理。

现场的淋浴室应能满足作业人员的需求，淋浴室与人员的比例宜大于1:20。

现场应针对生活垃圾建立卫生责任制，使用合理、密封的容器，指定专人负责生活垃圾的清运工作。

10. 社区服务

为了保护环境，施工现场严禁焚烧各类废弃物（包括生活垃圾、废旧的建筑材料等），应进行及时的清运。

施工活动泛指施工、拆除、清理、运输及装卸等动态作业活动，在动态作业活动中，应有防粉尘、防噪声和防光污染等措施。

（1）夜间施工前，必须经批准后方可进行施工；

（2）施工现场严禁焚烧各类废弃物；

（3）施工现场应制定防粉尘、防噪声、防光污染等措施；

（4）应制定施工不扰民措施。

6.5 施工安全管理与文明施工检查与评定

6.5.1 检查目的

安全检查是对安全管理体系活动和结果的符合性和有效性进行的常规监测活动，建筑企业通过安全检查掌握安全管理体系运行的动态，发现并纠正安全管理体系运行活动或结果的偏差，并为确定和采取纠正措施或预防措施提供信息。

安全生产检查的目的是：

（1）通过检查，可以发现施工（生产）中的不安全（人的不安全行为和物的不安全状态）问题，从而采取对策，消除不安全因素，保障安全生产。

（2）利用安全生产检查，进一步宣传、贯彻、落实党和国家安全生产方针、政策和各项安全生产规章制度、规范标准。

（3）安全检查实质是一次群众性的安全教育。通对检查，增强领导的群众安全意识，纠正违章指挥、违章作业，提高搞好安全生产的自觉性和责任感。

（4）通过检查，可以互相学习、总结经验、吸取教训、取长补短，有利于进一步促进安全生产工作。

（5）通过安全生产检查，了解安全生产动态，为分析安全生产形势，研究加强安全管理提供信息和依据。

6.5.2 检查形式

施工安全管理与文明施工检查的主要形式一般可分为日常巡查、专项检查、定期安全检查、经常性安全检查、季节性安全检查、节假日安全检查、开工（复工）安全检查、专业性安全检查和设备设施安全验收检查等。检查的组织形式应根据检查的目的、内容而定，因此参加检查的组成人员也就不完全相同。具体包括：

1）主管部门检查。主管部门（包括中央、省、市级建设行政主管部门）对下属单位进行的安全检查，这类检查，能针对本行业特点、共性和主要问题进行检查，并有针对性、调查性，也有批评性。同时通过检查总结，扩大安全生产经验，对基层推动作用较大。

2) 定期安全检查。企业内部必须建立定期分级安全检查制度，由于企业规模、内部建制等不同，要求也不能千篇一律。公司每月组织一次安全检查；项目部每星期组织一次。每次安全检查应由单位领导或总工程师（技术领导）带队，有工会、安全、动力设备、保卫等部门派员参加。这种制度性的定期检查内容，属全面性和考核性的检查。

3) 专业性安全检查。（如垂直提升机、脚手架、电气、塔吊、压力容器、防尘防毒等）的安全问题或在施工（生产）中存在的普遍性安全问题进行单项检查。这类检查专业性强，也可以结合单项评比进行，参加专业安全检查组的人员，主要应由专业技术人员、懂行的安全技术人员和有实际操作、维修能力的工人参加。

4) 经常性安全检查。在施工（生产）过程中进行经常性的预防检查，能及时发现隐患，消除隐患，保证施工（生产）正常进行，通常有：

（1）班组进行班前、班后岗位安全检查。

（2）各级安全员及安全值日人员日常巡回安全检查。

（3）各级管理人员在检查生产同时检查安全。

5) 临时性安全检查。在工程开工前的准备工作、施工高峰期、工程处在不同施工阶段前后、人员有较大变动期、工地发生工伤事故及其他安全事故后以及上级临时安排等，所进行的安全检查。

开工、复工前的安全检查，是针对工程项目开工、复工之前进行的安全检查，主要检查现场是否具备保障安全生产的条件。

6) 季节性及节假日前后安全检查。季节性安全检查是针对气候特点（如冬季、夏季、雨季、风季等）可能给施工（生产）带来危害而组织的安全检查。节假日（特别是重大节日，如元旦、劳动节、国庆节）前、后防止职工纪律松懈、思想麻痹等进行的检查。检查应由单位领导组织有关部门人员进行。节日加班，更要重视对加班人员的安全教育，同时要认真检查安全防范措施的落实。

7) 施工现场还要经常进行自检、互检和交接检查。

（1）自检：班组作业前、后对自身所处的环境和工作程序要进行安全检查，可随时消灭安全隐患。

（2）互检：班组之间开展的安全检查。可以做到互相监督、共同遵章守纪。

（3）交接检查：上道工序完毕，交给下道工序使用前，应由工地负责人组织工长、安全员、班组长及其他有关人员参加，进行安全检查或验收，确认无误或合格后，方能交给下道工序使用。如脚手架、井字架、塔吊等，在搭设好使用前，都要经过交接检查。

6.5.3 检查的主要内容

安全检查是生产经营单位安全管理的重要内容，其工作重点是辨识安全管理工作存在的漏洞和死角，检查施工现场安全防护设施、作业环境是否存在不安全状态，现场作业人员的行为是否符合安全规范，以及设备、系统运行状况是否符合现场规程的要求等。通过安全检查，不断堵塞管理漏洞，改善劳动作业环境，规范作业人员的行为，保证设备系统的安全、可靠运行，实现安全生产的目的。《建筑施工安全检查标准》JGJ 59—2011 规定工程安全生产检查评定项目包括：安全管理、文明施工、脚手架、基坑工程、模板支架、高处作业、施工用电、物料提升机与施工升降机、塔式起重机与起重吊装、施工机具等项目。

施工安全管理与文明施工检查主要是以查安全思想、查安全责任、查安全制度、查安全措施、查安全防护、查设备设施、查教育培训、查操作行为、查劳动防护用品使用和查伤亡事故处理等为主要内容。施工安全管理与文明施工检查要根据施工生产特点，具体确定检查的项目和检查的标准。其中：

1) 查安全思想：主要是检查以项目经理为首的项目全体员工（包括分包作业人员）的安全生产意识和对安全生产工作的重视程度。

2) 查安全责任：主要是检查现场安全生产责任制度的建立；安全生产责任目标的分解与考核情况；安全生产责任制与责任目标是否已落实到了每一个岗位和每一个人员，并得到了确认。

3) 查安全制度：主要是检查现场各项安全生产规章制度和安全技术操作规程的建立和执行情况。

4) 查安全措施：主要是检查现场安全措施计划及各项安全专项施工方案的编制、审核、审批及实施情况；重点检查方案的内容是否全面、措施是否具体并有针对性，现场的实施运行是否与方案规定的内容相符。

5) 查安全防护：主要是检查现场临边、洞口等各项安全防护设施是否到位，有无安全隐患。

6) 查设备设施：主要是检查现场投入使用的设备设施的购置、租赁、安装、验收、使用、过程维护保养等各个环节是否符合要求；设备设施的安全装置是否齐全、灵敏、可靠，有无安全隐患。

7) 查教育培训：主要是检查现场教育培训岗位、教育培训人员、教育培训内容是否明确、具体、有针对性；三级安全教育制度和特种作业人员持证上岗制度的落实情况是否到位；教育培训档案资料是否真实、齐全。

8) 查操作行为：主要是检查现场施工作业过程中有无违章指挥、违章作业、违反劳动纪律的行为发生。

9) 查劳动防护用品的使用：主要是检查现场劳动防护用品、用具的购置、产品质量、配备数量和使用情况是否符合安全与职业卫生的要求。

10) 查伤亡事故处理：主要是检查现场是否发生伤亡事故，对发生的伤亡事故是否已按照"四不放过"的原则进行了调查处理，是否已有针对性地制定了纠正与预防措施；制定的纠正与预防措施是否已得到落实并取得实效。

6.5.4 检查的主要方法

建筑工程安全检查在正确使用安全检查表的基础上，可以采用"听"、"问"、"看"、"量"、"测"、"运转试验"等方法进行。

1) "听"：听取基层管理人员或施工现场安全员汇报安全生产情况，介绍现场安全工作经验、存在的问题、今后的发展方向。

2) "问"：主要是指通过询问、提问，对以项目经理为首的现场管理人员和操作工人进行的应知应会抽查，以便了解现场管理人员和操作工人的安全意识和安全素质。

3) "看"：主要是指查看施工现场安全管理资料和对施工现场进行巡视。例如：查看项目负责人、专职安全管理人员、特种作业人员等的持证上岗情况；现场安全标志设置情况；劳动防护用品使用情况；现场安全防护情况；现场安全设施及机械设备安全装置配置情况等。

4)"量"：主要是指使用测量工具对施工现场的一些设施、装置进行实测实量。例如：对脚手架各种杆件间距的测量；对现场安全防护栏杆高度的测量；对电气开关箱安装高度的测量；对在建工程与外电边线安全距离的测量等。

5)"测"：主要是指使用专用仪器、仪表等监测器具对特定对象关键特性技术参数的测试。例如：使用漏电保护器测试仪对漏电保护器漏电动作电流、漏电动作时间的测试；使用地阻仪对现场各种接地装置接地电阻的测试；使用兆欧表对电机绝缘电阻的测试；使用经纬仪对塔吊、外用电梯安装垂直度的测试等。

6)"运转试验"：主要是指由具有专业资格的人员对机械设备进行实际操作、试验，检验其运转的可靠性或安全限位装置的灵敏性。例如：对塔吊力矩限制器、变幅限位器、起重限位器等安全装置的试验；对施工电梯制动器、限速器、上下极限限位器、门连锁装置等安全装置的试验；对龙门架超高限位器、断绳保护器等安全装置的试验等。

6.5.5 《建筑施工安全检查标准》JGJ 59—2015 的构成与评分方法

《建筑施工安全检查标准》JGJ 59—2015 使建筑工程安全检查由传统的定性评价上升到定量评价，使安全检查进一步规范化、标准化。《建筑施工安全检查标准》JGJ 59—2015 条文共 5 个部分，19 张检查评分表，168 项安全检查内容，575 项控制点。《建筑施工安全检查评分汇总表》主要内容包括：安全管理（满分 10 分）、文明施工（满分 15 分）、脚手架（满分 10 分）、基坑工程（满分 10 分）、模板支架（满分 10 分）、高处作业（满分 10 分）、用电（满分 10 分）、物料提升机与施工升降机（满分 10 分）、塔式起重机与起重吊装（满分 10 分）、施工机具（满分 5 分）共 10 项，所示得分作为对一个施工现场安全生产情况的综合评价依据。安全检查内容中包括保证项目（85 项）和一般项目（83 项）。保证项目为一票否决项目，是指在检查评定项目中，对施工人员生命、设备设施及环境安全起关键性作用的项目。在实施安全检查时，保证项目应全数检查。

在安全检查中，各分项检查评分表和检查评分汇总表的满分分值均为 100 分，评分表的实得分值应为各检查项目所得分值之和；评分采用扣减分值的方法，扣减分值总和不得超过该检查项目的应得分值；当按分项检查评分表评分时，保证项目中有一项未得分或保证项目小计得分不足 40 分，此分项检查评分表不应得分。具体要求包括：

1. 各评分表的评分规定

（1）分项检查评分表和检查评分汇总表的满分分值均应为 100 分，评分表的实得分值应为各检查项目所得分值之和；

（2）评分应采用扣减分值的方法，扣减分值总和不得超过该检查项目的应得分值；

（3）当按分项检查评分表评分时，保证项目中有一项未得分或保证项目小计得分不足 40 分，此分项检查评分表不应得分。

2. 检查评分分值计算

（1）检查评分汇总表中各分项项目实得分值应按式（6-1）计算：

$$A_1 = \frac{B \times C}{100} \tag{6-1}$$

式中 A_1——汇总表各分项项目实得分值；
　　　B——汇总表中该项应得满分值；
　　　C——该项检查评分表实得分值。

（2）当评分遇有缺项时，分项检查评分表或检查评分汇总表的总得分值应按式（6-2）计算：

$$A_2 = \frac{D}{E} \times 100 \tag{6-2}$$

式中 A_2——遇有缺项时总得分值；
　　　D——实查项目在该表的实得分值之和；
　　　E——实查项目在该表的应得满分值之和。

（3）脚手架、物料提升机与施工升降机、塔式起重机与起重吊装项目的实得分值，应为所对应专业的分项检查评分表实得分值的算术平均值。

3. 检查评定等级

检查评定等级应按汇总表的总得分和分项检查评分表的得分，对建筑施工安全检查评定划分为优良、合格、不合格三个等级。当建筑施工安全检查评定的等级为不合格时，必须限期整改达到合格。

建筑施工安全检查评定的等级划分应符合下列规定：
（1）优良：分项检查评分表无零分，汇总表得分值应在80分及以上。
（2）合格：分项检查评分表无零分，汇总表得分值应在80分以下，70分及以上。
（3）不合格：①当汇总表得分值不足70分时；②当有一分项检查评分表得零分时。

6.6　BIM技术在安全管理与文明施工的主要应用

6.6.1　危险源识别与交底

1. 危险源辨识的主要对象

危险源辨识是施工现场安全管理中的基础性工作。危险源辨识的基本目的是：对施工过程中可能引发人员伤害，设备、设施损坏的危险源进行辨识。住房城乡建设部在《危险性较大的分部分项工程安全管理办法》中明确规定，对于对危险性较大的分部分项工程安全管理，应明确安全专项施工方案编制内容，规范专家论证程序，确保安全专项施工方案实施。危险性较大的分部分项工程是指建筑工程在施工过程中存在的、可能导致作业人员群死群伤或造成重大不良社会影响的分部分项工程，并特别要求对超过一定规模的危险性较大分部分项工程须组织召开专家论证会。危险性较大的分部分项工程范围包括：

1）基坑支护、降水工程

开挖深度超过3m（含3m）或虽未超过3m但地质条件和周边环境复杂的基坑（槽）支护、降水工程。

（超规标准）开挖深度超过5m（含5m）的基坑（槽）的土方开挖、支护、降水工程。

（超规标准）开挖深度虽未超过5m，但地质条件、周围环境和地下管线复杂，或影响毗邻建筑（构筑）物安全的基坑（槽）的土方开挖、支护、降水工程。

2）土方开挖工程

开挖深度超过3m（含3m）的基坑（槽）的土方开挖工程。

3）模板工程及支撑体系

各类工具式模板工程包括高大模板、滑模、爬模、飞模等工程。

混凝土模板支撑工程：搭设高度5m及以上；搭设跨度10m及以上；施工总荷载10kN/m^2及以上；集中线荷载15kN/m^2及以上；高度大于支撑水平投影宽度且相对独立无联系构件的混凝土模板支撑工程。

承重支撑体系：用于钢结构安装等满堂支撑体系。

（超规标准）工具式模板工程包括滑模、爬模、飞模工程。

（超规标准）混凝土模板支撑工程：搭设高度8m及以上；搭设跨度18m及以上；施工总荷载15kN/m^2及以上；集中线荷载20kN/m及以上。

（超规标准）承重支撑体系：用于钢结构安装等满堂支撑体系，承受单点集中荷载700kg以上。

4）起重吊装及安装拆卸工程

采用非常规起重设备、方法，且单件起吊重量在10kN及以上的起重吊装工程；采用起重机械进行安装的工程；起重机械设备自身的安装、拆卸。

（超规标准）采用非常规起重设备、方法，且单件起吊重量在100kN及以上的起重吊装工程。

（超规标准）起重量300kN及以上的起重设备安装工程；高度200m及以上内爬起重设备的拆除工程。

5）脚手架工程

搭设高度24m及以上的落地式钢管脚手架工程；附着式整体和分片提升脚手架工程；悬挑式脚手架工程；吊篮脚手架工程；自制卸料平台、移动操作平台工程；新型及异形脚手架工程。

（超规标准）搭设高度50m及以上落地式钢管脚手架工程；提升高度150m及以上附着式整体和分片提升脚手架工程；架体高度20m及以上悬挑式脚手架工程。

6）拆除、爆破工程

建筑物、构筑物拆除工程；采用爆破拆除的工程。

（超规标准）采用爆破拆除的工程；码头、桥梁、高架、烟囱、水塔或拆除中容易引起有毒有害气（液）体或粉尘扩散、易燃易爆事故发生的特殊建（构）筑物的拆除工程；可能影响行人、交通、电力设施、通信设施或其他建（构）筑物安全的拆除工程；文物保护建筑、优秀历史建筑或历史文化风貌区控制范围的拆除工程。

7）其他

建筑幕墙安装工程；钢结构、网架和索膜结构安装工程；人工挖扩孔桩工程；地下暗挖、顶管及水下作业工程；预应力工程；采用新技术、新工艺、新材料、新设备及尚无相关技术标准的危险性较大的分部分项工程。

(超规标准)施工高度50m及以上的建筑幕墙安装工程;跨度大于36m及以上的钢结构安装工程;跨度大于60m及以上的网架和索膜结构安装工程;开挖深度超过16m的人工挖孔桩工程;地下暗挖工程、顶管工程、水下作业工程;采用新技术、新工艺、新材料、新设备及尚无相关技术标准的危险性较大的分部分项工程。

2. 危险源辨识的BIM应用

传统工作模式下,大多依据安全管理人员的经验对施工现场的危险源进行辨识和评价。如果安全管理人员对图纸、施工组织设计理解得不彻底,容易造成危险源的辨识和评价不全面、不准确。此外,多数情况下是施工过程已经开始后,才依据施工现场的实际情况,对危险源进行辨识和评价。可见,对危险源的动态管理的滞后和不到位,也是无法实现事先预警的主要原因之一。同时,危险源是随着施工过程动态变化的,不同的施工阶段,危险源的数量也会有所不同。传统工作模式下,大多只是进行一次总的危险源辨识和评价,无法依据施工阶段的变化,进行危险源的动态辨识和动态评价。

采用BIM技术,可以将施工现场所有的生产要素都绘制在模型中。同时,结合施工模拟,安全管理人员能够在计算机环境下对施工组织设计进行直观地展示。此外,借助BIM技术可以将各施工阶段中的危险源进行动态辨识和动态评价。在此基础上,编制出更为完善的安全策划方案。

以江苏省某住宅楼为例,完成该项目土建和施工措施模型以后(图6-1),根据模型将本工程相应的构件进行危险源的辨识(例如:脚手架和施工电梯),辨识之后将辨识的结果整理,按照规定的数据库字段录入到数据库中(图6-2)。全部录入结束之后,将模型导入到Navisworks软件中,使用软件中的DataTools工具将模型同数据库进行链接,这样模型中的构件被赋予了安全管理的相关信息。管理者通过模型可以看到施工现场的基本情况,根据施工现场的模型模拟情况,同自己以往的工作经验相结合找到施工现场还可能存在的危险源,或者是项目中特殊部位的危险源,同样将这些危险源输入到数据库中,数据库会自动同模型进行关联(图6-3)。

图6-1 案例BIM土建与施工措施模型

第6章 施工现场安全管理与文明施工

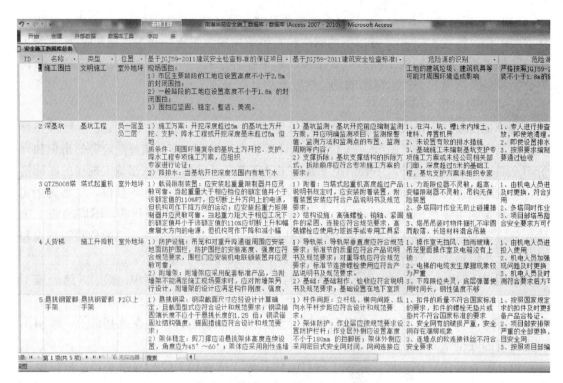

图6-2 案例危险源识别清单（部分）

图6-3 案例施工电梯和脚手架危险源信息的快速显示

6.6.2 安全管理方案策划

安全策划的基本目的是:基于工程项目的规模、结构、技术、环境特点,给出危险源的辨识和评价结果。同时,结合法律法规、资源配置等方面的要求,对工程项目进行施工安全策划。

传统工作模式下,如果安全管理人员对工程项目不熟悉,无法实现事先策划。很多情况下,往往是现场检查发现危险源后才进行安全防护,造成安全策划、安全防护工作的滞后,给施工过程带来了极大的隐患。

采用BIM技术,安全管理人员可以很容易地对需要进行安全防护的区域进行精确定位,并结合施工进度计划安排,编制出相应的与时间相关联安全策划方案。同时,通过将安全防护模型绘制到BIM模型中,在提升安全策划管理工作的精确性和效率的同时,也有助于对技术人员、施工人员进行安全教育工作。需要指出的是,采用BIM技术,面向缺乏现场经验的人员进行安全策划培训,可以显著提升他们的管理水平和员工素质,做到事先警示,防患于未然。

基于BIM软件工具,将建立的包含安全技术措施及危险源信息的三维BIM模型(图6-4)导入Navisworks,利用Navisworks中的Timeliner工具为三维模型加入时间条,形成4D信息模型(图6-5),4D信息模型中包含了反映建筑物实体形状等几何特征的设计信息,以及如何建造建筑物实体的施工信息,重点描述的是工程项目的施工过程,用于解决施工过程中的进度管理、工程模拟、资源管理及场地管理等问题。4D模型将每一个建筑构件的具体建造过程显示出来,使施工人员清楚直观的理解进度计划的重要节点与相应的危险源信息;同时进度计划与实际施工过程的对比,可以发现施工过程中出现的问题和安全隐患,及时采取措施纠正(图6-6)。

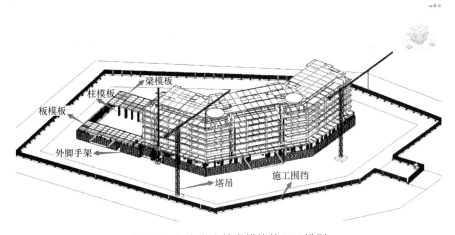

图6-4 包含安全技术措施的BIM模型

6.6.3 危险源及安全专项方案的数据管理

危险源的辨识工作不仅仅存在于项目之初,危险源辨识包括施工前、施工中、事故后、施工后四个阶段,随着施工进展的变化,每个阶段都会有新的危险源数据出现,需要

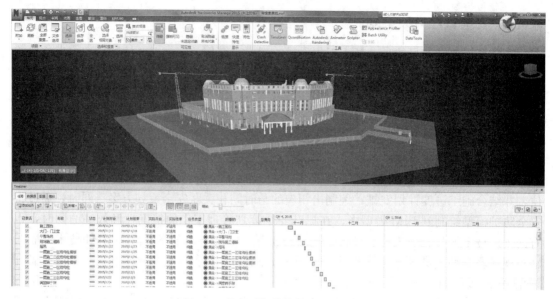

图 6-5　包含时间信息的 4D-BIM 模型

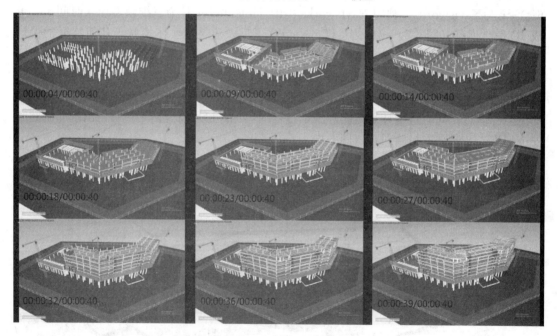

图 6-6　安全管理方案的 4D 虚拟建造模拟

管理者随时将这些信息记录到数据库中,记录之后数据库依然会同模型联系,管理者可以继续在模型中查看相关危险源信息。同时在进行安全管理的工作中,还会随时发现管理出现的其他问题,这些信息书写在电子文本文档中时文件的存储过于随意,不能实现集中管理;信息记录在纸上时,纸张容易丢失,即使及时汇集成册,查找不像电子版快捷。利用 BIM 技术,可以使用其中项目管理软件的 Navisworks 中的"标记"功能,通过"标记"可以实现数据的快速录入和便捷管理(图 6-7),对于添加的标记还可以使用多种规则的查找功能(图 6-8),将标记的危险源信息数据找到。

6.6 BIM技术在安全管理与文明施工的主要应用

另一方面，安全管理工作对于危险性较大或者标准和规范明确要求的危险源或危险性较大分部分项工程，需要撰写与之相关的专项施工方案，专项施工方案在撰写完成之后会全部汇集在一起，但是全部汇集在一起的专项施工方案在查找的过程中比较不方便，像施工合同有专门的合同管理软件，专项施工方案也可以通过文件管理软件建立连接，快速地查找，但是传统的查找是通过文字提示来查找，比如点击"脚手架专项施工方案.doc"这一文件名会打开该文本文档。所有呈现在管理者面前的都是文字和文件名。使用Navisworks软件可以将构件的模型同文本文件建立超链接，管理者通过模型找到专项施工方案文件，使得管理工作更加的具象化，同时不必专门地使用文件管理软件。危险性较大分部分项工程的施工专项方案超链接如图6-9所示。

图6-7 升降机安全管理信息的标记录入

6.6.4 安全文明施工措施费用优化

现场安全文明施工措施费是指工程施工期间为满足安全生产、文明施工、职工健康生活所发生的费用，主要包括文明施工费、环境保护费、临时设施费和安全施工费。安全施工费由临边、洞口、交叉、高处作业安全防护费，危险性较大工程安全措施费及其他费用组成。我国相关法规明确规定了安全文明施工措施费属于不可竞争的费用，并且是为了保证安全而设立的款项，实行专款专用制度。但是，安全文明施工措施费用仅仅是使用比例计提的方式太过于粗糙，很不明确也不具体。要想在合理安排安全文明施工措施的条件下采用最经济的方式，需要对于安全文明施工措施费用进行合理的规划，使用BIM技术可

第6章 施工现场安全管理与文明施工

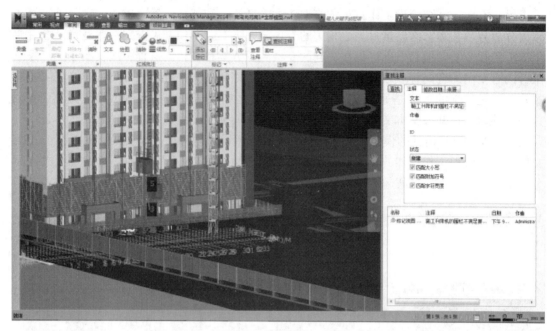

图 6-8 升降机安全管理信息的多规则查询

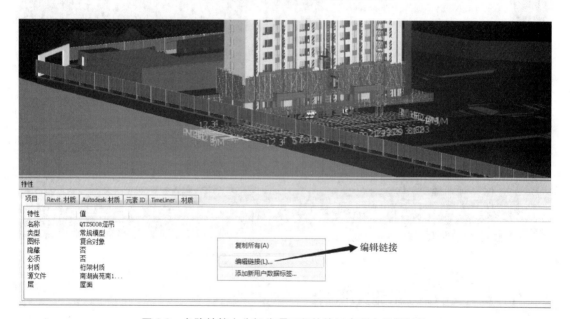

图 6-9 危险性较大分部分项工程的施工专项方案超链接

以系统的统计安全文明措施费用清单项目,得到科学可靠的数据,以科学安排和优化安全文明施工措施费用使用计划。

BIM 软件中的 Navisworks 中可以使用 Quantification 功能执行算量工作,Quantification 功能可以帮助实现自动估算材质、测量面积和计数建筑组件,可以针对新建和改建工程项目进行估算,支持三维和二维设计数据的集成,可以合并多个源文件并生成数量算量。对整个建筑信息模型进行算量,然后创建同步的项目视图,这些视图会将来自 BIM

6.6 BIM技术在安全管理与文明施工的主要应用

工具的信息和来自其他工具的几何图形、图像和数据合并起来。应用Quantification的这一功能可以快速地统计项目中安全措施的工程量。统计后的数据可以带入相关的价格，得到每项安全措施的具体取费，指导安排安全文明施工措施费用使用计划。

Quantification功能的工作界面包括项目视图和资源视图，图6-10为项目视图，以树形结构包括了悬挑式脚手架、满堂脚手架、防护架等安全文明措施项目。图6-11为资源视图，以树形结构包括了钢管、安全网、挡板、零件等安全文明措施所有使用到的资源项目。

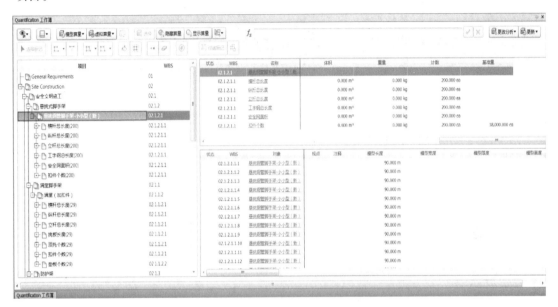

图6-10　Quantification功能项目视图界面

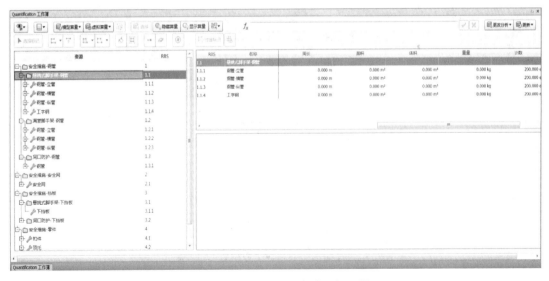

图6-11　Quantification功能资源视图界面

以某工程项目的满堂脚手架安全文明措施工程量的统计为例，通过统计发现，悬挑式钢管脚手架的扣件个数共有18000个，满堂脚手架的扣件个数共有30576个，两种脚手架的扣件使用的规格是相同的,资源视图的目的就是为了统计在一个项目中所有使用到的相同元件的数量(图 6-12),资源视图统计到本项目的扣件总数量为 48576 个,并且管理人员点击相应的名称,在三维视图中会自动选中相应的构件模型(图 6-13)。

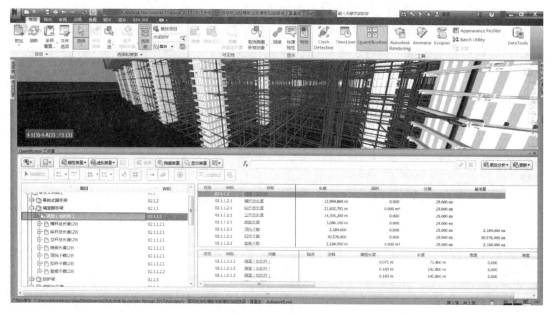

图 6-12 满堂脚手架安全文明措施工程量统计界面

图 6-13 资源视图下扣件个数统计与图量对应

6.6.5 专项施工方案与事故应急预案的演练教育

应急救援作为安全管理检查评定项目的保证项目,对于安全管理的工作起着举足轻重

6.6 BIM技术在安全管理与文明施工的主要应用

的作用,标准中要求项目的工程部应该仔细地研读图纸,结合工程的各项特点、工程的实际情况对于工地中的重大危险源进行识别,对于一些重大的危险源要提出控制措施,整理编写专项施工方案。对于容易发生重大安全事故的地点要重点观察、重点监测、重点控制,并将危险源及控制措施进行公示,防止事故的发生。

专项施工方案编制完成之后,需要对每一个进行相关操作的施工人员进行讲解,让施工人员熟悉施工流程,知道危险源的存在,重点关注危险源。这就需要对施工人员进行培训,定期地进行应急救援演练。使用BIM技术,可以进行专项施工方案及应急救援预案的动态模拟,将模拟好的动画展示给施工的工作人员,工作人员根据模拟的应急预案可以方便地进行理解,较阅读方案、口头描述或者桌面演示来说更加的高效。

本节以高处坠落应急救援演练活动方案为例,使用Autodesk Navisworks软件,该软件为我们提供了很多强大的动画制作的工具,比如Animator工具,使用Animator可以将模型中的每个构件自由的移动、旋转、捕捉关键帧,以此制作施工动画。具体的讲,为了制作对象动画,首先在Animator中创建"场景",从"选择树"中找到要创建动画的对象创建动画集,使用平移等工具为动画集定义动画,同时捕捉关键帧。这样就为BIM模型中的每个构件定义了动画。通过使用Navisworks的Animator动画制作功能可以轻松地对模型中的对象定义动画,制作安全事故应急救援预案的演练动画。具体包括:

第一部分,发生事故。

描述:某建筑小区南1号楼工人在5层,不慎从高处坠落,头部和腿部发生伤害,现正处在昏迷状态中;使用软件的选择"添加场景",将其命名为"发生事故"的场景,场景添加完成后,选择模型中的"坠落的人物",选中后再次点击"Animator"选项卡左下角的绿色加号,点击"添加动画集"-"从当前选择",创建动画集名为"人员不慎坠落",使用"平移"动画制作工具,同时为"坠落的人物"每一个"下落"的状态捕捉关键帧,为选中的人物制作"意外坠落"的动画(图6-14)。

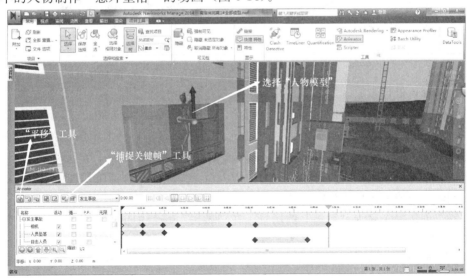

图6-14 Animator添加事故发生场景

第二部分,发现事故。

描述:①处于事故现场的安全员(或第一目击者)发现事故,立即向安全工程师拨打电话,简要报告事故发生地点、人员伤亡等情况。②安全工程师接到电话,迅速向现场指挥报告事故情况。③现场指挥接到安全工程师的报告后,马上拨打 120 急救中心,请求急救中心到现场开展救援,同时立即告知工程各个救援小组赶到事故现场,及时开展救援工作,在规定的时间内,负责人要报至总监办及上级有关部门。

在第一部分制作的动画的基础上,在"发生事故"的场景下创建动画集名为"目击人员",使用"移动"动画制作工具,将选中的人物制作"发现事故,并快速跑到现场,及时通知上级"的动画。图 6-15 为发生事故的动画播放截图。

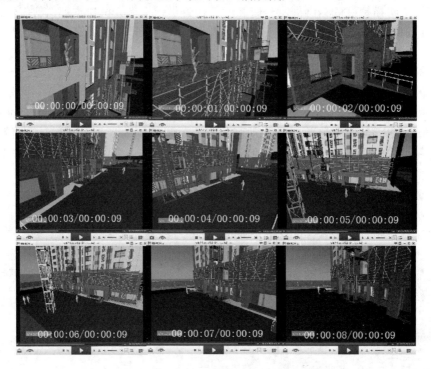

图 6-15　发生事故的动画的播放截图

第三部分,处理事故。

描述:①工程部医疗救护组及时赶赴现场,立即执行医学检查和抢救,等待医院的救护车到达现场。②工程部安全保卫组到达现场,拉起警戒线,封锁现场,要防止无关人员随意进出现场,并且同时确保通道畅通。③救护车到达现场后,为了节省时间,应该由引导员引导其进入事故现场,应急救援组向医护人员介绍伤者伤害情况和现场采取过的紧急救护,同时应该协助医护人员将伤者抬至救护车上。

进一步创建一个名为"救援"的场景,在"救援"场景中创建"相机",通过相机调节视角,在该场景中创建动画集名为"医疗救护组"和"保卫与指挥",为这两个动画集创建移动到事故现场的动画,创建动画集名为"警戒线",制作警戒线自动树立的动画。如图 6-16 为事故处理的动画播放截图。

另在"Animator"选项卡中创建另一个名为"救护车开入"的场景,创建"救护车移动"和"人员上车"两个动画集,制作引导员进入救护车,人员引导救护车开到指定位置的动画,再创建一个"相机"制作画面视角的转换。图 6-17 为救护车开入的动画播放截图。

6.6 BIM技术在安全管理与文明施工的主要应用

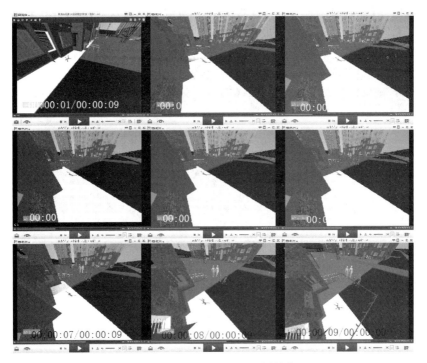

图 6-16 事故处理的动画的播放截图

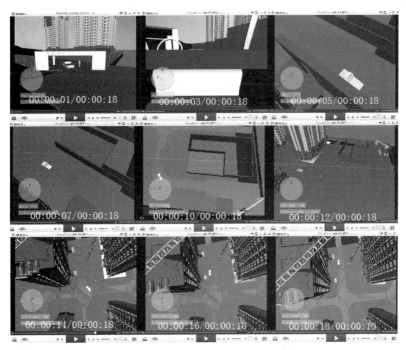

图 6-17 救护车开入的动画播放截图

第四部分，后续工作。

描述：①工程部以最快的时间及时地成立事故调查组。②医疗救护组要与医院随时保持联系，要了解受伤害的工人现在的各项情况，综合协调组要及时与伤员的家属保持联系，做好接待、解释、协调、安抚等工作。③现场指挥人员及时地向事故管理有关部门、上级主管部门、当地的总指挥如实报告事故情况。

动画全部制作完成之后将会在"Animator"对话框中出现如图 6-18 所示的时间轴，动画演示的时间和先后顺序可以通过调整时间轴来更改。

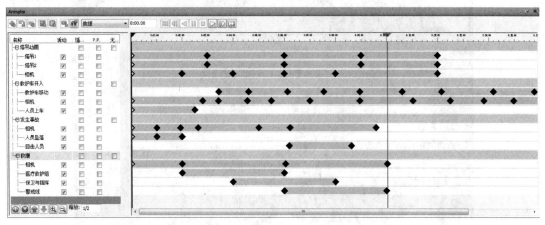

图 6-18　动画制作的时间轴

本章小结

建筑施工现场是指新建、扩建、改建的土木工程、建筑工程、线路管道工程、设备安装工程、装饰装修工程及拆除工程所需的施工场地，包括施工区、材料加工及存放区、办公区和生活区。建筑施工现场安全生产管理是企业安全生产管理的重要内容。

BIM 技术在安全管理与文明施工的主要应用：危险源辨识的 BIM 应用，安全管理方案策划，危险源及安全专项方案的数据管理，安全文明施工措施费用优化，专项施工方案与事故应急预案的演练教育，这些应用提高了安全管理水平。

思考与练习题

6-1　简述建筑施工现场概念。
6-2　什么是环境保护？
6-3　什么是绿色施工？
6-4　什么是临时设施？
6-5　简述防火间距的规定。
6-6　工程承包单位的消防安全职责有哪些？
6-7　简述施工现场防火的要求。
6-8　什么是"三宝"、"四口"和"五临边"？
6-9　安全色有哪几种？简述安全标志的作用。
6-10　简述文明施工检查评定的内容。
6-11　BIM 技术在安全管理与文明施工的主要应用有哪些？

第 7 章 工程施工安全技术

本章要点及学习目标

本章要点：
(1) 工程施工中地基基础工程和高处作业有关安全生产的基本方法和要求，以及基本的防护措施；
(2) 主体工程、脚手架工程基本安全管理及技术要求。

学习目标：
(1) 掌握土方作业和高处作业的防护措施和设施；
(2) 熟悉基坑工程施工和各种脚手架搭拆的安全技术要求和规定；
(3) 熟悉各种模板安装和使用以及吊装作业的安全技术要求和规定；
(4) 了解常见深基础工程各种作业的安全措施和方法。

7.1 地基基础工程施工安全技术

7.1.1 三通一平

（1）土石方施工前应作好有安全保障的通电通水通路和平整场地工作。

（2）土石方施工区域应在行车行人可能经过的路线点处设置明显的警示标牌。有爆破、塌方、滑坡、深坑、触电等危险区域应设置能有效防止人畜进入的施工防护栏栅或隔离带，并设置明显标志。

（3）在城郊野外或市区大规模土石方施工现场应设置简易外伤紧急医疗处置点。

7.1.2 挖填方工程

1. 挖方

1）土方开挖和回填前，应查清场地的周边环境、地下设施、地质资料和地下水情况等。

2）土方挖掘方法、挖掘顺序应根据支护方案和降排水要求进行，当采用局部或全部放坡开挖时，放坡坡度应满足其稳定性要求。

永久性挖方边坡坡度应符合设计要求，当地质条件与设计资料不符需要修改边坡坡度时，应由设计单位确定。

临时性挖方边坡坡度，应根据地质条件和边坡高度，结合当地同类岩土体的稳定坡度值确定。

3）土方开挖施工中如发现不明或危险性的物品时，应停止施工，保护现场，并立即报告所在地有关部门。严禁随意敲击或玩弄。

4）在山区挖方时，应符合下列规定：

（1）施工前应了解场地的地质情况、岩土层特征与走向、地形地貌及有无滑坡等，并编制安全施工技术措施。

（2）土石方开挖宜自上而下分层分段依次进行，确保施工作业面不积水。

（3）在挖方的上侧不得弃土、停放施工机械和修建临时建筑。在挖方的边坡上如发现岩（土）内有倾向挖方的软弱夹层或裂隙面时，应立即停止施工。通知勘察设计单位采取措施，防止岩（土）下滑。

（4）当挖方边坡大于 2m 时，应对边坡进行整治后方可施工，防止因岩土体崩塌、坠落造成人身、机械损伤。

（5）山区挖方工程不宜在雨期施工，如必须在雨期施工时，应符合下列规定：

① 应制定周密的安全施工技术措施，并随时掌握天气变化情况。

② 雨期施工前，应对施工现场原有排水系统进行检查、疏浚或加固，并采取必要的防洪措施；雨期施工中，应随时检查施工场地和道路的边坡被雨水冲刷状况，做好防止滑坡、坍塌工作，保证施工安全。道路路面应根据需要加铺炉渣、砂砾或其他防滑材料，确保施工机械作业安全。

5）在滑坡地段挖方时，应符合下列规定：

（1）施工前应熟悉工程地质勘察资料，了解滑坡形态和滑动趋势、迹象等情况。

（2）不宜在雨期施工。

（3）宜遵循先整治后开挖的施工程序。

（4）不应破坏挖方上坡的自然植被和排水系统，防止地面水渗入土体。

（5）应先作好地面和地下排水设施。

（6）严禁在滑坡体上部弃土、堆放材料、停放施工机械或建筑临时设施。

（7）必须遵循由上至下的开挖顺序，严禁先清除坡脚。

（8）爆破施工时，应防止因爆破振动影响边坡稳定。

（9）机械开挖时，边坡坡度应适当减缓，然后用人工修整，达到设计要求。

6）在土石方开挖过程中，若出现滑坡迹象（如裂隙、滑动等）时，应立即采取下列措施：

（1）暂停施工。必要时所有人员和机械撤至安全地点。

（2）通知设计单位提出处理措施。

（3）根据滑动迹象设置观测点，观测滑坡体平面位置和沉降变化，并作好记录。

7）在房屋旧基础或设备旧基础的开挖清理过程中，应符合下列规定：

（1）当旧基础埋置深度大于 2.0m 时，不宜采用人工开挖、清除旧基础。

（2）土质均匀且地下水位低于旧基础底部时，其挖方边坡可作成直立壁不加支撑。开挖深度应根据土质确定，若超过表 7-1 规定时，应进行放坡或作成直立壁加支撑。

8）在管沟开挖过程中，应符合下列规定：

（1）在管沟开挖前，应了解施工地段的地质情况，地下管网的分布，动力、通信电缆的位置以及与交通道路的交叉情况，应向施工人员进行安全交底。

土壤类型与开挖深度 表7-1

稍密的杂填土、素填土、碎石类土、砂土	1m
密实的碎石类土(充填物为黏土)	1.25m
可塑状的黏性土	1.5m
硬塑状的黏性土	2m

(2) 在道路交口、住宅区等行人较多的地方，应设置有防护栏杆和警告标志和夜间照明设施。

(3) 当管沟开挖深度大于2.0m时，不宜采用人工开挖。

(4) 在地下管网、地下动力通信电缆的位置，应设置有明显标记和警告牌。

(5) 土质均匀且地下水位低于管沟底面标高时，其挖方边坡可作成直立壁不加支撑。

9) 地质条件良好、土质均匀且地下水位低于基坑（槽）或管沟底面标高时，开挖深度在5m以内不加支撑的边坡最陡坡度应符合表7-2的规定。

挖方深度在5m以内的基坑（槽）或管沟的边坡最陡坡度（不加支撑） 表7-2

岩土类别	边坡坡度(高：宽)		
	坡顶无荷载	坡顶有静载	坡顶有动载
中密的砂土、杂素填土	1：1.00	1：1.25	1：1.50
中密的碎石类土(充填物为砂土)	1：0.75	1：1.00	1：1.25
可塑状的黏性土、密实的粉土	1：0.67	1：0.75	1：1.00
中密的碎石类土(充填物为黏性土)	1：0.50	1：0.67	1：0.75
硬塑状的黏性土	1：0.33	1：0.50	1：0.67
软土(经井点降水)	1：1.00	—	—

10) 在挖方边坡上侧堆土或材料以及移动施工机械时，应与挖方边缘保持一定的距离，以保证边坡和直立壁的稳定。当土质良好时，堆土或材料应距挖方边缘不小于0.8m，高度不宜超过1.5m；当土质较差时，挖方边缘不宜堆土或材料，移动施工机械至挖方边缘的距离与挖方深度之比不小于1：1。

11) 开挖基坑（槽）或管沟时，应合理确定开挖顺序、分层开挖深度、放坡坡度和支撑方式，确保施工时人员、机械和相邻构筑物或道路的安全。

12) 在进行河、沟、塘等清淤时，应符合下列规定：

(1) 施工前，应了解淤泥的深度、成分等，并编制清淤方案和安全措施，施工中应做好排水工作。

(2) 泥浆泵、电缆等应采用防水和漏电保护措施，经检验合格后方可使用。

(3) 对有机质含量较高、有刺激臭味及淤泥厚度大于1.0m的场地，不得采用人工清淤。采用机械清淤时，对淤泥可采用抛石挤淤或木（竹）排（筏）铺垫等措施，确保施工机械移动作业安全。

13) 当清理场地堆积物高度大于3.0m，堆积物大于500m³时，应遵守下列规定：

(1) 应了解堆积物成分、堆积时间、松散程度等，并编制清理方案。

(2) 对于松散堆积物（如建筑垃圾、块石等）清理时应在四周设置防护栏和警示牌。

(3) 应制定合理的清理顺序，防止因松散堆积物坍塌造成施工机械、人员的伤害。

2. 填方

1) 在沼泽地（滩涂）上填方时，应符合下列规定：

(1) 施工前应了解沼泽的类型、上部淤泥的厚度和性质以及泥炭腐烂矿化程度等，并编制安全技术措施。

(2) 填方周围应开挖排水沟。

(3) 根据沼泽地的淤泥、软土的性质和施工机械的重量，可采用抛石挤淤或木（竹）排（筏）铺垫等措施，确保施工机械移动作业安全。

(4) 施工机械不得在淤泥、软土上停放、检修等。

(5) 第一次回填土的厚度不得小于0.5m。

2) 在围海造地填土时，应符合下列规定：

(1) 填土的方法、回填顺序应根据冲（吹）填方案和降排水要求进行。

(2) 配合填土作业人员，应在冲（吹）填作业半径以外工作；只有当冲（吹）填停止后，方可进入作业半径内工作。

(3) 推土机第一次回填土的厚度不得小于0.8m。

3) 在山区回填土时，应符合下列规定：

(1) 填方边坡不得大于设计边坡的要求。无设计要求，当填方高度在10m以内时，可采用1∶1.5；填方高度大于10m时，可采用1∶1.75。

(2) 在回填土尚未压实或临时边坡不稳定的地段不得停放、检修施工机械和搭建临时建筑；

(3) 山区填方工程不宜在雨期施工，如必须在雨期施工时，应制定周密的安全施工技术措施；应对施工现场原有排水系统进行检查、疏浚或加固，并采取必要的防洪措施；应随时检查施工场地和道路的边坡被雨水冲刷状况，做好防止滑坡、坍塌工作；道路路面应根据需要加铺炉渣、砂砾或其他防滑材料，确保施工机械移动作业安全。

7.1.3 土石方爆破

1) 爆破施工企业应按资质允许的作业范围、等级承担石方爆破工程。爆破作业人员应取得有关部门颁发的相应类别和作业范围、级别的安全作业证，持证上岗。爆破企业、作业人员及其承担的重要工程均应投购保险。

2) 从事爆破施工的企业，应设有爆破工作领导人、爆破工程技术人员、爆破班长、安全员、爆破员；应持有县级以上（含县级）公安机关颁发的《爆炸物品使用许可证》；设立爆破器材库的，还应设有爆破器材库主任、保管员、押运员，并持有公安机关签发的《爆炸物品安全储存许可证》。

3) A级、B级、C级、D级爆破工程作业，应有持同类证书的爆破工程技术人员负责现场工作；一般岩土爆破工程也应有爆破工程技术人员在现场指导施工。A级、B级、C级和对安全影响较大的D级爆破工程都必须编制爆破设计书，事先应对爆破方案进行安全评估。安全评估的内容宜包括：

(1) 施工单位和作业人员的资质是否符合规定；

(2) 爆破方案所依据资料的完整性和可靠性；

(3) 爆破方法和参数的合理性和可行性；
(4) 起爆网路的准爆性；
(5) 存在的有害效应及可能影响的范围；
(6) 保证环境安全措施的可靠性；
(7) 对可能发生事故的预防对策和抢救措施是否适当。
4) 爆破作业环境有下列问题时，不应进行爆破作业：
(1) 边坡不稳定，有滑坡、崩塌危险；
(2) 爆破可能危及建（构）筑物、公共设施或人员的安全而无有效防护措施；
(3) 洞室、炮孔温度异常；
(4) 作业通道不安全或堵塞；
(5) 恶劣天气条件下，包括：热带风暴或台风、雷电、暴雨雪、能见度不超过100m的大雾天气、风力超过六级。
5) 装药工作必须遵守下列规定：
(1) 装药前应对硐室、药壶和炮孔进行清理和验收；
(2) 硐室爆破装药量应根据实测资料校核修正，经爆破工作领导人批准；
(3) 使用木质炮棍装药；
(4) 装起爆药包、起爆药柱和硝化甘油炸药时，严禁投掷或冲击；
(5) 深孔装药出现堵塞时，在未装入雷管、起爆药柱等敏感爆破器材前，应采用铜或木制长杆处理；
(6) 禁止用明火照明。
6) 堵塞工作必须遵守下列规定：
(1) 装药后必须保证填塞质量，硐室、深孔或浅眼爆破禁止使用无堵塞爆破（扩壶爆破除外）；
(2) 禁止使用石块和易燃材料填塞炮孔；
(3) 填塞要十分小心，不得破坏起爆线路；
(4) 禁止用力捣固直接接触药包的填塞材料或用填塞材料冲击起爆药包；
(5) 禁止在炮孔装入起爆药包后直接用木楔填塞。
7) 禁止拔出或硬拉起爆药中的导火索、导爆索、导爆管或电雷管脚线。
8) 爆破警戒时，应确保指挥部、起爆站和各警戒点之间有良好的通信联络。
9) 爆破后应检查有无盲炮及其他险情，若有应及时上报并处理，同时在现场设立危险标志。盲炮处理应由有经验的爆破技术人员或爆破工执行，并遵循《爆破安全规程》操作。每次处理盲炮必须由处理者填写登记卡片。

7.1.4 边坡工程

1. 土石方开挖安全作业要求
1) 土石方作业应贯彻先设计后施工、边施工边治理、边施工边监测的原则。
2) 边坡开挖施工区应有临时性排水及防暴雨措施，宜与永久性排水措施结合实施。
3) 边坡较高时，坡顶应设置临时性的护栏及安全措施。
4) 边坡开挖前，应将边坡上方已松动的滚石及可能崩塌的土方清除。

5）对土石方开挖后不稳定或欠稳定的边坡应根据边坡的地质特征和可能发生的破坏模式采取有效处置措施。

6）土石方开挖应自上而下分层实施，严禁随意开挖坡脚。一次开挖高度不宜过高，软土边坡不宜超过 1m。

7）边坡开挖施工阶段不利工况稳定性不能满足要求时，应采取相应的处理或加固措施。

8）开挖至设计坡面及坡脚后，应及时进行支护施工，尽量减少暴露时间。坡面暴露时间应按支护设计要求及边坡稳定性要求严格控制。

9）稳定性较差的土石方工程开挖不宜在雨季进行，暴雨前应采取必要的临时防塌方措施。

10）雨后、爆破后或机械快速开挖后应及时检查监测情况及支撑稳定情况。

11）人工开挖时应遵守下列规定：

（1）工具应完好；

（2）开挖人员应保持不相互碰撞的安全距离；

（3）打锤与扶钎者不得对面工作，扶钎者应戴防护手套；

（4）严禁站在石块滑落的方向撬挖或上下层同时开挖。

（5）坡顶险石清除完后，才能在坡下方作业；

（6）在悬岩陡坡上作业应系安全带。

12）在滑坡及可能产生滑坡地段挖方时，应符合下列规定：

（1）施工前应熟悉工程地质勘察资料，了解滑坡类型、滑体特征及产生滑坡的诱导因素。

（2）不宜在雨期施工，应控制施工用水。

（3）宜遵循先整治后开挖的施工程序。

（4）不应破坏挖方上坡的自然植被和排水系统，修复和完善地面排水沟，防止和减少地面水渗入滑体内。

（5）严禁在滑坡体上部弃土、堆放材料、停放施工机械或建筑临时设施。

（6）一般应遵循由上至下的开挖顺序，严禁在滑坡的抗滑段通长大断面开挖。

（7）爆破施工时，应防止因爆破振动影响滑坡稳定。

2. 安全检查、监测和险情预防

1）边坡开挖时应设置变形监测点，定时监测边坡的稳定性。

2）土石方开挖造成周边环境出现沉降、开裂情况时，应立即停工并做好边坡环境异常情况收集、整理等工作，并修正和完善土石方开挖方案。

3）当边坡变形过大、变形速度过快或周边环境出现沉降开裂等险情时，可根据造成险情原因选用如下应急措施：

（1）暂停施工，必要时转走危险区内人员和设备；

（2）坡脚被动区临时压重；

（3）坡顶主动区卸土减载；

（4）做好临时排水封面处理；

（5）采用边坡临时支护措施，或提前实施设计支护措施；

(6) 加强险情段监测;

(7) 尽快向勘察和设计等方反馈信息,开展勘察和设计资料复审,与勘察、设计、监理方在查清险情原因基础上,编制和实施排险处理方案。

7.1.5 基坑工程

基坑是为进行建(构)筑物地下部分的施工由地面向下开挖出的空间。基坑工程包括水文地质条件的勘察,周边环境的勘察,基坑支护体系的设计、施工、监测、检测和土方开挖,是一项综合性很强的系统工程。

1. 基坑开挖的防护

1) 深度超过 1.5m 的基坑周边须安装防护栏杆(图 7-1)。防护栏杆应符合以下规定:

(1) 防护栏杆高度应为 1.2～1.5m。

(2) 防护栏杆由横杆及立柱组成。横杆 2～3 道,下杆离地高度 0.3～0.6m,上杆离地高度 1.0～1.2m;立柱间距不大于 2m,立柱离坡边距离应大于 0.5m。防护栏杆外放置有砂、石、土、砖、砌块等材料时尚应设置扫地杆,如图 7-1 所示。

(3) 防护栏杆上应加挂密目安全网或挡脚板。安全网自上而下封闭设置,网眼不大于 25mm;挡脚板高度不小于 180mm,挡脚板下沿离地高度不大于 10mm。

(4) 防护栏杆的材料要有足够的强度,须安装牢固,上杆应能承受任何方向大于 1kN 的外力。

(5) 防护栏杆上应没有毛刺。

图 7-1 防护栏杆

2) 作好道路、地面的硬化及防水措施。基坑边坡的顶部应设排水措施,防止地面水渗漏、流入基坑和冲刷基坑边坡。基坑底四周应设排水沟,防止坡脚受水浸泡,发现积水要及时排除。基坑挖至坑底时应及时清理基底并浇筑垫层。

3) 基坑内应有专用坡道或梯道供施工人员上下。梯道的宽度不应小于 0.75m。坡道宽度小于 3m 时应在两侧设置安全护栏。梯道的搭设应符合相关安全规范要求。

4) 基坑支护结构物上及边坡顶面等处有坠落可能的物件、废料等,应先行拆除或加以固定,防止坠落伤人。

5）基坑支护应尽量避免在同一垂直作业面的上下层同时作业。如果必须同时作业，须在上下层之间需设置隔离防护措施。施工作业所需脚手架的搭设应符合相关安全规范要求。在脚手架上进行施工作业时，架下不得有人作业、停留及通行。

2. 安全作业要求

1）在电力管线、通信管线、燃气管线 2m 范围内及上下水管线 1m 范围内挖土时，宜在安全人员监护下开挖。

2）支护结构采用土钉墙、锚杆、腰梁、支撑等结构形式时，必须等结构的强度达到开挖时的设计要求后才可开挖下一层土方，严禁提前开挖。施工过程中，严禁各种机械碰撞支撑、腰梁、锚杆、降水井等基坑支护结构物，不得在上面放置或悬挂重物。

3）基坑开挖的坡度和深度应严格按设计要求进行。当设计未作规定时，对人工开挖的狭窄基槽或坑井，应按其塌方不会导致人身安全隐患的条件对挖土深度和宽度进行限制。人工开挖基坑的深度较大并存在边坡塌方危险时，应采取临时支护措施。

4）开挖的基坑深度低于邻近建筑物基础时，开挖的边坡应距邻近建筑物基础保持一定距离。当高差不大时，根据土层的性质、邻近建筑物的荷载和重要性等情况，其放坡坡度的高宽比应小于 1∶0.5；当高差较大或邻近建筑物结构刚度较弱时，应对开挖对其影响程度进行分析计算。当基坑开挖不能满足安全要求时，应对基坑边坡采取加固或支护等措施。

5）在软土地基上开挖基坑，应防止挖土机械作业时的下陷。当在软土场地上挖土机械不能正常行走和作业时，应对挖土机械行走路线用铺设渣土或砂石等方法进行硬化。开挖坡度和深度应保证软土边坡的稳定，防止塌陷。

6）场地内有桩的空孔时，土方开前应先将其填实。挖孔桩的护壁、旧基础、桩头等结构物不应使用挖掘机强行拆除，应采用人工或其他专用机械拆除。

7）陡边坡处作业时，坡上作业人员必须系挂安全带，弃土下方以及滚石危及的范围内应设明显的警示标志，并禁止作业及通行。

8）遇软弱土层、流砂（土）、管涌、向坑内倾斜的裂隙面等情况时，应及时向上级及设计人员汇报，并按预定方案采取相应措施。

9）除基坑支护设计要求允许外，基坑边 1m 范围内不得堆土、堆料、放置机具。

10）采用井点降水时，井口应设置防护盖板或围栏，警示标志应明显。停止降水后，应及时将井填实。

11）施工现场应采用大功率、防水型灯具，夜间施工的作业面以及进出道路应有足够的照明措施和安全警示标志。

12）碘钨灯、电焊机、气焊与气割设备等能够散发大量热量的机电设备，不得靠近易燃品。灯具与易燃品的最小间距不得小于 1m。

13）采用钢钎破碎混凝土、块石、冻土等坚硬物体时，扶钎人应在打锤人侧面用长把夹具扶钎，打锤人不得戴手套。施工人员应佩戴防护眼镜。打锤 1m 范围内不得有其他人停留。

14）遇到六级及以上的强风、台风、大雨、雷电、冰雹、浓雾、暴风雪、沙尘暴、高温等恶劣天气，不应进行高处作业。恶劣天气过后，应对作业安全设施逐一检查修复。

15）施工人员进入施工现场必须佩戴安全帽。严禁酒后作业，禁止赤脚、穿拖鞋、穿凉鞋、穿高跟鞋进入施工现场。基坑边清扫的垃圾、废料等不得抛掷到基坑内。

16) 禁止施工人员连续加班、持续作业。

3. 安全检查、监测和险情预防

1) 开挖深度超过5m、垂直开挖深度超过1.5m的基坑，软弱土层中开挖的基坑，应进行基坑监测，并应向基坑支护设计人员、安全工程师等相关人员及时通报监测成果。安全员等相关人员应掌握基坑的安全状况，了解监测数据。

2) 基坑开挖过程中，应及时、定时对基坑边坡及周边环境进行巡视，随时检查边坡位移（土体裂缝）、边坡倾斜、土体及周边道路沉陷或隆起、支护结构变形、地下水涌出、管线开裂、不明气体冒出和基坑防护栏杆的安全性等。

3) 开挖中如发现古墓、古物、地下管线或其他不能辨认的异物及液体、气体等异常情况时，严禁擅自挖掘，应立即停止作业，及时向上级及相关部门报告，待相关部门进行处理后，方可继续开挖。

4) 当基坑开挖过程中出现边坡位移过大、地表出现明显裂缝或沉陷等情况时，须及时停止作业并尽快通知设计等有关人员进行处理；出现边坡塌方等险情或险情征兆时，须及时停止作业，组织撤离危险区域并对险情区域回填，并尽快通知设计等有关人员进行研究处理。

4. 深基坑工程

随着我国城市化、城镇化进程的逐步加快，城市和城镇建设快速发展，高层建（构）筑越来越多、越来越高、越来越大，地下空间也越来越受到重视，各类建筑（构）物，特别是高层建筑的地下部分所占空间越来越大，埋置深度越来越深，随之而来的基坑开挖面积已达数万平方米，深度20m左右的已属常见，最深已超过30m。

深基坑工程施工安全等级应根据现行国家标准《建筑地基基础设计规范》GB 50007规定的地基基础设计等级，结合基坑本体安全、工程桩基与地基施工安全、基坑侧壁土层与荷载条件、环境安全等因素按表7-3规定确定。

建筑深基坑工程施工安全等级　　　　表7-3

施工安全等级	划 分 条 件
一级	1. 复杂地质条件及软土地区的二层及二层以上地下室的基坑工程； 2. 开挖深度大于15m的基坑工程； 3. 基坑支护结构与主体结构相结合的基坑工程； 4. 设计使用年限超过2年的基坑工程； 5. 侧壁为填土或软土，场地因开挖施工可能引起工程桩基发生倾斜、地基隆起变形等改变桩基、地铁隧道运营性能的工程； 6. 基坑侧壁受水浸透可能性大或基坑工程降水深度大于6m或降水对周边环境有较大影响的工程； 7. 地基施工对基坑侧壁土体状态及地基产生挤土效应较严重的工程； 8. 在基坑影响范围内存在较大交通荷载，或大于35kPa短期作用荷载工程； 9. 基坑周边环境条件复杂、对支护结构变形控制要求严格的工程； 10. 采用型钢水泥土墙支护方式，需要拔除型钢对基坑安全可能产生较大影响的基坑工程； 11. 采用逆作法上下同步施工的基坑工程； 12. 需要进行爆破施工的基坑工程
二级	除以上外的其他基坑工程

深基坑工程按支护形式或开挖形式均分为两大类：

1) 无支护的基坑工程

（1）大开挖，是以放坡开挖的形式，在施工场地处于空旷环境、周边无建（构）筑物和地下管线条件下的普遍常用的开挖方法。

（2）开挖放坡护面，以放坡开挖为主，在坡面辅以钢筋网混凝土护坡。

（3）以放坡开挖为主，辅以坡脚采用短木桩、隔板等简易支护。

2) 有支护的基坑工程

（1）加固边坡形成的支护，对基坑边坡土体的土质进行改良或加固，形成自立式支护。如：水泥土重力坝支护结构、加筋水泥土墙支护结构、土钉墙支护结构、复合土钉墙支护结构、冻结法支护结构等。

（2）挡墙式支护结构，分为悬臂式挡墙式支护结构、内撑式挡墙式支护结构、锚拉式挡墙式支护结构、内撑与锚拉相结合挡墙式支护结构。

挡墙式支护结构常用的有：排桩墙、地下连续墙、板桩墙、加筋水泥土墙等。

排桩墙中常用的桩型有：钻孔灌注桩、沉管灌注桩等，也有采用大直径薄壁筒桩、预制桩等。

（3）其他形式支护结构常用形式有：门架式支护结构、重力式门架支护结构、拱式组合型支护结构、沉井支护结构等。

每一种支护形式都有一定的适用范围，而且均随着工程地质条件和水文地质条件，以及周边环境条件的差异，其合理的支护高度也可能产生较大的差异。比如：当土质较好，地下水位在10多米深的基坑可能采用土钉墙支护或其他简易支护形式，而对软黏土地基，采用土钉墙支护的极限高度就只有5m以内了，且其变形也较大。

7.1.6 支护结构施工

1. 一般规定

1) 基坑工程施工前应根据设计文件，结合现场条件和周边环境保护要求、气候等情况，编制支护结构施工方案。临水基坑施工方案编制应考虑波浪、潮位等对施工的影响，并应符合防汛主管部门的相关规定。

2) 基坑支护结构施工应与降水、开挖相互协调，各工况和工序应符合设计要求。

3) 基坑支护结构施工与拆除不应影响邻近市政管线、地下设施与周围建（构）筑物等的正常使用，必要时应采取减少环境影响的措施。

4) 支护结构施工应对支护结构自身、已施工的主体结构和邻近道路、市政管线、地下设施、周围建（构）筑物等进行监测，并应根据监测结果及时调整施工方案，采取有效措施减少支护结构施工对基坑及周边环境安全的影响。

5) 施工现场道路布置、材料堆放、车辆行走路线等应符合荷载设计控制要求；当采用设置施工栈桥措施时，应进行施工栈桥的专项设计。

6) 基坑工程施工中，如遇邻近工程进行桩基施工、基坑开挖、边坡工程、盾构顶进、爆破等施工作业，应根据实际情况协商确定相互间合理的施工顺序和方法，必要时应采取措施减少相互影响。

7) 支护结构施工前应进行试验性施工，以评估施工工艺和各项参数对基坑及周边环境的影响程度；必要时应调整参数、工法或反馈修改设计选择合适的方案，以减少对周边环境的影响。

8) 基坑开挖支护施工导致邻近建筑物不均匀沉降过大时，应采取调整支护体系或施工工艺、施工速度，或设置隔离桩、加固既有建筑地基基础、反压与降水纠偏等措施。

2. 土钉支护

1) 土钉墙支护施工应配合挖土和降水等作业进行，并应符合下列要求：

(1) 挖土分层厚度应与土钉竖向间距协调同步，逐层开挖并施工土钉，禁止超挖；挖土分段段长不得超过设计规定值；预留土墩尺寸不应小于设计值。

(2) 开挖后应及时封闭临空面，应在24h内完成土钉安设和喷射混凝土面层；在淤泥质地层开挖时，应在12h内完成土钉安设和喷射混凝土面层；对可能产生流动的土，土钉上下排距较大时，宜将开挖分为两层并应严格控制开挖分层厚度，及时喷射混凝土底面层。

(3) 上一层土钉完成注浆后，应满足设计要求或至少间隔72h方可允许开挖下一层土方。

(4) 施工期间坡顶应严格按照设计要求控制施工荷载。

(5) 土钉支护应设置排水沟、集水坑，坑内排水沟离边壁宜大于1m；坡面应按设计要求分层设置水平向泄水管。

(6) 周边环境变形控制指标要求高时，应严格控制土方开挖设备及其他振动源对土钉侧壁发生碰撞和产生振动。

(7) 环境调查结果显示基坑侧壁地下管线存在渗漏可能，或存在地表水补给的工程，应反馈修改设计，适当提高土钉设计安全度，必要时调整支护结构方案。

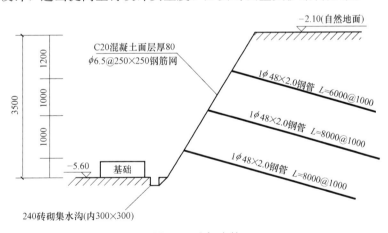

图 7-2 土钉支护

2) 土钉施工应符合下列要求：

(1) 成孔孔径、角度、长度应符合设计要求。

(2) 采用洛阳铲施工时，应先降低地下水位，严禁在地下水位以上采用洛阳铲成孔。

(3) 当成孔过程中遇有障碍物或成孔困难需调整孔位及土钉长度时，应对土钉承载力及支护结构安全度进行复核计算，并应根据复核计算的结果调整土钉尺寸与杆体筋材。

(4) 采用钻机钻孔时，钻机移位应调整好机架及钻臂，保持机体平衡。作业完毕后，应将钻机停放在安全地带，进行清洗和保养。

(5) 对于灵敏度较高的粉土、粉质黏土及可能产生液化的土体，禁止采用振动法施工土钉。

(6) 设有水泥土截水帷幕的土钉支护结构，土钉成孔过程中应采取措施防止流土、流砂。

(7) 对空隙较大的土层，应采用较小的水灰比并应采取二次注浆方法保证土钉的设计承载力。

3) 喷射混凝土作业应符合下列要求：

(1) 作业人员应佩戴防尘口罩、防护眼镜等防护用具，并避免直接接触液体速凝剂，不慎接触后应立即用清水冲洗；非施工人员不得进入喷射混凝土的作业区，施工中喷嘴前严禁站人。

(2) 喷射混凝土施工中应经常检查输料管、接头的使用情况，当有磨损、击穿或松脱时应及时处理。

(3) 喷射混凝土作业中如发生输料管路堵塞或爆裂时，必须依次停止投料、送水和供风。

(4) 冬期施工时应采取混凝土施工防冻措施，保证混凝土强度。

(5) 面层绑扎钢筋不宜过短；加强筋宜采用矩形布置并应保证焊接质量和与土钉端部阻滑钢筋可靠连接。

4) 施工过程中应对产生的地面裂缝进行观测和分析，对因各工况条件下由于"基底"承载力不足引起侧壁下沉反射至地表的裂缝宽度较大时，应反馈设计，采取增设微型桩等超前支护，形成复合土钉；对因土钉水平位移较大形成地表裂缝较大时，应调整土钉长度或增设微型桩、锚杆等。

5) 软土地层中，应避免采用土钉与有自由段的预应力锚杆、上下间隔布置的复合土钉支护形式。

3. 水泥土重力式围护墙

1) 应根据土层地质条件及加固深度、水泥土维护墙设计要求，选择两轴或三轴搅拌桩机进行施工，对有机质含量较大及不易搅拌均匀的土层严禁采用单轴搅拌机施工水泥土桩墙。

2) 水泥土重力式围护墙应通过试验性施工，调整空压机输出压力和注浆压力，减小对周边环境的影响。

3) 水泥土搅拌桩机施工过程中，其下部严禁站人。桩机移动过程中机械设备及施工人员不得在其周围活动，移动路线上不应有障碍物。

4) 水泥土重力式围护墙施工时若遇有明浜、洼地，应抽水和清淤，并应回填素土压实。

5) 型材或钢筋插入围护墙体时应采取可靠的定位措施，并应在成桩后16h内施工完毕。

6) 围护墙体应采用连续搭接的施工方法，且应控制桩位偏差和桩身垂直度，保证有足够的搭接长度满足设计要求。施工中因故停浆时，应将钻头下沉（抬高）至停浆点以下（以上）0.5m处，待恢复供浆时再喷浆搅拌提升（下沉）。

7) 按成桩施工期、基坑开挖前和基坑开挖期三个阶段进行质量检测。

4. 地下连续墙

1) 地下连续墙成槽过程中,槽段边应根据槽壁稳定的要求控制施工荷载。土钉＋地下连续墙组合支护方案见图7-3。

2) 邻近水边的地下连续墙施工,应考虑地下水位变化对槽壁稳定的影响。

3) 地下连续墙施工与相邻建（构）筑物的水平安全距离不宜小于1.5m。

4) 地下连续墙施工应设置钢筋混凝土导墙及施工道路,导墙养护期间,重型机械设备不宜在导墙附近作业或停留。

5) 位于暗浜区、扰动土区、浅部砂性土中的槽段或邻近建筑物保护要求较高时,宜采用三轴水泥土搅拌桩对槽壁进行加固。

6) 新拌制泥浆应经充分水化,贮放时间不应少于24h。泥浆配合比应按土层情况试配确定,遇土层极松散、颗粒粒径较大、含盐或受化学污染时,应配制专用泥浆。新拌制、循环泥浆性能指标应符合相关规范要求。

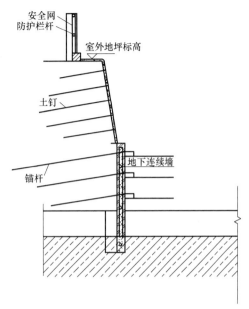

图7-3 土钉＋地下连续墙组合支护方案

7) 成槽施工时应符合下列规定:

（1）单元槽段应综合考虑地质条件、结构要求、周围环境、机械设备、施工条件等因素进行划分,单元槽段长度宜为4～6m。

（2）槽内泥浆面不应低于导墙面0.3m,同时槽内泥浆面应高于地下水位0.5m以上。

（3）单元槽段宜采用跳幅间隔施工顺序。

8) 钢筋混凝土预制接头应达到设计强度的100%后方可运输及吊放,吊装的吊点位置及数量应根据计算确定。

9) 钢筋笼吊装所选用的吊车应满足吊装高度及起重量的要求,主吊和副吊应根据计算确定。钢筋笼吊点布置应根据吊装工艺和计算确定,并应进行整体起吊安全验算,按计算结果配置吊具、吊点加固钢筋、吊筋等。

10) 钢筋笼吊装前必须对钢筋笼进行全面检查,防止有剩余的钢筋断头、焊接接头等遗留在钢筋笼上。

11) 钢筋笼采用双机抬吊作业时,应统一指挥,动作应配合协调,载荷应分配合理。

12) 在保护设施不齐全、监管人不到位的情况下,严禁人员下槽、孔内清理障碍物。

13) 应经常检查各种卷扬机、成槽机、起重机钢丝绳的磨损程度,并按规定及时更新。起重机械进场前进行检验,施工前进行调试,施工中应定期检验和维护,重视监督检验工作质量。

14) 水下混凝土应采用导管法连续浇筑,并应符合下列规定:

（1）导管管节连接应密封、牢固,施工前应试拼并进行水密性试验。

（2）钢筋笼吊放就位后应及时灌注混凝土，间隔不宜超过 4h。

（3）水下混凝土初凝时间应满足浇筑要求，水下浇筑时混凝土强度等级应按相关规范要求提高。

15）外露传动系统应有防护罩，转盘方向轴应设有安全警告牌。

16）成槽机、起重机工作时，回转半径内不应有障碍物，吊臂下严禁站人。

17）成槽机、履带吊应在平坦坚实的路面上作业、行走和停放。

18）履带吊机在吊钢筋笼行走时，载荷不得超过允许起重量的 70%，钢筋笼离地不得大于 500mm，并应拴好拉绳，缓慢行驶。

19）履带吊起重钢筋笼时应先稍离地面试吊，确认钢筋笼已挂牢，钢筋笼刚度、焊接强度等满足要求时，再继续起吊。

20）风力大于 6 级时，应停止钢筋笼及预制地下连续墙板的起吊工作。

5. 灌注桩排桩围护墙

1）维护结构的灌注桩施工，当采用泥浆护壁的冲、钻、挖孔方法工艺时，应按有关规范要求控制桩底沉渣厚度与泥皮厚度。

2）钢筋保护层厚度应满足设计要求，并不应小于 30mm。

3）灌注桩施工时应保证钻孔内泥浆液面高出地下水位以上 0.5m，受水位涨落影响时，应高出最高水位 1.5m。

4）钻机施工应符合下列要求：

（1）作业前应对钻机进行检查，各部件验收合格后才能使用。

（2）钻头和钻杆连接螺纹应良好，钻头焊接牢固，不得有裂纹。

（3）钻机钻架基础应夯实、整平，并满足地基承载能力，作业范围内地下无管线等地下障碍物。作业现场与架空输电线路的安全距离符合规定。

（4）钻进中，应随时观察钻机的运转情况，当发生异响、吊索具破损、漏气、漏渣以及其他不正常情况时，应立即停机检查，排除故障后，方可继续开工。

（5）桩孔净间距过小或采用多台钻机同时施工时，相邻桩应间隔施工，完成浇筑混凝土的桩与邻桩间距不应小于 4 倍桩径，或间隔施工时间宜大于 36h。

（6）泥浆护壁成孔时发生斜孔、塌孔或沿护筒周围冒浆以及地面沉陷等情况应停止钻进，经采取措施后方可继续施工。

（7）采用气举反循环时，其喷浆口应遮拦，并应固定管端。

5）冲击成孔前以及过程中应经常检查钢丝绳、卡扣及转向装置，冲击时应控制钢丝绳放松量。

6）对非均匀配筋的钢筋笼吊放安装时，应保证钢筋笼的安放方向与设计方向一致。

7）混凝土浇筑完毕后，应及时在桩孔位置回填土方或加盖盖板。

8）遇有湿陷性土层、地下水位较低、既有建筑物距离基坑较近时，应避免采用泥浆护壁的工艺进行灌注桩施工。

9）冠梁施工前应对所有灌注桩进行完整性检测，对不满足水平承载力的桩，应进行统计并反馈设计。灌注桩＋锚杆组合支护方案见图 7-4。

6. 板桩围护墙

1）作业区内应无高压线路，作业区应有明显标志或围栏。桩锤在施打过程中，操作

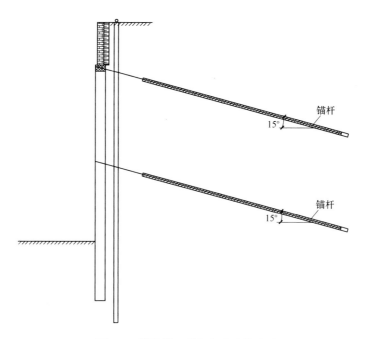

图 7-4 灌注桩+锚杆组合支护方案

人员必须在距离桩锤中心 5m 以外监视。

2）组装桩机设备时，应对各紧固件进行检查，在紧固件未拧紧前不得进行配重安装。组装完毕后，应对整机进行试运转，确认各传动机构、齿轮箱、防护罩等良好，各部件连接牢靠。

3）板桩围护施工过程中，应加强周边地下水位以及超孔隙水压力的监测。

4）严禁吊桩、吊锤、回转或行走等动作同时进行。打桩机带锤行走时，应将桩锤放至最低位。打桩机在吊有桩和锤的情况下，操作人员不得离开岗位。

5）插桩后，应及时校正桩的垂直度。桩入土 3m 以上时，严禁用打桩机行走或回转动作来纠正桩的垂直度。

6）遇有雷雨、6 级以上大风等恶劣气候时，应停止一切作业，并应将打桩机顺风向停放，增设缆风绳，或将桩立柱放倒在地面上。

7）作业中，当停机时间较长时，应将桩锤落下垫好。检修时不得悬吊桩锤。

8）作业后，应将打桩机停放在坚实平整的地面上，将桩锤落下垫实，并切断动力电源。

9）板桩打设前宜沿板桩两侧设置导向架。导向架应有一定的强度及刚性，不得随板桩打设而下沉或变形，施工时应经常观测导架的位置及标高。

10）采用振动桩锤作业时，悬挂振动桩锤的起重机，其吊钩上必须有防松脱的保护装置。振动桩锤悬挂钢架的耳环上应加装保险钢丝绳。

11）板桩围护墙基坑邻近建（构）筑物及地下管线时，应采用静力压桩法施工，并应根据环境状况控制压桩施工速率。

12）静力压桩作业时，应有统一指挥，压桩人员和吊装人员密切联系，相互配合。起重机的起重臂下严禁站人。

13) 钢板桩施工应符合以下规定:

(1) 钢板桩的规格、材质及排列方式应符合设计或施工工艺要求。钢板桩堆放场地应平整坚实,组合钢板桩堆高不宜超过3层。

(2) 钢板桩打入前应进行验收,桩体不应弯曲、锁口不应有缺损和变形。后续桩与先打桩间的钢板桩锁口使用前应通过套锁检查。

14) 混凝土板桩施工应符合以下规定:

(1) 混凝土板桩构件强度达到设计强度30%后方可拆模,达到设计强度的70%以上方可吊运,达到设计强度100%方可沉桩。

(2) 混凝土板桩打入前应进行桩体外形、裂缝、尺寸等检查。

(3) 混凝土板桩沉桩中,凹凸榫应楔紧。

7. 型钢水泥土搅拌墙

1) 施工现场应先进行场地平整,清除搅拌桩施工区域的表层硬物和地下障碍物。现场道路的承载能力应满足桩机和起重机平稳行走的要求。

2) 型钢的插入应符合下列要求:

(1) 必须采用牢固的定位导向架,在插入过程中应采取措施保证型钢垂直度,并与已插好的型钢可靠连接。

(2) 型钢宜依靠自重插入,当型钢插入有困难时可采取辅助措施下沉。严禁采用多次重复起吊型钢并松钩下落的插入方法。

(3) 当采用振动锤插入时,应通过监测以检验其对环境的影响。

(4) 型钢的插入施工不应在六级及以上风力时进行。

3) 型钢的拔除与回收应符合下列要求:

(1) 型钢拔除前水泥土搅拌墙与主体结构地下室外墙之间的空隙必须回填密实,并宜采用液压千斤顶配以吊车进行。

(2) 当基坑内外水头差不平衡时,不得拔除。

(3) 周边环境条件复杂、环境保护要求高、拔除对其影响较大时,型钢不宜回收。

(4) 回收型钢施工,应编制包括浆液配比、注浆工艺、拔除顺序等内容的施工安全方案。

4) 采用型钢水泥土搅拌墙作为基坑支护结构时,基坑开挖前应检验水泥土搅拌桩的桩身强度,强度指标未达到设计要求时,应采取相应措施。

8. 沉井与沉箱

1) 拟建工程周边存在建(构)筑物、管线等环境变形要求严格时,宜采用沉箱施工工法。

2) 沉井与沉箱制作时外排脚手架应与模板脱开。

3) 沉箱工程施工应采用远程遥控机械化施工技术。

4) 刃脚施工结束后达到设计强度100%,方可进行后续施工。

5) 沉井(箱)挖土下沉应分层、均匀、对称进行,应根据现场施工情况采取止沉或助沉措施,控制沉井(箱)平稳下沉。气压沉箱工法设备系统图如图7-5所示。

6) 作业人员从常压环境进入高压环境或从高压环境回到常压环境均应符合相关程序与规定。

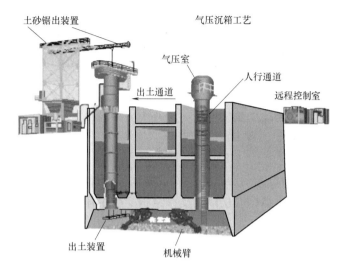

图 7-5 气压沉箱工法设备系统图

7)开舱前应详细检查各项装置的功能,施工时应按操作规程使用。

8)供气间应保持通风,冬季室内温度应保持在 18℃ 左右。氧气设备应指定专人负责,严禁烟火。

9)高压氧舱的各种设备及附属设施的使用均应符合相关规定,严禁违章操作。

10)工作室内有人状态下的氧浓度控制在 19%~23%,二氧化碳的最大含有率为 5000ppm(5‰)。舱门外侧应安装一台氧监测仪,同时应配备一台携带式测氧仪可在沉箱内随时监测氧浓度。

11)沉箱在严格执行换气的同时应用气体测试仪测定是否含有有害气体。如果含有有害气体,按缺氧换气的方法排出有害气体,有毒气体的排放应符合国家规定的允许排放值。

12)工作室内应配置多台沼气类浓度报警装置,增强通风。

13)在工作室内必须严格遵守以下规定:

(1)照明设备应使用防爆阻燃电具,工作电压不得超过 12V。

(2)工作室内应使用灭弧式电路开关器。

(3)工作室内应使用阻燃式供暖设备。

(4)气压超过 0.1MPa 时,不宜进行焊接、熔断等产生弧光的作业。

(5)火种和易燃易爆物品严禁带入工作室内,标识应该明显。

(6)工作室内、过渡舱及移动减压舱均需配备泡沫灭火器。

14)使用加压室必须遵守以下规定:

(1)开始使用前应仔细检查进排气设备以及通话警报装置的工作状况,如发现异常必须立即进行维修。

(2)加压时不应使用纯氧。

(3)除了必要的出入口外,应关好主室和副室门,而且保证各室内的气压相等。

(4)随时监视气闸室内的状态以确保无异常情况发生。

(5)应对加压室内的设备装置的工作状况以及有无异常情况进行定期检查,如发现异常必须立即进行维修。

(6) 未达到减压要求时,作业人员应及时进入减压室,在减压室内进行再加压,加压到减压前气压,按照规定时间进行减压。

15) 如必须进入高压工作室进行焊接工作时,应对高压工作室内的气体进行化验,有毒气体及燃爆性气体等安全指标达标后,方可进行焊接工作。

16) 沉井与沉箱施工,除应满足土方开挖要求外,尚应采用措施减少降水施工对周围环境的影响。

9. 内支撑

1) 支撑系统的施工与拆除顺序,应与支护结构的设计工况相一致,应严格遵守先撑后挖的原则;立柱穿过主体结构底板以及支撑结构穿越主体结构地下室外墙的部位应采取止水构造措施。

2) 支撑结构上不应堆放材料和运行施工机械,当需要利用支撑结构兼做施工平台或栈桥时,应进行专门设计。

3) 基坑开挖过程中应对基坑回弹引起的立柱上浮进行监测,施工单位根据监测数据调整施工参数,必要时采取相应的整改措施。

4) 混凝土冠梁、腰梁与支撑杆件宜整体浇筑,超长支撑杆件宜分段浇筑养护。混凝土支撑应达到设计强度的70%后方可进行下方土方的开挖。混凝土冠梁、腰梁如图7-6所示。

图7-6 混凝土冠梁、腰梁

5) 钢支撑的施工应符合下列要求:

(1) 钢支撑吊装就位时,吊车及钢支撑下方禁止有人员站立,现场做好防下坠措施。

(2) 支撑端头应设置封头端板,端板与支撑杆件应满焊。

(3) 支撑与冠梁、腰梁的连接应牢固,钢腰梁与围护墙体之间的空隙应填充密实;采用无腰梁的钢支撑系统时,钢支撑与围护墙体的连接应满足受力要求。

6) 钢支撑的预应力施加应符合下列要求:

(1) 支撑安装完毕后,应及时检查各节点的连接状况,经确认符合要求后方可施加预压力;预应力应均匀、对称、分级施加。

(2) 预应力施加过程中应检查支撑连接节点,必要时应对支撑节点进行加固;预应力施加完毕后应在额定压力稳定后予以锁定。

(3) 钢支撑使用过程应定期进行预应力监测,必要时应对预应力损失进行补偿。

7) 立柱桩施工前应对其单桩承载力进行验算,竖向荷载应按最不利工况取值,立柱在基坑开挖阶段应考虑以下竖向荷载作用:支撑与立柱的自重、支撑构件上的施工荷载等。

8) 立柱桩采用钻孔灌注桩时,宜先安装立柱,再浇筑桩身混凝土。基坑开挖前,立柱周边的桩孔应均匀回填密实。

9) 支撑拆除应在可靠换撑形成并达到设计要求后进行,且应符合下列要求。

(1) 支撑拆除时应设置安全可靠的防护措施和作业空间,并应对主体结构采取保护措施。

(2) 钢筋混凝土支撑的拆除,应根据支撑结构特点、永久结构施工顺序、现场平面布置等确定拆除顺序。

(3) 钢筋混凝土支撑采用爆破拆除的,爆破孔宜在钢筋混凝土支撑施工时预留,支撑与围护结构或主体结构相连的区域宜先行切断。

10) 拆除施工施工前,必须对施工作业人员进行书面安全技术交底。

11) 进行人工拆除作业时,作业人员应站在稳定的结构或脚手架上操作,支撑构件应采取有效的下坠控制措施,方可切断两端的支撑,被拆除的构件应有安全的放置场所。

12) 机械拆除施工时,应按照施工组织设计选定的机械设备及吊装方案进行施工,严禁超载作业或任意扩大使用范围。供机械设备使用的场地必须保证足够的承载力。作业中机械不得同时回转、行走。

13) 机械拆除作业时,对较大尺寸的构件或沉重的材料,必须采用起重机具及时吊下。拆卸下来的各种材料应及时清理,分类堆放在指定场所,严禁向下抛掷。

14) 施工单位必须依据拆除工程安全施工组织设计或安全专项施工方案,在拆除施工现场划定危险区域,并设置警戒线和相关的安全标志,应派专人监管。

10. 土层锚杆

1) 锚杆的设置应避免对相邻建(构)筑的基础产生不利影响。土层锚杆见图 7-7。

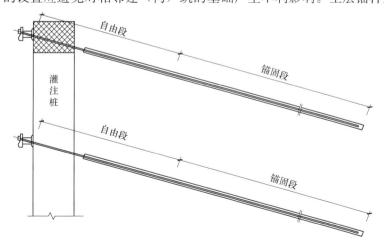

图 7-7 土层锚杆

2) 锚杆设计、施工选型应符合下列要求：

（1）锚杆承载力高、变形量小和需锚固于地层较深处的工程，可选用注浆型预应力锚杆；地层开挖后必须立即提供初始预应力的工程或抢险工程，可选用机械型预应力锚杆、聚氨酯锚杆。

（2）承载力要求较低或地层腐蚀性强的土层，可选用压力型预应力锚杆。

（3）承载力要求较高，可选用拉力分散型锚杆和压力分散型锚杆，有条件时可选用旋喷或变节、扩大端锚杆。

（4）需要进行地层加固或容许有适量变形时，可选用全长粘结型锚杆。

（5）使用功能完成后，不允许筋材滞留于地层内的工程，应采用可回收锚杆。

（6）对注浆压力有严格控制的土层，可采用聚氨酯注浆锚杆或自钻式锚杆。

3) 锚杆正式施工前应进行锚杆杆体、锚头、套管、注浆管路的检查。

4) 锚孔钻进作业时，应保持钻机及作业平台稳定牢靠，除钻机操作人员还应安排至少1人协助作业，作业人员应佩戴安全带、安全帽等防护用品。

5) 采用高压注浆工艺施工的锚杆，应采取跳打、控制钻进速度、成孔冲水压力等措施，减少施工过程对周边环境的影响。

6) 锚杆在不稳定地层钻孔，或地层受扰动易导致水土流失而危及邻近建（构）筑物稳定性时，应采用套管跟进施工工艺。

7) 当成孔过程中遇有障碍物或成孔困难需调整孔位及锚杆长度时，应对锚杆承载力及支护结构安全度进行复核。

8) 锚杆杆体制作完成后应尽早使用，不宜长期存放，对存放时间较长的杆体，在使用前必须进行严格检查。制作完成的杆体不得露天存放，宜存放在干燥清洁的场所；当存放环境潮湿时，杆体外露部分应进行防潮处理。应避免机械损伤或介质侵蚀污染杆体。

9) 施工中应对锚杆位置、钻孔直径、钻孔深度和角度、锚杆杆体长度和杆体插入长度进行检查。

10) 注浆浆液应搅拌均匀，随搅随用，并在初凝前用完。严防石块、杂物混入浆液，并对浆液配合比、压力、注浆量进行检查。

11) 全长粘结型锚杆应抽查锚杆的锚固体饱满度；预应力锚杆应抽查预应力施加情况。

7.1.7 降水与排水

1. 一般规定

1) 基坑工程地下水控制应根据场地工程地质与水文地质条件、基坑挖深、地下水降深以及环境条件综合确定，宜按工程要求、含水土层性质、周边环境条件等选择明排、真空井点、喷射井点、管井、渗井和辐射井等方法，并可与隔水帷幕和回灌等方法组合使用，并应优先选择对地下水资源影响小的隔水帷幕、自渗降水、回灌等方法。

2) 基坑穿过相对不透水层，且不透水层顶板以上一定深度范围内的地下水通过井点降水不能彻底解决时，应根据需要采取必要的排水、处理等措施。

3) 管井降水、集水明排应采取措施严格控制出水含砂量，在降水水位稳定后降水后其含砂率（砂的体积：水的体积）粗砂地层应小于1/50000、细砂和中砂地层应小于

1/20000。

4）抽排出的水应进行处理，妥善排出场外，防止倒灌流入基坑。

5）采用不同地下水控制方式时，可行性或风险性评价应符合下列规定：

（1）集水明排方法时，应评价产生流砂、流土、潜蚀、管涌、淘空、塌陷等的风险性。

（2）隔水帷幕方法时，应评价隔水帷幕的深度和可能存在的风险。

（3）回灌方法时，应评价同层回灌或异层回灌的可能性。采用同层回灌时，回灌井与抽水井的距离可根据含水层的渗透性计算确定。

（4）降水方法时，应对引起环境不利影响进行评价，必要时采取有效措施，确保不致因降水引起的沉降对邻近建筑和地下设施造成危害。

（5）自渗降水方法时，应评价上层水导入下层水对下层水环境的影响，并按评价结果考虑方法的取舍。

6）对地下水采取施工降水措施时，应符合下列规定：

（1）降水过程中应采取有效措施，防止土颗粒的流失。

（2）防止深层承压水引起的流土、管涌和突涌，必要时应降低基坑下含水层中的承压水头。

（3）评价抽水造成的地下水资源损失量，结合场地条件提出地下水综合利用方案建议。

7）应编制晴雨表，安排专人负责收听中长期天气预报的工作，并应根据天气预报实时调整施工进度。雨前要对已挖开未进行支护的侧壁边坡采用防雨布进行覆盖，配备足够多抽水设备，雨后及时排走基坑内积水。

8）坑外地面沉降、建筑物与地下管线不均匀沉降值或沉降速率超过设计允许值时，应分析查找原因，提出对策。

2. 降水与隔水方法选择

1）降水方法应根据地质条件、降水目的、降水技术要求（降水范围、降水深度、降水时间等）、降水工程可能涉及的环境保护范围等进行确定，并符合下列规定：

（1）基础施工时地下水位应保持在基坑底面以下 0.5m 以下或满足设计施工要求。

（2）能防止土颗粒的流失。

（3）能防止深层承压水引起的流土、管涌和突涌，并可通过措施降低基坑下的承压水头。

（4）抽排地下水对地下水资源影响较小且能充分利用。

（5）抽排地下水对基坑周边现状的影响在可控范围之内。

2）当采用引渗井点作为降水方法时，应考虑上部含水层的水质是否存在污染、引渗井点的降水能力随时间不断衰减以及混合水位变化。

3）对承压含水层进行减压降水时，应根据工程环境条件、水文地质条件、隔水帷幕插入承压含水层的深度等选择采用基坑外降水、基坑内降水或坑内、外结合的降水方式。

4）当上部含水层水质较差，应评价多层地下水混合管井降水对下部含水层水环境的影响；当采用混合管井降水时，宜在降水停止后应采取有效措施确保管井不使上下含水层连通。

5）考虑土质情况与降水深度的降水方法可按表 7-4 选用。

工程降水方法及适用条件 表 7-4

控制方法	适用条件	土质类别	渗透系数 (m/d)	降水深度 (m)
集水明排		填土、黏性土、粉土、砂土	<20.0	<5
降水井	真空井点	粉质黏土、粉土、砂土	0.1～20.0	单级<6，多级<12
	喷射井点	粉土、砂土	0.1～20.0	<20
	管井	粉质黏土、粉土、砂土、碎石土、岩石	>1	不限
	渗井	粉质黏土、粉土、砂土、碎石土	>0.1	不限
	辐射井	黏性土、粉土、砂土、碎石土	>0.1	不限

6）同一工程可根据地层特点、支护形式、周边环境条件等不同要求，在不同的部位选用适合的隔水方法，并可采用多种隔水组合方式。隔水方法可按表 7-5 选用。

隔水方法及适用条件 表 7-5

隔水方法		适用条件 土质类别	适用挖深 (m)	施工及场地等其他条件
沉箱		各种地层条件	不限	地下水控制面积较小，如竖井等
地下连续墙		除岩溶外的各种地层条件	不限	基坑周围施工宽度狭小，邻近基坑边有建筑物或地下管线需要保护
连续排列的排桩墙	桩锚+搅拌桩帷幕	黏性土、粉土等地层条件，搅拌桩不适用砂、卵石等地层	不限	基坑较深、临近有建筑物不允许放坡、不允许附近地基有较大下沉和位移等条件
	桩锚+旋喷桩帷幕	黏性土、粉土、砂土、砾石等各种地层条件	不限	基坑较深、临近有建筑物不允许放坡、不允许附近地基有较大下沉和位移等条件
	钻孔咬合桩	黏性土、粉土、砂土、砾石等各种地层条件	不限	—
SMW 工法		黏性土和粉土为主的软土地区	6～10	采用较大尺寸型钢和多排支点时深度可加大
组合隔水帷幕	旋喷或深层搅拌法水泥土重力式挡墙	淤泥、淤泥质土、黏性土、粉土	不宜超过7m	1. 基坑周围具备水泥土墙的施工宽度；2. 对周围变形要求较严格时慎用
	袖阀管注浆法	各种地层条件	不宜大于12m	在支护结构外形成止水帷幕，与桩锚、土钉墙等支护结构组合使用
	土钉墙与止水帷幕结合式、土钉墙与止水帷幕分离式	填土、黏性土、粉土、砂土、卵砾石等土层	不宜大于12m	1. 安全等级为二级的非软土场地；2. 基坑周围有放坡条件，临近基坑无对位移控制严格的建筑物和管线等
	长螺旋旋喷搅拌水泥土桩	各种土层条件	不限	适用于在已施工护坡桩间做止水帷幕，能够克服砂卵石等硬地层条件
冻结法		黏性土、粉土、砂、卵石等各种地层，砾石层中效果不好	不限	大体积深基础开挖施工，含水量高地层，25～50m 的大型和特大型基坑更具造价与工期优势
坑底水平封底隔水		黏性土、粉土、砂土、卵砾石等土层	不限	—

3. 排水、降水

1）集水明排

（1）排水沟和集水坑宜布置于地下结构外边距坡脚不小于 0.5m。

（2）排水沟深度和宽度应根据基坑排水量确定，沟底宽不宜小于 0.3m，坡度不宜小于 0.1‰；集水坑大小和数量应根据地下水量大小和积水面积确定，且直径（或宽度）不宜小于 0.6m，其底面应比排水沟沟底深不宜小于 0.5m，间距不宜大于 30m。

（3）集水坑壁应有防护结构，并采用碎石滤水层、泵头包纱网等措施。

（4）当基坑壁出现分层渗透水时，可针对性地设置导水管，将水引入排水沟。

（5）当基坑开挖深度超过地下水位之后，排水沟与集水井的深度应随开挖深度不断加深，并及时将集水井中的水排出基坑。

（6）排水设备宜采用潜水泵、离心泵或污水泵，水泵的泵量、扬程、水量可根据排水量大小及基坑深度确定。

2）管井降水

（1）降水井宜在基坑外缘环圈式布置；当基坑面积较大且局部有深挖区域时，也可在基坑内布置。降水井示意图见图 7-8。

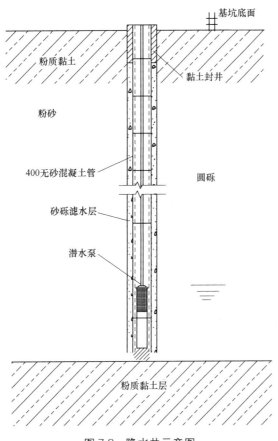

图 7-8 降水井示意图

（2）降水井点可用冲孔法或钻孔法成孔，成孔施工应符合下列规定：

① 施工前先查明有关地下构筑物及地下电源、水、煤气管道的情况，及时按国家有

关规定采取防护措施。

② 保持机械设备整齐完好，磨损控制在标准范围内，齿轮及齿轮啮合处润滑良好。

③ 钻机转动部分应有安全防护装置，开钻前应检查齿轮箱和其他机械传动部分是否灵敏、安全、可靠。

④ 施工现场的沟、坑等处应有防护装置或明显标志，护孔管埋好后应加盖或设置警戒线，泥浆池要设置防护栏杆。

⑤ 在架空输电线附近施工，应严格按安全操作规程的有关规定进行施工，高压线的正下方不得堆放吊车等设备，钻架与高压线之间应有可靠的安全距离。

⑥ 夜间施工要有足够的照明设备，钻机操作台、传动及转盘等危险部位，主要通道不能留有黑影。

(3) 轻型井点降水运行应符合下列规定：

① 总管与真空泵接好后，开动真空泵开始试抽水，检查泵的工作状态是否正常，如发现问题应及时排除。

② 检查支管、总管路的密封性，如密封性不好，必须采取措施，保证真空泵的真空度达到 0.08MPa 以上。

③ 试抽水一切正常后预抽水时间为 15d 后开始正式抽水运行。

④ 降水运行期间，现场实行 24h 值班制，保证真空泵 24h 连续工作，经常检查泵的工作状态是否正常及抽水管路的密封性，如发现问题要及时排除。

⑤ 及时做好降水记录。

(4) 管井降水抽水运行应符合下列规定：

① 每成井施工完一口井即投入试运行一口，以便及时抽通水井，确保井的出水量。

② 试运行之前，需测定各井口和地面标高、静止水位，然后开始试运行，以检查抽水设备、抽水与排水系统能否满足降水要求。

③ 安装前应对泵体和控制系统做一次全面细致地检查。

④ 试运行抽水时间控制在 3d，即每口井成井结束后连续抽水 3d，以检查出水质量和出水量。

⑤ 坑内疏干井需在基坑开挖前 20d 开始抽水，以满足预抽水时间，保证降水效果。

⑥ 抽出的地下水分别进入到集水箱后，由集水箱内水泵排到基坑边的排水沟。

⑦ 注意对降水井的保护，严禁挖土机破坏。

⑧ 井点降水时应减缓降水速度，均匀出水，减少土粒带出。

⑨ 当发生涌水、涌砂应及时封堵，必要时回填土体稳定险情。

⑩ 井点应连续运转，避免间歇和反复抽水，保证降水位缓慢下降，达到降深要求后，调整抽水井布局，保证动水位稳定，减小在降水期间引起的地面沉降量。

(5) 降水维护管理宜符合下列要求：

① 定时巡视降排水系统的运行情况，及时发现和处理系统运行的故障和隐患。

② 在更换水泵时应先量测井深，掌握水泵安全合理的下入深度。

③ 注意对井口的防护、检查，防止杂物掉入。

④ 当发生停电时，应及时更换电源，尽量缩短因断电而停止抽水的时间间隔，备用发电机保持良好，要随时处于准备发动状态。

⑤ 发现出水、涌砂，应立即查明原因，协同施工单位及时处理。

（6）井点的拔除在基础及已施工部分的自重大于浮力的情况下进行，所留孔洞用砂或土填塞，对地基有隔水要求时，地面下 2m 可用黏土填塞密实。

7.2 主体工程施工安全技术

7.2.1 模板工程施工安全技术

模板工程是施工中的一种临时结构，指新浇混凝土成型的模板以及支承模板的一整套构造体系。其中接触混凝土并控制预定尺寸、形状、位置的构造部分称为模板，支持和固定模板的杆件、桁架、联结件、金属附件、工作便桥等部分构成支承体系。对于滑动模板，自升模板则增设提升动力以及提升架、平台等构成。模板工程在混凝土施工中是一种临时结构。

1. 按材料性质分类

模板是混凝土浇筑成形的模壳和支架。按材料的性质可分为木模板、钢模板、塑料模板等。

1）木模板

混凝土工程开始出现时，都是使用木材来做模板。木材被加工成木板、木方，然后经过组合构成所需的模板。

施工现场常用的木模板多为多层胶合板，国家制订了《混凝土模板用胶合板》GB/T 17656—2008 的专业标准，它对模板的尺寸、材质、加工提出了规定。用胶合板制作模板，加工成形比较省力，材质坚韧，不透水，自重轻，浇筑出的混凝土外观比较清晰美观。

2）钢模板

国内使用的钢模板大致可分为两类：一类为小块钢模，它是以一定尺寸模板做成不同大小的单块铜模，最大尺寸是 300mm×1500mm×50mm，在施工时拼装成构件所需的尺寸，也称为小块组合钢模，组合拼装时采用 U 形卡将板缝卡紧形成一体；另一类是大模板，它用于墙体的支模，多用在剪力墙结构中，模板的大小按设计的墙身大小而定型制作。

钢质建筑模板一般均做成定型建筑模板，用连接构件拼装成各种形状和尺寸，适用于多种结构形式，在现浇钢筋混凝土结构施工中广泛应用。钢质建筑模板一次投资最大，但周转率高，在使用过程中应注意保管和维护、防止生锈以延长钢质建筑模板的使用寿命。

3）塑料模板

塑料模板是随着钢筋混凝土预应力现浇密肋楼盖的出现，而创制出来的。其形状如一个方的大盆，支模时倒扣在支架上，底面朝上，称为塑壳定型模板。在壳模四侧形成十字交叉的楼盖肋梁。这种模板的优点是拆模快、容易周转，它的不足之处是仅能用在钢筋混凝土结构的楼盖施工中。

4）其他模板

20 世纪 80 年代中期以来，现浇结构模板趋向多样化，主要有铝合金模板、玻璃钢模板、压型钢模、钢木（竹）组合模板、装饰混凝土模板以及复合材料模板等。

2. 按照施工工艺条件分类

1）大模板

大模板为一大尺寸的工具式模板，一般是一块墙面用一块大模板。大模板由面板、加劲肋、支撑桁架、稳定机构等组成。面板多为钢板或胶合板，亦可用小钢模组拼，加劲肋多用槽钢或角钢，支撑桁架用槽钢和角钢组成。

大模板之间的连接：内墙相对的两块平模用穿墙螺栓拉紧，顶部用卡具固定。外墙的内外模板，多是在外模板的竖向加劲肋上焊一槽钢横梁，用其将外模板悬挂在内模板上。用大模板浇筑墙体，待浇筑的混凝土的强度达到1MPa就可拆除大模板，待混凝土强度达到4MPa及以上时才能在其上吊装楼板。

2）滑动模板

模板一次组装完成，上面设置有施工作业人员的操作平台，并从下而上采用液压或其他提升装置沿现浇混凝土表面边浇筑混凝土边进行同步滑动提升和连续作业，直到现浇结构的作业部分或全部完成。其特点是施工速度快、结构整体性能好、操作条件方便和工业化程度较高。

3）爬模

以建筑物的钢筋混凝土墙体为支承主体，依靠自升式爬升支架使大模板完成提升、下降、就位、校正和固定等工作的模板系统。

4）飞模

飞模主要由平台板、支撑系统（包括梁、支架、支撑、支腿等）和其他配件（如升降和行走机构等）组成。它是一种大型工具式模板，由于可借助起重机械，从已浇好的楼板下吊运飞出，转移到上层重复使用，称为飞模。因其外形如桌，故又称桌模或台模。

5）隧道模

隧道模是一种组合式的、可同时浇筑墙体和楼板混凝土的、外形像隧道的定型模板。

3. 模板工程施工安全的一般规定

1）模板安装前必须做好下列安全技术准备工作：

（1）应审查模板结构设计与施工说明书中的荷载、计算方法、节点构造、安全措施，设计审批手续应齐全。

（2）应进行全面的安全技术交底，操作班组应熟悉专项施工方案，并应做好模板安装作业的分工准备。采用爬模、飞模、隧道模等特殊模板施工时，所有参加作业人员必须经过专门技术培训，考核合格后方可上岗。

（3）应对模板和配件进行挑选、检测，不合格者应剔除，并应运至工地指定地点堆放。

（4）备齐操作所需的一切安全防护设施和器具。

2）模板安装构造应遵守下列规定：

（1）模板安装应按设计与施工说明书顺序拼装。木杆、钢管、门架及碗扣式等支架立柱不得混用。

（2）竖向模板和支架立柱支承部分安装在基土上时，应加设垫板，垫板应有足够强度和支承面积，且应中心承载。基土应坚实，并应有排水措施。对湿陷性黄土应有防水措施；对特别重要的结构工程可采用混凝土、打桩等措施防止支架柱下沉。对冻胀性土应有防冻融措施。

（3）当满堂或共享空间模板支架立柱高度超过8m时，若地基土达不到承载要求，无法防止立柱下沉，则应先施工地面下的工程，再分层回填夯实基土，浇筑地面混凝土垫层，达到强度后方可支模。

（4）模板及其支架在安装过程中，必须设置有效防倾覆的临时固定设施。

（5）现浇钢筋混凝土梁、板，当跨度大于4m时，模板应起拱；当设计无具体要求时，起拱高度宜为全跨长度的1/1000～3/1000。

（6）现浇多层或高层房屋和构筑物，安装上层模板及其支架应符合下列规定：

① 下层楼板应具有承受上层施工荷载的承载能力，否则应加设支撑支架。

② 上层支架立柱应对准下层支架立柱，并应在立柱底铺设垫板。

③ 当采用悬臂吊模板、桁架支模方法时，其支撑结构的承载能力和刚度必须符合设计构造要求。

（7）当层间高度大于5m时，应选用桁架支模或钢管立柱支模。当层间高度小于或等于5m时，可采用木立柱支模。

3）安装模板应保证工程结构和构件各部分形状、尺寸和相互位置的正确，构造应符合模板设计要求。

模板应具有足够的承载能力、刚度和稳定性，应能可靠承受新浇混凝土自重和侧压力以及施工过程中所产生的荷载。

4）拼装高度为2m以上的竖向模板，不得站在下层模板上拼装上层模板。安装过程中应设置临时固定设施。

5）当承重焊接钢筋骨架和模板一起安装时，应符合下列规定：

（1）梁的侧模、底模必须固定在承重焊接钢筋骨架的节点上。

（2）安装钢筋模板组合体时，吊索应按模板设计的吊点位置绑扎。

6）当支架立柱成一定角度倾斜，或其支架立柱的顶表面倾斜时，应采取可靠措施确保支点稳定，支撑底脚必须有防滑移的可靠措施。

7）除设计图另有规定者外，所有垂直支架柱应保证其垂直。

8）对梁和板安装二次支撑前，其上不得有施工荷载，支撑的位置必须正确。安装后所传给支撑或连接件的荷载不应超过其允许值。

9）后浇带模板支撑宜独立设置，避免采取后撑措施。

10）支撑梁、板的支架立柱安装构造应符合下列规定：

（1）梁和板的立柱，纵横向间距应相等或成倍数。

（2）木立柱底部应设垫木，顶部应设支撑头。钢管立柱底部应设垫木和底座，顶部应设可调支托，U形支托与楞梁两侧间如有间隙，必须楔紧，其螺杆伸出钢管顶部不得大于200mm，螺杆外径与立柱钢管内径的间隙不得大于3mm，安装时应保证上下同心。

（3）在立柱底距地面200mm高处，沿纵横水平方向应按纵下横上的程序设扫地杆。可调支托底部的立柱顶端应沿纵横向设置一道水平拉杆。扫地杆与顶部水平拉杆之间的间距，在满足模板设计所确定的水平拉杆步距要求条件下，进行平均分配确定步距后，在每一步距处纵横向应各设一道水平拉杆。当层高在8～20m时，在最顶步距两水平拉杆中间应加设一道水平拉杆;当层高大于20m时,在最顶两步距水平拉杆中间应分别增加一道水平拉杆。所有水平拉杆的端部均应与四周建筑物顶紧顶牢。无处可顶时,应于水平拉杆端部和中部沿竖向设置连续式剪刀撑。

(4)木立柱的扫地杆、水平拉杆、剪刀撑应采用40mm×50mm木条或25mm×80mm的木板条与木立柱钉牢。钢管立柱的扫地杆、水平拉杆、剪刀撑应采用Φ48mm×3.5mm钢管,用扣件与钢管立柱扣牢。木扫地杆、水平拉杆、剪刀撑应采用搭接,并应用铁钉钉牢。钢管扫地杆、水平拉杆应采用对接,剪刀撑应采用搭接,搭接长度不得小于500mm,用两个旋转扣件分别在离杆端不小于100mm处进行固定。

11)施工时,在已安装好的模板上的实际荷载不得超过设计值。已承受荷载的支架和附件,不得随意拆除或移动。

12)组合钢模板、滑升模板等的安装构造,尚应符合国家现行标准《组合钢模板技术规范》GBJ 214和《液压滑动模板施工技术规范》GBJ 113的相应规定。

13)安装模板时,安装所需各种配件应置于工具箱或工具袋内,严禁散放在模板或脚手板上;安装所用工具应系挂在作业人员身上或置于所配带的工具袋中,不得掉落。

14)当模板安装高度超过3.0m时,必须搭设脚手架,除操作人员外,脚手架下不得站其他人。

15)吊运模板时,必须符合下列规定:

(1)作业前应检查绳索、卡具、模板上的吊环,必须完整有效,在升降过程中应设专人指挥,统一信号,密切配合。

(2)吊运大块或整体模板时,竖向吊运不应少于两个吊点,水平吊运不应少于四个吊点。吊运必须使用卡环连接,并应稳起稳落,待模板就位连接牢固后,方可摘除卡环。

(3)吊运散装模板时,必须码放整齐,待捆绑牢固后方可起吊。

(4)严禁起重机在架空输电线路下面工作。

(5)5级风及其以上应停止一切吊运作业。

16)模板工程施工说明中应明确消防安全专项措施。木料应堆放于下风向,离火源不得小于30m,且料场四周应设置灭火器材;抛光、电锯等部位的电气设备应当采用密封式或者防爆式;刨花、锯木较多部位的电动机,应当安装防尘罩。操作间内严禁吸烟和用明火作业,只能存放当班的用料,成品及半成品及时运走;木工做到活完场地清,刨花、锯末下班时要打扫干净,堆放在指定地点。

17)模板支撑和拆卸时的悬空作业,必须遵守下列规定:

(1)支模应按规定的作业程序进行,模板未固定前不得进行下一道工序。严禁在连接件和支撑件上攀登上下,并严禁在上下同一垂直面上装、拆模板。结构复杂的模板,装、拆应严格按照施工组织设计的措施进行。

(2)支设高度在3m以上的柱模板,四周应设斜撑,并应设立操作平台。低于3m的可使用马凳操作。

(3)支设悬挑形式的模板时,应有稳固的立足点。支设临空构筑物模板时,应搭设支架或脚手架。模板上有预留洞时,应在安装后将洞盖没。混凝土板上拆模后形成的临边或洞口,应按《建筑施工高处作业安全技术规范》JGJ 80—91有关章节进行防护。

(4)拆模高处作业,应配置登高用具或搭设支架。

(5) 高大模板支架搭设高度超过 10m 的,中间应当加设安全平网,防止高处坠落。

4. 模板支架立柱安装构造要求

1) 梁式或桁架式支架的安装构造应符合下列规定:

(1) 采用伸缩式桁架时,其搭接长度不得小于 500mm,上下弦连接销钉规格、数量应按设计规定,并应采用不少于两个 U 形卡或钢销钉销紧,两 U 形卡距或销距不得小于 400mm。

(2) 安装的梁式或桁架式支架的间距设置应与模板设计图一致。

(3) 支承梁式或桁架式支架的建筑结构应具有足够强度,否则,应另设立柱支撑。

(4) 若桁架采用多榀成组排放,在下弦折角处必须加设水平撑。

2) 工具式立柱支撑的安装构造应符合下列规定:

(1) 工具式钢管单立柱支撑的间距应符合支撑设计的规定。

(2) 立柱不得接长使用。

(3) 所有夹具、螺栓、销子和其他配件应处在闭合或拧紧的位置。

(4) 立杆及水平拉杆构造应符合《建筑施工模板安全技术规范》JGJ 162—2008 的规定。

3) 木立柱支撑的安装构造应符合下列规定:

(1) 木立柱宜选用整料,当不能满足要求时,立柱的接头不宜超过 1 个,并应采用对接夹板接头方式。立柱底部可采用垫块垫高,但不得采用单码砖垫高,垫高高度不得超过 300mm。

(2) 木立柱底部与垫木之间应设置硬木对角楔调整标高,并应用铁钉将其固定于垫木上。

(3) 木立柱间距、扫地杆、水平拉杆剪刀撑的设置应符合《建筑施工模板安全技术规范》JGJ 162—2008 的规定,严禁使用板皮替代规定的拉杆。

(4) 所有单立柱支撑应位于底垫木和梁底模板的中心,并应与底部垫木和顶部梁底模板紧密接触,且不得承受偏心荷载。

(5) 当仅为单排立柱时,应于单排立柱的两边每隔 3m 加设斜支撑,且每边不得少于两根,斜支撑与地面的夹角应为 60°。

4) 当采用扣件式钢管作立柱支撑时,其安装构造应符合下列规定:

满堂支撑架根据剪刀撑的设置不同分为普通型构造与加强型构造,其构造设置应符合下列规定:

(1) 普通型

① 在架体外侧周边及内部纵、横向每 5~8m,应由底至顶设置连续竖向剪刀撑,剪刀撑宽度应为 5~8m。

② 在竖向剪刀撑顶部交点平面应设置连续水平剪刀撑。当支撑高度超过 8m,或施工总荷载大于 15kN/m²,或集中线荷载大于 20kN/m 的支撑架,扫地杆的设置层应设置水平剪刀撑。水平剪刀撑至架体底平面距离与水平剪刀撑间距不宜超过 8m。普通型水平、竖向剪刀撑布置图见图 7-9。

(2) 加强型

① 当立杆纵、横间距为 0.9m×0.9m~1.2m×1.2m 时,在架体外侧周边及内部纵、

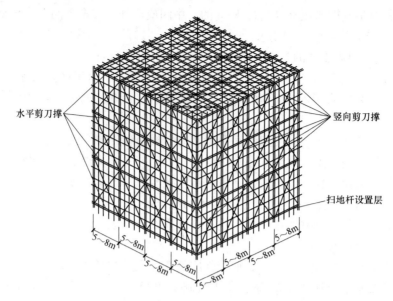

图 7-9 普通型水平、竖向剪刀撑布置图

横向每 4 跨（且不大于 5m），应由底至顶设置连续竖向剪刀撑，剪刀撑宽度应为 4 跨。

② 当立杆纵、横间距为 0.6m×0.6m～0.9m×0.9m（含 0.6m×0.6m，0.9m×0.9m）时，在架体外侧周边及内部纵、横向每 5 跨（且不小于 3m），应由底至顶设置连续竖向剪刀撑，剪刀撑宽度应为 5 跨。

③ 当立杆纵、横间距为 0.4m×0.4m～0.6m×0.6m（含 0.4m×0.4m）时，在架体外侧周边及内部纵、横向每 3～3.2m 应由底至顶设置连续竖向剪刀撑，剪刀撑宽度应为 3～3.2m。

④ 在竖向剪刀撑顶部交点平面应设置水平剪刀撑，水平剪刀撑至架体底平面距离与水平剪刀撑间距不宜超过 6m，剪刀撑宽度应为 3～5m。加强型水平、竖向剪刀撑构造布置图见图 7-10。

⑤ 竖向剪刀撑斜杆与地面的倾角应为 45°～60°，水平剪刀撑与支架纵（或横）向夹角应为 45°～60°。

⑥ 满堂支撑架的可调底座、可调托撑螺杆伸出长度不宜超过 300mm，插入立杆内的长度不得小于 150mm。

⑦ 在无结构柱部位应采取预埋钢管等措施与建筑结构进行刚性连接，在有空间部位，满堂支撑架宜超出顶部加载区投影范围向外延伸布置 2～3 跨。支撑架高宽比不应大于 3。

5）当采用碗扣式钢管作立柱支撑时，其安装构造应符合下列规定：

(1) 模板支撑架应根据所承受的荷载选择立杆的间距和步距，底层纵、横向水平杆作为扫地杆，距地面高度应小于或等于 350mm，立杆底部应设置可调底座或固定底座；立杆上端包括可调螺杆伸出顶层水平杆的长度不得大于 0.7m。

(2) 模板支撑架斜杆设置应符合下列要求：

① 当立杆间距大于 1.5m 时应在拐角处设置通高专用斜杆，中间每排每列应设置通高八字形斜杆或剪刀撑。

7.2 主体工程施工安全技术

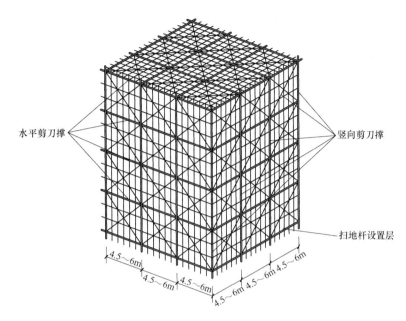

图 7-10 加强型水平、竖向剪刀撑构造布置图

② 当立杆间距小于或等于 1.5m 时，模板支撑架四周从底到顶连续设置竖向剪刀撑；中间纵、横向由底至顶连续设置竖向剪刀撑，其间距应小于或等于 4.5m。

③ 剪刀撑的斜杆与地面夹角应在 45°~60°。之间斜杆应每步与立杆扣接。

④ 当模板支撑架高度大于 4.8m 时，顶端和底部必须设置水平剪刀撑，中间水平剪刀撑设置间距应小于或等于 4.8m。

⑤ 当模板支撑架周围有主体结构时，应设置连墙件。

⑥ 模板支撑架高宽比应小于或等于 2；当高宽比大于 2 时，可采取扩大下部架体尺寸或采取其他构造措施。

⑦ 模板下方应放置次楞（梁）与主楞（梁），次楞（梁）与主楞（梁）应按受弯杆件设计计算。支架立杆上端应采用 U 形托撑，支撑应在主楞（梁）底部。

6）当采用标准门架作支撑时，其安装构造应符合下列规定：

(1) 门架的跨距与间距应根据支架的高度、荷载由计算和构造要求确定，门架的跨距不宜超过 1.5m，门架的净间距不宜超过 1.2m。

(2) 模板支架的高宽比不应大于 4，搭设高度不宜超过 24m。

(3) 模板支架宜按规定设置托座和托梁，采用调节架、可调托座调整高度，可调托座调节螺杆的高度不宜超过 300mm。底座和托座与门架立杆轴线的偏差不应大于 2.0mm。

(4) 用于支承梁模板的门架，可采用平行或垂直于梁轴线的布置方式。梁模板支架的布置方式见图 7-11。

(5) 当梁的模板支架高度较高或荷载较大时，门架可采用复式（重叠）的布置方式。

(6) 梁板类结构的模板支架，应分别设计。板支架跨距（或间距）宜是梁支架跨距（或间距）的倍数，梁下横向水平加固杆应伸入板支架内不少于 2 根门架立杆，并应与板下门架立杆扣紧。

(7) 当模板支架的高宽比大于 2 时，宜按《建筑施工门式钢管脚手架安全技术规范》

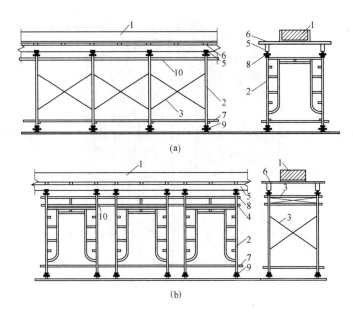

图 7-11 梁模板支架的布置方式（一）
(a) 门架垂直于梁轴线布置；(b) 门架平行于梁轴线布置
1—混凝土梁；2—门架；3—交叉支撑；4—调节架；5—托梁；6—小楞；7—扫地杆；
8—可调托座；9—可调底座；10—水平加固杆

JGJ 128—2010 规定设置缆风绳或连墙件。

(8) 模板支架在支架的四周和内部纵横向应按现行行业标准《建筑施工模板安全技术规范》JGJ 162—2008 的规定与建筑结构柱、墙进行刚性连接，连接点应设在水平剪刀撑或水平加固杆设置层，并应与水平杆连接。梁模板支架的布置方式见图 7-12。

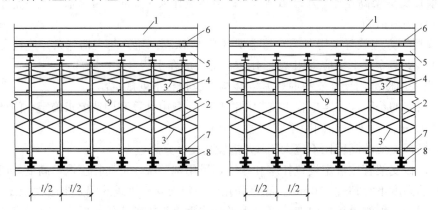

图 7-12 梁模板支架的布置方式（二）
1—混凝土梁；2—门架；3—交叉支撑；4—调节架；5—托梁；6—小楞；7—扫地杆；
8—可调底座；9—水平加固杆

(9) 模板支架在每步门架两侧立杆上应设置纵向、横向水平加固杆，并应采用扣件与门架立杆扣紧。

(10) 模板支架应设置剪刀撑对架体进行加固，剪刀撑的设置应符合下列要求：

① 在支架的外侧周边及内部纵横向每隔 6~8m，应由底至顶设置连续竖向剪刀撑。

② 搭设高度 8m 及以下时，在顶层应设置连续的水平剪刀撑；搭设高度超过 8m 时，在顶层和竖向每隔 4 步及以下应设置连续的水平剪刀撑。

③ 水平剪刀撑宜在竖向剪刀撑斜杆交叉层设置。

7) 当采用承插型盘扣式钢管作立柱支撑时，其安装构造应符合下列规定：

(1) 模板支架应根据施工方案计算得出的立杆排架尺寸选用定长的水平杆，并应根据支撑高度组合套插的立杆段、可调托座和可调底座。

(2) 模板支架的斜杆或剪刀撑设置应符合下列要求：

① 当搭设高度不超过 8m 的满堂模板支架时，步距不宜超过 1.5m，支架架体四周外立面向内的第一跨每层均应设置竖向斜杆，架体整体底层以及顶层均应设置竖向斜杆，并应在架体内部区域每隔 5 跨由底至顶纵、横向均设置竖向斜杆或采用扣件钢管搭设的大剪刀撑。当满堂模板支架的架体高度不超过 4 节段立杆时，可不设顶层水平斜杆；当架体高度超过 4 节段立杆时，应设置顶层水平斜杆或扣件钢管水平剪刀撑。满堂架高度不大于 8m 斜杆设置立面图见图 7-13。满堂架高度不大于 8m 剪刀撑设置立面图见图 7-14。

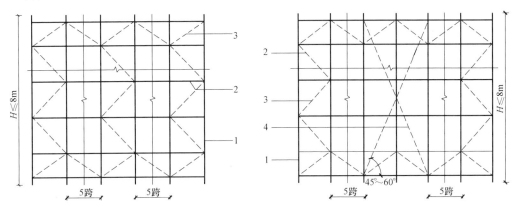

图 7-13 满堂架高度不大于 8m 斜杆设置立面图　图 7-14 满堂架高度不大于 8m 剪刀撑设置立面图
1—立杆；2—水平杆；3—斜杆；4—扣件钢管剪刀撑

② 当搭设高度超过 8m 的模板支架时，竖向斜杆应满布设置，水平杆的步距不得大于 1.5m，沿高度每隔 4~6 个标准步距应设置水平层斜杆或扣件钢管剪刀撑。周边有结构物时，宜与周边结构形成可靠拉结。满堂架高度大于 8m 水平斜杆设置立面图见图 7-15。

③ 当模板支架搭设成无侧向拉结的独立塔状支架时，架体每个侧面每步距均应设竖向斜杆。当有防扭转要求时，在顶层及每隔 3~4 步增设水平层斜杆或钢管水平剪刀撑。无侧向拉结塔状支模架见图 7-16。

(3) 对长条状的独立高支模架，架体总高度与架体的宽度之比 H/B 不宜大于 3。

(4) 模板支架可调托座的伸出顶层水平杆或双槽钢托梁的悬臂长度严禁超过 650mm，且丝杆外露长度严禁超过 400mm，可调托座插入立杆或双槽钢托梁长度不得小于 150mm。带可调托座伸出顶层水平杆的悬臂长度见图 7-17。

(5) 高大模板支架最顶层的水平杆步距应比标准步距缩小一个盘扣间距。

(6) 模板支架可调底座调节丝杆外露长度不应大于 300mm，作为扫地杆的最底层水平杆离地高度不应大于 550mm。当单肢立杆荷载设计值不大于 40kN 时，底层的水平杆

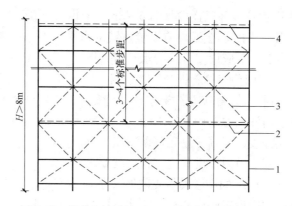

图 7-15 满堂架高度大于 8m 水平斜杆设置立面图
1—立杆；2—水平杆；3—斜杆；4—水平层斜杆或扣件钢管剪刀撑

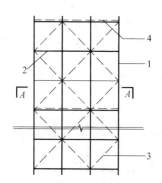 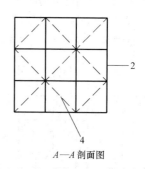

图 7-16 无侧向拉结塔状支模架
1—立杆；2—水平杆；3—斜杆；4—水平层斜杆

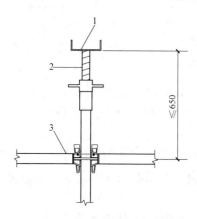

图 7-17 带可调托座伸出顶层
水平杆的悬臂长度
1—可调托座；2—螺杆；3—水平杆

步距可按标准步距设置，且应设置竖向斜杆；当单肢立杆荷载设计值大于 40kN 时，底层的水平杆应比标准步距缩小一个盘扣间距，且应设置竖向斜杆。

（7）模板支架宜与周围已建成的结构进行可靠连接。

（8）当模板支架体内设置与单肢水平杆同宽的人行通道时，可间隔抽除第一层水平杆和斜杆形成施工人员进出通道，与通道正交的两侧立杆间应设置竖向斜杆；当模板支架体内设置与单肢水平杆不同宽人行通道时，应在通道上部架设支撑横梁，横梁应按跨度和荷载确定。通道两侧支撑梁的立杆间距应根据计算设置，通道周围的模板支架应连成整体。洞口顶部应铺设封闭的防护板，两侧应设置安全网。通行机动车的洞口，必须设置安全警示和防撞设施。模板支架人行通道设置图见图 7-18。

5. 高大模板支撑系统安全

高大模板支撑系统是指建设工程施工现场混凝土构件模板支撑高度超过 8m，或搭设跨度超过18m，或施工总荷载大于15kN/m²，或集中线荷载大于20kN/m的模板支撑系统。

各类施工支架在承载和使用中发生坍塌事故时，大多都会造成相当严重的后果。特别是高大的混凝土楼屋盖和桥梁模板支架在浇筑中发生的整体坍塌事故，往往都会造成惨重的人员伤亡、巨大的经济损失和不良的社会影响，不仅会给遇难人员家庭造成难以弥合的创伤和会严重危及企业的生存与发展，而且也会给各级工程安全监管部门带来巨大的压力。

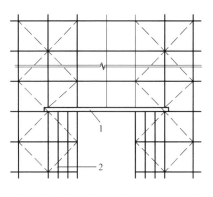

图7-18 模板支架人行通道设置图
1—支撑横梁；2—立杆加密

高大模板支撑系统施工应严格遵循安全技术规范和专项方案规定，严密组织，责任落实，确保施工过程的安全。

1）方案管理

（1）方案编制

① 施工单位应依据国家现行相关标准规范，由项目技术负责人组织相关专业技术人员，结合工程实际，编制高大模板支撑系统的专项施工方案。

② 专项施工方案应当包括以下内容：

a. 编制说明及依据：相关法律、法规、规范性文件、标准、规范及图纸（国标图集）、施工组织设计等。

b. 工程概况：高大模板工程特点、施工平面及立面布置、施工要求和技术保证条件，具体明确支模区域、支模标高、高度、支模范围内的梁截面尺寸、跨度、板厚、支撑的地基情况等。

c. 施工计划：施工进度计划、材料与设备计划等。

d. 施工工艺技术：高大模板支撑系统的基础处理、主要搭设方法、工艺要求、材料的力学性能指标、构造设置以及检查、验收要求等。

e. 施工安全保证措施：模板支撑体系搭设及混凝土浇筑区域管理人员组织机构、施工技术措施、模板安装和拆除的安全技术措施、施工应急救援预案、模板支撑系统在搭设、钢筋安装、混凝土浇捣过程中及混凝土终凝前后模板支撑体系位移的监测监控措施等。

f. 劳动力计划：专职安全生产管理人员、特种作业人员的配置等。

g. 计算书及相关图纸：验算项目及计算内容包括模板、模板支撑系统的主要结构强度和截面特征及各项荷载设计值及荷载组合，梁、板模板支撑系统的强度和刚度计算，梁板下立杆稳定性计算，立杆基础承载力验算，支撑系统支撑层承载力验算，转换层下支撑层承载力验算等。每项计算列出计算简图和截面构造大样图，注明材料尺寸、规格、纵横支撑间距。

附图包括支模区域立杆、纵横水平杆平面布置图，支撑系统立面图、剖面图，水平剪刀撑布置平面图及竖向剪刀撑布置投影图，梁板支模大样图，支撑体系监测平面布置图及连墙件布设位置及节点大样图等。

(2) 审核论证

① 高大模板支撑系统专项施工方案,应先由施工单位技术部门组织本单位施工技术、安全、质量等部门的专业技术人员进行审核,经施工单位技术负责人签字后,再按照相关规定组织专家论证。下列人员应参加专家论证会:

a. 专家组成员。

b. 建设单位项目负责人或技术负责人。

c. 监理单位项目总监理工程师及相关人员。

d. 施工单位分管安全的负责人、技术负责人、项目负责人、项目技术负责人、专项方案编制人员、项目专职安全管理人员。

e. 勘察、设计单位项目技术负责人及相关人员。

② 专家组成员应当由5名及以上符合相关专业要求的专家组成。本项目参建各方的人员不得以专家身份参加专家论证会。

③ 专家论证的主要内容包括:

a. 方案是否依据施工现场的实际施工条件编制;方案、构造、计算是否完整、可行。

b. 方案计算书、验算依据是否符合有关标准规范。

c. 安全施工的基本条件是否符合现场实际情况。

④ 施工单位根据专家组的论证报告,对专项施工方案进行修改完善,并经施工单位技术负责人、项目总监理工程师、建设单位项目负责人批准签字后,方可组织实施。

⑤ 监理单位应编制安全监理实施细则,明确对高大模板支撑系统的重点审核内容、检查方法和频率要求。

2) 验收管理

(1) 高大模板支撑系统搭设前,应由项目技术负责人组织对需要处理或加固的地基、基础进行验收,并留存记录。

(2) 高大模板支撑系统的结构材料应按以下要求进行验收、抽检和检测,并留存记录、资料。

① 施工单位应对进场的承重杆件、连接件等材料的产品合格证、生产许可证、检测报告进行复核,并对其表面观感、重量等物理指标进行抽检。

② 对承重杆件的外观抽检数量不得低于搭设用量的30%,发现质量不符合标准、情况严重的,要进行100%的检验,并随机抽取外观检验不合格的材料(由监理见证取样)送法定专业检测机构进行检测。

③ 采用钢管扣件搭设高大模板支撑系统时,还应对扣件螺栓的紧固力矩进行抽查,抽查数量应符合《建筑施工扣件式钢管脚手架安全技术规范》JGJ 130的规定,对梁底扣件应进行100%检查。

(3) 高大模板支撑系统应在搭设完成后,由项目负责人组织验收,验收人员应包括施工单位和项目两级技术、项目安全、质量、施工人员,监理单位的总监和专业监理工程师。验收合格,经施工单位项目技术负责人及项目总监理工程师签字后,方可进入后续工序的施工。

3) 施工管理

(1) 一般规定

① 高大模板支撑系统应优先选用技术成熟的定型化、工具式支撑体系。

② 搭设高大模板支撑架体的作业人员必须经过培训,取得建筑施工脚手架特种作业操作资格证书后方可上岗。其他相关施工人员应掌握相应的专业知识和技能。

③ 高大模板支撑系统搭设前,项目工程技术负责人或方案编制人员应当根据专项施工方案和有关规范、标准的要求,对现场管理人员、操作班组、作业人员进行安全技术交底,并履行签字手续。

安全技术交底的内容应包括模板支撑工程工艺、工序、作业要点和搭设安全技术要求等内容,并保留记录。

④ 作业人员应严格按规范、专项施工方案和安全技术交底书的要求进行操作,并正确佩戴相应的劳动防护用品。

(2) 搭设管理

① 高大模板支撑系统的地基承载力、沉降等应能满足方案设计要求。如遇松软土、回填土,应根据设计要求进行平整、夯实,并采取防水、排水措施,按规定在模板支撑立柱底部采用具有足够强度和刚度的垫板。

② 对于高大模板支撑体系,其高度与宽度相比大于两倍的独立支撑系统,应加设保证整体稳定的构造措施。

③ 高大模板工程搭设的构造要求应当符合相关技术规范要求,支撑系统立柱接长严禁搭接;应设置扫地杆、纵横向支撑及水平垂直剪刀撑,并与主体结构的墙、柱牢固拉接。

④ 搭设高度2m以上的支撑架体应设置作业人员登高措施。作业面应按有关规定设置安全防护设施。

⑤ 模板支撑系统应为独立的系统,禁止与物料提升机、施工升降机、塔吊等起重设备钢结构架体机身及其附着设施相连接;禁止与施工脚手架、物料周转料平台等架体相连接。

(3) 使用与检查

① 模板、钢筋及其他材料等施工荷载应均匀堆置,放平放稳。施工总荷载不得超过模板支撑系统设计荷载要求。

② 模板支撑系统在使用过程中,立柱底部不得松动悬空,不得任意拆除任何杆件,不得松动扣件,也不得用作缆风绳的拉接。

③ 施工过程中检查项目应符合下列要求:

a. 立柱底部基础应回填夯实。

b. 垫木应满足设计要求。

c. 底座位置应正确,顶托螺杆伸出长度应符合规定。

d. 立柱的规格尺寸和垂直度应符合要求,不得出现偏心荷载。

e. 扫地杆、水平拉杆、剪刀撑等设置应符合规定,固定可靠。

f. 安全网和各种安全防护设施符合要求。

(4) 混凝土浇筑

① 混凝土浇筑前,施工单位项目技术负责人、项目总监确认具备混凝土浇筑的安全生产条件后,签署混凝土浇筑令,方可浇筑混凝土。

② 框架结构中，柱和梁板的混凝土浇筑顺序，应按先浇筑柱混凝土，后浇筑梁板混凝土的顺序进行。浇筑过程应符合专项施工方案要求，并确保支撑系统受力均匀，避免引起高大模板支撑系统的失稳倾斜。

③ 浇筑过程应有专人对高大模板支撑系统进行观测，发现有松动、变形等情况，必须立即停止浇筑，撤离作业人员，并采取相应的加固措施。

(5) 拆除管理

① 高大模板支撑系统拆除前，项目技术负责人、项目总监应核查混凝土同条件试块强度报告，浇筑混凝土达到拆模强度后方可拆除，并履行拆模审批签字手续。

② 高大模板支撑系统的拆除作业必须自上而下逐层进行，严禁上下层同时拆除作业，分段拆除的高度不应大于两层。设有附墙连接的模板支撑系统，附墙连接必须随支撑架体逐层拆除，严禁先将附墙连接全部或数层拆除后再拆支撑架体。

③ 高大模板支撑系统拆除时，严禁将拆卸的杆件向地面抛掷，应有专人传递至地面，并按规格分类均匀堆放。

④ 高大模板支撑系统搭设和拆除过程中，地面应设置围栏和警戒标志，并派专人看守，严禁非操作人员进入作业范围。

4) 监督管理

(1) 施工单位应严格按照专项施工方案组织施工。高大模板支撑系统搭设、拆除及混凝土浇筑过程中，应有专业技术人员进行现场指导，设专人负责安全检查，发现险情，立即停止施工并采取应急措施，排除险情后，方可继续施工。

(2) 监理单位对高大模板支撑系统的搭设、拆除及混凝土浇筑实施巡视检查，发现安全隐患应责令整改，对施工单位拒不整改或拒不停止施工的，应当及时向建设单位报告。

(3) 建设主管部门及监督机构应将高大模板支撑系统作为建设工程安全监督重点，加强对方案审核论证、验收、检查、监控程序的监督。

7.2.2 吊装工程施工

1. 起重吊装的一般安全要求

1) 重吊装工人属于特种作业人员，汽车吊、司索工、龙门吊操作人员和起重指挥人员（信号工）必须经培训、考试合格后，持证上岗。

2) 参加起重吊装作业的人员必须了解和熟悉所使用的机械设备性能，并遵守操作规程的规定。

3) 起重机的司机和指挥人员，应熟悉和掌握所使用的起重信号，起重信号一经规定（《起重吊运指挥信号》GB 5082），严禁随意擅自变动。指挥人员必须站在起重机司机和起重工都能看见的地方，并严格按规定的起重信号指挥作业，如因现场条件限制，可配备信号员传递其指挥信号。汽车吊必须由起重机司机驾驶。

4) 起重机械应具备有效的检验报告及合格证，并经进场验收合格；起重吊装作业所用的吊具、索具等必须经过技术鉴定或检验合格，方可投入使用。

5) 高处吊装作业应由经体检合格的人员担任，禁止酒后或严重心脏病患者从事起重吊装的高处作业。

6) 起重吊装作业的区域，必须设置有效的隔离和警戒标志；涉及交通安全的起重吊

7.2 主体工程施工安全技术

装作业,应及时与交通管理部门联系,办理有关手续,并按交通管理部门的要求落实好具体安全措施。严禁任何人在已吊起的构件下停留或穿行,已吊起的构件不准长时间悬停在空中。不直接参加吊装的人员和与吊装无关的人员,禁止进入吊装作业现场。

7) 对所起吊的构件,应事前了解其准确的自重,并选用合适的滑轮组和起重钢丝绳,严禁盲目地冒险起吊。严禁用起重机载运人员,并严格实行重物离地 20~30cm 试吊,确认安全可靠,方可正式吊装作业。

8) 预制构件起吊前,必须将模板全部拆除堆放好,严防构件吊起后模板坠落伤人。

9) 现场堆放屋架、屋面梁、吊车梁等构件,必须支垫稳妥,并用支撑撑牢,严防倾倒。严禁将构件堆放在通行道路上,保持消防道路畅通无阻。

10) 使用撬杠做撬和拨的操作时,应用双手握持撬杠,不得身体扑在撬杠上或坐在撬杠上,人要立稳,拴好安全带。

11) 起重机行驶的道路必须平整坚实,对地下有坑穴和松软土层者应采取措施进行处理,对于土体承载力较小地区,采用起重机吊装重量较大的构件时,应在起重机行驶的道路上采用钢板、道木等铺垫措施,以确保机车的作业条件。

12) 起重机严禁在斜坡上作业,一般情况纵向坡度不大于 3‰,横向坡度不大于 1‰。两个履带不得一高一低,并不得负荷行驶。严禁超载,起重机在卸载或空载时,其起重臂必须落到最低位置,即与水平面的夹角在 60°以内。

13) 起吊时,起重物必须在起重臂的正下方,不准斜拉、斜吊(指所要起吊的重物不在起重机起重臂顶的正下方,因而当将捆绑重物的吊索挂上吊钩后,吊钩滑车组不与地面垂直。斜吊会使重物在离开地面后发生快速摆动,可能碰伤人或碰撞其他物体)。吊钩的悬挂点与被起吊物的重心在同一垂直线上,吊钩的钢丝绳应保持垂直。履带或轮胎式起重机在满负荷或接近满负荷时,不得同时进行两种操作动作。被起吊物必须绑扎牢固。两支点起吊时,两副吊具中间的夹角不应大于 60°,吊索与物件的夹角宜采用 45°~60°,且不得小于 30°。落钩时应防止被起吊物局部着地引起吊绳偏斜。被起吊物未固定或未稳固前不得将起重机械松钩。

14) 高压线或裸线附近工作时,应根据具体情况停电或采取其他可靠防护措施后,方准进行吊装作业。起重机不得在架空输电线路下面作业,通过架空输电线路时,应将起重臂落下,并保持安全距离;在架空输电路一侧工作时,无论在何种情况下,起重臂、钢丝绳、被吊物体与架空线路的最近距离不得小于表 7-6 的规定。

被吊物体与架空线的最近距离　　　　　　表 7-6

输电线路电压(kV)	<1	1~20	35~110	154	220
允许与输电线路的最近距离(m)	1.5	2	2	5	6

15) 用塔式起重机或长吊杆的其他类型的起重机时,应设有避雷装置或漏电保护开关。在雷雨季节,起重设备若在相邻建筑物或构筑物的防雷装置的保护范围以外,要根据当地平均雷暴日数及设备高度,设置防雷装置。

16) 吊装就位,必须放置平稳牢固后,方准松开吊钩或拆除临时性固定。未经固定,不得进行下道工序或在其上行走。起吊重物转移时,应将重物提升到所遇到物件高度的 0.5m 以上。严禁起吊重物长时间悬挂在空中,作业中若遇突发故障,应立即采取措施使重物降落到安全的地方（下降中严禁制动）并关闭发动机或切断电源后进行维修；在突然停电时，应立即把所有控制器拨到零位，并采取措施将重物降到地面。

17）遇六级以上大风，或大雨、大雾、大雪、雷电等恶劣天气及夜间照明不足等恶劣气候条件时，应停止起重吊装作业。在雨期或冬期进行起重吊装作业时，必须采取防滑措施，如清除冰雪、在屋架上捆绑麻袋或在屋面板上铺垫草袋等。

18）高处作业人员使用的工具、零配件等，必须放在工具袋内，严禁随意丢掷。在高处用气割或电焊切割时，应采取可靠措施防止已割下物坠落伤人。在高处使用撬棍时，人要立稳，如附近有脚手架或已安装好的构件，应一手扶住，一手操作。撬棍插进深度要适宜，如果撬动距离较大，则应逐步撬动，不宜急于求成。

19）工人在安装、校正构件时，应站在操作平台上进行，并佩戴安全带且一般应高挂低用（即将安全带绳端的钩环挂于高处，而人在低处操作）；如需要在屋架上弦行走，则应在上弦上设置防护栏杆。

总结起来，就是要坚持起重机械十不吊：斜吊不准吊、超载不准吊、散装物装得太满或捆扎不牢不准吊、指挥信号不明不准吊、吊物边缘锋利无防护措施不准吊、吊物上站人不准吊、埋入地下的构件情况不明不准吊、安全装置失灵不准吊、光线阴暗看不清吊物不准吊、六级以上强风不准吊。

2. 散装物与细长材料吊运

1）绑扎安全要求

（1）卡绳捆绑法：用卡环把吊索卡出一个绳圈，用该绳圈捆绑起吊重物的方法。一般是把捆绑绳从重物下面穿过，然后用卡环把绳头和绳子中段卡接起来，绳子中段在卡环中可以自由窜动，当捆绑绳受力后，绳圈在捆绑点处对重物有束紧的力，即使重物达到垂直的程度，捆绑绳在重物表面也不会滑绳。卡绳捆绑法适合于对长形物件（如钢筋、角铁、钢管等）的水平吊装及桁架结构（如支架、笼等）的吊装。

（2）穿绳安全要求：确定吊物重心，选好挂绳位置。穿绳应用铁钩，不得将手臂伸到吊物下面。吊运棱角坚硬或易滑的吊物，必须加衬垫，用套索。

（3）挂绳安全要求：应按顺序挂绳，吊绳不得相互挤压、交叉、扭压、绞拧。一般吊物可用兜挂法，必须保护吊物平衡，对于易滚、易滑或超长货物，宜采用绳索方法，使用卡环锁紧吊绳。

（4）试吊安全要求：吊绳套挂牢固，起重机缓慢起升，将吊绳绷紧稍停，起升不得过高。试吊中，指挥信号工、挂钩工、司机必须协调配合。如发现吊物重心偏移或其他物件粘连等情况时，必须立即停止起吊，采取措施并确认安全后方可起吊。

（5）摘绳安全要求：落绳、停稳、支稳后方可放松吊绳。对易滚、易滑、易散的吊物，摘绳要用安全钩。挂钩工不得站在吊物上面。如遇不易人工摘绳时，应选用其他机具辅助，严禁攀登吊物及绳索。

（6）抽绳安全要求：吊钩应与吊物重心保持垂直，缓慢起绳，不得斜拉、强拉、不得旋转吊壁抽绳。如遇吊绳被压，应立即停止抽绳，可采取提头试吊方法抽绳。吊运易损、易滚、易倒的吊物不得使用起重机抽绳。

（7）捆绑安全要求：作业时必须捆绑牢固，吊运集装箱等箱式吊物装车时，应使用捆绑工具将箱体与车连接牢同，并加垫防滑；管材、构件等必须用紧线器紧固。

(8) 吊挂作业安全要求：锁绳吊挂应便于摘绳操作；扁担吊挂时，吊点应对称于吊物中心；卡具吊挂时应避免卡具在吊装中被碰撞。

2) 钢筋吊运

(1) 吊运长条状物品（如钢筋、长条状木方等），所吊物件应在物品上选择两个均匀、平衡的吊点，绑扎牢固。

(2) 钢筋、型钢、管材等细长和多根物件必须捆扎牢靠，不准一点吊，而要多点起吊。单头"千斤"或捆扎不牢靠不准吊。起吊钢筋时，规格必须统一，不准长短参差不一。地面采用拉绳控制吊物的空中摆动。

(3) 钢筋笼吊装前应联系承担运输的长大件公司，派人员实地查看是否具备车辆进场条件及车辆可能的停放位置和方向，再由生产经理组织物资设备部、安质部、工程部、起重作业负责人和操作员及装吊作业负责人就作业位置、具体吊装作业流程、落笼位置等问题现场予以解决、确定。吊挂捆绑钢筋笼用钢丝绳的安全系数不小于6倍。吊点选择在钢筋笼的定位钢筋处，起吊时严禁单点起吊、斜吊。

3) 砖和砌块吊运使用拉绳制止吊物摇晃

(1) 吊运散件物时，应用铁制合格料斗，料斗上应设有专用的牢固的吊装点；料斗内装物高度不得超过料斗上口边，散粒状的轻浮易撒物盛装高度应低于上口边线10cm。

(2) 吊砌块必须使用安全可靠的砌块夹具吊砖必须使用砖笼，并堆放整齐。木砖、预埋件等零星物件要用盛器堆放稳妥，叠放不齐不准吊。散装物装得太满或捆扎不牢不吊。搬运时可用夹持器。

(3) 用起重机吊砖要用上压式或网罩式砖笼，当采用砖笼往楼板上放砖时，要均布分布，并预先在楼板底下加设支柱或横木承载。砖笼严禁直接吊放在脚手架上，吊砂浆的料斗不能装得过满，装料量应低于料斗上沿100mm。吊件回转范围内不得有人停留，吊物在脚手架上方下落时，作业人员应躲开。

3. 构件吊装

构件吊装要编制专项施工方案，它也是施工组织设计的组成部分。方案中包括：根据吊装构件的重量、用途、形状，施工条件、环境选择吊装方法和吊装的设备；吊装人员的组成；吊装的顺序；构件校正、临时固定的方式；悬空作业的防护等。

1) 构件及设备的吊装一般安全要求

(1) 作业时应缓起、缓转、缓移，并用控制绳保持吊物平稳。

(2) 码放构件的场地应坚实平整。码放后应支撑牢固、稳定。

(3) 作业前应检查被吊物、场地、作业空间等，确认安全后方可作业。

(4) 超长型构件运输中，悬出部分不得大于总长的1/4，并应采取防护倾覆措施。

(5) 吊装大型构件使用千斤顶调整就位时，严禁两端千斤顶同时起落；一端使用两个千斤顶调整就位时，起落速度应一致。

(6) 移动构件、设备时，构件、设备必须连接牢固，保持稳定。道路应坚实平整，作业人员必须听从统一指挥，协调一致。使用卷扬机移动构件或设备时，必须用慢速卷扬机。

(7) 暂停作业时，必须把构件、设备支撑稳定，连接牢固后方可离开现场。

2) 柱子的吊装

柱子的类型很多，重量的差异也很悬殊，小柱子只有2~3t重，而大柱子达50~60t，在大型的重工业厂房中，柱子重可达100t以上。柱子按截面形式分有矩形柱、工字形柱、管形柱和双肢柱等。柱子吊装时的安全要求如下：

(1) 起吊时要观察卡环的方位与绳扣的变化情况，发现有异常现象时要采取有效的措施，保证吊装的安全。

(2) 吊装前要检查柱脚或杯底的平直度，如误差较大造成点接触或线接触时，应预先剔平或抹平，以保证柱子的稳定。凡采用砖胎模制作工艺时，先在构件翻转时剔除干净后再起吊，不准边起吊边剔除粘在构件上的砖胎。

(3) 柱子临时固定用的楔子，每边不少于两个，在脱钩前要检查柱脚是否落至杯底，防止在校正过程中，因柱脚悬空，在松动楔子时柱子突然下落发生倾倒。

(4) 无论是有缆风绳或无缆风绳校正，都应在吊装完后立即进行，其间隔不得过长，更不能过夜，防止刮大风发生事故。

(5) 吊装柱子向杯口放楔子时，应拿楔子的两侧，防止柱子挤手。摘钩前楔子要打紧，两人要同时在柱子的两侧面对面打锤，避开正面交错站立，防止锤头甩出伤人。摘吊索时柱下方严禁有人。

3) 行车梁、屋架的吊装

(1) 行车梁的吊装要在柱子杯口二次灌缝的混凝土强度达到70%以后进行。可在行车梁高度的一侧，沿柱子拉一道水平钢丝绳（距行车梁上表面约1m），当作业人员沿行车梁上作业行走时，将安全带扣牢在钢丝绳上滑行。

(2) 吊装前要搭设操作平台或脚手架，操作人员应在架子上操作，不可站在柱顶或牛腿上，以及不牢固的地方安装构件。构件的两端要有专人用溜绳来控制梁的方向，防止碰撞构件或挤伤人。由地面到高空的往返要走马道梯子等，禁止用起重机将人和构件一起升降。

(3) 屋架吊装前要挂好安全网，安全网要随吊装面移动而增加。作业人员严禁走屋架上弦，当走屋架下弦时，应把安全带系牢在屋架的加固杆上（在屋架吊装之前临时绑扎的木杆）。

(4) 在进行节间吊装时应采用平网防护，进行节间综合吊装时，可采用移动平网（即在沿柱子一侧拉一钢丝绳，平网为一个节间的宽度，随吊装装完一个节间，再向前移动到下一个节间）。

(5) 结构及楼板安装后，对临边及孔洞按有关规定进行防护，防止吊装过程中发生事故。

4) 设备吊装

在设备的装、运、安等工作中，不论是采用扒杆起吊或是机械吊装都应注意以下四点：

(1) 在安装过程中，如发现问题应及时采取措施，处理后再继续起吊。

(2) 用扒杆吊装大型设备，多台卷扬机联合操作时，各卷扬机的速度应相同，要保证设备上各吊点受力大致趋于均匀，避免设备变形。

(3) 采用回转法或扳倒法吊装塔罐时，塔体底部安装的铰碗必须具有抵抗起吊过程中所产生水平推力的能力，起吊过程中塔体的左右溜绳必须牢靠，塔体回转就位时，使其慢慢落入基础，避免发生意外和变形。

(4) 在架体上或建筑物上安装设备时，其强度和稳定性要达到安装条件的要求。在设备安装定位后，要按图纸的要求连接紧固或焊接，满足了设计要求的强度和具有稳固性后，才能脱钩，否则要进行临时的固定。

5) 钢结构吊装

(1) 进入施工现场的钢构件，应按照钢结构安装图的要求进行检查，包括截面规格、连接板、高强螺栓、垫板等均应符合设计要求。

(2) 钢构件应按吊装顺序分类堆放。

(3) 钢柱的吊装应选择绑扎点在重心以上，并对吊索与钢柱绑扎处采取防护措施。当柱脚与基础采用螺栓固定时，应对地脚螺栓采取防护措施，采用垂直吊装法应将钢柱柱脚套入地脚螺栓后，方可拆除地脚螺栓防护。钢柱的校正，必须在起重机不脱钩的条件下进行。

(4) 钢结构吊装，必须按照专项施工方案的要求搭设高处作业的安全防护设施。严禁作业人员攀爬构件上下和无防护措施的情况下人员在钢构件上作业、行走。

(5) 钢柱吊装时，起重人员应站在作业平台或脚手架上作业，临边应有防护措施，人员上下应设专用梯道。

(6) 安装钢梁时可在梁的两端挂脚手架，或搭设落地脚手架。当需在梁上行走时，应设置临边防护或沿梁一侧设置钢丝绳并拴挂在钢柱上做扶手绳，人员行走时应将安全带扣挂在钢丝绳上。

(7) 钢屋架吊装，应在地面组装并进行临时加固。高处作业的防护设施，按吊装工艺不同，可采用临边防护与挂节间安全平网相结合的方法。在第一和第二节间的三榀屋架随吊装将全部钢支撑安装紧固后，方可继续其余节间屋架的安装。

7.3 脚手架工程施工安全技术

脚手架是土木工程施工的重要设施，是为保证高处作业安全、顺利进行施工而搭设的工作平台或作业通道。

7.3.1 脚手架分类及形式

1) 按照与建筑物的位置关系划分：

(1) 外脚手架：外脚手架沿建筑物外围从地面搭起，既用于外墙砌筑，又可用于外装饰施工。其主要形式有多立杆式、框式、桥式等。多立杆式应用最广，框式次之，桥式应用最少。

(2) 里脚手架：里脚手架搭设于建筑物内部，每砌完一层墙后，即将其转移到上一层楼面，进行新的一层砌体砌筑，它可用于内外墙的砌筑和室内装饰施工。里脚手架用料少，但装拆频繁，故要求轻便灵活，装拆方便。其结构形式有折叠式、支柱式和门架式等多种。

2) 按其所用材料分为：木脚手架、竹脚手架和金属脚手架。

3) 按其结构形式分为：多立杆式、碗扣式、门型、方塔式、附着式升降脚手架及悬吊式脚手架等。

4) 按照支承部位和形式划分：

(1) 落地式：搭设（支座）在地面、楼面、屋面或其他平台结构之上的脚手架。

(2) 悬挑式：采用悬挑方式支固的脚手架，其挑支方式又有以下3种。

① 架设于专用悬挑梁上。

② 架设于专用悬挑三角桁架上。

③ 架设于由撑拉杆件组合的支挑结构上，其支挑结构有斜撑式、斜拉式、拉撑式和顶固式等多种。

(3) 附墙悬挂脚手架：在上部或中部挂设于墙体挑挂件上的定型脚手架。

(4) 悬吊脚手架：悬吊于悬挑梁或工程结构之下的脚手架。

(5) 附着升降脚手架：附着于工程结构依靠自身提升设备实现升降的悬空脚手架。

(6) 水平移动脚手架：带行走装置的脚手架或操作平台架。

7.3.2 脚手架搭设的一般规定

1. 立杆基础

基础土层、排水设施、扫地杆设置对脚手架基础稳定性有着重要影响；脚手架基础应采取防止积水浸泡的措施，减少或消除在搭设和使用过程中由于地基不均匀沉降导致的架体变形。

1) 应清除搭设场地杂物，平整搭设场地，并使排水畅通。

2) 立杆垫板或底座底面标高宜高于自然地坪50~100mm。

3) 底座安放应符合下列规定：

(1) 底座、垫板均应准确地放在定位线上。

(2) 垫板宜采用长度不少于2跨、厚度不小于50mm、宽度不小于200mm的木垫板。

4) 脚手架必须设置纵、横向扫地杆。纵向扫地杆应采用直角扣件固定在距底座上皮不大于200mm处的立杆上。横向扫地杆应采用直角扣件固定在紧靠纵向扫地杆下方的立杆上。

5) 底部门架的立杆下端宜设置固定底座或可调底座。

6) 可调底座和可调托座的调节螺杆直径不应小于35mm，可调底座的调节螺杆伸出长度不应大于200mm。

7) 门式脚手架的底层门架下端应设置纵、横向通长的扫地杆。纵向扫地杆应固定在距门架立杆底端不大于200mm处的门架立杆上，横向扫地杆宜固定在紧靠纵向扫地杆下方的门架立杆上。

8) 双排碗扣式钢管脚手架首层立杆应采用不同的长度交错布置，底层纵、横向横杆作为扫地杆距地面高度应小于或等于350mm，严禁施工中拆除扫地杆，立杆应配置可调底座或固定底座。

2. 架体稳定

连墙件、剪刀撑、加固杆件、立杆偏差对架体整体刚度有着重要影响；连墙件的设置应按规范要求间距从底层第一步架开始，随脚手架搭设同步进行不得漏设；剪刀撑、加固杆件位置应准确，角度应合理，连接应可靠，并连续设置形成闭合圈，以提高架体的纵向刚度。

1) 连墙件的设置应符合下列规定：

(1) 应靠近主节点设置，偏离主节点的距离不应大于 300mm。

(2) 应从底层第一步纵向水平杆处开始设置，当该处设置有困难时，应采用其他可靠措施固定。

(3) 应优先采用菱形布置，或采用方形、矩形布置。

2) 开口型脚手架的两端必须设置连墙件，连墙件的垂直间距不应大于建筑物的层高，并不应大于 4m。

3) 连墙件中的连墙杆应呈水平设置，当不能水平设置时，应向脚手架一端下斜连接。

4) 连墙件必须采用可承受拉力和压力的构造。对高度 24m 以上的双排脚手架，应采用刚性连墙件与建筑物连接。

5) 当脚手架下部暂不能设连墙件时，应采取防倾覆措施。当搭设抛撑时，抛撑应采用通长杆件，并用旋转扣件固定在脚手架上，与地面的倾角应在 45°～60°之间；连接点中心至主节点的距离不应大于 300mm。抛撑应在连墙件搭设后方可拆除。

6) 架高超过 40m 且有风涡流作用时，应采取抗上升翻流作用的连墙措施。

7) 每道剪刀撑宽度不应小于 4 跨，且不应小于 6m，斜杆与地面的倾角宜在 45°～60°之间。

3. 杆件连接及锁紧

1) 纵向水平杆接长应采用对接扣件连接或搭接。搭接长度不应小于 1m，应等间距设置 3 个旋转扣件固定，端部扣件盖板边缘至搭接纵向水平杆杆端的距离不应小于 100mm。

2) 单排、双排与满堂脚手架立杆接长除顶层顶步外，其余各层各步接头必须采用对接扣件连接。

3) 扣件安装螺栓拧紧扭力矩不应小于 40N·m，且不应大于 65N·m。

门架杆件与配件的规格应配套统，并应符合标准，杆件、构配件尺寸误差在允许的范围之内；搭设时各种组合情况下，门架与配件均能处于良好的连接、锁紧状态。

4) 门架交叉支撑、锁臂、连接棒等配件与门架相连时，应有防止退出的止退机构，当连接棒与锁臂一起应用时，连接棒可不受此限。脚手板、钢梯与门架相连的挂扣，应有防止脱落的扣紧机构。

5) 门架应能配套使用，在不同组合情况下，均应保证连接方便、可靠，且应有良好的互换性。

6) 门式脚手架或模板支架上下榀门架间应设置锁臂，当采用插销式或弹销式连接棒时，可不设锁臂。

7) 搭设门架的锁臂、挂钩必须处于锁住状态。

8) 门式脚手架应在门架两侧的立杆上设置纵向水平加固杆，并应采用扣件与门架立杆扣紧。

9) 碗扣脚手架的杆件间距、碗扣紧固、水平斜杆对架体稳定性有着重要影响；当架体高度超过 24m 时，在各连墙件层应增加水平斜杆，使纵横杆与斜杆形成水平桁架，使无连墙立杆构成支撑点，以保证立杆承载力及稳定性。

10) 碗扣双排碗扣脚手架应按《建筑施工碗扣式脚手架安全技术规范》JGJ 166 构造

要求搭设；当连墙件按二步三跨设置，二层装修作业层、二层脚手板、外挂密目安全网封闭。

11）承插型盘扣式钢管支架各杆件、构配件应按《建筑施工承插型盘扣式钢管支架安全技术规程》JGJ 231—2010 要求设置；盘扣插销外表面应与水平杆和斜杆端扣接内表面吻合，使用不小于 0.5kg 锤子击紧插销，保证插销尾部外露不小于 15mm；作业面无挂扣钢脚手板时，应设置水平斜杆以保证平面刚度。

12）用承插型盘扣式钢管支架搭设双排脚手架时，搭设高度不宜大于 24m。可根据使用要求选择架体几何尺寸，相邻水平杆步距宜选用 2m，立杆纵距宜选用 1.5m 或 1.8m，且不宜大于 2.1m，立杆横距宜选用 0.9m 或 1.2m。

13）对双排脚手架的每步水平杆层，当无挂扣钢脚手架板加强水平层刚度时，应每 5 跨设置水平斜杆。

4. 荷载

1）结构与装修用的脚手架作业层上的施工均布荷载标准值，应根据实际情况确定，且不应低于下表中的规定。

施工均布荷载标准值　　　　　　　　　　　　　　　表 7-7

序　号	脚手架用途	施工均布荷载标准值（kN/m²）
1	结构	3.0
2	装修	2.0

注：1. 表中施工均布荷载标准值为一个操作层上的全部施工荷载除面积。
　　2. 斜梯施工均布荷载标准值不应低于 2kN/m²。

2）当在脚手架上同时有 2 个及以上操作层作业时，施工均布荷载标准值总和不得超过 5.0kN/m²。

5. 构配件材质

1）脚手架钢管应采用《直缝电焊钢管》GB/T 12793 或《低压流体输送用焊接钢管》GB/T 3091 中规定的 Q235 普通钢管，钢管的钢材质量应符合《碳素结构钢》GB/T 700 中 Q235 级钢的规定。

2）扣件进入施工现场应检查产品合格证，并应进行抽样复试，技术性能应符合《钢管脚手架扣件》GB 15831 的规定。扣件在使用前应逐个挑选，有裂缝、变形、螺栓出现滑丝的严禁使用。

3）门架与配件的性能、质量及型号的表述方法应符合《建筑施工门式钢管脚手架安全技术规范》JGJ 128—2010。

4）门架立杆加强杆的长度不应小于门架高度的 70%；门架宽度不得小于 800mm，且不宜大于 1200mm。

5）门架钢管平直度允许偏差不应大于管长的 1/500，钢管不得接长使用，不应使用带有硬伤或严重锈蚀的钢管。门架立杆、横杆钢管壁厚的负偏差不应超过 0.2mm。钢管壁厚存在负偏差时，宜选用热镀锌钢管

6）交叉支撑、锁臂、连接棒等配件与门架相连时，应有防止退出的止退机构，当连接棒与锁臂一起应用时，连接棒可不受此限。脚手板、钢梯与门架相连的挂扣，应有防止脱落的扣紧机构。

7) 承插型盘扣式钢管支架的构配件除有特殊要求外,其材质应符合《低合金高强度结构钢》GB/T 1591、《碳素结构钢》GB/T 700 以及《一般工程用铸造碳钢件》GB/T 11352 的规定。

8) 连接盘、扣接头、插销以及可调螺母的调节手柄采用碳素铸钢制造时,其材料机械性能不得低于《一般工程用铸造碳钢件》GB/T 11352 中牌号为 ZG230-450 的屈服强度、抗拉强度、延伸率的要求。

6. 通道

1) 人行并兼作材料运输的斜道的形式宜按下列要求确定:

(1) 高度不大于 6m 的脚手架,宜采用一字形斜道。

(2) 高度大于 6m 的脚手架,宜采用之字形斜道。

2) 斜道的构造应符合下列规定:

(1) 斜道应附着外脚手架或建筑物设置。

(2) 运料斜道宽度不宜小于 1.5m,坡度不应大于 1∶6,人行斜道宽度不宜小于 1m,坡度不应大于 1∶3。

(3) 拐弯处应设置平台,其宽度不应小于斜道宽度。

(4) 斜道两侧及平台外围均应设置栏杆及挡脚板。栏杆高度应为 1.2m,挡脚板高度不应小于 180mm。

(5) 运料斜道两端、平台外围和端部均应按规范规定设置连墙件;每两步应加设水平斜杆。

3) 斜道连墙件设置的位置、数量应按专项施工方案确定。

4) 斜道脚手板构造应符合下列规定:

(1) 脚手板横铺时,应在横向水平杆下增设纵向支托杆,纵向支托杆间距不应大于 500mm。

(2) 人行斜道和运料斜道的脚手板上应每隔 250~300mm 设置一根防滑木条,木条厚度应为 20~30mm。

7.3.3 扣件式钢管脚手架

1) 连墙件布置的距离见表 7-8。

连墙件布置最大间距　　　　　　表 7-8

搭设方法	高度(m)	竖向间距	水平间距	每根连墙件覆盖面积(m²)
双排落地	≤50	$3h$	$3l_a$	≤40
双排悬挑	>50	$2h$	$3l_a$	≤27
单排	≤24	$3h$	$3l_a$	≤40

注:h——步距;l_a——纵距。

2) 高度在 24m 及以上的双排脚手架应在外侧立面连续设置剪刀撑;高度在 24m 以下的单、双排脚手架,均必须在外侧立面两端、转角及中间间隔不超过 15m 的立面上,各设置一道剪刀撑,并应由底至顶连续设置。剪刀撑设置见图 7-19。

3) 双排脚手架横向斜撑的设置应符合下列规定:

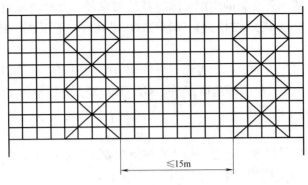

图 7-19 剪刀撑设置

(1) 横向斜撑应在同一节间,由底至顶层呈之字形连续布置,斜撑的固定应符合《扣件式钢管脚手架安全技术规范》JGJ 130—2011 的规定。

(2) 高度在 24m 以下的封闭型双排脚手架可不设横向斜撑,高度在 24m 以上的封闭型脚手架,除拐角应设置横向斜撑外,中间应每隔 6 跨设置一道。

4) 纵向水平杆的构造应符合下列规定:

(1) 纵向水平杆应设置在立杆内侧,单根杆长度不应小于 3 跨。

(2) 纵向水平杆接长应采用对接扣件连接或搭接,并应符合下列规定:

① 两根相邻纵向水平杆的接头不应设置在同步或同跨内;不同步或不同跨两个相邻接头在水平方向错开的距离不应小于 500mm;各接头中心至最近主节点的距离不应大于纵距的 1/3。纵向水平杆接头示意图见图 7-20。

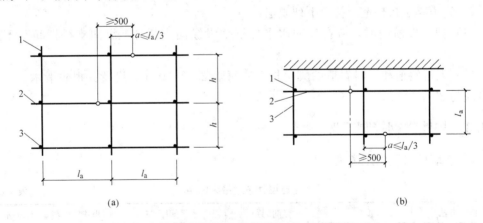

图 7-20 纵向水平杆接头示意图
(a) 接头不在同步内(立面);(b) 接头不在同跨内(平面)纵向水平杆对接接头布置
1—立杆;2—纵向水平杆;3—横向水平杆

② 搭接长度不应小于 1m,应等间距设置 3 个旋转扣件固定;端部扣件盖板边缘至搭接纵向水平杆杆端的距离不应小于 100mm。

③ 当使用冲压钢脚手板、木脚手板、竹串片脚手板时,纵向水平杆应作为横向水平杆的支座,用直角扣件固定在立杆上;当使用竹笆脚手板时,纵向水平杆应采用直角扣件固定在横向水平杆上,并应等间距设置,间距不应大于 400mm。纵向水平杆间距示意图

见图 7-21。

5) 横向水平杆设置：横向水平杆应紧靠立杆用十字扣件与纵向水平杆扣牢；主要作用是承受脚手板传来的荷载，增强脚手架横向刚度，约束双排脚手架里外两侧立杆的侧向变形，缩小立杆长细比，提高立杆的承载能力。

横向水平杆的构造应符合下列规定：

（1）作业层上非主节点处的横向不平杆，宜根据支承脚手板的需要等间距设置，最大间距不应大于纵距的 1/2。

（2）当使用冲压钢脚手板、木脚手板、竹串片脚手板时，双排脚手架的横向水平杆两端均应采用直角扣件固定在纵向水平杆上；单排脚手架

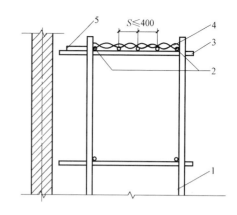

图 7-21 纵向水平杆间距示意图
1—立杆；2—纵向水平；3—横向水平杆；
4—竹笆脚手板；5—其他脚手板

的横向水平杆的一端应用直角扣件固定在纵向水平杆上，另一端应插入墙内，插入长度不应小于 180mm。

（3）当使用竹笆脚手板时，双排脚手架的横向水平杆两端，应用直角扣件固定在立杆上；单排脚手架的横向水平杆的一端，应用直角扣件固定在立杆上，另一端应插入墙内，插入长度亦不应小于 180mm。

7.3.4 门式钢管脚手架

1）门式脚手架与模板支架的设计应根据工程结构形式、荷载、地基土类别、施工设备、门架构配件尺寸、施工操作要求等条件进行。

2）门式脚手架与模板支架的设计应符合下列要求：

（1）应具有足够的承载能力、刚度和稳定性，应能可靠地承受施工过程中的各类荷载。

（2）架体构造应简单、装拆方便、便于使用和维护。

3）门式脚手架的搭设高度除应满足设计计算条件外，不宜超过表 7-9 的规定。

门式钢管脚手架搭设高度　　　　　表 7-9

序号	搭设方式	施工荷载标准值 ΣQ_k（kN/m²）	搭设高度（m）
1	落地、密目式安全网全封闭	<3.0	<55
2	落地、密目式安全网全封闭	>3.0 且<5.0	<40
3	悬挑、密目式安全立网全封闭	<3.0	<24
4	悬挑、密目式安全立网全封闭	>3.0 且<5.0	<18

注：表内数据适用于重现期为 10 年、基本风压值 $w_0 \leqslant 0.45 \text{kN/m}^2$ 的地区，对于 10 年重现期、基本风压值 $w_0 > 0.45 \text{kN/m}^2$ 的地区应按实际计算确定。

4）门式脚手架与模板支架应进行下列设计计算：

（1）门式脚手架：

① 稳定性及搭设高度。

② 脚手板的强度和刚度;

③ 连墙件的强度、稳定性和连接强度。

(2) 模板支架的稳定性。

(3) 门式脚手架与模板支架门架立杆的地基承载力验算。

(4) 悬挑脚手架的悬挑支承结构及其锚固连接。

(5) 满堂脚手架和模板支架必要时应进行抗倾覆验算。

5) 连墙件的设置除应满足《建筑施工门式钢管脚手架安全技术规范》JGJ 128—2010 的计算要求外,尚应满足表 7-10 的要求。

连墙件最大间距或最大覆盖面积　　　　　　　　表 7-10

序号	脚手架搭设方式	脚手架高度(m)	连墙件间距(m)		每根连墙件覆盖面积(m²)
			竖向	水平向	
1	落地、密目式安全网全封闭	≤40	3h	3l	≤40
2		>40	2h	3l	≤27
3					
4	悬挑、密目式安全网全封闭	≤40	3h	3l	≤40
5		40~60	2h	3l	≤27
6		>60	2h	3l	≤20

注:1. 序号 4~6 为架体位于地面上高度;
　　2. 按每根连墙件覆盖面积选择连墙件设置时,连墙件的竖向间距不应大于 6m;
　　3. 表中 h 为步距;l 为跨距。

6) 在门式脚手架的转角处或开口形脚手架端部,必须增设连墙件,连墙件的垂直间距不应大于建筑物的层高,且不应大于 4.0m。

7) 连墙件应靠近门架的横杆设置,距门架横杆不宜大于 200mm。连墙件应固定在门架的立杆上。

8) 连墙件宜水平设置,当不能水平设置时,与脚手架连接的一端,应低于与建筑结构连接的一端,连墙杆的坡度宜小于 1:3。

9) 剪刀撑的构造应符合下列规定:

(1) 剪刀撑斜杆与地面的倾角宜为 45°。

(2) 剪刀撑应采用旋转扣件与门架立杆扣紧。

(3) 剪刀撑斜杆应采用搭接接长,搭接长度不宜小于 1000mm,搭接处应采用 3 个及以上旋转扣件扣紧。

(4) 每道剪刀撑的宽度不应大于 6 个跨距,且不应大于 10m;也不应小于 4 个跨距,且不应小于 6m。设置连续剪刀撑的斜杆水平间距宜为 6~8m。

10) 上下榀门架立杆应在同一轴线位置上,门架立杆轴线的对接偏差不应大于 2mm。

11) 门架的两侧应设置交叉支撑,并应与门架立杆上的锁销锁牢。门架见图 7-22 (a),门式钢管脚手架的构配件组成见图 7-22 (b)。

12) 门式脚手架与模板支架的设计应根据工程结构形式、荷载、地基土类别、施工设备、门架构配件尺寸、施工操作要求等条件进行。

13) 门架钢管平直度允许偏差不应大于管长的 1/500,钢管不得接长使用,不应使用带有硬伤或严重锈蚀的钢管。门架立杆、横杆钢管壁厚的负偏差不应超过 0.2mm。钢管壁厚存在负偏差时,宜选用热镀锌钢管。

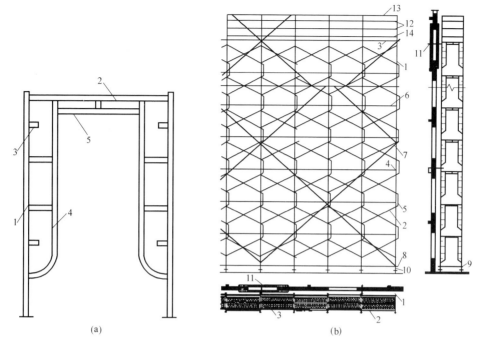

图 7-22 门架及门式钢管脚手架的构配件组成

(a) 门架　　　　　　　　　　　　(b) 门式钢管脚手架的构配件组成

1—立杆；2—横杆；3—锁销；4—立杆加强杆；
5—横杆加强杆

1—门架；2—交叉支撑；3—挂扣式脚手板；4—连接棒；
5—锁臂；6—水平加固杆；7—剪刀撑；8—纵向扫地杆；
9—横向扫地杆；10—底座；11—连墙件；12—栏杆；
13—扶手；14—挡脚板

14) 交叉支撑、锁臂、连接棒等配件与门架相连时，应有防止退出的止退机构，当连接棒与锁臂一起应用时，连接棒可不受此限。脚手板、钢梯与门架相连的挂扣，应有防止脱落的扣紧机构。

7.3.5 碗扣式钢管脚手架

1) 双排碗扣式钢管脚手架首层立杆应采用不同的长度交错布置，底层纵、横向横杆作为扫地杆距地面高度应小于或等于 350mm，严禁施工中拆除扫地杆，立杆应配置可调底座或固定底座。首层立杆布置图见图 7-23。

(1) 斜杆应设置在有纵、横向横杆的碗扣节点上。

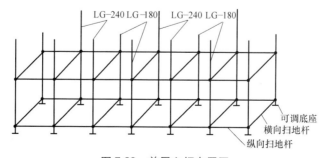

图 7-23 首层立杆布置图

(2) 在封圈的脚手架拐角处及一字形脚手架端部应设置竖向通高斜杆。

(3) 当脚手架高度小于或等于 2m 时,每隔 5 跨应设置一组竖向通高斜杆。当脚手架高度大于 24m 时,每隔 3 跨应设置一组竖向通高斜杆;斜杆应对称设置。

(4) 当斜杆临时拆除时,拆除前应在相邻立杆间设置相同数量的斜杆。专用外斜杆设置示意见图 7-24。

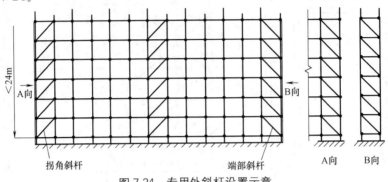

图 7-24 专用外斜杆设置示意

2) 当采用钢管扣件作斜杆时应符合下列规定:

(1) 斜杆应每步与立杆扣接,扣接点距碗扣节点的距离不应大于 15;当出现不能与立杆扣接时,应与横杆扣接,扣件扭紧力矩应为 40~65N·m。

(2) 纵向斜杆应在全高方向设置成八字形且内外对称,斜杆间距不应大于 2 跨。钢管扣件作斜杆设置见图 7-25。

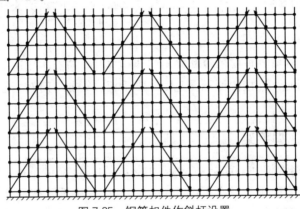

图 7-25 钢管扣件作斜杆设置

3) 搭设高度见表 7-11。

双排落地脚手架允许搭设高度　　　表 7-11

步距(m)	横距(m)	纵距(m)	允许搭设高度(m) 基本风压值 W_0(kN/m²)		
			0.4	0.5	0.6
1.8	0.9	1.2	68	62	52
		1.5	51	43	46
	1.2	1.2	59	53	46
		1.5	41	34	26

注:本表计算风压高度变化系数,系按地面粗糙度为 C 类采用,当具体工程的基本风压值和地面粗糙度与此表不相符时,应另行计算。

4)当脚手架高度大于24m时,顶部2m以下所有的连墙件层必须设置水平斜杆,水平斜杆应设置在纵向横杆之下。

5)架体组装质量应符合下列要求:

(1)立杆的上碗扣应能上下窜动、转动灵活,不得有卡滞现象。

(2)立杆与立杆的连接孔处应能插入$\phi 10mm$连接销。

(3)碗扣节点上应在安装1~4个横杆时,上碗扣均能锁紧。

(4)当搭设不少于二步三跨1.8m×1.8m×1.2m(步距×纵距×横距)的整体脚手架时,每一框架内横杆与立杆的垂直度偏差应小于5mm。

6)立杆的碗扣节点应由上碗扣、下碗扣、横杆接头和上碗扣限位销等构成。碗扣节点构成见图7-26。

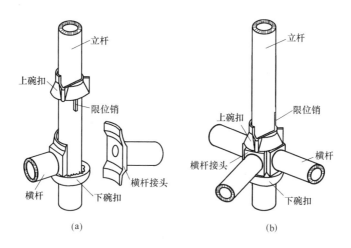

图7-26 碗扣节点构成

7)立杆碗扣节点间距应按0.6m模数设置。

8)碗扣式钢管脚手架主要构配件种类、规格及质量应符合表7-12的规定。

主要构配件规格、种类及质量　　　表7-12

名称	常用型号	规格(mm)	理论质量(kg)
立杆	LG-120	$\phi 48\times 1200$	7.05
	LG-180	$\phi 48\times 1800$	10.19
	LG-240	$\phi 48\times 2400$	13.34
	LG-300	$\phi 48\times 3000$	16.48
横杆	HG-30	$\phi 48\times 300$	1.32
	HG-60	$\phi 48\times 600$	2.47
	HG-90	$\phi 48\times 900$	3.63
	HG-120	$\phi 48\times 1200$	4.78
	HG-150	$\phi 48\times 1500$	5.93
	HG-180	$\phi 48\times 1800$	7.08

续表

名称	常用型号	规格(mm)	理论质量(kg)
间横杆	JHG-90	φ48×900	4.37
	JHG-120	φ48×1200	5.52
	JHG-120+30	φ48×(1200+300)用于窄挑梁	6.85
	JHG-120+60	φ48×(1200+600)用于宽挑梁	8.16
专用外斜杆	XG-0912	φ48×1500	6.33
	XG-1212	φ48×1700	7.03
	XG-1218	φ48×2160	8.66
	XG-1518	φ48×2340	9.30
	XG-1818	φ48×2550	10.04
专用外斜杆	ZXG-0912	φ48×1270	5.89
	ZXG-0918	φ48×1750	7.73
	ZXG-1212	φ48×1500	6.76
	ZXG-1218	φ48×1920	8.37
窄挑梁	TL-30	宽度300	1.53
宽挑梁	T1-60	宽度600	8.60
立杆连接销	LLX	φ10	0.18
可调底座	KTZ-45	T38×6 可调范围≤300	5.82
	KTZ-60	T38×6 可调范围≤450	7.12
	KTZ-75	T38×6 可调范围≤600	8.50
可调托撑	KTC-45	T38×6 可调范围≤300	7.01
	KTC-60	T38×6 可调范围≤450	8.31
	KTC-75	T38×6 可调范围≤600	9.69
脚手板	JB-120	1200×270	12.80
	JB-150	1500×270	15.00
	JB-180	1800×270	17.90

7.3.6 承插盘扣式钢管脚手架

1) 构件：盘扣节点构成由焊接于立杆上的连接盘、水平杆杆端扣接头和斜杆杆端扣接头组成。盘扣节点见图 7-27。

2) 支撑架：

(1) 盘扣式钢管脚手架用于模板支撑架时，承载能力为每根立杆 20kN，其主要构件包括可调底座、立杆、水平杆、斜杆及可调托座。模板支撑架见图 7-28。

(2) 外表面应与水平杆和斜杆杆端扣接头内表面吻合，插销连接应保证锤击自锁后不拔脱，抗拔力不得小于 3kN。

(3) 立杆盘扣节点间距宜按 0.5m 模数设置，横杆长度宜按 0.3m 模数设置。

(4) 钢管外径允许偏差应符合表 7-13 的规定，钢管壁厚允许偏差±0.1mm。

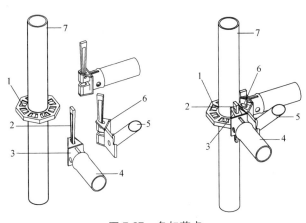

图 7-27 盘扣节点
1—连接盘；2—插销；3—水平杆扣接头；
4—水平杆；5—斜杆；6—斜杆扣接头；7—立杆

图 7-28 模板支撑架

钢管外径允许偏差 (mm) 表 7-13

外径 D	外径允许偏差
33、38、42、48	+0.2　　−0.1
60	+0.3　　−0.1

(5) 连接盘、扣接头、插销以及可调螺母的调节手柄采用碳素铸钢制造时，其材料机械性能不得低于现行国家标准。双排脚手架每 5 跨每层设斜杆和双排脚手架每 5 跨和 5 层设扣件钢管剪刀撑见图 7-29 和图 7-30。

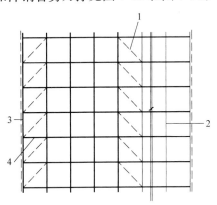
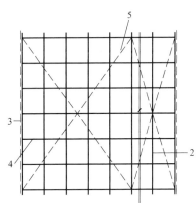

图 7-29 双排脚手架每 5 跨每层设斜杆　　图 7-30 双排脚手架每 5 跨和 5 层设扣件钢管剪刀撑
1—斜杆；2—立杆；3—两端竖向斜杆；4—水平杆；5—扣件钢管剪刀撑

3）杆件设置：双排脚手架水平斜杆设置见图 7-31。

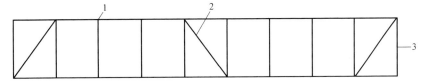

图 7-31 双排脚手架水平斜杆设置
1—立杆；2—水平斜杆；3—水平杆

4)各类支架主要构配件材质应符合表 7-14 的规定。

5)钢管外径允许偏差应符合表 7-15 的规定,钢管壁厚允许偏差应为±0.1mm。

6)连接盘、扣接头、插销以及可调螺母的调节手柄采用碳素铸钢制造时,其材料机械性能不得低于现行国家标准《一般工程用铸造碳钢件》GB/T 11352 中牌号为 ZG230-450 的屈服强度、抗拉强度、延伸率的要求。

承插型盘扣式钢管支架主要构配件材质 表 7-14

立杆	水平杆	竖向斜杆	水平斜杆	扣接头	连接套管	可调底座、可调托座	可调螺母	连接盘、插销
Q345A	Q235B	Q195	Q235B	ZG230-450	ZG230-450 或 20号无缝钢管	Q235B	ZG270-500	ZG230-450 或 Q235B

钢管外径允许偏差(mm) 表 7-15

外径 D	外径允许偏差
33、38、42、48	+0.2,−0.1
60	+0.3,−0.1

7.3.7 满堂脚手架

1)每根立杆底部宜设置底座或垫板。

2)脚手架必须设置纵、横向扫地杆。纵向扫地杆应采用直角扣件固定在距钢管底端不大于 200mm 处的立杆上。横向扫地杆应采用直角扣件固定在紧靠纵向扫地杆下方的立杆上。

3)脚手架立杆基础不在同一高度上时,必须将高处的纵向扫地杆向低处延长两跨与立杆固定,高低差不应大于 1m。靠边坡上方的立杆轴线到边坡的距离不应小于 500mm。

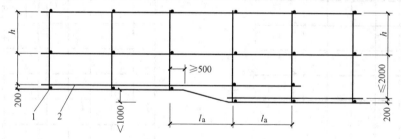

图 7-32 扫地杆示意图
1—横向扫地杆;2—纵向扫地杆

4)当立杆采用对接接长时,立杆的对接扣件应交错布置,两根相邻立杆的接头不应设置在同步内,同步内隔一根立杆的两个相隔接头在高度方向错开的距离不宜小于 500mm;各接头中心至主节点的距离不宜大于步距的 1/3。

5)满堂脚手架搭设高度不宜超过 36m;满堂脚手架施工层不得超过 1 层。

6)满堂脚手架应在架体外侧四周及内部纵、横向每 6~8m 由底至顶设置连续竖向剪刀撑。当架体搭设高度在 8m 以下时,应在架顶部设置连续水平剪刀撑;当架体搭设高度在 8m 及以上时,应在架体底部、顶部及竖向间隔不超过 8m 分别设置连续水平剪刀撑。水平剪刀撑宜在竖向剪刀撑斜杆相交平面设置。剪刀撑宽度应为 6~8m。

7)剪刀撑应用旋转扣件固定在与之相交的水平杆或立杆上,旋转扣件中心线至主节点的距离不宜大于150mm。

8) 满堂脚手架的高宽比不宜大于3,当高宽比大于2时,应在架体的外侧四周和内部水平间隔6~9m、竖向间隔4~6m设置连墙件与建筑结构拉结,当无法设置连墙件时,应采取设置钢丝绳张拉固定等措施。

9) 当满堂脚手架局部承受集中荷载时,应按实际荷载计算并应局部加固。

10) 满堂脚手架应设爬梯,爬梯踏步间距不得大于300mm。

11) 满堂脚手架、支撑架的结构设置必须符合《建筑施工扣件式钢管脚手架安全技术规范》JGJ 130—2011的要求。常用敞开式满堂脚手架结构的设计尺寸如表7-16所示。

常用敞开式满堂脚手架结构的设计尺寸　　　　表7-16

序号	步距(m)	立杆间距(m)	支架高宽比不大于	下列施工荷载时最大允许高度(m)	
				2kN/m²	3kN/m²
1	1.7~1.8	1.2×1.2	2	17	9
2		1.0×1.0	2	30	24
3		0.9×0.9	2	36	36
4	1.5	1.3×1.3	2	18	9
5		1.2×1.2	2	23	16
6		1.0×1.0	2	36	31
7		0.9×0.9	2	36	36
8	1.2	1.3×1.3	2	20	13
9		1.2×1.2	2	24	19
10		1.0×1.0	2	36	32
11		0.9×0.9	2	36	36
12	0.9	1.0×1.0	2	36	33
13		0.9×0.9	2	36	36

注:1. 最少跨数应符合该规范附录C表C1的规定;
　　2. 脚手板自重标准值取0.35kN/m²;
　　3. 场面粗糙度为B类,基本风压ω=0.35kN/m²;
　　4. 立杆间距不小于1.2m×1.2m,施工荷载标准值不小于3kN/m²;立杆上应增设防滑扣件,防滑扣件应安装牢固,且顶紧立杆与水平杆连接的扣件。

7.3.8 悬挑式脚手架

悬挑钢梁的选型计算、锚固长度、设置间距、斜拉措施等对悬挑架体稳定有着重要影响;型钢悬挑梁宜采用双轴对称截面的型钢,现场多使用工字钢;悬挑钢梁前端应采用钢丝绳吊拉,结构预埋吊环应使用HPB235级钢筋制作,但钢丝绳、钢拉杆不参与悬挑钢梁受力计算。

1) 型钢悬挑梁宜采用双轴对称截面的型钢。悬挑钢梁型号及锚固件应按设计确定,钢梁截面高度不应小于160mm。悬挑梁尾端应在两处及以上固定于钢筋混凝土梁板结构上。锚固型钢悬挑梁的U形钢筋拉环或锚固螺栓直径不宜小于16mm。型钢悬挑脚手架结构图见图 7-33。

2）每个型钢悬挑梁外端宜设置钢丝绳或钢拉杆与上一层建筑结构斜拉结。钢丝绳、钢拉杆不参与悬挑钢梁受力计算；钢丝绳与建筑结构拉结的吊环应使用 HPB235 级钢筋，其直径不宜小于 20mm，吊环预埋锚固长度应符合《混凝土结构设计规范》GB 50010—2010 中钢筋锚固的规定。

3）悬挑钢梁悬挑长度应按设计确定，固定段长度不应小于悬挑段长度的 1.25 倍。型钢悬挑梁固定端应采用 2 个（对）及以上 U 形钢筋拉环或锚固螺栓与建筑结构梁板固定，U 形钢筋拉环或锚固螺栓应预埋至混凝土梁、板底层钢筋位置，并应与混凝土梁、板底层钢筋焊接或绑扎牢固，其锚固长度应符合《混凝土结构设计规范》GB 50010—2010 中钢筋锚固的规定。悬挑钢梁 U 形螺栓固定构造、悬挑钢梁穿墙构造、悬挑钢梁楼面构造见图 7-34～图 7-36。

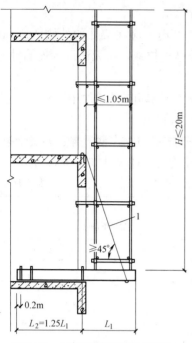

图 7-33 型钢悬挑脚手架结构图

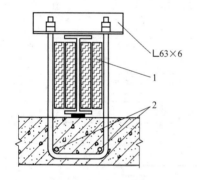

图 7-34 悬挑钢梁 U 形螺栓固定构造
1—木楔侧向楔紧；2—两根 1.5m 长直径 18mmHRB335 钢筋

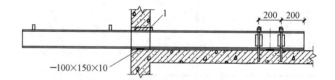

图 7-35 悬挑钢梁穿墙构造
1—木楔楔紧

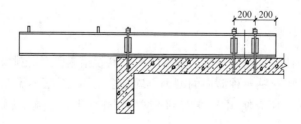

图 7-36 悬挑钢梁楼面构造

4）锚固型钢的主体结构混凝土强度等级不得低于 C20。

5）悬挑梁间距应按悬挑架体立杆纵距设置，每一纵距设置一根。

7.3.9 附着式升降脚手架

1. 附着式升降脚手架简介

附着式升降脚手架利用已浇筑的混凝土结构将脚手架和提升机构分别固定（附着）在结构上，在升降操作前解除结构对脚手架的约束，通过提升机构升降脚手架到位。利用附墙支座将脚手架固定在结构上，下次升降前解除结构对升降机构的约束，将其安装在下次升降需要的位置，将提升机构和脚手架连接，解除结构对脚手架的约束完成升降。使用状态下，脚手架依靠附墙支座的固定和提升机构的连接保证安全。升降状态时，脚手架依靠提升机构和防坠装置保证安全。附着式升降脚手架的组成见图 7-36。

2. 安装、拆除过程安全管理

（1）附着式升降脚手架必须经过国务院建设行政主管部门组织的鉴定（评估）或者委托具有资格的单位进行认证后，方可进入施工现场使用。

（2）建设工程施工总承包单位应将附着式升降脚手架专业工程发包给具有"模板脚手架专业承包资质"的专业承包单位（总承包单位具备专业承包资质的可除外），并签订专业承包合同，明确双方的安全生产责任。未取得相应资质的施工单位不得从事附着式升降脚手架专业工程的施工。

（3）从事附着式升降脚手架的安装、拆除以及进行升降操作的人员应持有建设行政主管部门颁发的建筑施工特种作业操作资格证书（附着升降脚手架工）。

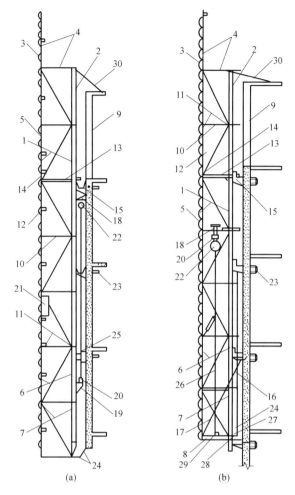

图 7-37 附着式升降脚手架的组成

(a) 竖向主框架为单片式；(b) 竖向主框架为空间桁架式
1—竖向主框架；2—导轨；3—密目安全网；4—架体；
5—剪刀撑（45°～60°）；6—立杆；7—水平支承桁架；
8—竖向主框架底座托盘；9—正在施工层；10—架体横向水平杆；
11—架体纵向水平杆；12—防护栏杆；13—脚手板；
14—作业层挡脚板；15—附墙支座（含导向、防倾装置）；
16—吊拉杆（定位）；17—花篮螺栓；18—升降上吊挂点；
19—升降下吊挂点；20—荷载传感器；21—同步控制装置；
22—电动葫芦；23—锚固螺栓；24—底层脚手板及密封翻板；
25—定位装置；26—升降钢丝绳；27—导向滑轮；
28—主框架底座托座与附墙支座临时固定连接点；
29—升降滑轮；30—临时拉结

（4）附着式升降脚手架安装、拆除前，专业承包单位应根据工程结构特点、施工环境、条件及施工要求编制专项施工方案，经本单位技术负责人审批，加盖公章，报施工总承包单位技术负责人及项目总监理工程师审核。提升高度150m及以上的，施工总承包单位必须组织专家对专项施工方案进行论证，论证通过后方可实施。

（5）附着式升降脚手架每次安装、拆除以及升降前，专业承包单位应对有关施工人员进行安全技术交底，并安排专业技术人员现场指导。投入使用前，专业承包单位应对使用单位进行安全技术交底。

（6）施工总承包单位应组织专业承包单位、监理单位对附着式升降脚手架的安装进行验收。验收合格后，方可投入使用。

（7）附着式升降脚手架每次提升或下降前、提升或下降到位后投入使用前，施工总承包单位应组织专业承包单位、监理单位按照《建筑施工工具式脚手架安全技术规范》JGJ 202—2010 的有关要求进行检查验收。

（8）附着式升降脚手架安装完毕后，施工总承包单位验收合格之日起 30 日内，持下列资料（经监理审查确认）到工程所在地区市（县）建设主管部门办理使用登记备案：

① 住房城乡建设部出具的科学技术成果鉴定（评估）证书、附着式升降脚手架产品合格证；

② 附着式升降脚手架专业承包单位法人营业执照、建筑业企业资质证书、安全生产许可证；

③ 附着式升降脚手架的安装、拆除以及进行升降操作人员的建筑施工特种作业操作资格证书；

④ 检验检测报告；

⑤ 安装验收等资料。

工程所在地区市（县）建设主管部门应核对原件，留存复印件，复印件应加盖施工总承包单位公章，符合条件的应予以备案，并颁发附着式升降脚手架使用登记证。

（9）附着式升降脚手架拆除后 7 日内，施工总承包单位应持使用登记证到工程所在地区市（县）建设主管部门办理使用登记证注销。

3．附着式升降脚手架的使用管理

1）附着式升降脚手架的使用必须严格遵守设计指标规定，严禁超载、堆物及运送物料，严禁放置影响局部杆件安全的集中荷载。

2）附着式升降脚手架所使用的电气设施和线路应符合《施工现场临时用电安全技术规范》JGJ 46—2005 要求。

3）附着式升降脚手架升降时必须按照相关规定操作，及时清理架体，架体上严禁站人，架体作业层应满铺脚手板，并设挡脚板，下方挂设水平安全网，架体外立面用密目网封闭严密。附着式升降脚手架在进行升降操作时，下方应设警示区域并严禁有人进入，施工总承包单位应设专人负责看护。

4）遇 5 级及以上大风和大雨、大雪、浓雾、雷雨等恶劣天气时，不得进行附着式升降脚手架的安装、拆除及升降作业。

5）附着式升降脚手架出现故障或者发生异常情况时，应立即停止使用，消除故障和事故隐患后，方可重新投入使用。

6）监理单位对附着式升降脚手架安装、拆除和升降过程进行现场监管，对违反安全生产法律法规、标准规范或安全操作规程的立即予以制止，发现存在事故隐患的，应要求施工总承包单位和专业承包单位整改。

7) 项目因特殊原因停工超过1个月的，复工时，附着式升降脚手架在投入使用前，应由施工总承包单位组织专业承包单位、监理单位对附着式升降脚手架进行检查验收，合格后方可投入使用，并做好验收记录。项目因特殊原因停工超过6个月的，复工时，附着式升降脚手架在投入使用前，应重新委托工程所在地具有相应资质的检验检测机构进行检测，检测合格后，由施工总承包单位组织专业承包单位、监理单位对附着式升降脚手架进行检查验收，合格后方可投入使用，并做好验收记录。

4. 附着式升降脚手架的管理责任

1) 施工总承包单位应履行下列安全主要职责：

(1) 按照标准、规范及相关文件要求安全使用附着式升降脚手架，严禁违规、违章操作和使用。

(2) 督促附着式升降脚手架专业承包单位对其作业人员进行安全技术交底。安装、升降、使用、拆除等作业前，对有关作业人员进行安全教育。督促专业承包单位对附着式升降脚手架进行检查和维护保养，并在合同中明确每月检查和维护保养时间。

(3) 在附着式升降脚手架作业区下方（或周边）做好安全防护，并设专人负责看护。

(4) 组织附着式升降脚手架的检查验收和使用登记备案工作。审查附着式升降脚手架的科学技术成果鉴定（评估）证书、产品合格证，审查特种作业人员的建筑施工特种作业操作资格证书，审查专业承包单位的施工资质证书、安全生产许可证等相关资料。

(5) 审核附着式升降脚手架专项施工方案，组织专家对专项施工方案进行论证（提升高度150m及以上的），审查专业承包单位生产安全事故应急救援预案，并编制本单位生产安全事故应急救援预案。

(6) 附着式升降脚手架使用期间，安排专职安全员定期进行巡查，发现安全隐患立即进行整改或责令相关单位进行整改。

2) 专业承包单位应履行下列安全主要职责：

(1) 制定安全生产规章制度、安全操作规程，制定安装、升降、使用、拆除和日常维护保养等管理制度，编制安装、拆除专项施工方案和生产安全事故应急救援预案。对本单位施工人员进行安全生产教育，并配备有效的安全防护用品。

(2) 配备专业技术人员、专职安全员及相应的特种作业人员。特种作业人员应经专门培训，并应经建设行政主管部门考核合格，取得建筑施工特种作业操作资格证书后，方可上岗作业。

(3) 附着式升降脚手架使用期间，专职安全员应进行巡查，并填写检查记录，发现安全隐患立即进行整改或责令相关单位进行整改。

(4) 配备齐全有效的安全设施和装置，确保安全性能符合国家、行业标准规范的要求。

(5) 按有关要求对附着式升降脚手架进行维护保养，确保安全技术状况完好。

3) 监理单位应履行下列安全主要职责：

(1) 审查附着式升降脚手架的科学技术成果鉴定（评估）证书、产品合格证，审查专业承包单位的施工资质证书、安全生产许可证等相关资料，审核附着式升降脚手架专项施工方案，审查特种作业人员的建筑施工特种作业操作资格证书，审查施工总承包单位办理使用登记备案相关资料。

(2) 参加附着式升降脚手架的检查验收。定期对附着式升降脚手架的使用情况进行安全巡检，对附着式升降脚手架的使用状况进行安全监理并做好工作记录。

(3) 发现安全隐患时，应要求责任单位进行限期整改，对拒不整改的，及时向建设单位和建设行政主管部门报告。

(4) 审查附着式升降脚手架专项施工方案及生产安全事故应急救援预案。

7.3.10 高处作业吊篮

1. 高处作业吊篮简介

高处作业吊篮是按照产品性能要求专门生产的施工设备。由悬挑机构架设于建筑物或构筑物上，利用提升机构驱动悬吊平台通过钢丝绳沿建筑物或构筑物立面上下运行，适用于建筑装饰等临时作业。高处作业吊篮见图 7-38。

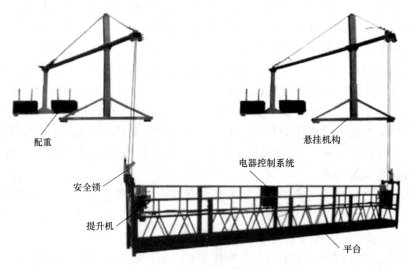

图 7-38　高处作业吊篮

1) 高处作业吊篮应由悬挑机构、吊篮平台、提升机构、防坠落机构、电气控制系统、钢丝绳和配套附件、连接件构成。

2) 吊篮平台应能通过提升机构沿动力钢丝绳升降。

3) 吊篮悬挂机构前后支架的间距，应能随建筑物外形变化进行调整。

2. 高处作业吊篮的安装、拆除管理

1) 吊篮必须具有产品合格证、使用说明书及相应管理记录档案，且各项安全保险、限位等装置齐全有效，产品铭牌清晰可见。

2) 吊篮拆装单位应依法取得营业执照、模板脚手架专业承包资质、安全生产许可证，制定各项安全生产管理制度和操作规程，建立健全吊篮专项拆装、使用和维修等情况的管理记录档案，安装、拆卸人员应持有建设行政主管部门颁发的特种作业人员操作资格证（高空作业吊篮安装拆卸工）。

3) 吊篮拆装单位应与使用单位签订拆装合同、安全管理协议，明确各自的安全责任。拆装合同中应明确定期保养的具体时间、责任人、保养检查项目等内容。吊篮的安装和拆卸（包括二次移位）工作应由拆装单位负责。严禁使用单位擅自安装、拆卸吊篮。

4）吊篮安装完成后，拆装单位应自检，并委托工程所在地具有相应资质的检验检测机构进行检测。检测合格后，使用单位应组织拆装单位、监理单位对吊篮的安装进行验收。验收应按照《建筑施工工具式脚手架安全技术规范》JGJ 202—2010 中的检查项目和标准进行，各相关单位应在表格上签字。验收合格后，方可投入使用。

3. 高处作业吊篮使用管理

1）吊篮拆装单位应在施工现场派驻专业人员负责吊篮的检查与维保工作，确保吊篮的技术性能、安全装置符合标准和规范要求。对使用单位操作人员进行安全指导和技术交底。每天工作前，应核实和检查配重、重锤及悬挂机构，并进行空载运行，确保吊篮处于安全状态。

2）在吊篮安装与使用区域内设置明显的安全警戒，做好安全防护，严禁立体交叉作业，严禁将吊篮用作垂直运输设备，严禁作业时吊篮下方站人。

3）吊篮内的作业人员应系安全带，并将安全锁扣正确挂置在独立设置的安全绳上，安全绳应使用锦纶安全绳，且应固定于有足够强度的建筑物结构上，严禁直接固定在吊篮支架上。

4）吊篮内应设置限载限人和安全操作规程标志牌，严禁超载使用，严禁擅自改装、加长吊篮。每台吊篮中作业人员不得超过 2 人。

5）吊篮作业人员应严格按照有关标准规范和操作规程施工，严禁违章操作，严禁作业人员直接从建筑物窗口等位置进、出吊篮。

6）吊篮内严禁放置氧气瓶、乙炔瓶等易燃易爆品。利用吊篮进行电焊作业时，要采取严密的防火措施，严禁用吊篮做电焊接线回路。

7）吊篮附近有架空输电线路时，应按照《施工现场临时用电安全技术规范》JGJ 46—2005 规定安全距离不小于 10m。若因现场条件限制，不能满足时，应采取安全防护措施后方可使用吊篮。

8）遇 5 级及以上大风和大雨、大雪、浓雾、雷雨等恶劣天气时，不得进行吊篮的安装、拆除和其他作业。

9）吊篮维修和拆卸时，应先切断电源，并在显著位置设置"维修中禁用"和"拆除中禁用"的警示牌，并指派专人值守。

10）吊篮出现故障或者发生异常情况时，操作人员应立即停止使用，消除故障和事故隐患后，方可重新投入使用。

11）监理单位对吊篮安装、拆除过程进行现场监管，对违反安全生产法律法规、标准规范或安全操作规程的立即予以制止，发现存在事故隐患的，应要求使用、拆装单位整改。

12）在同一施工现场建筑物或构造物相同高度范围内二次移位的吊篮，或因特殊情况项目停工超过 1 个月的吊篮，在投入使用前，应由使用单位组织拆装单位、监理单位对吊篮进行检查验收，合格后方可投入使用，并做好验收记录。在同一施工现场建筑物或构造物不同高度范围内二次移位的吊篮，或因特殊情况项目停工超过 6 个月的吊篮，在投入使用前，拆装单位应自检，并委托工程所在地具有相应资质的检验检测机构进行检测。检测合格后，由使用单位组织拆装单位、监理单位检查验收，合格后方可投入使用，并做好验收记录。

4. 高处作业吊篮管理责任

1）吊篮拆装单位应履行下列安全主要职责：

（1）对提供的吊篮产品质量负责，严禁提供不合格的或自行制作的吊篮。向使用单位出具吊篮产品合格证、使用说明书及相应管理记录档案，确保各项安全保险、限位等装置齐全有效，产品铭牌清晰可见。

(2) 安装自检合格后，委托工程所在地具有相应资质的检验检测机构进行检测，配合使用单位完成安装检查验收工作。其中，吊篮的安全锁，必须按照国家标准要求，经工程所在地具有相应资质的检测机构或生产厂家检测标定合格后方可使用。检测标定的有效期限不得大于1年（新出厂的安全锁自出厂之日起在12个月之内有效）。检测标定标识应固定在安全锁的明显位置处，同时检测标定报告应在安全管理资料中存档。

(3) 制定各项安全生产管理制度和操作规程，建立健全吊篮专项拆装、使用和维修等情况的管理记录档案，安装、拆卸人员应持建筑施工特种作业人员操作资格证。

(4) 与使用单位签订拆装合同、安全管理协议，明确各自的安全责任。拆装合同中应明确定期保养的具体时间、责任人、保养检查项目等内容。负责吊篮的安装和拆卸（包括二次移位）工作，不得交由使用单位安装、拆卸。

2) 施工总承包单位应履行下列安全主要职责：

(1) 对现场吊篮安全管理负总责，对于建设单位依法直接发包的专业工程，施工总承包单位要与专业承包单位签订安全管理协议，明确各方的责任、权利和义务，施工总承包单位的安全责任不因工程分包行为而转移。

(2) 审查拆装单位的资质证书、安全生产许可证、吊篮产品合格证和每台吊篮的管理记录档案，审核安装、拆卸专项施工方案，审查安装、拆卸人员的资格证书，审查吊篮安装后经工程所在地具有相应资质的检验检测机构出具的检测报告。审查吊篮使用单位组织的安装后验收记录、使用人员的教育培训记录。

(3) 监督使用单位对吊篮做好安全防护措施，督促吊篮拆装单位对吊篮进行检查和维修保养。专职安全员对现场进行巡查，发现问题立即整改或要求相关单位整改。

3) 使用单位应履行下列安全主要职责：

(1) 对吊篮安全使用负责，与施工总承包单位签订安全管理协议，明确各方的责任、权利和义务。根据不同工程结构、作业环境以及季节、气候的变化，对吊篮采取相应的安全措施，并做好日常检查工作。

(2) 组织吊篮拆装单位、监理单位对安装后的吊篮进行检查验收（包括二次移位）。

(3) 督促吊篮拆装单位对吊篮进行检查和维修保养。审查拆装单位的资质证书、安全生产许可证、吊篮出厂合格证和每台吊篮的管理记录档案，审查安装、拆卸专项施工方案，审查安装、拆卸人员的资格证书。对吊篮操作人员进行岗前和日常教育培训，教育应有记录并经被培训人员签字确认。使用单位不得转租、借吊篮。

4) 监理单位应履行下列安全主要职责：

(1) 对吊篮安全使用负监理责任，负责审核吊篮的相关产品技术资料和吊篮拆装单位和作业人员的相关证件，审核吊篮的安装、拆卸专项方案。

(2) 监督检查吊篮的安装、拆卸及使用情况，对发现存在生产安全事故隐患的，要求施工总承包单位、使用单位、拆装单位限期整改或暂停使用，对拒不整改的，及时向建设单位和建设主管部门报告。

如施工总承包单位是使用单位，应同时履行使用单位安全职责。如建设单位是使用单位，应履行使用单位安全职责。

7.4 高处作业施工安全技术

7.4.1 高处作业分级

《高处作业分级》GB/T 3608—2008 规定：在距坠落高度基准面 2m 或 2m 以上有可能坠落的高处进行的作业称为高处作业。由于施工现场实际情况，有相当一部分高处作业条件比较特殊或恶劣，通常有 11 种能直接引起坠落的客观危险因素：

(1) 阵风风力五级（风速 8.0m/s）以上；
(2)《高温作业分级标准》GB/T 4200—2008 规定的Ⅱ级或Ⅱ级以上的高温作业；
(3) 平均气温等于或低于 5℃的作业环境；
(4) 接触冷水温度等于或低于 12℃的作业；
(5) 作业场地有冰、雪、霜、水、油等易滑物；
(6) 作业场所光线不足，能见度差；
(7) 作业活动范围与危险电压带电体的距离小于表 7-17 的规定；
(8) 摆动，立足处不是平面或只有很小的平面，即任一边小于 500mm 的矩形平面、直径小于 500mm 的圆形平面或具有类似尺寸的其他形状的平面，致使作业者无法维持正常姿势；
(9)《体力劳动强度分级》GB 3869 规定的Ⅲ级或Ⅲ级以上的体力劳动强度；
(10) 存在有毒气体或空气中含氧量低于 0.195 的作业环境；
(11) 可能会引起各种灾害事故的作业环境和抢救突然发生的各种灾害事故。

作业活动范围与危险电压带电体的距离　　　　表 7-17

危险电压带电体的电压等级(kV)	距离(m)	危险电压带电体的电压等级(kV)	距离(m)
≤10	1.7	220	4.0
35	2.0	330	5.0
63~110	2.5	500	6.0

在划分高处作业等级时，一是从坠落的危险程度考虑，二是从高处作业的危险性质考虑，主要考虑高度和作业条件这两个因素，将可能坠落的危险程度用高处作业级别表示。分级时，首先根据坠落的危险程度，将作业高度分为 2~5m、5~15m、15~30m 及 30m 以上四个区域，然后根据高处作业的危险性质，不存在上述列出的任一种客观危险因素的高处作业按表 7-18 规定的 A 类分级，存在上述列出的一种或一种以上客观危险因素的高处作业按表 7-18 规定的 B 类分级。

高处作业分级　　　　表 7-18

分类法	高处作业高度(m)			
	$2 \leqslant h_w \leqslant 5$	$5 < h_w \leqslant 15$	$15 < h_w \leqslant 30$	$h_w > 30$
A	Ⅰ	Ⅱ	Ⅲ	Ⅳ
B	Ⅱ	Ⅲ	Ⅳ	Ⅳ

7.4.2 高处作业安全防护基本规定

1) 高处作业的安全技术措施及其所需料具，必须列入工程的施工组织设计。

2) 单位工程施工负责人应对工程的高处作业安全技术负责并建立相应的责任制。施工前，应逐级进行安全技术教育及交底，落实所有安全技术措施和人身防护用品，未经落实时不得进行施工。

3) 高处作业中的安全标志、工具、仪表、电气设施和各种设备，必须在施工前加以检查，确认其完好，方能投入使用。

4) 攀登和悬空高处作业人员及搭设高处作业安全设施的人员，必须经过专业技术培训及专业考试合格，持证上岗，并必须定期进行体格检查。

5) 施工中对高处作业的安全技术设施，发现有缺陷和隐患时，必须及时解决；危及人身安全时，必须停止作业。

6) 施工作业场所有可能坠落的物件，应一律先行撤除或加以固定。高处作业中所用的物料，均应堆放平稳，不妨碍通行和装卸。工具应随手放入工具袋；作业中的走道、通道板和登高用具，应随时清扫干净；拆卸下的物件及余料和废料均应及时清理运走，不得任意乱置或向下丢弃。传递物件禁止抛掷。

7) 雨天和雪天进行高处作业时，必须采取可靠的防滑、防寒和防冻措施。凡水、冰、霜、雪均应及时清除。对进行高处作业的高耸建筑物，应事先设置避雷设施。遇有六级以上强风、浓雾等恶劣气候，不得进行露天攀登与悬空高处作业。暴风雪及台风暴雨后，应对高处作业安全设施逐一加以检查，发现有松动、变形、损坏或脱落等现象，应立即修理完善。

8) 因作业必需，临时拆除或变动安全防护设施时，必须经施工负责人同意，并采取相应的可靠措施，作业后应立即恢复。

9) 防护棚搭设与拆除时，应设警戒区，并应派专人监护。严禁上下同时拆除。

7.4.3 临边与洞口作业的安全防护

1. 临边作业

1) 对临边高处作业，必须设置防护措施，并符合下列规定：

(1) 基坑周边，尚未安装栏杆或栏板的阳台、料台与挑平台周边，雨篷与挑檐边，无外脚手的屋面与楼层周边及水箱与水塔周边等处，都必须设置防护栏杆。

(2) 头层墙高度超过3.2m的二层楼面周边，以及无外脚手的高度超过3.2m的楼层周边，必须在外围架设安全平网一道。

(3) 分层施工的楼梯口和梯段边，必须安装临时护栏。顶层楼梯口应随工程结构进度安装正式防护栏杆。

(4) 井架与施工用电梯和脚手架等与建筑物通道的两侧边，必须设防护栏杆。地面通道上部应装设安全防护棚。双笼井架通道中间，应予分隔封闭。

(5) 各种垂直运输接料平台，除两侧设防护栏杆外，平台口还应设置安全门或活动防护栏杆。

2) 临边防护栏杆杆件的规格及连接要求，应符合下列规定：

(1) 毛竹横杆小头有效直径不应小于72mm，栏杆柱小头直径不应小于80mm，并须用不小于16号的镀锌钢丝绑扎，不应少于3圈，并无泻滑。

(2) 原木横杆上杆梢径不应小于70mm，下杆梢径不应小于60mm，栏杆柱梢径不应小于75mm，并须用相应长度的圆钉钉紧，或用不小于12号的镀锌钢丝绑扎，要求表面平顺和稳固无动摇。

(3) 钢筋横杆上杆直径不应小于 16mm,下杆直径不应小于 14mm,栏杆柱直径不应小于 18mm,采用电焊或镀锌钢丝绑扎固定。

(4) 钢管横杆及栏杆柱均采用 $\phi48\times(2.75\sim3.5)$mm 的管材,以扣件或电焊固定。

(5) 以其他钢材如角钢等作防护栏杆杆件时,应选用强度相当的规格,以电焊固定。

3) 搭设临边防护栏杆时,必须符合下列要求:

(1) 防护栏杆应由上、下两道横杆及栏杆柱组成,上杆离地高度为 1.0~1.2m,下杆离地高度为 0.5~0.6m。坡度大于 1:22 的屋面,防护栏杆应高 1.5m,并加挂安全立网。除经设计计算外,横杆长度大于 2m 时,必须加设栏杆柱。

(2) 栏杆柱的固定应符合下列要求:

① 当在基坑四周固定时,可采用钢管并打入地面 50~70cm 深。钢管离边口的距离,不应小于 50cm。当基坑周边采用板桩时,钢管可打在板桩外侧。

② 当在混凝土楼面、屋面或墙面固定时,可用预埋件与钢管或钢筋焊牢。采用竹、木栏杆时,可在预埋件上焊接 30cm 长的 L50×5 角钢,其上下各钻一孔,然后用 1mm 螺栓与竹、木杆件拴牢。

③ 当在砖或砌块等砌体上固定时,可预先砌入规格相适应的 80×6 弯转扁钢作预埋铁的混凝土块,然后用方法②固定。

(3) 栏杆柱的固定及其与横杆的连接,其整体构造应使防护栏杆在上杆任何处,能经受任何方向的 1000N 外力。当栏杆所处位置有发生人群拥挤、车辆冲击或物件碰撞等可能时,应加大横杆截面或加密柱距。

(4) 防护栏杆必须自上而下用安全立网封闭,或在栏杆下边设置严密固定的高度不低于 18cm 的挡脚板或 40cm 的挡脚笆。挡脚板与挡脚笆上如有孔眼,不应大于 25mm。板与笆下边距离底面的空隙不应大于 10mm。

接料平台两侧的栏杆,必须自上而下加挂安全立网或满扎竹笆。

(5) 当临边的外侧面临街道时,除防护栏杆外,敞口立面必须采取满挂安全网或其他可靠措施作全封闭处理。

4) 临边防护栏杆的构造形式见图 7-39。

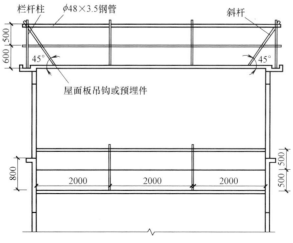

屋面和楼层临边防护栏杆(单位:mm)

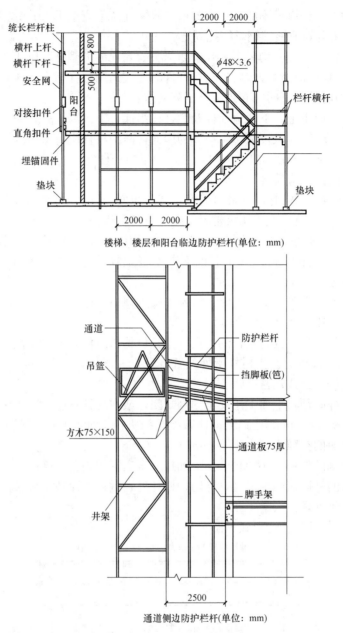

图 7-39 临边防护栏杆的构造形式

2. 洞口作业

1) 进行洞口作业以及在因工程和工序需要而产生的使人与物有坠落危险或危及人身安全的其他洞口进行高处作业时,必须按下列规定设置防护设施:

(1) 板与墙的洞口,必须设置牢固的盖板、防护栏杆、安全网或其他防坠落的防护设施。

(2) 电梯井口必须设防护栏杆或固定栅门;电梯井内应每隔两层并最多隔 10m 设一道安全网。

(3) 钢管桩、钻孔桩等桩孔上口,杯形、条形基础上口,未填土的坑槽,以及人孔、天窗、地板门等处,均应按洞口防护设置稳固的盖件。

(4) 施工现场通道附近的各类洞口与坑槽等处，除设置防护设施与安全标志外，夜间还应设红灯示警。

2) 洞口根据具体情况采取设防护栏杆、加盖件、张挂安全网与装栅门等措施时，必须符合下列要求：

(1) 楼板、屋面和平台等面上短边尺寸小于25cm但大于2.5cm的孔口，必须用坚实的盖板盖没。盖板应能防止挪动移位。

(2) 楼板面等处边长为25～50cm的洞口、安装预制构件时的洞口以及缺件临时形成的洞口，可用竹、木等作盖板，盖住洞口。盖板须能保持四周搁置均衡，并有固定其位置的措施。

(3) 边长为50～150cm的洞口，必须设置以扣件扣接钢管而成的网格，并在其上满铺竹笆或脚手板。也可采用贯穿于混凝土板内的钢筋构成防护网，钢筋网格间距不得大于20cm。

(4) 边长在150cm以上的洞口，四周设防护栏杆，洞口下张设安全平网。

(5) 垃圾井道和烟道，应随楼层的砌筑或安装而消除洞口，或参照预留洞口作防护。管道井施工时，除按上款办理外，还应加设明显的标志。如有临时性拆移，需经施工负责人核准，工作完毕后必须恢复防护设施。

(6) 位于车辆行驶道旁的洞口、深沟与管道坑、槽，所加盖板应能承受不小于当地额定卡车后轮有效承载力2倍的荷载。

(7) 墙面等处的竖向洞口，凡落地的洞口应加装开关式、工具式或固定式的防护门，门栅网格的间距不应大于15cm，也可采用防护栏杆，下设挡脚板（笆）。

(8) 下边沿至楼板或底面低于80cm的窗台等竖向洞口，如侧边落差大于2m时，应加设1.2m高的临时护栏。

(9) 对邻近的人与物有坠落危险性的其他竖向的孔、洞口，均应予以盖没或加以防护，并有固定其位置的措施。

3) 洞口防护设施的构造形式见图7-40。

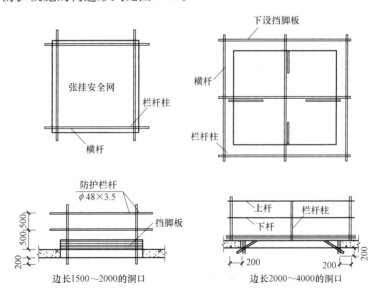

洞口防护栏杆(单位：mm)

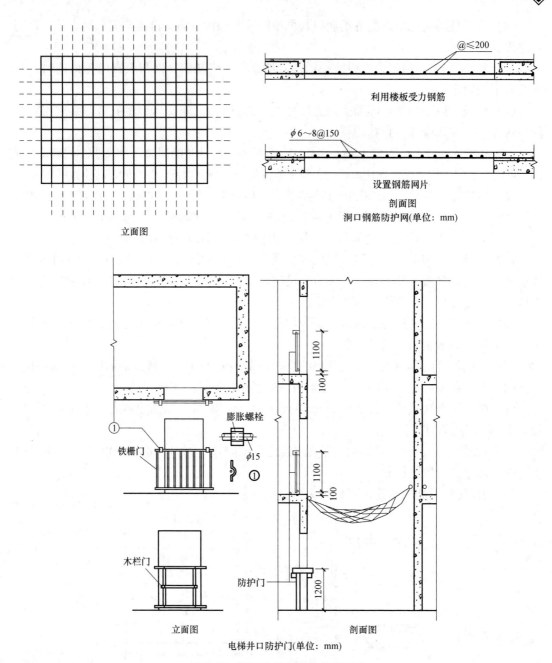

图 7-40 洞口防护设施的构造形式

7.4.4 攀登与悬空作业的安全防护

1. 攀登作业

1) 在施工组织设计中应确定用于现场施工的登高和攀登设施。现场登高应借助建筑结构或脚手架上的登高设施,也可采用载人的垂直运输设备。进行攀登作业时可使用梯子或采用其他攀登设施。

2) 柱、梁和行车梁等构件吊装所需的直爬梯及其他登高用拉攀件,应在构件施工图

7.4 高处作业施工安全技术

或说明内作出规定。

3)攀登的用具,结构构造上必须牢固可靠。供人上下的踏板其使用荷载不应大于 1100N。当梯面上有特殊作业、重量超过上述荷载时,应按实际情况加以验算。

4)移动式梯子,均应按现行的国家标准验收其质量。

5)梯脚底部应坚实,不得垫高使用。梯子的上端应有固定措施。立梯工作角度以 75°±5°为宜,踏板上下间距以 30cm 为宜,不得有缺档。

6)梯子如需接长使用,必须有可靠的连接措施,且接头不得超过 1 处。连接后梯梁的强度,不应低于单梯梯梁的强度。

7)折梯使用时上部夹角以 35°~45°为宜,铰链必须牢固,并应有可靠的拉撑措施。

8)固定式直爬梯应用金属材料制成。梯宽不应大于 50cm,支撑应采用不小于 L70×6 的角钢,埋设与焊接均必须牢固。梯子顶端的踏棍应与攀登的顶面齐平,并加设 1~1.5m 高的扶手。

使用直爬梯进行攀登作业时,攀登高度以 5m 为宜。超过 2m 时,宜加设护笼,超过 8m 时,必须设置梯间平台。

9)作业人员应从规定的通道上下、不得在阳台之间等非规定通道进行攀登,也不得任意利用吊车臂架等施工设备进行攀登。

上下梯子时,必须面向梯子,且不得手持器物。

10)钢柱安装登高时,应使用钢挂梯或设置在钢柱上的爬梯。钢柱登高挂梯见图 7-41。

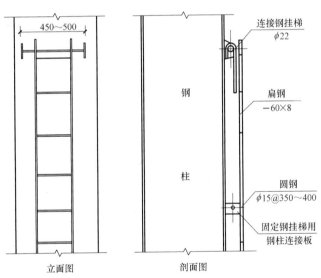

图 7-41 钢柱登高挂梯(单位:mm)

钢柱的接柱应使用梯子或操作台。操作台横杆高度,当无电焊防风要求时,其高度不宜小于 1m;当有电焊防风要求时,其高度不宜小于 1.8m。钢柱接柱用操作台见图 7-42。

11)登高安装钢梁时,应视钢梁高度,在两端设置挂梯或搭设钢管脚手架。钢梁登高设施见图 7-43。

梁面上需行走时,其一侧的临时护栏横杆可采用钢索,当改用扶手绳时,绳的自然下垂度不应大于 $l/20$(l 为绳的长度),并应控制在 10cm 以内。梁面临时护栏见图 7-44。

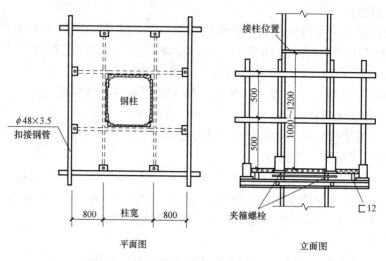

图 7-42　钢柱接柱用操作台（单位：mm）

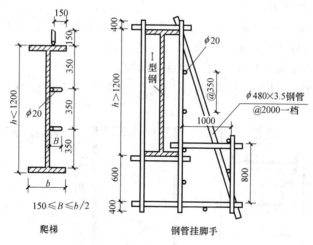

图 7-43　钢梁登高设施（单位：mm）

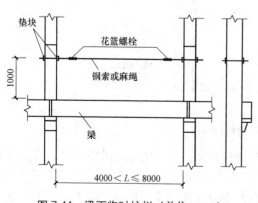

图 7-44　梁面临时护栏（单位：mm）

12) 钢屋架的安装，应遵守下列规定：

(1) 在屋架上下弦登高操作时，对于三角形屋架应在屋脊处，梯形屋架应在两端，设置攀登时上下的梯架。材料可选用毛竹或原木，踏步间距不应大于 40cm，毛竹梢径不应小于 70mm。

(2) 屋架吊装以前，应在上弦设置防护栏杆。

(3) 屋架吊装以前，应预先在下弦挂设安全网；吊装完毕后，即将安全网铺设固定。

2. 悬空作业

1) 悬空作业处应有牢靠的立足处，并必须视具体情况，配置防护栏网、栏杆或其他安全设施。

2）悬空作业所用的索具、脚手板、吊篮、吊笼、平台等设备，均需经过技术鉴定或检证方可使用。

3）构件吊装和管道安装时的悬空作业，必须遵守下列规定：

（1）钢结构的吊装，构件应尽可能在地面组装，并应搭设进行临时固定、电焊、高强螺栓连接等工序的高空安全设施，随构件同时上吊就位。拆卸时的安全措施，亦应一并考虑和落实。高空吊装预应力钢筋混凝土屋架、桁架等大型构件前，也应搭设悬空作业中所需的安全设施。

（2）悬空安装大模板、吊装第一块预制构件、吊装单独的大中型预制构件时，必须站在操作平台上操作。吊装中的大模板和预制构件以及石棉水泥板等屋面板上，严禁站人和行走。

（3）安装管道时必须有已完结构或操作平台为立足点，严禁在安装中的管道上站立和行走。

4）模板支撑和拆卸时的悬空作业，必须遵守下列规定：

（1）支模应按规定的作业程序进行，模板未固定前不得进行下一道工序。严禁在连接件和支撑件上攀登上下，并严禁在上下同一垂直面上装、拆模板。结构复杂的模板，装、拆应严格按照施工组织设计的措施进行。

（2）支设高度在3m以上的柱模板，四周应设斜撑，并应设立操作平台。低于3m的可使用马凳操作。

（3）支设悬挑形式的模板时，应有稳固的立足点。支设临空构筑物模板时，应搭设支架或脚手架。模板上有预留洞时，应在安装后将洞盖没。

拆模高处作业，应配置登高用具或搭设支架。

5）钢筋绑扎时的悬空作业，必须遵守下列规定：

（1）绑扎钢筋和安装钢筋骨架时，必须搭设脚手架和马道。

（2）绑扎圈梁、挑梁、挑檐、外墙和边柱等钢筋时，应搭设操作台架和张挂安全网。悬空大梁钢筋的绑扎，必须在满铺脚手板的支架或操作平台上操作。

（3）绑扎立柱和墙体钢筋时，不得站在钢筋骨架上或攀登骨架上下。3m以内的柱钢筋，可在地面或楼面上绑扎，整体竖立。绑扎3m以上的柱钢筋，必须搭设操作平台。

6）混凝土浇筑时的悬空作业，必须遵守下列规定：

（1）浇筑离地2m以上框架、过梁、雨篷和小平台时，应设操作平台，不得直接站在模板或支撑件上操作。

（2）浇筑拱形结构，应自两边拱脚对称地相向进行。浇筑储仓，下口应先行封闭，并搭设脚手架以防人员坠落。

（3）特殊情况下如无可靠的安全设施，必须系好安全带并扣好保险钩，或架设安全网。

7）进行预应力张拉的悬空作业时，必须遵守下列规定：

（1）进行预应力张拉时，应搭设站立操作人员和设置张拉设备用的牢固可靠的脚手架或操作平台。雨天张拉时，还应架设防雨棚。

（2）预应力张拉区域应标示明显的安全标志，禁止非操作人员进入。张拉钢筋的两端必须设置挡板。挡板应距所张拉钢筋的端部1.5～2m，且应高出最上一组张拉钢筋0.5m，其宽度应距张拉钢筋两外侧各不小于1m。

(3) 孔道灌浆应按预应力张拉安全设施的有关规定进行。

8) 悬空进行门窗作业时,必须遵守下列规定:

(1) 安装门、窗,油漆及安装玻璃时,严禁操作人员站在檩子、阳台栏板上操作。门、窗临时固定,封填材料未达到强度,以及电焊时,严禁手拉门、窗进行攀登。

(2) 在高处外墙安装门、窗,无外脚手时,应张挂安全网。无安全网时,操作人员应系好安全带,其保险钩应挂在操作人员上方的可靠物件上。

(3) 进行各项窗口作业时,操作人员的重心应位于室内,不得在窗台上站立,必要时应系好安全带进行操作。

7.4.5 操作平台与交叉作业的安全防护

1. 操作平台

1) 移动式操作平台,必须符合下列规定:

(1) 操作平台应由专业技术人员按现行的相应规范进行设计,计算书及图纸应编入施工组织设计。移动式操作平台见图 7-45。

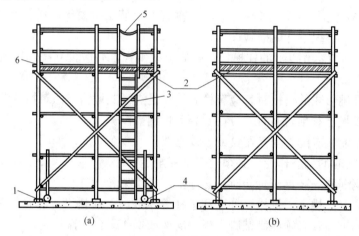

图 7-45 移动式操作平台示意
(a) 立面图;(b) 侧面图
1—木楔;2—竹笆或木板;3—梯子;4—带锁脚轮;5—活动防护绳;6—挡脚板

(2) 操作平台的面积不应超过 $10m^2$,高度不应超过 5m。还应进行稳定验算,并采取措施减少立柱的长细比。

(3) 装设轮子的移动式操作平台,轮子与平台的接合处应牢固可靠,立柱底端离地面不得超过 80mm。

(4) 操作平台可采用 $\phi(48\sim51)\times3.5mm$ 钢管以扣件连接,亦可采用门架式或承插式钢管脚手架部件,按产品使用要求进行组装。平台的次梁,间距不应大于 40cm;台面应满铺 3cm 厚的木板或竹笆。

(5) 操作平台四周必须按临边作业要求设置防护栏杆,并应布置登高扶梯。

2) 悬挑式钢平台,必须符合下列规定:

(1) 悬挑式钢平台应按现行的相应规范进行设计,其结构构造应能防止左右晃动,计算书及图纸应编入施工组织设计。悬挑式钢平台见图 7-46。

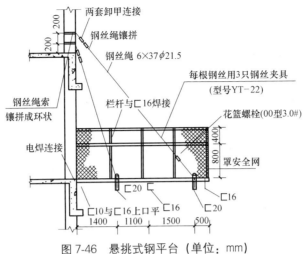

图 7-46 悬挑式钢平台（单位：mm）

(2) 悬挑式钢平台的搁支点与上部拉结点，必须位于建筑物上，不得设置在脚手架等施工设备上。

(3) 斜拉杆或钢丝绳，构造上宜两边各设前后两道，两道中的每一道均应作单道受力计算。

(4) 应设置 4 个经过验算的吊环。吊运平台时应使用卡环，不得使吊钩直接钩挂吊环。吊环应用甲类 3 号沸腾钢制作。

(5) 钢平台安装时，钢丝绳应采用专用的挂钩挂牢，采取其他方式时卡头的卡子不得少于 3 个。建筑物锐角利口围系钢丝绳处应加衬软垫物，钢平台外口应略高于内口。

(6) 钢平台左右两侧必须装置固定的防护栏杆。

(7) 钢平台吊装，需待横梁支撑点电焊固定，接好钢丝绳，调整完毕，经过检查验收，方可松卸起重吊钩，上下操作。

(8) 钢平台使用时，应有专人进行检查，发现钢丝绳有锈蚀损坏应及时调换，焊缝脱焊应及时修复。

3) 操作平台上应显著地标明容许荷载值。操作平台上人员和物料的总重量，严禁超过设计的容许荷载。应配备专人加以监督。

2. 交叉作业

1) 支模、粉刷、砌墙等各工种进行上下立体交叉作业时，不得在同一垂直方向上操作。下层作业的位置，必须处于依上层高度确定的可能坠落范围半径之外。不符合以上条件时，应设置安全防护层。

2) 钢模板、脚手架等拆除时，下方不得有其他操作人员。

3) 钢模板部件拆除后，临时堆放处离楼层边沿不应小于 1m，堆放高度不得超过 1m。楼层边口、通道口、脚手架边缘等处，严禁堆放任何拆下物件。

4) 结构施工自二层起，凡人员进出的通道口（包括井架、施工用电梯的进出通道口），均应搭设安全防护棚。高度超过 24m 的层上的交叉作业，应设双层防护。

5) 由于上方施工可能坠落物件或处于起重机把杆回转范围之内的通道，在其受影响的范围内，必须搭设顶部能防止穿透的双层防护廊。

6) 交叉作业通道防护的构造形式见图 7-47。

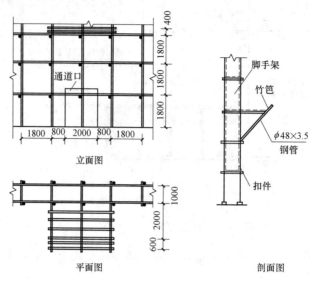

图 7-47 交叉作业通道防护（单位：mm）

本章小结

土方作业，尤其在基坑工程中一旦出现安全问题总是损失重大。土体失稳的原因复杂，在学习过程中要根据施工条件灵活采用适当的防护措施，严格按规程和程序作业；吊装工程是人、机械、材料构件之间的配合，除了了解各种吊装工艺安全要点外，尚需强调避免野蛮作业、违章指挥等环节；高处作业也是建筑施工安全管理的重点之一。作业面众多，在临边、洞口、攀登、悬挂、高台、垂直交叉作业安全中有共性也有特点，要根据施工条件灵活采用适当的防护措施；和高处作业密切相关的工程内容也大多是施工主要环节，脚手架搭拆、模板安拆等都是危险源较多的关键控制点，也是施工现场管理的薄弱环节，需要着重掌握。

思考与练习题

7-1 在土石方开挖过程中，若出现滑坡迹象（如裂隙、滑动等）时，应立即采取什么措施？

7-2 什么是深基坑？深基坑工程主要有什么特点？

7-3 基坑支护常见的类型有哪几类？

7-4 基坑降水方式有哪些常见类型？各自适用什么范围？

7-5 高支模安全管理方案应包括哪些内容？

7-6 吊装工程中被吊物体与架空线的最近距离是多少？

7-7 脚手架按其结构形式分为哪些类型？

7-8 高处作业中能直接引起坠落的客观危险因素有哪些？

第8章 施工机械与临时用电安全技术

本章要点及学习目标

本章要点：
(1) 常用建筑施工机械的有关安全使用基本方法和要求，以及基本的防护措施；
(2) 建筑施工现场临时用电的安全基本原理和要求。

学习目标：
(1) 掌握垂直运输机械的防护措施和安全装置以及施工现场临时用电系统的组成、设施、防护措施、安全用电要求；
(2) 熟悉常用水平运输机械的安全技术要求和规定；
(3) 熟悉各种中小型施工机具和电动工具的安全使用技术要求和规定；
(4) 了解施工现场动火防火制度和消防设施的使用要求。

8.1 施工机械设备使用安全技术

8.1.1 起重机械与垂直运输机械

1. 起重机械安全管理一般规定

1) 房建、市政（含城市轨道交通）工程安装、拆卸、使用的各类塔式起重机、门式起重机、施工升降机、物料提升机和整体提升脚手架均应按规定办理有关手续，具体内容包括：产权备案、安装（拆卸）告知、监督检验、使用登记、使用注销、产权注销等手续。

2) 建筑施工起重机械设备产权单位在设备首次出租或安装前，应当向本单位工商注册所在地建设主管部门办理产权备案；产权单位在建筑施工起重机械设备转让、变更和报废前应到原备案部门办理建筑施工起重机械设备产权备案变更或注销手续。

3) 安装单位应当在建筑施工起重机械设备安装（拆卸）前告知其工程监管部门，同时按规定提交经施工总承包单位、监理单位审核合格的有关资料。

使用单位应当自建筑施工起重机械安装监督检验合格之日起30日内，向其工程监管部门办理建筑施工起重机械设备使用登记；建筑施工起重机械设备拆卸前，应当及时向其工程监管部门办理使用登记注销。

建筑施工起重机械设备安装（拆卸）告知、使用登记与注销手续以及日常监管工作均由工程监管部门负责，原则是谁负责监管工程，谁负责工程的建筑施工起重机械设备的监管工作。各区（园区）负责监管工程的建筑施工起重机械设备安装（拆卸）告知、使用登记与注销手续及日常监管工作由各区（园区）监管部门负责；市监管房建工程、市政（含城市轨道交通）工程的起重机械设备安装（拆卸）告知、使用登记与注销手续及日常监管工作由市各安监机构负责。

4）建筑施工起重机械设备安装完毕后，应当经检验检测机构检验合格后方可投入使用。

5）所有建筑施工起重机械设备监督管理必须严格按照产权备案—安装告知—监督检验—使用登记—拆卸告知—使用注销—产权注销程序进行。监管部门、安监机构要健全工作机制，建立信息化管理系统，严格落实监管责任，按照相关规定地抓好建筑施工起重机械设备安全管理工作，确保遏制较大等级以上生产安全事故，减少一般事故。

2. 履带式起重机（图 8-1）

1）起重机应在平坦坚实的地面上作业、行走和停放。在作业时，工作坡度不得大于 5%，并应与沟渠、基坑保持安全距离。

2）起重机启动前应重点检查以下项目，并符合下列要求：

（1）各安全防护装置及各指示仪表齐全完好；

（2）钢丝绳及连接部位符合规定；

（3）燃油、润滑油、液压油、冷却水等添加充足；

（4）各连接件无松动。

3）起重机启动前应将主离合器分离，各操纵杆放在空挡位置，并应按照规程规定启动内燃机。

4）内燃机启动后，应检查各仪表指示值，待运转正常再接合主离合器，进行空载运转，按顺序检查各工作机构及其制动器，确认正常后，方可作业。

5）作业时，起重臂的最大仰角不得超过出厂规定。当无资料可查时，不得超过 78°。

6）起重机变幅应缓慢平稳，严禁在起重臂未停稳前变换挡位。

7）在起吊载荷达到额定起重量的 90% 及以上时，升降动作应慢速进行，严禁同时进行两种及以上动作，严禁下降起重臂。

8）起吊重物时应先稍离地面试吊，当确认重物已挂牢，起重机的稳定性和制动器的可靠性均良好，再继续起吊。在重物升起过程中，操作人员应把脚放在制动踏板上，密切注意起升重物，防止吊钩冒顶。当起重机停止运转而重物仍悬在空中时，即使制动踏板被固定，仍应脚踩在制动踏板上。

9）采用双机抬吊作业时，应选用起重性能相似的起重机进行。抬吊时应统一指挥，动作应配合协调，载荷应分配合理，起吊重量不得超过两台起重机在该工况下允许起重量总和的 75%，单机的起吊载荷不得超过允许载荷的 80%。在吊装过程中，两台起重机的吊钩滑轮组应保持垂直状态。

10）当起重机带载行走时，起重量不得超过相应工况额定起重量的 70%，行走道路应坚实平整，起重臂位于行驶方向正前方向，载荷离地面高度不得大于 200mm，并应拴好拉绳，缓慢行驶。不宜长距离带载行驶。

11）起重机行走时，转弯不应过急；当转弯半径过小时，应分次转弯。

12）起重机上下坡道时应无载行走，上坡时应将起重臂仰角适当放小，下坡时将起重臂仰角适当放大。严禁下坡空挡滑行。严禁在坡道上带载回转。

13）起重机工作时，在起升、回转、变幅三种动作中，只允许同时进行其中两种动作

8.1 施工机械设备使用安全技术

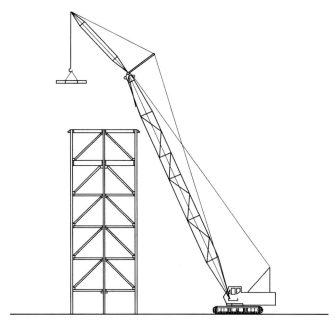

图8-1 履带吊作业示意图

的复合操作。

14)作业结束后,起重臂应转至顺风方向,并降至 40°~60°之间,吊钩应提升到接近顶端的位置,应关停内燃机,将各操纵杆放在空挡位置,各制动器加保险固定,操纵室和机棚应关门加锁。

15)起重机转移工地,应用火车或平板拖车运输起重机时,所用跳板的坡度不得大于15°;起重机装上车后,应将回转、行走、变幅等机构制动,并采用木楔楔紧履带两端,再牢固绑扎;后部配重用枕木垫实,不得使吊钩悬空摆动。

16)起重机需自行转移时,应卸去配重,拆短起重臂,主动轮应在后面,机身、起重臂、吊钩等必须处于制动位置,并应加保险固定。

17)起重机通过桥梁、水坝、排水沟等构筑物时,必须先查明允许载荷后再通过。必要时应对构筑物采取加固措施。通过铁路、地下水管、电缆等设施时,应铺设木板保护,并不得在上面转弯。

3. 汽车、轮胎式起重机

1)起重机工作的场地应保持平坦坚实,地面松软不平时,支腿应用垫木垫实;起重机应与沟渠、基坑保持安全距离。

2)起重机启动前应重点检查以下项目(图8-2),并符合下列要求:

(1)各安全保护装置和指示仪表齐全完好;

(2)钢丝绳及连接部位符合规定;

(3)燃油、润滑油、液压油及冷却水添加充足;

(4)各连接件无松动;

(5)轮胎气压符合规定。

3)起重机启动前,应将各操纵杆放在空挡位置,手制动器应锁死。在怠速运转3~

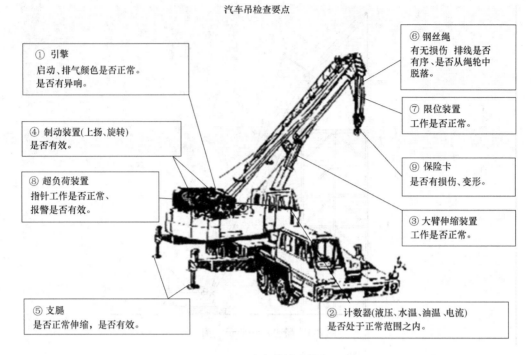

图 8-2 汽车吊检查要点

5min 后中高速运转，检查各仪表指示值，运转正常后接合液压泵，液压达到规定值、油温超过 30℃时，方可开始作业。

4）作业前，应全部伸出支腿，调整机体使回转支撑面的倾斜斜度在无载荷时不大于 1/1000（水准居中）。支腿有定位销的必须插上。底盘为弹性悬挂的起重机，插支腿前应先收紧稳定器。

5）作业中严禁扳动支腿操纵阀。调整支腿必须在无载荷时进行，并将起重臂转至正前或正后方可再行调整。

6）应根据所吊重物的重量和提升高度，调整起重臂长度和仰角，并应估计吊索和重物本身的高度，留出适当空间。

7）起重臂伸缩时，应按规定程序进行，在伸臂的同时应下降吊钩。当制动器发出警报时，应立即停止伸臂。起重臂缩回时，仰角不宜太小。

8）起重臂伸出后，或主副臂全部伸出后，变幅时不得小于各长度所规定的仰角。

9）汽车式起重机起吊作业时，汽车驾驶室内不得有人，重物不得超越驾驶室上方，且不得在车的前方起吊。

10）起吊重物达到额定起重量的 50% 及以上时，应使用低速挡。

11）作业中发现起重机倾斜、支腿不稳等异常现象时，应立即使重物下降至安全的地方，下降中严禁制动。

12）重物在空中需要较长时间停留时，应将起升卷筒制动锁住，操作人员不得离开操纵室。

13）起吊重物达到额定起重量的 90% 以上时，严禁下降起重臂，严禁同时进行两种及以上的操作动作。

14）起重机带载回转时，操作应平稳，避免急剧回转或停止，换向应在停稳后进行。

15）当轮胎式起重机带载行走时，道路必须平坦坚实，载荷必须符合出厂规定，重物离地面不得超过500mm，并应拴好拉绳，缓慢行驶。

16）作业后，应将起重臂全部缩回放在支架上，再收回支腿。吊钩专用钢丝绳挂牢；应将车架尾部两撑杆分别撑在尾部下方的支座内，并用螺母固定；应将阻止机身旋转的销式制动器插入销孔，并将取力器操纵手柄放在脱开位置，最后应锁住起重操纵室门。

17）行驶前，应检查并确认各支腿的收存无松动，轮胎气压应符合规定。行驶时水温应在80～90℃范围内，水温未达到80℃时，不得高速行驶。

18）行驶时应保持中速，不得紧急制动，过铁道口或起伏路面时应减速，下坡时严禁空挡滑行，倒车时应有人监护。

19）行驶时，严禁人员在底盘走台上站立或蹲坐，并不得堆放物件。

4. 塔式起重机

1）起重机的轨道基础应符合下列要求：

(1) 路基承载能力应满足塔式起重机使用说明书要求。

(2) 每间隔6m应设轨距拉杆一个，轨距允许偏差为公称值的1/1000，且不超过±3mm。

(3) 在纵横方向上，钢轨顶面的倾斜度不得大于1/1000；塔机安装后，轨道顶面纵、横方向上的倾斜度，对于上回转塔机应不大于3/1000；对于下回转塔机应不大于5/1000。在轨道全程中，轨道顶面任意两点的高差应小于100mm。

(4) 钢轨接头间隙不得大于4mm，并应与另一侧轨道接头错开，错开距离不得小于1.5m，接头处应架在轨枕上，两轨顶高度差不得大于2mm。

(5) 距轨道终端1m处必须设置缓冲止挡器，其高度不应小于行走轮的半径。在轨道上应安装限位开关碰块，且安装位置应保证塔机在与缓冲止挡器或与同一轨道上其他塔机相距大于1m处能完全停住，此时电缆线还应由足够的富余长度。

(6) 鱼尾板连接螺栓应紧固，垫板应固定牢靠。

2）起重机的混凝土基础应符合下列要求：

(1) 混凝土基础按塔机制造厂的使用说明书要求制作；使用说明书中混凝土强度未明确的，混凝土强度等级不低于C30。

(2) 基础表面平整度允许偏差1/1000。

(3) 预埋件的位置、标高和垂直度以及施工工艺符合使用说明书要求。起重机的混凝土基础见图8-3。

3）起重机的轨道基础或混凝土基础应验收合格后，方可使用。

4）起重机的轨道基础、混凝土基础应修筑排水设施，排水设施应与基坑保持安全距离。

5）起重机的金属结构、轨道及所有电气设备的金属外壳，应有可靠的接地装置，接地电阻不应大于4Ω。

6）起重机的拆装必须由取得建设行政主管部门颁发的起重设备安装工程承包资质，并符合相应等级的单位进行，拆装作业时应有技术和安全人员在场监护。

7）起重机拆装前，应编制拆装施工方案，由企业技术负责人审批，并应向全体作业

图 8-3 起重机的混凝土基础

人员交底。

8) 拆装作业前应重点检查以下项目,并应符合下列要求:

(1) 混凝土基础或路基和轨道铺设应符合技术要求。

(2) 对所拆装起重机的各机构、结构焊缝、重要部位螺栓、销轴、卷扬机构和钢丝绳、吊钩、吊具以及电气设备、线路等进行检查,使隐患排除于拆装作业之前。

(3) 对自升塔式起重机顶升液压系统的液压缸和油管、顶升套架结构、导向轮、顶升支撑(爬爪)等进行检查,及时处理存在的问题。

(4) 对拆装人员所使用的工具、安全带、安全帽等进行检查,不合格者立即更换。

(5) 检查拆装作业中配备的起重机、运输汽车等辅助机械应状况良好,技术性能应保证拆装作业的需要。

(6) 拆装现场电源电压、运输道路、作业场地等应具备拆装作业条件。

(7) 安全监督岗的设置及安全技术措施的贯彻落实已达到要求。

9) 起重机的拆装作业应在白天进行。当遇大风、浓雾和雨雪等恶劣天气时,应停止作业。

10) 指挥人员应熟悉拆装作业方案,遵守拆装工艺和操作规程,使用明确的指挥信号进行指挥。所有参与拆装作业的人员,都应听从指挥,如发现指挥信号不清或有错误时,应停止作业,待联系清楚后再进行。

11) 拆装人员在进入工作现场时,应穿戴安全保护用品,高处作业时应系好安全带,熟悉并认真执行拆装工艺和操作规程,当发现异常情况或疑难问题时,应及时向技术负责人反映,不得自行其是,应防止处理不当而造成事故。

12) 拆装顺序、要求、安全注意事项必须按批准的专项施工方案进行。

13) 采用高强度螺栓连接的结构,必须使用高强度螺栓专业制造生产的连接螺栓;连接螺栓时,应采用扭矩扳手或专用扳手,并应按装配技术要求拧紧。

14) 在拆装作业过程中，当遇天气剧变、突然停电、机械故障等意外情况，短时间不能继续作业时，必须使已拆装的部位达到稳定状态并固定牢靠，经检查确认无隐患后，方可停止作业。

15) 安装起重机时，必须将大车行走缓冲止挡器和限位开关碰块安装牢固可靠，并应将各部位的栏杆、平台、扶杆、护圈等安全防护装置装齐。

16) 在拆除因损坏或其他原因而不能用正常方法拆卸的起重机时，必须按照技术部门批准的安全拆卸方案进行。

17) 起重机安装过程中，必须分阶段进行技术检验。整机安装后，应进行整机技术检验和调整，各机构动作应正确、平稳、制动可靠、各安全装置应灵敏有效；在无载荷情况下，塔身的垂直度允许偏差为 4/1000，经分阶段及装机检验合格后，应填写检验记录，经技术负责人审查签证后，方可交付使用。

18) 塔式起重机升降作业时，应符合下列要求：

(1) 升降作业过程，必须有专人指挥，专人照看电源，专人操作液压系统，专人拆装螺栓。非作业人员不得登上顶升套架的操作平台。操纵室内应只准一人操作，必须听从指挥信号。

(2) 升降应在白天进行，特殊情况需在夜间作业时，应有充分的照明。

(3) 在作业中风力突然增大达到 8.0m/s 及以上时，必须立即停止，并应紧固上、下塔身各连接螺栓。

(4) 顶升前应预先放松电缆，其长度宜大于顶升总高度，并应紧固好电缆卷筒。下降时应适时收紧电缆。

(5) 升降时，必须调整好顶升套架滚轮与塔身标准节的间隙，并应按规定使起重臂和平衡臂处于平衡状态，并将回转机构制动住，当回转台与塔身标准节之间的最后一处连接螺栓（销子）拆卸困难时，应将其对角方向的螺栓重新插入，再采取其他措施。不得以旋转起重臂动作来松动螺栓（销子）。

(6) 升降时，顶升撑脚（爬爪）就位后，应插上安全销，方可继续下一动作。

(7) 升降完毕后，各连接螺栓应按规定扭力紧固，液压操纵杆回到中间位置，并切断液压升降机构电源。

19) 起重机的附着锚固应符合下列要求：

(1) 起重机附着的建筑物，其锚固点的受力强度应满足起重机的设计要求。附着杆系的布置方式、相互间距和附着距离等，应按出厂使用说明书规定执行。有变动时，应另行设计。

(2) 装设附着框架和附着杆件，应采用经纬仪测量塔身垂直度，并应采用附着杆进行调整，在最高锚固点以下垂直度允许偏差为 2/1000。

(3) 在附着框架和附着支座布设时，附着杆倾斜角不得超过 10°。

(4) 附着框架宜设置在塔身标准节连接处，箍紧塔身。塔架对角处在无斜撑时应加固。

(5) 塔身顶升接高到规定锚固间距时，应及时增设与建筑物的锚固装置。塔身高出锚固装置的自由端高度，应符合出厂规定。

(6) 起重机作业过程中，应经常检查锚固装置，发现松动或异常情况时，应立即停止作业，故障未排除，不得继续作业。

(7) 拆卸起重机时，应随着降落塔身的进程拆卸相应的锚固装置。严禁在落塔之前先拆锚固装置。

(8) 当风速大于 8m/s 时，严禁进行安装或拆卸锚固装置作业。

(9) 锚固装置的安装、拆卸、检查和调整，均应有专人负责，工作时应系安全带和戴安全帽，并应遵守高处作业有关安全操作的规定。

(10) 轨道式起重机作附着式使用时，应提高轨道基础的承载能力和切断行走机构的电源，并应设置阻挡行走轮移动的支座。塔吊附着立面图如图 8-4 所示。

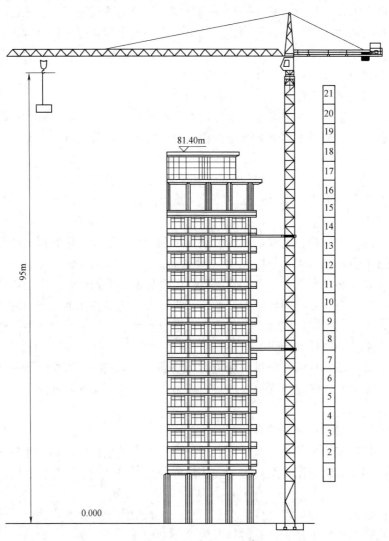

图 8-4　塔吊附着立面图

20) 起重机内爬升时应符合下列要求：

(1) 内爬升作业应在白天进行，当风速大于 8m/s 时，应停止作业。

(2) 内爬升时，应加强机上与机下之间的联系以及上部楼层与下部楼层之间的联系，遇有故障及异常情况，应立即停机检查，故障未排除，不得继续爬升。

(3) 内爬升过程中，严禁进行起重机的起升、回转、变幅等各项动作。

(4) 起重机爬升到指定楼层后,应立即拔出塔身底座的支承梁或支腿,通过内爬升框架固定在楼板上,并应顶紧导向装置或用楔块塞紧。

(5) 内爬升塔式起重机的固定间隔应符合使用说明书要求。

(6) 当内爬升框架设置在的楼层楼板上时,该方案应经土建施工企业确认,并在楼板下面应增设支柱作临时加固。搁置起重机底座支承梁的楼层下方两层楼板,也应设置支柱作临时加固。

(7) 起重机完成内爬升作业后,楼板上遗留下来的开孔,应立即采用混凝土封闭。

(8) 起重机完成内爬升作业后,应检查内爬升框架的固定、确保支撑梁的紧固以及楼板临时支撑的稳固等,确认可靠后,方可进行吊装作业。

21) 每月或连续大雨后,应及时对轨道基础进行全面检查,检查内容包括:轨距偏差、钢轨顶面的倾斜度、轨道基础的沉降、钢轨的不直度及轨道的通过性能等。对混凝土基础,应检查其是否有不均匀的沉降。

22) 至少每月一次,对塔机工作机构、所有安全装置、制动器的性能及磨损情况、钢丝绳的磨损及端头固定、液压系统、润滑系统、螺栓销轴等连接处等进行检查;根据工作环境和繁忙程度检查周期可缩短。

23) 配电箱应设置在塔机 3m 范围内或轨道中部,且明显可见;电箱中应设置保险式断路器及塔机电源总开关;电缆卷筒应灵活有效,不得拖缆;塔机应设置短路、过流、欠压、过压及失压保护、零位保护、电源错相及断相保护。

24) 起重机在无线电台、电视台或其他近电磁波发射天线附近施工时,与吊钩接触的作业人员,应戴绝缘手套和穿绝缘鞋,并应在吊钩上挂接临时放电装置。

25) 当同一施工地点有两台以上起重机时,应保持两机间任何接近部位(包括吊重物)距离不得小于 2m。

26) 轨道式起重机作业前,应检查轨道基础平直无沉陷,鱼尾板连接螺栓及道钉无松动,并应清除轨道上的障碍物,松开夹轨器并向上固定好。

27) 起动前应重点检查以下项目,并符合下列要求:

(1) 金属结构和工作机构的外观情况正常。

(2) 各安全装置和各指示仪表齐全完好。

(3) 各齿轮箱、液压油箱的油位符合规定。

(4) 主要部位连接螺栓无松动。

(5) 钢丝绳磨损情况及各滑轮穿绕符合规定。

(6) 供电电缆无破损。

28) 送电前,各控制器手柄应在零位。接通电源后,应检查供电系统有无漏电现场。

29) 作业前,应进行空载运转,试验各工作机构是否运转正常,有无噪声及异响,各机构的制动器及安全防护装置是否有效,确认正常后方可作业。

30) 起吊重物时,重物和吊具的总重量不得超过起重机相应幅度下规定的起重量。

31) 应根据起吊重物和现场情况,选择适当的工作速度,操纵各控制器时应从停止点(零点)开始,依次逐级增加速度,严禁越挡操作。在变换运转方向时,应将控制器手柄扳到零位,待电动机停转后再转向另一方向,不得直接变换运转方向、突然变速或制动。

32) 在吊钩提升、起重小车或行走大车运行到限位装置前,均应减速缓行到停止位置,并应与限位装置保持一定距离。严禁采用限位装置作为停止运行的控制开关。

33) 动臂式起重机的变幅应单独进行;允许带载变幅的,当载荷达到额定起重量的90%及以上时,严禁变幅。

34) 重物就位时,应采用慢就位机构使之缓慢下降。

35) 提升重物作水平移动时,应高出其跨越的障碍物 0.5m 以上。

36) 对于无中央集电环及起升机构不安装在回转部分的起重机,在作业时,不得顺一个方向连续回转。

37) 当停电或电压下降时,应立即将控制器扳到零位,并切断电源。如吊钩上挂有重物,应稍松稍紧反复使用制动器,使重物缓慢地下降到安全地带。

38) 采用涡流制动调速系统的起重机,不得长时间使用低速挡或慢就位速度作业。

39) 作业中如遇风速大于 10.8m/s 大风或阵风时,应立即停止作业,锁紧夹轨器,将回转机构的制动器完全松开,起重臂应能随风转动。对轻型俯仰变幅起重机,应将起重臂落下并与塔身结构锁紧在一起。

40) 作业中,操作人员临时离开操纵室时,必须切断电源。

41) 起重机载人专用电梯严禁超员,其断绳保护装置必须可靠,当起重机作业时,严禁开动电梯。电梯停用时,应降至塔身底部位置,不得长时间悬在空中。

42) 非工作状态时,必须松开回转制动器,塔机回转部分在非工作状态应能自由旋转;行走式塔机应停放在轨道中间位置,小车及平衡重应置于非工作状态,吊钩宜升到离起重臂顶端 2~3m 处。

43) 停机时,应将每个控制器拨回零位,依次断开各开关,关闭操纵室门窗,下机后,应锁紧夹轨器,断开电源总开关,打开高空指示灯。

44) 检修人员上塔身、起重臂、平衡臂等高空部位检查或修理时,必须系好安全带。

45) 停用起重机的电动机、电器柜、变阻器箱、制动器等,应严密遮盖。

46) 动臂式和尚未附着的自升式塔式起重机塔身上不得悬挂标语牌。

5. 桅杆式起重机

1) 桅杆式起重机必须按照《起重机设计规范》GB/T 3811 进行设计,确定其使用范围及工作环境;施工前必须编制专项方案,并经技术负责人审批,专项方案的审批人必须在现场进行技术指导。

2) 专项方案应包含以下内容:

(1) 工程概况:施工平面布置、施工要求和技术保证条件。

(2) 编制依据:相关法律、法规、规范性文件、标准、规范及图纸(国标图集)、施工组织设计等。

(3) 施工计划:包括施工进度计划。

(4) 施工工艺技术:技术参数、工艺流程、钢丝绳走向及固定方法、卷扬机的固定位置和方法、桅杆式起重机底座的安装及固定等、检查验收等。

(5) 施工安全保证措施:组织保障、技术措施、应急预案、监测监控等。

(6) 劳动力计划:专职安全生产管理人员、特种作业人员等。

(7) 计算书及相关图纸。

3) 起重机的安装和拆卸应划出警戒区,清除周围的障碍物,在专人统一指挥下,按照出厂说明书或制定的拆装技术方案进行。

4）起重机的基础应符合专项方案的要求。

5）缆风绳的规格、数量及地锚的拉力、埋设深度等，应按照起重机性能经过计算确定，缆风绳与地面的夹角应在 30°～45°之间，缆绳与桅杆和地锚的连接应牢固。地锚严禁使用膨胀螺栓、定滑轮应选用闭口滑轮。

6）缆风绳的架设应避开架空电线。在靠近电线的附近，应设置绝缘材料搭设的护线架。

7）桅杆式起重机使用前必须进行验收及试吊。

8）提升重物时，吊钩钢丝绳应垂直，操作应平稳，当重物吊起刚离开支承面时，应检查并确认各部无异常时，方可继续起吊。

9）在起吊满载重物前，应有专人检查各地锚的牢固程度。各缆风绳都应均匀受力，主杆应保持直立状态。

10）作业时，起重机的回转钢丝绳应处于拉紧状态。回转装置应有安全制动控制器。

11）起重机移动时，其底座应垫以足够承重的枕木排和滚杠，并将起重臂收紧处于移动方向的前方。移动时，主杆不得倾斜，缆风绳的松紧应配合一致。

12）缆风钢丝绳安全系数不小于 3.5，起升、锚固、吊索钢丝绳安全系数不小于 8。

6. 门式、桥式起重机与电动葫芦

1）起重机路基和轨道的铺设应符合出厂规定，轨道接地电阻不应大于 4Ω。

2）使用电缆的门式起重机，应设有电缆卷筒，配电箱应设置在轨道中部。

3）用滑线供电的起重机，应在滑线的两端标有鲜明的颜色，滑线应设置防护装置，防止人员及吊具钢丝绳与滑线意外接触。

4）轨道应平直，鱼尾扳连接螺栓应无松动，轨道和起重机运行范围内应无障碍物。门式起重机应松开夹轨器。

5）门式、桥式起重机作业前的重点检查项目应符合下列要求：

（1）机械结构外观正常，各连接件无松动；

（2）钢丝绳外表情况良好，绳卡牢固；

（3）各安全限位装置齐全完好。

6）操作室内应垫木板或绝缘板，接通电源后应采用试电笔测试金属结构部分，确认无漏电方可上机；上、下操纵室应使用专用扶梯。

7）作业前，应进行空载运转，在确认各机构运转正常，制动可靠，各限位开关灵敏有效后，方可作业。

8）开动前，应先发出音响信号示意，重物提升和下降操作应平稳匀速，在提升大件时不得用快速，并应拴拉绳防止摆动。

9）吊运易燃、易爆、有害等危险品时，应经安全主管部门批准，并应有相应的安全措施。

10）重物的吊运路线严禁从人上方通过，亦不得从设备上面通过，空车行走时，吊钩应离地面 2m 以上。

11）吊起重物后应慢速行驶，行驶中不得突然变速或倒退。两台起重机同时作业时，应保持 5m 距离。严禁用一台起重机顶推另一台起重机。

12) 起重机行走时,两侧驱动轮应同步,发现偏移应停止作业,调整好后方可继续使用。

13) 作业中,严禁任何人从一台桥式起重机跨越到另一台桥式起重机上去。

14) 操作人员由操纵室进入桥架或进行保养检修时,应有自动断电连锁装置或事先切断电源。

15) 露天作业的门式、桥式起重机,当遇风速大于10.8m/s大风时,应停止作业,并锁紧夹轨器。

16) 门式、桥式起重机的主梁挠度超过规定值时,必须修复后方可使用。

17) 作业后,门式起重机应停放在停机线上,用夹轨器锁紧;桥式起重机应将小车停放在两条轨道中间,吊钩提升到上部位置。吊钩上不得悬挂重物。

18) 作业后,应将控制器拨到零位,切断电源,关闭并锁好操纵室门窗。

19) 电动葫芦使用前应检查设备的机械部分和电气部分,钢丝绳、吊钩、限位器等应完好,电气部分应无漏电,接地装置应良好。

20) 电动葫芦应设缓冲器,轨道两端应设挡板。

21) 作业开始第一次吊重物时,应在吊离地面100mm时停止,检查电动葫芦制动情况,确认完好后方可正式作业。露天作业时,电动葫芦应设有防雨棚。

22) 电动葫芦严禁超载起吊。起吊时,手不得握在绳索与物体之间,吊物上升时应严防冲撞。

23) 起吊物件应捆扎牢固。电动葫芦吊重物行走时,重物离地不宜超过1.5m高。工作间歇不得将重物悬挂在空中。

24) 电动葫芦作业中发生异味、高温等异常情况,应立即停机检查,排除故障后方可继续使用。

25) 使用悬挂电缆电气控制开关时,绝缘应良好,滑动应自如,人的站立位置后方应有2m空地并应正确操作电钮。

26) 在起吊中,由于故障造成重物失控下滑时,必须采取紧急措施,向无人处下放重物。

27) 在起吊中不得急速升降。

28) 电动葫芦在额定载荷制动时,下滑位移量不应大于80mm。

29) 作业完毕后,应停放在指定位置,吊钩升起,并切断电源,锁好开关箱。

7. 卷扬机

1) 安装时,基面平稳牢固、周围排水畅通、地锚设置可靠,并应搭设工作棚。

2) 操作人员的位置应在安全区域,并能看清指挥人员和拖动或起吊的物件。

3) 卷扬机设置位置必须满足:卷筒中心线与导向滑轮的轴线位置应垂直,且导向滑轮的轴线应在卷筒中间位置,卷筒轴心线与导向滑轮轴心线的距离:对光卷筒不应小于卷筒长度的20倍;对有槽卷筒不应小于卷筒长度的15倍。

4) 作业前,应检查卷扬机与地面的固定,弹性联轴器不得松旷,并应检查安全装置、防护设施、电气线路、接零或接地线、制动装置和钢丝绳等,全部合格后方可使用。

5) 卷扬机至少装有一个制动器,制动器必须是常闭式的。

6) 卷扬机的传动部分及外露的运动件均应设防护罩。

7) 卷扬机应装设能在紧急情况下迅速切断总控制电源的紧急断电开关,并安装在司机操作方便的地方。

8) 钢丝绳卷绕在卷筒上的安全圈数应不少于3圈。钢丝绳末端固定应可靠,在保留两圈的状态下,应能承受1.25倍的钢丝绳额定拉力。

9) 钢丝绳不得与机架、地面摩擦,通过道路时,应设过路保护装置。

10) 建筑施工现场不得使用摩擦式卷扬机。

11) 卷筒上的钢丝绳应排列整齐,当重叠或斜绕时,应停机重新排列,严禁在转动中用手拉脚踩钢丝绳。

12) 作业中,操作人员不得离开卷扬机,物件或吊笼下面严禁人员停留或通过。休息时应将物件或吊笼降至地面。

13) 作业中如发现异响、制动失灵、制动带或轴承等温度剧烈上升等异常情况时,应立即停机检查,排除故障后方可使用。

14) 作业中停电时,应将控制手柄或按钮置于零位,并切断电源,将提升物件或吊笼降至地面。

15) 作业完毕,应将提升吊笼或物件降至地面,并应切断电源,锁好开关箱。

8. 井架、龙门架物料提升机

1) 进入施工现场的井架、龙门架必须具有下列安全装置:

(1) 上料口防护棚;

(2) 层楼安全门、吊篮安全门;

(3) 断绳保护装置及防坠器;

(4) 安全停靠装置;

(5) 起重量限制器;

(6) 上、下限位器;

(7) 紧急断电开关、短路保护、过电流保护、漏电保护;

(8) 信号装置;

(9) 缓冲器。

2) 基础应符合说明书要求。缆风绳、附墙装置不得与脚手架连接,不得用钢筋、脚手架钢管等代替缆风绳。

3) 起重机的制动器应灵活可靠。

4) 运行中吊篮的四角与井架不得互相擦碰,吊篮各构件连接应牢固、可靠。

5) 龙门架或井架不得和脚手架联为一体。

6) 垂直输送混凝土和砂浆时,翻斗出料口应灵活可靠,保证自动卸料。

7) 吊篮在升降工况下严禁载人,吊篮下方严禁人员停留或通过。

8) 作业后,应检查钢丝绳、滑轮、滑轮轴和导轨等,发现异常磨损,应及时修理或更换。

9) 作业后,应将吊篮降到最低位置,各控制开关扳至零位,切断电源,锁好开关箱。

9. 施工升降机

1) 施工升降机安装和拆卸工作必须由取得建设行政主管部门颁发的起重设备安装工程承包资质的单位负责施工,并必须由经过专业培训、取得操作证的专业人员进行操作和维修。

2) 地基应浇制混凝土基础，必须符合施工升降机使用说明书要求，说明书无要求时其承载能力应大于150kPa，地基上表面平整度允许偏差为10mm，并应有排水设施。

3) 应保证升降机的整体稳定性，升降机导轨架的纵向中心线至建筑物外墙面的距离宜选用说明书提供的较小的安装尺寸。

4) 导轨架安装时，应用经纬仪对升降机在两个方向进行测量校准。其垂直度允许偏差应符合表8-1中要求。

导轨架垂直度　　　　表8-1

架设高度(m)	≤70	70～100	100～150	150～200	>200
垂直度偏差(mm)	≤1/1000H	≤70	≤90	≤110	≤130

5) 导轨架顶端自由高度、导轨架与附墙距离、导轨架的两附墙连接点间距离和最低附墙点高度均不得超过出厂规定。

6) 升降机的专用开关箱应设在底架附近便于操作的位置，馈电容量应满足升降机直接启动的要求，箱内必须设短路、过载、错相、断相及零位保护等装置。

7) 升降机梯笼周围应按使用说明书的要求，设置稳固的防护栏杆，各楼层平台通道应平整牢固，出入口应设防护门（图8-5）。全行程四周不得有危害安全运行的障碍物。

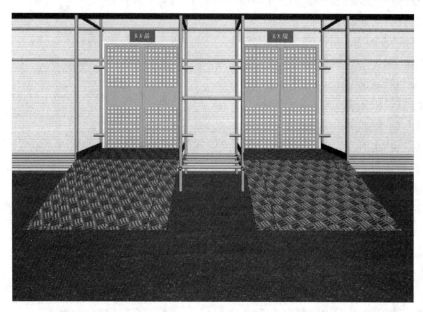

图8-5　施工升降机防护门示意图

8) 升降机安装在建筑物内部井道中间时，应在全行程范围井壁四周搭设封闭屏障。装设在阴暗处或夜班作业的升降机，应在全行程上装设足够的照明和明亮的楼层编号标志灯。

9) 升降机安装后，应经企业技术负责人会同有关部门对基础和附墙支架以及升降机架设安装的质量、精度等进行全面检查，并应按规定程序进行技术试验（包括坠落试验），经试验合格签证后，方可投入运行。

10）升降机的防坠安全器，只能在有效的标定期限内使用，有效标定期限不应超过一年。使用中不得任意拆检调整。

11）升降机安装后，在投入使用前，必须经过坠落试验。升降机在使用中每隔3个月，应进行一次坠落试验。试验程序应按说明书规定进行，梯笼坠落试验制动距离不得超过1.2m；试验后以及正常操作中每发生一次防坠动作，均必须由专门人员进行复位。

12）作业前应重点检查以下项目，并应符合下列要求：
（1）各部结构无变形，连接螺栓无松动；
（2）齿条与齿轮、导向轮与导轨均接合正常；
（3）各部钢丝绳固定良好，无异常磨损；
（4）运行范围内无障碍。

13）启动前，应检查并确认电缆、接地线完整无损，控制开关在零位。电源接通后，应检查并确认电压正常，应测试无漏电现象。应试验并确认各限位装置、梯笼、围护门等处的电器连锁装置良好可靠，电器仪表灵敏有效。启动后，应进行空载升降试验，测定各传动机构制动器的效能，确认正常后，方可开始作业。

14）升降机应按使用说明书要求，进行维护保养，并按使用说明书规定，定期检验制动器的可靠性，制动力矩必须达到使用说明书要求。

15）梯笼内乘人或载物时，应使载荷均匀分布，不得偏重。严禁超载运行。

16）操作人员应根据指挥信号操作。作业前应鸣声示意。在升降机未切断总电源开关前，操作人员不得离开操作岗位。

17）当升降机运行中发现有异常情况时，应立即停机并采取有效措施将梯笼降到底层，排除故障后方可继续运行。在运行中发现电气失控时，应立即按下急停按钮；在未排除故障前，不得打开急停按钮。

18）升降机在风速10.8m/s及以上大风、大雨、大雾以及导轨架、电缆等结冰时，必须停止运行，并将梯笼降到底层，切断电源。暴风雨后，应对升降机各有关安全装置进行一次检查，确认正常后，方可运行。

19）升降机运行到最上层或最下层时，严禁用行程限位开关作为停止运行的控制开关。

20）当升降机在运行中由于断电或其他原因而中途停止时，可以进行手动下降，将电动机尾端制动电磁铁手动释放拉手缓缓向外拉出，使梯笼缓慢地向下滑行。梯笼下滑时，不得超过额定运行速度，手动下降必须由专业维修人员进行操纵。

21）作业后，应将梯笼降到底层，各控制开关拨到零位，切断电源，锁好开关箱，闭锁梯笼门和围护门。

8.1.2 土石方机械

1. 单斗挖掘机

1）单斗挖掘机的作业和行走场地应平整坚实，对松软地面应垫以枕木或垫板，沼泽地区应先作路基处理，或更换湿地专用履带板。

2）轮胎式挖掘机使用前应支好支腿并保持水平位置，支腿应置于作业面的方向，转向驱动桥应置于作业面的后方。采用液压悬挂装置的挖掘机，应锁住两个悬挂液压缸。履带式挖掘机的驱动轮应置于作业面的后方。

3) 作业前重点检查项目应符合下列要求：

（1）照明、信号及报警装置等齐全有效；

（2）燃油、润滑油、液压油符合规定；

（3）各铰接部分连接可靠；

（4）液压系统无泄漏现象；

（5）轮胎气压符合规定。

4) 启动前，应将主离合器分离，各操纵杆放在空挡位置，驾驶员应发出信号，确认安全后方可启动设备。

5) 启动后，接合动力输出，应先使液压系统从低速到高速空载循环 10～20min，无吸空等不正常噪声，工作有效，并检查各仪表指示值，待运转正常再接合主离合器，进行空载运转，顺序操纵各工作机构并测试各制动器，确认正常后，方可作业。

6) 作业时，挖掘机应保持水平位置，将行走机构制动住，并将履带或轮胎揳紧。

7) 平整作业场地时，不得用铲斗进行横扫或用铲斗对地面进行夯实。

8) 挖掘岩石时，应先进行爆破。挖掘冻土时，应采用破冰锤或爆破法使冻土层破碎。

9) 挖掘机作业时，除松散土壤外，其最大开挖高度和深度，不应超过机械本身性能规定。在拉铲或反铲作业时，履带距工作面边缘距离应大于 1.0m，轮胎距工作面边缘距离应大于 1.5m。

10) 遇较大的坚硬石块或障碍物时，应待清除后方可开挖，不得用铲斗破碎石块，冻土，或用单边斗齿硬啃。

11) 在坑边进行挖掘作业，当发现有塌方危险时，应立即处理或将挖掘机撤至安全地带。作业面不得留有散岩及松动的大块石。

12) 作业时，应待机身停稳后再挖土，当铲斗未离开工作面时，不得作回转、行走等动作。回转制动时，应使用回转制动器，不得用转向离合器反转制动。

13) 作业时，各操纵过程应平稳，不宜紧急制动。铲斗升降不得过猛，下降时，不得撞碰车架或履带。

14) 斗臂在抬高及回转时，不得碰到洞壁、沟槽侧面或其他物体。

15) 向运土车辆装车时，应降低挖铲斗卸落高度，不得偏装或砸坏车厢。回转时严禁铲斗从运输车驾驶室顶上越过。

16) 作业中，当液压缸伸缩将达到极限位时，应动作平稳，不得冲撞极限块。

17) 作业中，当需制动时，应将变速阀置于低速挡位置。

18) 作业中，当发现挖掘力突然变化，应停机检查，严禁在未查明原因前擅自调整分配阀压力。

19) 作业中不得打开压力表开关，且不得将工况选择阀的操纵手柄放在高速挡位置。

20) 反铲作业时，斗臂应停稳后再挖土。挖土时，斗柄伸出不宜过长，提斗不得过猛。

21) 作业中，履带式挖掘机作短距离行走时，主动轮应在后面，斗臂应在正前方与履带平行，制动住回转机构，铲斗应离地面 1m。上、下坡道不得超过机械本身允许最大坡度,下坡应慢速行驶。不得在坡道上变速和空挡滑行。

22) 轮胎式挖掘机行驶前,应收回支腿并固定好,监控仪表和报警信号灯应处于正常显示状态。轮胎气压应符合规定,工作装置应处于行驶方向的正前方,铲斗应离地面1m。长距离行驶时,应采用固定销将回转平台锁定,并将回转制动板踩下后锁定。

23) 当在坡道上行走且内燃机熄火时,应立即制动并楔住履带或轮胎,待重新发动后,方可继续行走。

24) 作业后,挖掘机不得停放在高边坡附近和填方区,应停放在坚实、平坦、安全的地带,将铲斗收回平放在地面上,所有操纵杆置于中位,关闭操纵室和机棚。

25) 履带式挖掘机转移工地应采用平板拖车装运。短距离自行转移时,应低速缓行。

26) 保养或检修挖掘机时,除检查内燃机运行状态外,必须将内燃机熄火,并将液压系统卸荷,铲斗落地。

27) 利用铲斗将底盘顶起进行检修时,应使用垫木将抬起的履带或轮胎垫稳,并用木楔将落地履带或轮胎楔牢,然后将液压系统卸荷,否则严禁进入底盘下工作。

2. 挖掘装载机(图8-6)

图8-6 挖掘装载机示意图

1) 挖掘作业前应先将装载斗翻转,使斗口朝地,并使前轮稍离开地面,踏下并锁住制动踏板,然后伸出支腿,使后轮离地并保持水平位置。

2) 作业时,操纵手柄应平稳,不得急剧移动;支臂下降时不得中途制动。挖掘时不得使用高速挡。

3) 在边坡、壕沟、凹坑卸料时,应有专人指挥,轮胎距沟、坑边缘的距离应大于1.5m。

4) 回转应平稳,不得撞击并用于砸实沟槽的侧面。

5) 动臂后端的缓冲块应保持完好;如有损坏时,应修复后方可使用。

6) 移位时,应将挖掘装置处于中间运输状态,收起支腿,提起提升臂后方可进行。

7) 装载作业前,应将挖掘装置的回转机构置于中间位置,并用拉板固定。

8) 在装载过程中,应使用低速挡。

9) 铲斗提升臂在举升时,不应使用阀的浮动位置。

10) 在前四阀工作时,后四阀不得同时进行工作。

11) 行驶中,不应高速和急转弯。下坡时不得空挡滑行。

12) 行驶时,支腿应完全收回,挖掘装置应固定牢靠,装载装置宜放低,铲斗和斗柄液压活塞杆应保持完全伸张位置。

13) 当停放时间超过1h时,应支起支腿,使后轮离地;停放时间超过1d时,应使后轮离地,并应在后悬架下面用垫块支撑。

3. 推土机

1) 推土机在坚硬土壤或多石土壤地带作业时,应先进行爆破或用松土器翻松。在沼泽地带作业时,应更换湿地专用履带板。

2) 不得用推土机推石灰、烟灰等粉尘物料和用作碾碎石块的作业。

3) 牵引其他机构设备时,应有专人负责指挥。钢丝绳的连接应牢固可靠。在坡道或长距离牵引时,应采用牵引杆连接。

4) 作业前重点检查项目应符合下列要求:

(1) 各部件无松动、连接良好;

(2) 燃油、润滑油、液压油等符合规定;

(3) 各系统管路无裂纹或泄漏;

(4) 各操纵杆和制动踏板的行程、履带的松紧度或轮胎气压均符合要求。

5) 启动前,应将主离合器分离,各操纵杆放在空挡位置。

6) 启动后应检查各仪表指示值,液压系统应工作有效;当运转正常、水温达到55℃、机油温度达到45℃时,方可全载荷作业。

7) 推土机机械四周应无障碍物,确认安全后,方可开动,工作时严禁有人站在履带或刀片的支架上。

8) 采用主离合器传动的推土机接合应平稳,起步不得过猛,不得使离合器处于半接合状态下运转;液力传动的推土机,应先解除变速杆的锁紧状态,踏下减速器踏板,变速杆应在一定挡位,然后缓慢释放减速踏板。

9) 在块石路面行驶时,应将履带张紧。当需要原地旋转或急转弯时,应采用低速挡进行。当行走机构夹入块石时,应采用正、反向往复行驶使块石排除。

10) 在浅水地带行驶或作业时,应查明水深,冷却风扇叶不得接触水面。下水前和出水后,均应对行走装置加注润滑脂。

11) 推土机上、下坡或超过障碍物时应采用低速挡。其上坡坡度不得超过25°,下坡坡度不得大于35°,横向坡度不得超过10°。在陡坡上(25°以上)严禁横向行驶,并不得急转弯。在上坡不得换挡,下坡不得空挡滑行。当需要在陡坡上推土时,应先进行填挖,使机身保持平衡,方可作业。

12) 在上坡途中,当内燃机突然熄灭,应立即放下铲刀,并锁住制动踏板。在推土机停稳后,将主离合器脱开,把变速杆放到空挡位置,用木块将履带或轮胎楔死,方可重新启动内燃机。

13) 下坡时,当推土机下行速度大于内燃机传动速度时,转向动作的操纵应与平地行走时操纵的方向相反,此时不得使用制动器。

14) 填沟作业驶近边坡时,铲刀不得越出边缘。后退时,应先换档,方可提升铲刀进行倒车。

15) 在深沟、基坑或陡坡地区作业时,应有专人指挥,其垂直边坡高度不应大于2m。若超过上述深度时,应放出安全边坡,同时禁止用推土刀侧面推土。

16) 在推土或松土作业中不得超载,不得作有损于铲刀、推土架、松土器等装置的动作,各项操作应缓慢平稳。无液力变矩器装置的推土机,在作业中有超载趋势时,应稍微提升刀片或变换低速挡。

17) 推树时,树干不得倒向推土机及高空架设物。用大型推土机推房屋或围墙时,其高度不宜超过2.5m,用中小型推土机,其高度不宜超过1.5m。严禁推与地基基础连接的钢筋混凝土桩等建筑物。

18) 两台以上推土机在同一地区作业时,前后距离应大于8.0m;左右距离应大于1.5m。在狭窄道路上行驶时,未得前机同意,后机不得超越。

19) 推土机顶推铲运机作助铲时,应符合下列要求:

(1) 进行助铲位置进行顶推中,应与铲运机保持同一直线行驶;

(2) 铲刀的提升高度应适当,不得触及铲斗的轮胎;

(3) 助铲时应均匀用力,不得猛推猛撞,应防止将铲斗后轮胎顶离地面或使铲斗吃土过深;

(4) 铲斗满载提升时,应减少推力,待铲斗提离地面后即减速脱离接触;

(5) 后退时,应先看清后方情况,当需绕过正后方驶来的铲运机倒向助铲位置时,宜从来车的左侧绕行。

20) 作业完毕后,应将推土机开到平坦安全的地方,落下铲刀,有松土器的,应将松土器爪落下。在坡道上停机时,应将变速杆挂低速挡,接合主离合器,锁住制动踏板,并将履带或轮胎揳住。

21) 停机时,应先降低内燃机转速,变速杆放在空挡,锁紧液力传动的变速杆,分开主离合器,踏下制动踏板并锁紧,待水温降到75℃以下,油温度降到90℃以下时,方可熄火。

22) 推土机长途转移工地时,应采用平板拖车装运。短途行走转移距离不宜超过10km,铲刀距地面宜为400mm,不得用高速挡行驶和进行急转弯,不得长距离倒退行驶,并在行走过程中应经常检查和润滑行走装置。

23) 在推土机下面检修时,内燃机必须熄火,铲刀应放下或垫稳。

4. 拖式铲运机 (图8-7)

1) 铲运机作业时,应先采用松土器翻松。铲运作业区内应无树根、树桩、大的石块和过多的杂草等。

2) 铲运机行驶道路应平整结实,路面比机身应宽出2m。

3) 作业前,应检查钢丝绳、轮胎气压、铲土斗及卸土板回缩弹簧、拖把万向接头、撑架以及各部滑轮等;液压式铲运机铲斗与拖拉机连接叉座与牵引连接块应锁定,各液压管路连接应可靠,确认正常后,方可起动。

4) 开动前,应使铲斗离开地面,机械周围应无障碍物,确认安全后,方可开动。

图 8-7 拖式铲运机示意图

5) 作业中,严禁任何人上下机械,传递物件,以及在铲斗内、拖把或机架上坐立。

6) 多台铲运机联合作业时,各机之间前后距离不得小于10m(铲土时不得小于5m),左右距离不得小于2m。行驶中,应遵守下坡让上坡、空载让重载、支线让干线的原则。

7) 在狭窄地段运行时,未经前机同意,后机不得超越。两机交会或超越平行时应减速,两机间距不得小于0.5m。

8) 铲运机上、下坡道时,应低速行驶,不得中途换挡,下坡时不得空挡滑行,行驶的横向坡度不得超过6°,坡宽应大于机身2m以上。

9) 在新填筑的土堤上作业时,离堤坡边缘不得小于1m。需要在斜坡横向作业时,应先将斜坡挖填,使机身保持平衡。

10) 在坡道上不得进行检修作业。在陡坡上严禁转弯、倒车或停车。在坡上熄火时,应将铲斗落地、制动牢靠后再行起动。下陡坡时,应将铲斗触地行驶,帮助制动。

11) 铲土时,铲土与机身应保持直线行驶。助铲时应有助铲装置,应正确掌握斗门开启的大小,不得切土过深。两机动作应协调配合,做到平稳接触,等速助铲。

12) 在下陡坡铲土时,铲斗装满后,在铲斗后轮未达到缓坡地段前,不得将铲斗提离地面,应防铲斗快速下滑冲击主机。

13) 在凹凸不平地段行驶转弯时,应放低铲斗,不得将铲斗提升到最高位置。

14) 拖拉陷车时,应有专人指挥,前后操作人员应协调,确认安全后,方可起步。

15) 作业后,应将铲运机停放在平坦地面,并应将铲斗落在地面上。液压操纵的铲运机应将液压缸缩回,将操纵杆放在中间位置,进行清洁、润滑后,锁好门窗。

16) 非作业行驶时,铲斗必须用锁紧链条挂牢在运输行驶位置上,机上任何部位均不得载人或装载易燃、易爆物品。

17) 修理斗门或在铲斗下检修作业时,必须将铲斗提起后用销子或锁紧链条固定,再用垫木将斗身顶住,并用木楔楔住轮胎。

5. 自行式铲运机

1) 自行式铲运机的行驶道路应平整坚实,单行道宽度不应小于5.5m。

2) 多台铲运机联合作业时,前后距离不得小于20m(铲土时不得小于10m),左右距离不得小于2m。

3）作业前，应检查铲运机的转向和制动系统，并确认灵敏可靠。

4）铲土或在利用推土机助铲时，应随时微调转向盘，铲运机应始终保持直线前进，不得在转弯情况下铲土。

5）下坡时，不得空挡滑行，应踩下制动踏板辅助以内燃机制动，必要时可放下铲斗，以降低下滑速度。

6）转弯时，应采用较大回转半径低速转向，操纵转向盘不得过猛；当重载行驶或在弯道上、下坡时，应缓慢转向。

7）不得在大于15°的横坡上行驶，也不得在横坡上铲土。

8）沿沟边或填方边坡作业时，轮胎离路肩不得小于0.7m，并应放低铲斗，降速缓行。

9）在坡道上不得进行检修作业。在坡道上熄火时，应立即制动，下降铲斗，把变速杆放在空挡位置，然后方可启动内燃机。

10）穿越泥泞或软地面时，铲运机应直线行驶，当一侧轮胎打滑时，可踏下差速器锁止踏板。当离开不良地面时，应停止使用差速器锁止踏板。不得在差速器锁止时转弯。

11）夜间作业时，前后照明应齐全完好，前大灯应能照至30m；当对方来车时，应在100m以外将大灯光改为小灯光，并低速靠边行驶。

6. 静作用压路机

1）压路机碾压的工作面，应经过适当平整，对新填的松软路基，应先用羊足碾或打夯机逐层碾压或夯实后，方可用压路机碾压。

2）当土的含水量超过30%时不得碾压，含水量少于5%时，宜适当洒水。

3）工作地段的纵坡不应超过压路机最大爬坡能力，横坡不应大于20°。

4）应根据碾压要求选择机重。当光轮压路机需要增加机重时，可在滚轮内加砂或水。当气温降至0℃时，不得用水增重。

5）轮胎压路机不宜在大块石基础层上作业。

6）作业前，各系统管路及接头部分应无裂纹、松动和泄漏现象，滚轮的刮泥板应平整良好，各紧固件不得松动，轮胎压路机还应检查轮胎气压，确认正常后方可启动。

7）不得用牵引法强制启动内燃机，也不得用压路机拖拉任何机械或物件。

8）启动后，应进行试运转，确认运转正常，制动及转向功能灵敏可靠，方可作业。开动前，压路机周围应无障碍物或人员。

9）碾压时应低速行驶，变速时必须停机。速度宜控制在3~4km/h范围内，在一个碾压行程中不得变速。碾压过程中应保持正确的行驶方向，碾压第二行时必须与第一行重叠半个滚轮压痕。

10）变换压路机前进、后退方向，应待滚轮停止后进行。不得利用换向离合器作制动用。

11）在新建道路上进行碾压时，应从中间向两侧碾压。碾压时，距路基边缘不应少于0.5m。

12）修筑坑边道路时，应由里侧向外侧碾压，距路基边缘不应少于1m。

13）上、下坡时，应事先选好挡位，不得在坡上换挡，下坡时不得空挡滑行。

14）两台以上压路机同时作业时，前后间距不得小于3m，在坡道上不得纵队行驶。

15）在运行中，不得进行修理或加油。需要在机械底部进行修理时，应将内燃机熄火，刹车制动，并揳住滚轮。

16）对有差速器锁住装置的三轮压路机，当只有一只轮子打滑时，方可使用差速器锁住装置，但不得转弯。

17）作业后，应将压路机停放在平坦坚实的地方，并制动住。不得停放在土路边缘及斜坡上，也不得停放在妨碍交通的地方。

18）严寒季节停机时，应将滚轮用木板垫离地面，防止冻结。

19）压路机转移工地距离较远时，应采用汽车或平板拖车装运，不得用其他车辆拖拉牵运。

7. 振动压路机

1）作业时，压路机应先起步后才能起振，内燃机应先置于中速，然后再调至高速。

2）变速与换向时应先停机，变速时应降低内燃机转速。

3）严禁压路机在坚实的地面上进行振动。

4）碾压松软路基时，应先在不振动情况下碾压1~2遍，然后再振动碾压。

5）碾压时，振动频率应保持一致。对可调振频的振动压路机，应先调好振动频率后再作业。

6）换向离合器、起振离合器和制动器的调整，应在主离合器脱开后进行。

7）上、下坡时，不得使用快速挡。在急转弯时，包括铰接式振动压路机在小转弯绕圈碾压时，严禁使用快速挡。

8）压路机在高速行驶时不得接合振动。

9）停机时应先停振，然后将换向机构置于中间位置，变速器置于空挡，最后拉起手制动操纵杆，内燃机怠速运转数分钟后熄火。

8. 平地机（图8-8）

1）在平整不平度较大的地面时，应先用推土机推平，再用平地机平整。

2）平地机作业区应无树根、石块等障碍物。对土质坚实的地面，应先用齿耙翻松。

3）作业区的水准点及导线控制桩的位置、数据应清楚，放线、验线工作应提前完成。

图8-8 平地机示意图

4）作业前重点检查项目应符合下列要求：

（1）照明、音响装置齐全有效；

（2）燃油、润滑油、液压油等符合规定；

(3) 各连接件无松动；

(4) 液压系统无泄漏现象；

(5) 轮胎气压符合规定。

5) 不得用牵引法强制启动内燃机，也不得用平地机拖拉其他机械。

6) 启动后，各仪表指示值应符合要求，待内燃机运转正常后，方可开动。

7) 起步前，检视机械周围应无障碍物及行人，先鸣笛示意后，用低速挡起步，并应测试确认制动器灵敏有效。

8) 作业时，应先将刮刀下降到接近地面，起步后再下降刮刀铲土。铲土时，应根据铲土阻力大小，随时少量调整刮刀的切土深度，刮刀的升降量差不宜过大，防止造成波浪形工作面。

9) 刮刀的回转、铲土角的调整以及向机外侧斜，都必须在停机时进行；但刮刀左右端的升降动作，可在机械行驶中随时调整。

10) 各类铲刮作业都应低速行驶，角铲土和使用齿耙时必须用一挡；刮土和平整作业可用二、三挡。换挡必须在停机时进行。

11) 遇到坚硬土质需用齿耙翻松时，应缓慢下齿，不得使用齿耙翻松石块或混凝土路面。

12) 使用平地机清除积雪时，应在轮胎上安装防滑链，并应逐段探明路面的深坑、沟槽情况。

13) 平地机在转弯或调头时，应使用低速挡；在正常行驶时，应采用前轮转向，当场地特别狭小时，方可使用前、后轮同时转向。

14) 行驶时，应将刮刀和齿耙升到最高位置，并将刮刀斜放，刮刀两端不得超出后轮外侧。行驶速度不得超过使用说明书规定。下坡时，不得空挡滑行。

15) 作业中，应随时注意变矩器油温，超过120℃时应立即停止作业，待降温后再继续工作。

16) 作业后，应停放在平坦、安全的地方，将刮刀落在地面上，拉上手制动器。

9. 轮胎式装载机

1) 装载机运距超过合理距离时，应与自卸汽车配合装运作业。自卸汽车的车厢容积应与铲斗容量相匹配。

2) 装载机不得在倾斜度超过出厂规定的场地上作业。作业区内不得有障碍物及无关人员。

3) 装载机作业场地和行驶道路应平坦。在石方施工场地作业时，应在轮胎上加装保护链条或用钢质链板直边轮胎。

4) 作业前重点检查项目应符合下列要求：

(1) 照明、音响装置齐全有效；

(2) 燃油、润滑油、液压油符合规定；

(3) 各连接件无松动；

(4) 液压及液力传动系统无泄漏现象；

(5) 转向、制动系统灵敏有效；

(6) 轮胎气压符合规定。

5）启动内燃机后，应急速空运转，各仪表指示值应正常，各部管路密封良好，待水温达到55℃、气压达到0.45MPa后，可起步行驶。

6）起步前，应先鸣笛示意，宜将铲斗提升离地0.5m。行驶过程中应测试制动器的可靠性。行走路线应避开路障或高压线等。除规定的操作人员外，不得搭乘其他人员，严禁铲斗载人。

7）高速行驶时应采用前两轮驱动；低速铲装时，应采用四轮驱动。行驶中，应避免突然转向。铲斗装载后升起行驶时，不得急转弯或紧急制动。

8）在公路上行驶时应遵守交通规则，下坡不得空挡滑行。

9）装料时，应根据物料的密度确定装载量，铲斗应从正面铲料，不得铲斗单边受力。卸料时，举臂翻转铲斗应低速缓慢动作。

10）操纵手柄换向时，不应过急、过猛。满载操作时，铲臂不得快速下降。

11）在松散不平的场地作业时，应把铲臂放在浮动位置，使铲斗平稳地推进；当推进时阻力过大时，可稍稍提升铲臂。

12）铲臂向上或向下动作到最大限度时，应速将操纵杆回到空挡位置。

13）不得将铲斗提升到最高位置运输物料。运载物料时，宜保持铲臂下铰点离地面0.5m，并保持平稳行驶。

14）铲装或挖掘应避免铲斗偏载。铲斗装满后，应举臂到距地面约0.5m时，再后退、转向、卸料，不得在收斗或举臂过程中行走。

15）当铲装阻力较大，出现轮胎打滑时，应立即停止铲装，排除过载后再铲装。

16）在向自卸汽车装料时，铲斗不得在汽车驾驶室上方越过。当汽车驾驶室顶无防护板，装料时，驾驶室内不得有人。

17）在向自卸汽车装料时，宜降低铲斗，减小卸落高度，不得偏载、超载和砸坏车厢。

18）在边坡、壕沟、凹坑卸料时，轮胎离边缘距离应大于1.5m，铲斗不宜过于伸出。在大于3°的坡面上，不得前倾卸料。

19）作业时，内燃机水温不得超过90℃，变矩器油温不得超过110℃，当超过上述规定时，应停机降温。

20）作业后，装载机应停放在安全场地，铲斗平放在地面上，操纵杆置于中位，并制动锁定。

21）装载机转向架未锁闭时，严禁站在前后车架之间进行检修保养。

22）装载机铲臂升起后，在进行润滑或调整等作业之前，应装好安全销，或采取其他措施支住铲臂。

23）停车时，应使内燃机转速逐步降低，不得突然熄火；应防止液压油因惯性冲击而溢出油箱。

10. 蛙式夯实机（图8-9）

1）蛙式夯实机应适用于夯实灰土和素土的地基、地坪及场地平整，不得夯实坚硬或软硬不一的地面、冻土及混有砖石碎块的杂土。

2）作业前应重点检查以下项目，并应符合下列要求：

(1) 漏电保护器灵敏有效，可靠的接零或接地，电缆线绝缘良好；

图 8-9 蛙式夯实机

(2) 传动皮带松紧合适,皮带轮与偏心块安装牢固;

(3) 转动部分有防护装置,并进行试运转,确认正常后,方可作业;

(4) 负荷线应采用耐气候型的四芯橡皮护套软电缆;电缆线长应不大于 50m。

3) 作业时夯实机扶手上的按钮开关和电动机的接线均应绝缘良好。当发现有漏电现象时,应立即切断电源,进行检修。

4) 夯实机作业时,应一人扶夯,一人传递电缆线,且必须戴绝缘手套和穿绝缘鞋。递线人员应跟随夯机后或两侧调顺电缆线,电缆线不得扭结或缠绕,且不得张拉过紧,应保持有 3～4m 的余量。

5) 作业时,应防止电缆线被夯击。移动时,应将电缆线移至夯机后方,不得隔机抢扔电缆线,当转向倒线困难时,应停机调整。

6) 作业时,手握扶手应保持机身平衡,不得用力向后压,并应随时调整行进方向。转弯时不得用力过猛,不得急转弯。

7) 夯实填高土方时,应在边缘以内 100～150mm 夯实 2～3 遍后,再夯实边缘。

8) 不得在斜坡上夯行,以防夯头后折。

9) 夯实房心土时,夯板应避开钢筋混凝土基础及地下管道等地下构筑物。

10) 在建筑物内部作业时,夯板或偏心块不得打在墙壁上。

11) 多机作业时,其平行间距不得小于 5m,前后间距不得小于 10m。

12) 夯机前进方向和夯机四周 1m 范围内,不得站立非操作人员。

13) 夯机连续作业时间不应过长,当电动机超过额定温升时,应停机降温。

14) 夯机发生故障时,应先切断电源,然后排除故障。

15) 作业后,应切断电源,卷好电缆线,清除夯机上的泥土,并妥善保管。

11. 振动冲击夯(图 8-10)

1) 振动冲击夯应适用于黏性土、砂及砾石等散状物料的压实,不得在水泥路面和其他坚硬地面作业。

2) 作业前应重点检查以下项目,并应符合下列要求:

(1) 各部件连接良好,无松动;

(2) 内燃冲击夯有足够的润滑油,油门控制器转动灵活;

(3) 电动冲击夯有可靠的接零或接地,电缆线绝缘完好。

图 8-10　振动冲击夯示意图

3）内燃冲击夯起动后，内燃机应怠速运转 3~5min，然后逐渐加大油门，待夯机跳动稳定后，方可作业。

4）电动冲击夯在接通电源启动后，应检查电动机旋转方向，有错误时应倒换相线。

5）作业时应正确掌握夯机，不得倾斜，手把不宜握得过紧，能控制夯机前进速度即可。

6）正常作业时，不得使劲往下压手把，影响夯机跳起高度。在较松的填料上作业或上坡时，可将手把稍向下压，并应能增加夯机前进速度。

7）在需要增加密实度的地方，可通过手把控制夯机在原地反复夯实。

8）根据作业要求，内燃冲击夯应通过调整油门的大小，在一定范围内改变夯机振动频率。

9）内燃冲击夯不宜在高速下连续作业。在内燃机高速运转时不得突然停车。

10）电动冲击夯应装有漏电保护装置，操作人员必须戴绝缘手套，穿绝缘鞋。作业时，电缆线不应拉得过紧，应经常检查线头安装不得松动。严禁冒雨作业。

11）作业中，当冲击夯有异常的响声，应立即停机检查。

12）当短距离转移时，应先将冲击夯手把稍向上抬起，将运转轮装入冲击夯的挂钩内，再压下手把，使重心后倾，方可推动手把转移冲击夯。

13）作业后，应清除夯板上的泥沙和附着物，保持夯机清洁，并妥善保管。

12. 强夯机械

1）担任强夯作业的主机，应按照强夯等级的要求经过计算选用。

2）强夯机械的门架、横梁、脱钩器等主要结构和部件的材料及制作质量，应经过严格检查，对不符合设计要求的，不得使用。

3）夯机驾驶室挡风玻璃前应增设防护网。

4）夯机的作业场地应平整，门架底座与夯机着地部位应保持水平，当下沉超过 100mm 时，应重新垫高。

5）夯机在工作状态时，起重臂仰角应置于 70°。

6）梯形门架支腿不得前后错位，门架支腿在未支稳垫实前，不得提锤。变换夯位后，应重新检查门架支腿,确认稳固可靠,然后再将锤提升100～300mm,检查整机的稳定性,确认可靠后,方可作业。

7）夯锤下落后,在吊钩尚未降至夯锤吊环附近前,操作人员不得提前下坑挂钩。从坑中提锤时,严禁挂钩人员站在锤上随锤提升。

8）夯锤起吊后,地面操作人员应迅速撤至安全距离以外,非强夯施工人员不得进入夯点30m范围内。

9）夯锤升起如超过脱钩高度仍不能自动脱钩时,起重指挥应立即发出停车信号,将夯锤落下,待查明原因处理后方可继续施工。

10）当夯锤留有相应的通气孔在作业中出现堵塞现象时,应随时清理。但不应在锤下进行清理。

11）当夯坑内有积水或因黏土产生的锤底吸附力增大时,应采取措施排除,不得强行提锤。

12）转移夯点时,夯锤应由辅机协助转移,门架随夯机移动前,支腿离地面高度不得超过500mm。

13）作业后,应将夯锤下降,放实在地面上。在非作业时不得将锤悬挂在空中。

8.1.3 运输机械

1. 载重汽车

1）运载易燃、有毒、强腐蚀等危险品时,应由相应的专用车辆按各自的安全规定运输。在由普通载重车运输时,其包装、容器、装载、遮盖必须符合有关的安全规定,并应备有性能良好、有效期内的消防器材。途中停放应避开火源、火种、人口稠密区、建筑群等,炎热季节应选择阴凉处停放。除具有专业知识的随车人员外,不得搭乘其他人员。严禁混装备用燃油。

2）爆破器材的运输,应遵守《中华人民共和国民用爆炸物品管理条例》,并应符合《爆破安全规程》GB 6722—2014关于爆破器材装卸运输的要求。起爆器材与炸药,以及不同炸药,严禁同车运输。车箱底部应铺软垫层。有专业押运人员,按指定路线行驶。不准在人口稠密处、交叉路口和桥上（下）停留,并用帆布覆盖和设明显标志。

3）装运氧气瓶时,车厢板的油污应清除干净,严禁混装油料、盛油容器或乙炔气瓶。氧气瓶上防振胶圈必须齐全,并采取措施防止滚动及相互撞击。

4）拖挂车时,应检查与挂车相连的制动气管、电气线路、牵引装置、灯光信号等,挂车的车轮制动器和制动灯、转向灯应配备齐全,并应与牵引车的制动器和灯光信号同时起作用,确认后方可运行。起步应缓慢并减速行驶,宜避免紧急制动。

2. 自卸汽车

1）自卸汽车应保持顶升液压系统完好,工作平稳。操纵灵活,不得有卡阻现象。各节液压缸表面应保持清洁。

2）非顶升作业时,应将顶升操纵杆放在空挡位置。顶升前,应拔出车厢固定锁。作业后,应插入车厢固定锁。固定锁应无裂纹,且插入或拔出灵活、可靠。在行驶过程中车厢挡板不得自行打开。

3) 配合挖掘机、装载机装料时，自卸汽车就位后应拉紧手制动器，在铲斗需越过驾驶室时，驾驶室内严禁有人。

4) 卸料前，应听从现场专业人员指挥。在确认车厢上方无电线或障碍物、四周无人员来往后将车停稳、举升车厢时，应控制内燃机中速运转，当车厢升到顶点时，应降低内燃机转速，减少车厢振动。不得边卸边行驶。

5) 向坑洼地区卸料时，应和坑边保持安全距离，防止塌方翻车。严禁在斜坡侧向倾卸。

6) 卸完料并及时使车厢复位后，方可起步。不得在车厢倾斜的举升状态下行驶。

7) 自卸汽车严禁装运爆破器材。

8) 车厢举升后需要进行检修、润滑等作业时，应将车厢支撑牢靠后，方可进入车厢下面工作。

9) 装运混凝土或黏性物料后，应将车厢内外清洗干净，防止凝结在车厢上。

10) 自卸汽车装运散料时，应有防止散落的措施。

3. 平板拖车

1) 拖车的车轮制动器和制动灯、转向灯等配备齐全，并与牵引车的制动器和灯光信号同时起作用。

2) 行车前，应检查并确认拖挂装置、制动气管、电缆接头等连接良好，且轮胎气压符合规定。

3) 拖车装卸机械时，应停在平坦坚实处，轮胎应制动并用三角木楔紧。装车时应调整好机械在拖车板上的位置，达到各轴负荷分配合理。

4) 平板拖车的跳板应坚实，在装卸履带式起重机、挖掘机、压路机时，跳板与地面夹角不应大于15°；在装卸履带式推土机、拖拉机时夹角不应大于25°。装卸车时应有熟练的驾驶人员操作，并应由专人统一指挥。上、下车动作应平稳，不得在跳板上调整方向。

5) 平板拖车装运履带式起重机，其起重臂应拆短，使它不超过机棚最高点，起重臂向后，吊钩不得自由晃动。拖车转弯时应降低速度。

6) 推土机的铲刀宽度超过平板拖车宽度时，应先拆除铲刀后再装运。

7) 机械装车后，各制动器应制动住，各保险装置应锁牢，履带或车轮应楔紧，并应绑扎牢固。

8) 使用随车卷扬机装卸物件时，应有专人指挥，拖车应制动住，并应将车轮楔紧。

9) 平板拖车停放地应坚实平坦。长期停放或重车停放过夜时，应将平板支起，轮胎不应承压。

4. 机动翻斗车（图 8-11）

1) 机动翻斗车驾驶员应经考试合格，持有机动翻斗车专用驾驶证方可驾驶。

2) 机动翻斗车行驶前，应检查锁紧装置，并将料斗锁牢，不得在行驶时掉斗。

3) 行驶时应从一挡起步，待车跑稳后再换二挡、三挡。不得使离合器处于半结合状态来控制车速。

4) 机动翻斗车在路面情况不良时行驶，应低速缓行，应避免换挡、制动、急剧加速，且不得靠近路边或沟旁行驶，并应防侧滑。

图 8-11 机动翻斗车示意图

5）在坑沟边缘卸料时，应设置安全挡块。车辆接近坑边时，应减速行驶，不得冲撞挡块。

6）上坡时，应提前换入低挡行驶；下坡时严禁空挡滑行；转弯时应先减速，急转弯时应先换入低挡。避免紧急刹车，防止向前倾覆。

7）严禁料斗内载人。料斗不得在卸料工况下行驶或进行平地作业。

8）内燃机运转或料斗内有载荷时，严禁在车底下进行作业。

9）多台翻斗车排成纵队行驶时，前后车之间应保持适当的安全距离，在下雨或冰雪的路面上，应加大间距。

10）翻斗车行驶中，应注意观察仪表，指示器是否正常，注意内燃机各部件工作情况和声响，不得有漏油、漏水、漏气的现象。若发现不正常，应立即停车检查排除。

11）操作人员离机时，应将内燃机熄火，并挂挡，拉紧手制动器。

12）作业后，应对车辆进行清洗，清除在料斗和车架上的砂土及混凝土等的粘结物料。

5. 散装水泥车

1）在装料前应检查并清除散装水泥车的罐体及料管内积灰和结碴等物；各管道应无堵塞和漏气现象，阀门开闭灵活，各连接部件牢固可靠，压力表工作正常。

2）在打开装料口前，应先打开排气阀，排除罐内残余气压。

3）装料完毕，应将装料口边缘上堆积的水泥清扫干净，盖好进料口盖，并把插销插好锁紧。

4）散装水泥车卸料时应停放在坚实平坦的场地。装好卸料管，关闭卸料管蝶阀和卸压管球阀，打开二次风管并接通压缩空气，保证空气压缩机在无载情况下起动。

5）在确认卸料阀处于关闭状态后，向罐内加压，待压力达到卸料压力时，应先稍开二次风嘴阀后再打开卸料阀，并调节二次风嘴阀的开度来调整空气与水泥的最佳比例。

6）卸料过程中，应注意观察压力表的变化情况，如发现压力突然上升，而输气软管堵塞，不再出料，应停止送气并放出管内有压气体，然后清除堵塞。装卸工作压力不得大于 0.5MPa。

7）卸料作业时，空气压缩机应有专人管理，严禁其他人员擅自操作，在进行加压卸料时，不得改变内燃机转速。

8）卸料结束，应打开放气阀，放尽罐内余气，并关闭各部阀门，车辆行驶过程中，罐内不得有压力。

9）雨天不得在露天装卸水泥，并应保证进料口盖关闭严密，不得让水或湿空气进入罐内。

6. 皮带运输机

1）固定式皮带运输带机应安装在坚固的基础上，移动式皮带运输机在开动前应将轮子楔紧。

2）皮带运输机在启动前，应调整好输送带的松紧度，带扣应牢固，各传动部件灵活可靠，防护罩齐全，紧固有效。电气系统布置合理，绝缘及接零或接地保护良好。

3）输送带启动时，应先空载运转，待运输正常后，方可均匀装料。不得先装料后启动。

4）输送带上加料时，应对准中心，并宜降低加料高度，减少落料对输送带的冲击。

5）作业中应随时观察输送带运输情况，当发现带有松动、走偏或跳动现象时应停机进行调整。

6）作业时严禁人员从带上面跨越，或从带下面穿过。输送带打滑时严禁用手拉动。

7）输送带输送大块物料时，带两侧应加装挡板或栅栏。

8）多台皮带运输机串联作业时，应从卸料端按顺序启动。待全部运输正常后，方可装料。

9）作业时需要停机时，应先停止装料，待带上物料卸完后，方可停机。多台皮带运输机串联作业停机时，应从装料端开始按顺序停机。

10）皮带运输机作业中突然停机时，应立即切断电源，清除运输带上的物料，检查并排除故障后，方可再接通电源启动运输。

11）作业完毕后，应将电源断开，锁好电源开关箱，清除输送机上的砂土，用防雨护罩将电动机盖好。

8.1.4 桩工机械

1. 柴油打桩锤

1）作业前应检查导向板的固定与磨损情况，导向板不得在松动及缺件情况下作业，导向面磨损大于 7mm 时，应予更换。

2）作业前应检查并确认起落架各工作机构安全可靠，起动钩与上活塞接触线在 5~10mm 之间。

3）作业前应检查桩锤与桩帽的连接，提起桩锤脱出砧座后，其下滑长度不应超过使用说明书的规定值，超过时应调整桩帽连接钢丝绳的长度。

4）作业前应检查缓冲胶垫，当砧座和橡胶垫的接触面小于原面积三分之二时，或下汽缸法兰与砧座间隙小于使用说明书的规定值时，均应更换橡胶垫。

5）对水冷式桩锤，应将水箱内的水加满，并应保证桩锤连续工作时有足够的冷却水。冷却水应使用清洁的软水。冬季应加温水。

6）桩帽上应有足够厚度的缓冲垫木，垫木不得偏斜，以保证作业时锤击桩帽中心。

对金属桩，垫木厚度应为100～150mm；对混凝土桩，垫木厚度应为200～250mm。作业中应观察垫木的损坏情况，损坏严重时应予更换。

7）桩锤启动前，应使桩锤、桩帽和桩在同一轴线上，不应偏心打桩。

8）在软土打桩时，应先关闭油门冷打，待每击贯入度小于100mm时，方可启动桩锤。

9）桩锤运转时，应目测冲击部分的跳起高度，严格执行使用说明书的要求，达到规定高度时，应减小油门，控制落距。

10）当上活塞下落而柴油锤未燃爆时，上活塞可发生短时间的起伏，此时起落架不得落下，以防撞击碰块。

11）打桩过程中，应有专人负责拉好曲臂上的控制绳；在意外情况下，可使用控制绳紧急停锤。

12）桩锤启动后，应提升起落架，在锤击过程中起落架与上汽缸顶部之间的距离不应小于2m。

13）作业中，应重点观察上活塞的润滑油是否从油孔中泄出。下活塞的润滑油应按使用说明书的要求加注。

14）作业中，最终十击的贯入度应符合使用说明书的规定，当每十击贯入度小于20mm时，宜停止锤击或更换桩锤。

15）柴油锤出现早燃时，应停止工作，按使用说明书的要求进行处理。

16）作业后，应将桩锤放到最低位置，盖上汽缸盖和吸排气孔塞子，关闭燃料阀，将操作杆置于停机位置，起落架升至高于桩锤1m处，锁住安全限位装置。

17）长期停用的桩锤，应从桩机上卸下，放掉冷却水、燃油及润滑油，将燃烧室及上、下活塞打击面清洗干净，并应做好防腐措施，盖上保护套，入库保存。

2. 振动桩锤

1）作业前，应检查并确认振动桩锤各部位螺栓、销轴的连接牢靠，减振装置的弹簧、轴和导向套完好。

2）应检查各传动胶带的松紧度，过松或过紧时应进行调整。

3）应检查夹持片的齿形。当齿形磨损超过4mm时，应更换或用堆焊修复。使用前，应在夹持片中间放一块10～15mm厚的钢板进行试夹。试夹中液压缸应无渗漏，系统压力应正常，不得在夹持片之间无钢板时试夹。

4）应检查振动桩锤的导向装置是否牢靠，与立柱导轨的配合间隙应符合使用说明书的规定。

5）悬挂振动桩锤的起重机，其吊钩上必须有防松脱的保护装置。振动桩锤悬挂钢架的耳环上应加装保险钢丝绳。

6）启动振动桩锤应监视启动电流和电压，一次启动时间不应超过10s。当启动困难时，应查明原因，排除故障后，方可继续启动。启动后，应待电流降到正常值时，方可转到运转位置。

7）夹持器工作时，夹持器和桩的头部之间不应有空隙，待液压系统压力稳定在工作压力后才能启动桩锤，振幅达到规定值时，方可指挥起重机作业。

8）沉桩前，应以桩的前端定位，调整导轨与桩的垂直度，倾斜度不应超过2°。

9)沉桩时,吊桩的钢丝绳应紧跟桩下沉速度而放松,并应注意控制沉桩速度,以防止电流过大损坏电机。当电流急剧上升时,应停止运转,待查明原因和排除故障后,方可继续作业;沉桩速度过慢时,可在振动桩锤上加一定量的配重。

10)拔桩时,当桩身埋入部分被拔起1.0~1.5m时,应停止振动,用钢丝绳拴好吊桩,再起振拔桩。当桩尖在地下只有1~2m时,应停止振动,由起重机直接拔桩。待桩完全拔出后,在吊桩钢丝绳未吊紧前,不得松开夹持器。

11)拔钢板桩时,应按沉入顺序的相反方向起拔,夹持器在夹持板桩时,应靠近相邻一根,对工字桩应夹紧腹板的中央。如钢板桩和工字桩的头部有钻孔时,应将钻孔焊平或将钻孔以上割掉,亦可在钻孔处焊加强板,应严防拔断钢板桩。

12)振动桩锤启动运转后,当振幅正常后仍不能拔桩时,应停止作业,改用功率较大的振动桩锤。拔桩时,拔桩力不应大于桩架的负荷能力。

13)作业中,应保持振动桩锤减振装置各摩擦部位具有良好的润滑。

14)作业中不应松开夹持器。停止作业时,应先停振动桩锤,待完全停止运转后再松开夹持器。

15)作业过程中,振动桩锤减振器横梁的振幅长时间过大,应停机查明原因。

16)作业中,当遇液压软管破损、液压操纵箱失灵或停电时,应立即停机,并应采取安全措施,不得让桩从夹持器中脱落。

17)作业后,应将振动桩锤沿导杆放至低处,并采用木块垫实,带桩管的振动桩锤可将桩管沉入土中3m以上。

18)长期停用时,应卸下振动桩锤,并应采取防雨措施。

3. 锤式打桩机

1)打桩机的安装、拆卸应按使用说明书中规定的程序进行。

2)轨道式桩架的轨道铺设应符合使用说明书的规定。

3)打桩机的立柱导轨应按规定润滑。

4)作业前,打桩机应先空载运行各机构,确认运转正常。

5)打桩机不允许侧面吊桩和远距离拖桩。正前方吊桩时,对混凝土预制桩的水平距离不应大于4m;对钢桩不应大于7m,并应防止桩与立柱碰撞。

6)打桩机吊锤(桩)时,锤(桩)的最高点离立柱顶部的最小距离应确保安全。

7)轨道式打桩机吊桩时应夹紧夹轨器。

8)使用双向立柱时,应待立柱转向到位,并用锁销将立柱与基杆锁住后,方可起吊。

9)施打斜桩时,应先将桩锤提升到预定位置,并将桩吊起,套入桩帽,桩尖插入桩位后再后仰立柱。履带三支点式桩架在后倾打斜桩时,应使用后支撑杆顶紧;轨道式桩架应在平台后增加支撑,并夹紧夹轨器。立柱后仰时打桩机不得回转及行走。

10)打桩机带锤行走时,应将桩锤放至最低位。

11)在斜坡上行走时,应将打桩机重心置于斜坡的上方,坡度要符合使用说明书的规定。自行式打桩机行走时,应注意地面的平整度与坚实度,并应有专人指挥,履带式打桩机驱动轮应置于尾部位置;走管式打桩机横移时,距滚管终端的距离不应小于1m。打桩机在斜坡上不得回转。

12)桩架回转时,制动应缓慢,轨道式和步履式桩架同向连续回转不应大于一周。

13）作业后，应将桩锤放在已打入地下的桩头或地面垫板上，将操纵杆置于停机位置，起落架升至比桩锤高1m的位置，锁住安全限位装置，并应使全部制动生效。

14）轨道式桩架不工作时应夹紧夹轨器。

4. 静力压桩机

1）静力压桩机的安装、试机、拆卸应按使用说明书的要求进行。

2）压桩机行走时，长、短船与水平坡度不应超出使用说明书的允许值。纵向行走时，不得单向操作一个手柄，应二个手柄一起动作。短船回转或横向行走时，不应碰触长船边缘。

3）当压桩引起周围土体隆起，影响桩机行走时，应将桩机前进方向隆起的土铲平，不得强行通过。

4）压桩机爬坡或在松软场地与坚硬场地之间过渡时，应正向纵向行走，严禁横向行走。

5）压桩机升降过程中，四个顶升缸应二个一组交替动作，每次行程不得超过100mm。当单个顶升缸运动时，行程不得超过50mm。压桩机在顶升过程中，船形轨道不应压在已入土的单一桩顶上。

6）压桩作业时，应有统一指挥，压桩人员和吊桩人员应密切联系，相互配合。

7）起重机吊桩进入夹持机构进行接桩或插桩作业时，应确认在压桩开始前吊钩已安全脱离桩体。

8）压桩时，应按桩机技术性能表作业，不得超载运行。操作时动作不应过猛，避免冲击。

9）桩机发生浮机时，严禁起重机吊物，若起重机已起吊物体，应立即将起物卸下，暂停压桩，待查明原因，采取相应措施后，方可继续施工。

10）压桩时，非工作人员应离机10m以外。起重机的起重臂及桩机配重下方严禁站人。

11）压桩时，人员的手足不得伸入压桩台与机身的间隙之中。

12）压桩过程中，应保持桩的垂直度，如遇地下障碍物使桩产生倾斜时，不得采用压桩机行走的方法强行纠正，应先将桩拔起，待地下障碍物清除后，重新插桩。

13）在压桩过程中，夹持机构与桩侧出现打滑时，不得任意提高液压缸压力，强行操作，而应找出打滑原因，排除故障后，方可继续进行。

14）接桩时，上一级应提升350～400mm，此时，不得松开夹持板。

15）当桩的贯入阻力太大使桩不能压至标高时，不得任意增加配重，应保护液压元件和构件不受损坏。

16）当桩顶不能最后压到设计标高时，应将桩顶部分凿去，不得用桩机行走的方式，将桩强行推断。

17）作业完毕，应将短船运行至中间位置，停放在平整地面上，其余液压缸应全部回程缩进，起重机吊钩应升至最上部，并应使各部制动生效，最后应将外露活塞杆擦干净。

18）作业后，应将控制器放在"零位"，并依次切断各部电源，锁闭门窗，冬季应放尽各部积水。

19）转移工地时，应按规定程序拆卸后，用汽车装运。所有油管接头处应加闷头螺栓，不得让尘土进入。

5. 转盘钻孔机

1）安装钻孔机时，钻机基础应夯实、整平。轮胎式钻机的钻架下应铺设枕木，垫起轮胎，钻机垫起后应保持整机处于水平位置。转盘钻孔机示意图如图 8-12 所示。

图 8-12　转盘钻孔机示意图

2）钻机的安装和钻头的组装应按照说明书规定进行，竖立或放倒钻架时，应由熟练的专业人员进行。

3）钻架的吊重中心、钻机的卡孔和护进管中心应在同一垂直线上，钻杆中心偏差不应大于 20mm。

4）钻头和钻杆连接螺纹应良好，滑扣时不得使用。钻头焊接应牢固，不得有裂纹。钻杆连接处应加便于拆卸的厚垫圈。

5）作业前，应将各部操纵手柄先置于空挡位置，用人力盘动无卡阻，再启动电动机空载运转，确认一切正常后，方可作业。

6）开机时，应先送浆后开钻；停机时，应先停钻后停浆。泥浆泵应有专人看管，对泥浆质量和浆面高度应随时测量和调整，随时清除沉淀池中杂物，出现漏浆应及时补充，保持泥浆合适浓度纯净和循环不中断，防止塌孔和埋钻。

7）开钻时，钻压应轻，转速应慢。在钻进过程中，应根据地质情况和钻进深度，选择合适的钻压和钻速，均匀给进。

8）换挡时，应先停机，挂上挡后再开机。

9）加接钻杆时，应使用特制的连接螺栓均匀紧固，保证连接处的密封性，并做好连接处的清洁工作。

10）提钻、下钻时，应轻提轻放。钻机下和井孔周围 2m 以内及高压胶管下，不得站人。钻杆不应在旋转时提升。

11）发生提钻受阻时，应先设法使钻具活动后再慢慢提升，不得强行提升。如钻进受阻时，应采用缓冲击法解除，并查明原因，采取措施后，方可钻进。

12）钻架、钻台平车、封口平车等的承载部位不得超载。

13）使用空气反循环时，其喷浆口应遮拦，并应固定管端。

14）钻进结束时，应根据钻杆长度换算孔底标高，确认无误后，再把钻头略为提起，降低转速，空转 5～20min 后再停钻。停钻时，应先停钻后停风。

15）作业后，应对钻机进行清洗和润滑，并应将主要部位遮盖妥当。

6. 螺旋钻孔机

1）安装前，应检查并确认钻杆及各部件无变形；安装后，钻杆与动力头中心线的偏斜不应超过全长的 1%。螺旋钻孔机示意图如图 8-13 所示。

2）安装钻杆时，应从动力头开始，逐节往下安装。不得将所需钻杆长度在地面上全部接好后一次起吊安装。

3）安装后，电源的频率与控制箱内频率转换开关上的指针应相同，不同时，应采用频率转换开关予以转换。

图 8-13　螺旋钻孔机示意图

4）钻机应放置平稳、坚实，汽车式钻孔机应架好支腿，将轮胎支起，并应用自动微调或线锤调整挺杆，使之保持垂直。

5）启动前应检查并确认钻机各部件连接牢固，传动带的松紧度适当，减速箱内油位符合规定，钻深限位报警装置有效。

6）启动前，应将操纵杆放在空挡位置。启动后，应作空载运转试验，检查仪表、温度、音响、制动等各项工作正常，方可作业。

7）施钻时，应先将钻杆缓慢放下，使钻头对准孔位，当电流表指针偏向无负荷状态时即可下钻。在钻孔过程中，当电流表超过额定电流时，应放慢下钻速度。

8）钻机发出下钻限位报警信号时，应停钻，并将钻杆稍稍提升，待解除报警信号后，方可继续下钻。

9）卡钻时，应立即切断电源，停止下钻。查明原因前，不得强行启动。

10）作业中，当需改变钻杆回转方向时，应待钻杆完全停转后再进行。

11）作业中，当发现阻力过大、钻进困难、钻头发出异响或机架出现摇晃、移动、偏斜时，应立即停钻，经处理后，方可继续施钻。

12）钻机运转时，应有专人看护，防止电缆线被缠入钻杆。

13）钻孔时，严禁用手清除螺旋片中的泥土。成孔后，应将孔口加盖防护。

14）钻孔过程中，应经常检查钻头的磨损情况，当钻头磨损量达 20mm 时，应予更换。

15）作业中停电时，应将各控制器放置零位，切断电源，并及时将钻杆全部从孔内拔出，使钻头接触地面。

16）作业后，应将钻杆及钻头全部提升至孔外，先清除钻杆和螺旋叶片上的泥土，再将钻头按下接触地面，各部制动住，操纵杆放到空挡位置，切断电源。

7. 全套管钻机（图 8-14）

1）作业前应检查并确认套管和浇筑管内侧无明显变形和损伤，未被混凝土粘结。

2）全面检查钻机确认无误后，方可启动内燃机，并怠速运转逐步加速至额定转速，

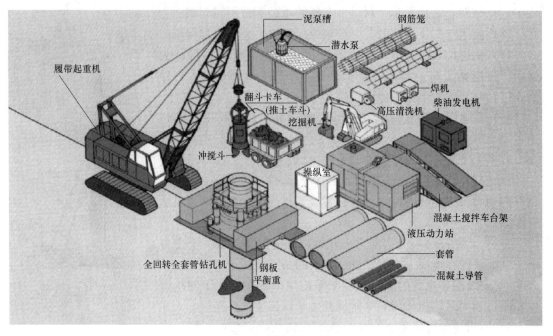

图 8-14　全套管钻机示意图

按照指定的桩位对位，通过试调，使钻机纵横向达到水平、位正，再进行作业。

3）机组人员应监视各仪表指示数据，倾听运转声音，发现异状或异响，应立即停机处理。

4）第一节套管入土后，应随时调整套管的垂直度。当套管入土深度大于 5m 时，不得强行纠偏。

5）在套管内挖掘土层中，碰到坚硬土岩时，不得用锤式抓斗冲击硬层，应采用十字凿锤将硬层有效的破碎后，方可继续挖掘。

6）用锤式抓斗挖掘管内土层时，应在套管上加装保护套管接头的喇叭口。

7）套管在对接时，接头螺栓应按出厂说明书规定的扭矩对称拧紧。接头螺栓拆下时，应立即洗净后浸入油中。

8）起吊套管时，应使用专用工具吊装，不得用卡环直接吊在螺纹孔内，亦不得使用其他损坏套管螺纹的起吊方法。

9）挖掘过程中，应保持套管的摆动。当发现套管不能摆动时，应采用拔出液压缸将套管上提，再用起重机助拔，直至拔起部分套管能摆动为止。

10）浇筑混凝土时，钻机操作应和灌注作业密切配合，应根据孔深、桩长适当配管，套管与浇筑管保持同心，在浇筑管埋入混凝土 2～4m 之间时，应同步拔管和拆管，以确保成桩质量。

11）上拔套管需左右摆动。套管分离时，下节套管头应用卡环保险以防套管下滑。

12）作业后，应就地清除机体、锤式抓斗及套管等外表的混凝土和泥砂，将机架放回行走的原位，将机组转移至安全场所。

8. 旋挖钻机（图 8-15）

1）作业地面应坚实平整，作业过程中地面不得下陷，工作坡度不得大于 2°。

2) 钻机驾驶员进出驾驶室时，应面向钻机，利用阶梯和扶手上下。在进入或离开驾驶室时，不得把任何操纵杆当扶手使用。

3) 钻机作业或行走过程中，除驾驶员外，不得搭载其他人员。

4) 钻机行驶时，应将上车转台和底盘车架锁住，履带式钻机还应锁定履带伸缩油缸的保护装置。

5) 钻孔作业前，应确认固定上车转台和底盘车架的销轴已拔出。履带式钻机应将履带的轨距伸至最大，以增加设备的稳定性。

6) 装卸钻具钻杆、转移工作点、收臂放塔、检修调试必须专人指挥，确认附近无人和可能碰触的物体时，方可进行。

图 8-15　旋挖钻机示意图

7) 卷扬机提升钻杆、钻头和其他钻具时，重物必须位于桅杆正前方。钢丝绳与桅杆夹角必须符合使用说明书的规定。

8) 开始钻孔时，应使钻杆保持垂直，位置正确，以慢速开始钻进，待钻头进入土层后再加快进尺。当钻斗穿过软硬土层交界处时，应放慢进尺。提钻时，不得转动钻斗。

9) 作业中，如钻机发生浮机现象，应立即停止作业，查明原因后及时处理。

10) 钻机移位时，应将钻桅及钻具提升到一定高度，并注意检查钻杆，防止钻杆脱落。

11) 作业中，钻机工作范围内不得有人进入。

12) 钻机短时停机，可不放下钻桅，将动力头与钻具下放，使其尽量接近地面。长时停机，应将钻桅放至规定位置。

13) 作业后，应将机器停放在平地上，清理污物。

14) 钻机使用一定时间后，应按设备使用说明书的要求进行保养。维修、保养时，应将钻机支撑好。

9. 深层搅拌机

1) 桩机就位后，应检查设备的平整度和导向架的垂直度，导向架垂直度偏差应符合使用说明书的要求。

2) 作业前，应先空载试机，检查仪表显示、油泵工作等是否正常，设备各部位有无异响。确认无误后，方可正式开机运转。

3) 吸浆、输浆管路或粉喷高压软管的各接头应紧固，以防管路脱落，泥浆或水泥粉喷出伤人，或使电机受潮。泵送水泥浆前，管路应保持湿润，以利输浆。

4) 作业中，应注意控制深层搅拌机的入土切削和提升搅拌的速度，经常检查电流表，当电流过大时，应降低速度，直至电流恢复正常。

5) 发生卡钻、停钻或管路堵塞现象时，应立即停机，将搅拌头提离地面，查明原因，妥善处理后，方可重新开机运行。

6) 作业中应注意检查搅拌机动力头的润滑情况，确保动力头不断油。

7) 喷浆式搅拌机如停机超过三小时，应拆卸输浆管路，排除灰浆，清洗管道。

8）粉喷式搅拌机应严格控制提升速度，选择慢挡提升，确保喷粉量足，搅拌均匀。

9）作业后，应按使用说明书的要求对设备做好清洁保养工作。喷浆式搅拌机还应对整个输浆管路及灰浆泵作彻底冲洗，以防水泥在泵或浆管内凝固。

10. 地下连续墙施工成槽机

1）地下连续墙施工机械选型和功能应满足施工所处的地质条件和环境安全要求。地下连续墙施工成槽机示意图如图 8-16 所示。

2）发动机、油泵车启动时，必须将所有操作手柄放置在空挡位置，发动后检查各仪表指示值，听视发动机及油泵的运转情况，确认正常后方能工作。

3）作业前，应检查各传动机构、安全装置、钢丝绳等应安全可靠，方可进行空载试车，同时试车运行中应检查液压元件、油缸、油管、油马达等不得有渗漏油现象，油压正常，油管盘、电缆盘运转灵活正常，不得有卡滞现象，并与起升速度保持同步，方可正常工作。

4）回转应平稳进行，严禁突然制动。

图 8-16 地下连续墙施工成槽机示意图

5）一种动作完全停止后，再进行另一种动作，严禁同时进行两种动作。

6）钢丝绳排列应整齐，不得有松乱现象。

7）成槽机起重性能参数应符合主机起重性能参数，不得有超载、违章现象。

8）安装时，成槽抓斗放置在平行把杆方向的地面上，抓斗位置应在把杆 75°～78°时顶部的垂直线上，起升把杆时，起升钢丝绳也随着逐渐慢速提升成槽抓斗，同时，电缆与油管也同步卷起，以防油管与电缆损坏，接油管时应保持油管的清洁。

9）工作时，应在平坦坚实场地，在松软地面作业时，应在履带下铺设 30mm 厚钢板，间距不大于 30cm，起重臂最大仰角不得超过 78°，同时应勤检查钢丝绳、滑轮不得有磨损严重及脱槽，传动部件、限位保险装置、油温等不得有不正常现象。

10）工作时，成槽机行走履带应平行槽边，尽可能使主机远离槽边，以防槽段塌方。

11）工作时，把杆下严禁人员通过和站人，严禁用手触摸钢丝绳及滑轮。

12）工作时，应密切注意成槽机成槽的垂直度，并及时进行纠偏。

13）工作完毕，成槽机应尽可能远离槽边，并使抓斗着地。清洁设备，使设备保持整洁。

14）拆卸时，把杆在 75°～78°位置将抓斗着地，逐渐变幅把杆同步下放起升钢丝绳、电缆与油管，以防电缆、油管拉断。

15）运输时，电缆及油管应卷绕整齐，且有电缆盘和油管盘一节的把杆运输时，用道木垫高，使油管盘和电缆盘腾空，以防运输过程中造成电缆盘和油管盘损坏。

11. 冲孔桩机械

1）冲孔桩机施工摆放的场地应平整坚实。

2）作业前应重点检查以下项目，并应符合下列要求：

（1）各连接部分是否牢固，传动部分、离合器、制动器、棘轮停止器、导向轮是否灵活可靠；

（2）卷筒不得有裂纹，钢丝绳缠绕正确，绳头压紧，钢丝绳断丝、磨损不得超过限度；

（3）安全信号和安全装置齐全良好；

（4）桩机有可靠的接零或接地，电气部分绝缘良好；

（5）开关灵敏可靠。

3）卷扬机启动、停止或到达终点时，速度要平缓，严禁超负荷工作。

4）卷扬机卷筒上的钢丝绳，不得全部放完，最少保留3圈，严禁手拉钢丝绳卷绕。

5）冲孔作业时，应防止碰撞护筒、孔壁和钩挂护筒底缘；提升时，应缓慢平稳。

6）经常检查卷扬机钢丝绳的磨损程度，钢丝绳的保养及更换按相关规定。

7）外露传动系统必须有防护罩，转盘万向轴必须设有安全警示牌。

8）必须在重锤停稳后卷扬机才能换向操作，减少对钢丝绳的破坏。

9）当重锤没有完全落地在地面时，司机不得离岗。下班后，应切断电源，关好电闸箱。

10）禁止使用搬把型开关，防止发生碰撞误操作。

8.1.5 混凝土机械

1. 混凝土搅拌机

1）搅拌机安装应平稳牢固，并应搭设定型化、装配式操作棚，且具有防风、防雨功能。操作棚应有足够的操作空间，顶部在任一0.1m×0.1m区域内应能承受1.5kN的力而无永久变形。

2）作业区应设置排水沟渠、沉淀池及除尘设施。

3）搅拌机操作台处应视线良好，操作人员应能观察到各部工作情况。操作台应铺垫橡胶绝缘垫。

4）作业前应重点检查以下项目，并符合下列规定：

（1）料斗上、下限位装置灵敏有效，保险销、保险链齐全完好。钢丝绳断丝、断股、磨损未超标准。

（2）制动器、离合器灵敏可靠。

（3）各传动机构、工作装置无异常。开式齿轮、皮带轮等传动装置的安全防护罩齐全可靠。齿轮箱、液压油箱内的油质和油量符合要求。

（4）搅拌筒与托轮接触良好，不窜动、不跑偏。

（5）搅拌筒内叶片紧固不松动，与衬板间隙应符合说明书规定。

5）作业前应先进行空载运转，确认搅拌筒或叶片运转方向正确。反转出料的搅拌机应进行正、反转运转。空载运转无冲击和异常噪声。

6）供水系统的仪表计量准确，水泵、管道等部件连接无误，正常供水无泄漏。

7）搅拌机应达到正常转速后进行上料，不应带负荷启动。上料量及上料程序应符合说明书要求。

8）料斗提升时，严禁作业人员在料斗下停留或通过；当需要在料斗下方进行清理或检修时，应将料斗提升至上止点并用保险销锁牢。

9）搅拌机运转时，严禁进行维修、清理工作。当作业人员需进入搅拌筒内作业时，必须先切断电源，锁好开关箱，悬挂"禁止合闸"的警示牌，并派专人监护。

10）作业完毕，应将料斗降到最低位置，并切断电源。冬季应将冷却水放净。

11）搅拌机在场内移动或远距离运输时，应将料斗提升至上止点，并用保险销锁牢。

2. 混凝土搅拌站

1）混凝土搅拌站的安装，应由专业人员按出厂说明书规定进行，并应在技术人员主持下，组织调试，在各项技术性能指标全部符合规定并经验收合格后，方可投产使用。

2）作业前应检查以下项目，并应符合下列要求：

（1）搅拌筒内和各配套机构的传动、运动部位及仓门、斗门、轨道等均无异物卡住；

（2）各润滑油箱的油面高度符合规定；

（3）打开阀门排放气路系统中气水分离器的过多积水，打开贮气筒排污螺塞放出油水混合物；

（4）提升斗或拉铲的钢丝绳安装、卷筒缠绕均正确，钢丝绳及滑轮符合规定，提升料斗及拉铲的制动器灵敏有效；

（5）各部螺栓已紧固，各进、排料阀门无超限磨损，各输送带的张紧度适当，不跑偏；

（6）称量装置的所有控制和显示部分工作正常，其精度符合规定；

（7）各电气装置能有效控制机械动作，各接触点和动、静触头无明显损伤。

3）应按搅拌站的技术性能准备合格的砂、石滑料，粒径超出许可范围的不得使用。

4）机组各部分应逐步启动。启动后，各部件运转情况和各仪表指示情况应正常，油、气、水的压力应符合要求，方可开始作业。

5）作业过程中，在贮料区内和提升斗下，严禁人员进入。

6）搅拌筒启动前应盖好仓盖。机械运转中，严禁将手、脚伸入料斗或搅拌筒探摸。

7）当拉铲被障碍物卡死时，不得强行起拉，不得用拉铲起吊重物，在拉料过程中，不得进行回转操作。

8）搅拌机满载搅拌时不得停机，当发生故障或停电时，应立即切断电源，锁好开关箱，将搅拌筒内的混凝土清除干净，然后排除故障或等待电源恢复。

9）搅拌站各机械不得超载作业；应检查电动机的运转情况，当发现运转声音异常或温升过高时，应立即停机检查；电压过低时不得强制运行。

10）搅拌机停机前，应先卸载，然后按顺序关闭各部开关和管路。应将螺旋管内的水泥全部输送出来，管内不得残留任何物料。

11）作业后，应清理搅拌筒、出料门及出料斗，并用水冲洗，同时冲洗附加剂及其供给系统。称量系统的刀座、刀口应清洗干净，并应确保称量精度。

12）冰冻季节，应放尽水泵、附加剂泵、水箱及附加剂箱内的存水，并应起动水泵和附加剂运转1~2min。

13）当搅拌站转移或停用时，应将水箱、附加剂箱、水泥、砂、石贮存料斗及称量斗内的物料排净，并清洗干净。转移中，应将杆秤表头平衡砣秤杆固定，传感器应卸载。

3. 混凝土搅拌运输车

1）液压系统、气动装置的安全阀、溢流阀的调整压力必须符合说明书要求。卸料槽锁扣及搅拌筒的安全锁定装置应齐全完好。

2) 燃油、润滑油、液压油、制动液及冷却液应添加充足，无渗漏，质量应符合要求。

3) 搅拌筒及机架缓冲件无裂纹或损伤，筒体与托轮接触良好。搅拌叶片、进料斗、主辅卸料槽应无严重磨损和变形。

4) 装料前应先启动内燃机空载运转，各仪表指示正常、制动气压达到规定值，并应低速旋转搅拌筒 3~5min，确认无误方可装料。装载量不得超过规定值。

5) 行驶前，应确认操作手柄处于"搅动"位置并锁定，卸料槽锁扣应扣牢。搅拌行驶时最高速度不得大于 50km/h。

6) 出料作业应将搅拌运输车停靠在地势平坦处，应与基坑及输电线路保持安全距离，并将制动系统锁定。

7) 进入搅拌筒进行维修、铲除清理混凝土作业前，必须将发动机熄火，操作杆置于空挡，并将发动机钥匙取出并设专人监护，悬挂安全警示牌。

4. 混凝土输送泵

1) 混凝土泵应安放在平整、坚实的地面上，周围不得有障碍物，在放下支腿并调整后应使机身保持水平和稳定，轮胎应揳紧。

2) 混凝土输送管道的敷设应符合下列规定：

(1) 管道敷设前检查管壁的磨损减薄量应在说明书允许范围内，并不得有裂纹、砂眼等缺陷。新管或磨损量较小的管应敷设在泵出口附近。

(2) 管道应使用支架与建筑结构固定牢固。底部弯管应依据泵送高度、混凝土排量等设置独立的基础，并能承受最大荷载。

(3) 敷设垂直向上的管道时，垂直管不得直接与泵的输出口连接，应在泵与垂直管之间敷设长度不小于 15m 的水平管，并加装逆止阀。

(4) 敷设向下倾斜的管道时，应在泵与斜管之间敷设长度不小于 5 倍落差的水平管。当倾斜度大于 7°时应加装排气阀。

3) 作业前应检查确认管道各连接处管卡扣牢不泄漏。防护装置齐全可靠，各部位操纵开关、手柄等位置正确，搅拌斗防护网完好牢固。

4) 砂石粒径、水泥强度等级及配合比应按出厂规定，满足泵机可泵性的要求。

5) 启动后，应空载运转，观察各仪表的指示值，检查泵和搅拌装置的运转情况，确认一切正常后，方可作业。泵送前应向料斗加入 10L 清水和 $0.3m^3$ 的水泥砂浆润滑泵及管道。

5. 混凝土泵车（图 8-17）

1) 混凝土泵车应停放在平整坚实的地方，与沟槽和基坑的安全距离应符合说明书的要求。臂架回转范围内不得有障碍物，与输电线路的安全距离应符合《施工现场临时用电安全技术规范》JGJ 46 的有关规定。

2) 混凝土泵车作业前，应将支腿打开，用垫木垫平，车身的倾斜度不应大于 3°。

3) 作业前应重点检查以下项目，并符合下列规定：

(1) 安全装置齐全有效，仪表指示正常。

(2) 液压系统、工作机构运转正常。

(3) 料斗网格完好牢固。

图 8-17 混凝土泵车示意图

(4) 软管安全链与臂架连接牢固。

4) 伸展布料杆应按出厂说明书的顺序进行。布料杆升离支架后方可回转。严禁用布料杆起吊或拖拉物件。

5) 当布料杆处于全伸状态时,不得移动车身。作业中需要移动车身时,应将上段布料杆折叠固定,移动速度不得超过 10km/h。

6) 严禁延长布料配管和布料软管。

6. 插入式振捣器

1) 作业前应检查电动机、软管、电缆线、控制开关等完好无破损。电缆线连接正确。

2) 操作人员作业时必须穿戴符合要求的绝缘鞋和绝缘手套。

3) 电缆线应采用耐气候型橡皮护套铜芯软电缆,并不得有接头。

4) 电缆线长度不应大于 30m。不得缠绕、扭结和挤压,并不得承受任何外力。

5) 振捣器软管的弯曲半径不得小于 500mm,操作时应将振动器垂直插入混凝土,深度不宜超过振动器长度的 3/4,应避免触及钢筋及预埋件。

6) 振动器不得在初凝的混凝土、脚手板和干硬的地面上进行试振。在检修或作业间断时应切断电源。

7) 作业完毕,应切断电源并将电动机、软管及振动棒清理干净。

7. 附着式、平板式振捣器

1) 作业前应检查电动机、电源线、控制开关等完好无破损,附着式振捣器的安装位置正确,连接牢固并应安装减振装置。

2) 平板式振捣器操作人员必须穿戴符合要求的绝缘胶鞋和绝缘手套。

3) 平板式振捣器应采用耐气候型橡皮护套铜芯软电缆,并不得有接头和承受任何外力,其长度不应超过 30m。

4）附着式、平板式振捣器的轴承不应承受轴向力，使用时应保持电动机轴线在水平状态。

5）振捣器不得在初凝的混凝土和干硬的地面上进行试振。在检修或作业间断时应切断电源。

6）平板式振捣器作业时应使用牵引绳控制移动速度，不得牵拉电缆。

7）在同一个混凝土模板或料仓上同时使用多台附着式振捣器时，各振动器的振频应一致，安装位置宜交错设置。

8）安装在混凝土模板上的附着式振捣器，每次振动作业时间应根据方案执行。

9）作业完毕，应切断电源并将振动器清理干净。

8．混凝土振动台

1）作业前应检查电动机、传动及防护装置完好有效。轴承座、偏心块及机座螺栓紧固牢靠。

2）振动台应设有可靠的锁紧夹，振动时将混凝土槽锁紧，严禁混凝土模板在振动台上无约束振动。

3）振动台连接线应穿在硬塑料管内，并预埋牢固。

4）作业时应观察润滑油不泄漏、油温正常，传动装置无异常。

5）在振动过程中不得调节预置拨码开关，检修作业时应切断电源。

6）振动台面应经常保持清洁、平整，发现裂纹及时修补。

9．混凝土喷射机

1）喷射机风源应是符合要求的稳压源，电源、水源、加料设备等均应配套。混凝土喷射机示意图如图8-18所示。

图8-18 混凝土喷射机示意图

2）管道安装应正确，连接处应紧固密封。当管道通过道路时，应设置在地槽内并加盖保护。

3）喷射机内部应保持干燥和清洁，应按出厂说明书规定的配合比配料，不得使用结块的水泥和未经筛选的砂石。

4）作业前应重点检查以下项目，并应符合下列要求：

（1）安全阀灵敏可靠；

（2）电源线无破裂现象，接线牢靠；

(3) 各部密封件密封良好,对橡胶结合板和旋转板出现的明显沟槽及时修复;

(4) 压力表指针在上、下限之间,根据输送距离,调整上限压力的极限值;

(5) 喷枪水环(包括双水环)的孔眼畅通。

5) 启动前,应先接通风、水、电,开启进气阀逐步达到额定压力,再启动电动机空载运转,确认一切正常后,方可投料作业。

6) 机械操作和喷射操作人员应有联系信号,送风、加料、停料、停风以及发生堵塞时,应及时联系,密切配合。

7) 在喷嘴前方严禁站人,操作人员应始终站在已喷射过的混凝土支护面以内。

8) 作业中,当暂停时间超过1h时,应将仓内及输料管内的混合料全部喷出。

9) 发生堵管时,应先停止喂料,对堵塞部位进行敲击,迫使物料松散,然后用压缩空气吹通。此时,操作人员应紧握喷嘴,严禁甩动管道伤人。当管道中有压力时,不得拆卸管接头。

10) 转移作业面时,供风、供水系统随之移动,输送软管不得随地拖拉和折弯。

11) 停机时,应先停止加料,再关闭电动机,然后停止供水,最后停送压缩空气。

12) 作业后,应将仓内和输料软管内的混合料全部喷出,并应将喷嘴拆下清洗干净,清除机身内外粘附的混凝土料及杂物。同时应清理输料管,并应使密封件处于放松状态。

10. 混凝土布料机

1) 设置混凝土布料机前应确认现场有足够的作业空间,混凝土布料机任一部位与其他设备及构筑物的安全距离不应小于0.6m。混凝土布料机示意图如图8-19所示。

图8-19 混凝土布料机示意图

2) 固定式混凝土布料机的工作面应平整坚实。当设置在楼板上时,其支撑强度必须符合说明书的要求。

3) 混凝土布料机作业前应重点检查以下项目,并符合下列规定:

(1) 各支腿打开垫实并锁紧;

(2) 塔架的垂直度符合说明书要求;

(3) 配重块应与臂架安装长度匹配;

(4) 臂架回转机构润滑充足,转动灵活;

(5) 机动混凝土布料机的动力装置、传动装置、安全及制动装置符合要求;

(6) 混凝土输送管道连接牢固。

4）手动混凝土布料机，臂架回转速度应缓慢均匀，牵引绳长度应满足安全距离的要求。严禁作业人员在臂架下停留。

5）输送管出料口与混凝土浇筑面保持1m左右的距离，不得被混凝土堆埋。

6）严禁作业人员在臂架下方停留。

7）当风速达到10.8m/s以上或大雨、大雾等恶劣天气应停止作业。

8.1.6 钢筋加工机械

1. 钢筋调直切断机

1）料架、料槽应安装平直，并应对准导向筒、调直筒和下切刀孔的中心线。

2）应用手转动飞轮，检查传动机构和工作装置，调整间隙，紧固螺栓，检查电气系统确认正常后，起动空运转，并应检查轴承无异响，齿轮啮合良好，运转正常后，方可作业。

3）应按调直钢筋的直径，选用适当的调直块，曳引轮槽及传动速度。调直块的孔径应比钢筋直径大2～5mm，曳引轮槽宽，应和所需调直钢筋的直径相符合，传动速度应根据钢筋直径选用，直径大的宜选用慢速，经调试合格，方可送料。

4）在调直块未固定、防护罩未盖好前不得送料。作业中严禁打开各部防护罩并调整间隙。

5）送料前，应将不直的钢筋端头切除。导向筒前应安装一根1m长的钢管，钢筋应先穿过钢管再送入调直前端的导孔内。

6）当钢筋送入后，手与曳轮应保持一定的距离，不得接近。

7）经过调直后的钢筋如仍有慢弯，可逐渐加大调直块的偏移量，直到调直为止。

8）切断3～4根钢筋后，应停机检查其长度，当超过允许偏差时，应调整限位开关或定尺板。

2. 钢筋切断机

1）接送料的工作台面应和切刀下部保持水平，工作台的长度应根据加工材料长度确定。

2）启动前，应检查并确认切刀无裂纹，刀架螺栓紧固，防护罩牢靠。然后用手转动皮带轮，检查齿轮啮合间隙，调整切刀间隙。

3）启动后，应先空运转，检查各传动部分及轴承运转正常后，方可作业。

4）机械未达到正常转速时，不得切料。切料时，应使用切刀的中、下部位，紧握钢筋对准刀口迅速投入，操作者应站在固定刀片一侧用力压住钢筋，应防止钢筋末端弹出伤人。严禁用两手分在刀片两边握住钢筋俯身送料。

5）不得剪切直径及强度超过机械铭牌规定的钢筋和烧红的钢筋。一次切断多根钢筋时，其总截面积应在规定范围内。

6）剪切低合金钢时，应更换高硬度切刀，剪切直径应符合机械铭牌规定。

7）切断短料时，手和切刀之间的距离应保持在150mm以上，如手握端小于400mm时，应采用套管或夹具将钢筋短头压住或夹牢。

8）运转中，严禁用手直接清除切刀附近的断头和杂物。钢筋摆动周围和切刀周围，不得停留非操作人员。

9）当发现机械运转不正常、有异常响声或切刀歪斜时，应立即停机检修。

10）作业后，应切断电源，用钢刷清除切刀间的杂物，进行整机清洁润滑。

11）液压传动式切断机作业前，应检查并确认液压油位及电动机旋转方向符合要求。启动后，应空载运转，松开放油阀，排净液压缸体内的空气，方可进行切筋。

12）手动液压式切断机使用前，应将放油阀按顺时针方向旋紧，切割完毕后，应立即按逆时针方向旋松。作业中，手应持稳切断机，并戴好绝缘手套。

3．钢筋弯曲机

1）工作台和弯曲机台面应保持水平，作业前应准备好各种芯轴及工具。

2）应按加工钢筋的直径和弯曲半径的要求，装好相应规格的芯轴和成型轴、挡铁轴。芯轴直径应为钢筋直径的2.5倍。挡铁轴应有轴套。

3）挡铁轴的直径和强度不得小于被弯钢筋的直径和强度。不直的钢筋，不得在弯曲机上弯曲。

4）应检查并确认芯轴、挡铁轴、转盘等无裂纹和损伤，防护罩坚固可靠，空载运转正常后，方可作业。

5）作业时，应将钢筋需弯一端插入在转盘固定销的间隙内，另一端紧靠机身固定销，并用手压紧；应检查机身固定销并确认安放在挡住钢筋的一侧，方可开动。

6）作业中，严禁更换轴芯、销子和变换角度以及调速，不得进行清扫和加油。

7）对超过机械铭牌规定直径的钢筋严禁进行弯曲。在弯曲未经冷拉或带有锈皮的钢筋时，应戴防护镜。

8）弯曲高强度或低合金钢筋时，应按机械铭牌规定换算最大允许直径并应调换相应的芯轴。

9）在弯曲钢筋的作业半径内和机身不设固定销的一侧严禁站人。弯曲好的半成品，应堆放整齐，弯钩不得朝上。

10）转盘换向时，应待停稳后进行。

11）作业后，应及时清除转盘及孔内的铁锈、杂物等。

4．钢筋冷拉机

1）应根据冷拉钢筋的直径，合理选用卷扬机。卷扬钢丝绳应经封闭式导向滑轮，并和被拉钢筋成直角。卷扬机的位置应使操作人员能见到全部冷拉场地，卷扬机与冷拉中线距离不得小于5m。

2）冷拉场地应在两端地锚外侧设置警戒区，并应安装防护栏及警告标志。无关人员不得在此停留。操作人员在作业时必须离开钢筋2m以外。

3）用配重控制的设备应与滑轮匹配，并应有指示起落的记号，没有指示记号时应有专人指挥。配重框提起时高度应限制在离地面300mm以内，配重架四周应有栏杆及警告标志。

4）作业前，应检查冷拉夹具，夹齿应完好，滑轮、拖拉小车应润滑灵活，拉钩、地锚及防护装置均应齐全牢固。确认良好后，方可作业。

5）卷扬机操作人员必须看到指挥人员发出信号，并待所有人员离开危险区后方可作业。冷拉应缓慢、均匀。当有停车信号或见到有人进入危险区时，应立即停拉，并稍稍放松卷扬钢丝绳。

8.1 施工机械设备使用安全技术

6) 用延伸率控制的装置,应装设明显的限位标志,并应有专人负责指挥。

7) 夜间作业的照明设施,应装设在张拉危险区外。当需要装设在场地上空时,其高度应超过5m。灯泡应加防护罩。

8) 作业后,应放松卷扬钢丝绳,落下配重,切断电源,锁好开关箱。

5. 预应力钢丝拉伸设备

1) 作业场地两端外侧应设有防护栏杆和警告标志。

2) 作业前,应检查被拉钢丝两端的镦头,当有裂纹或损伤时,应及时更换。

3) 固定钢丝镦头的端钢板上圆孔直径应较所拉钢丝的直径大0.2mm。

4) 高压油泵启动前,应将各油路调节阀松开,然后开动油泵,待空载运转正常后,再紧闭回油阀,逐渐拧开进油阀,待压力表指示值达到要求,油路无泄漏,确认正常后,方可作业。

5) 作业中,操作应平稳、均匀。张拉时,两端不得站人。拉伸机在有压力情况下,严禁拆卸液压系统的任何零件。

6) 高压油泵不得超载作业,安全阀应按设备额定油压调整,严禁任意调整。

7) 在测量钢丝的伸长时,应先停止拉伸,操作人员必须站在侧面操作。

8) 用电热张拉法带电操作时,应穿戴绝缘胶鞋和绝缘手套。

9) 张拉时,不得用手摸或脚踩钢丝。

10) 高压油泵停止作业时,应先断开电源,再将回油阀缓慢松开,待压力表退回至零位时,方可卸开通往千斤顶的油管接头,使千斤顶全部卸荷。

6. 冷镦机

1) 应根据钢筋直径,配换相应夹具。

2) 应检查并确认模具、中心冲头无裂纹,并应校正上下模具与中心冲头的同心度,紧固各部螺栓,做好安全防护。

3) 启动后应先空运转,调整上下模具紧度,对准冲头模进行镦头校对,确认正常后,方可作业。

4) 机械未达到正常转速时,不得镦头。当镦出的头大小不匀时,应及时调整冲头与夹具的间隙。冲头导向块应保持有足够的润滑。

7. 钢筋冷拔机

1) 应检查并确认机械各连接件牢固,模具无裂纹,轧头和模具的规格配套,然后启动主机空运转,确认正常后,方可作业。

2) 在冷拔钢筋时,每道工序的冷拔直径应按机械出厂说明书规定进行,不得超量缩减模具孔径,无资料时,可按每次缩减孔径0.5~1.0mm。

3) 轧头时,应先使钢筋的一端穿过模具长度达100~150mm,再用夹具夹牢。

4) 作业时,操作人员的手和轧辊应保持300~500mm的距离,不得用手直接接触钢筋和滚筒。

5) 冷拔模架中应随时加足润滑剂,润滑剂应采用石灰和肥皂水调和晒干后的粉末。钢筋通过冷拔模前,应抹少量润滑脂。

6) 当钢筋的末端通过冷拔模后,应立即脱开离合器,同时用手闸挡住钢筋末端。

7) 拔丝过程中,当出现断丝或钢筋打结乱盘时,应立即停机;在处理完毕后,方可开机。

8. 钢筋冷挤压连接机

1) 有下列情况之一时,应对挤压机的挤压力进行标定:

(1) 新挤压设备使用前;

(2) 旧挤压设备大修后;

(3) 油压表受损或强烈振动后;

(4) 套筒压痕异常且查不出其他原因时;

(5) 挤压设备使用超过一年;

(6) 挤压的接头数超过 5000 个。

2) 设备使用前后的拆装过程中,超高压油管两端的接头及压接钳、换向阀的进出油接头,应保持清洁,并应及时用专用防尘帽封好。超高压油管的弯曲半径不得小于 250mm,扣压接头处不得扭转,且不得有死弯。

3) 挤压机的高压胶管不得荷重拖拉、弯折和受到尖利物体刻划。

4) 压模、套筒与钢筋应相互配套使用,压模上应有相对应的连接钢筋规格标记。

5) 挤压前的准备工作应符合下列要求:

(1) 钢筋端头的锈、泥沙、油污等杂物应清理干净;

(2) 钢筋与套筒应先进行试套,当钢筋有马蹄、弯折或纵肋尺寸过大时,应预先进行矫正或用砂轮打磨;不同直径钢筋的套筒不得串用;

(3) 钢筋端部应划出定位标记与检查标记,定位标记与钢筋端头的距离应为套筒长度的一半,检查标记与定位标记的距离宜为 20mm;

(4) 检查挤压设备情况,应进行试压,符合要求后方可作业。

6) 挤压操作应符合下列要求:

(1) 钢筋挤压连接宜先在地面上挤压一端套筒,在施工作业区插入待接钢筋后再挤压另一端套筒;

(2) 压接钳就位时,应对准套筒压痕位置的标记,并应与钢筋轴线保持垂直;

(3) 挤压顺序宜从套筒中部开始,并逐渐向端部挤压;

(4) 挤压作业人员不得随意改变挤压力、压接道数或挤压顺序。

7) 作业后,应收拾好成品、套筒和压模,清理场地,切断电源,锁好开关箱,最后将挤压机和挤压钳放到指定地点。

9. 钢筋螺纹成型机

1) 使用机械前,应检查刀具安装正确,连接牢固,各运转部位润滑情况良好,有无漏电现象,空车试运转确认无误后,方可作业。

2) 钢筋应先调直再下料。切口端面应与钢筋轴线垂直,不得有马蹄形或挠曲,不得用气割下料。

3) 加工钢筋锥螺纹时,应采用水溶性切削润滑液;当气温低于 0℃ 时,应掺入 15%~20%亚硝酸钠。不得用机油作润滑液或不加润滑液套丝。

4) 加工时必须确保钢筋夹持牢固。

5) 机械在运转过程中,严禁清扫刀片上面的积屑杂污,发现工况不良应立即停机检查、修理。

6）对超过机械铭牌规定直径的钢筋严禁进行加工。

7）作业后，应切断电源，用钢刷清除切刀间的杂物，进行整机清洁润滑。

10．钢筋除锈机

1）作业前应检查钢丝刷的固定螺栓有无松动，传动部分润滑和封闭式防护罩及排尘设备等完好情况。

2）操作人员必须束紧袖口，戴防尘口罩、手套和防护眼镜。

3）严禁将弯钩成型的钢筋上机除锈。弯度过大的钢筋宜在基本调直后除锈。

4）操作时应将钢筋放平，手握紧，侧身送料，严禁在除锈机正面站人。整根长钢筋除锈应由两人配合操作，互相呼应。

8.1.7 焊接机械

1．交直流焊机

1）使用前，应检查并确认初、次级线接线正确，输入电压符合电焊机的铭牌规定。接通电源后，严禁接触初级线路的带电部分。直流焊机换向器与电刷接触应良好。

2）交流电焊机二次侧应安装漏电保护器。

3）次级线接头应加垫圈压紧，合闸前，应详细检查并确认接线螺帽、螺栓及其他部件完好齐全、无松动或损坏。

4）当数台焊机在同一场地作业时，应逐台起动。

5）多台电焊机集中使用时，应使三相负载平衡。多台焊机的接地装置不得串联。

6）移动电焊机时，应切断电源，不得用拖拉电缆的方法移动焊机。当焊接中突然停电时，应立即切断电源。

7）运行中，当需调节焊接电流和极性开关时，不得在负荷时进行。调节不得过快、过猛。

8）硅整流直流电焊机主变压器的次级线圈和控制变压器的次级线圈严禁用摇表测试。

9）启用长期停用的焊机时，应空载通电一定时间进行干燥处理。

10）搬运由高导磁材料制成的磁放大铁芯时，应防止强烈振击引起磁能恶化。

2．氩弧焊机

1）应检查并确认电源、电压符合要求，接地装置安全可靠。

2）应检查并确认气管、水管不受外压和无外漏。

3）应根据材质的性能、尺寸、形状先确定极性，再确定电压、电流和氩气的流量。

4）安装的氩气减压阀、管接头不得沾有油脂。安装后，应进行试验并确认无障碍和漏气。

5）冷却水应保持清洁，水冷型焊机在焊接过程中，冷却水的流量应正常，不得断水施焊。

6）高频引弧的焊机，其高频防护装置应良好，亦可通过降低频率进行防护；不得发生短路，振荡器电源线路中的连锁开关严禁分接。

7）使用氩弧焊时，操作者应戴防毒面罩，钍钨棒的打磨应设有抽风装置，贮存时宜放在铅盒内。钨极粗细应根据焊接厚度确定，更换钨极时，必须切断电源。磨削钨极端头时，操作人员必须戴手套和口罩，磨削下来的粉尘，应及时清除，钍、铈、钨极不得随身携带。

8）焊机作业附近不宜设置有振动的其他机械设备，不得放置易燃、易爆物品。工作场所应有良好的通风措施。

9）氮气瓶和氩气瓶与焊接地点不应靠得太近，并应直立固定放置，不得倒放。

10）作业后，应切断电源，关闭水源和气源。焊接人员必须及时脱去工作服、清洗手脸和外露的皮肤。

3. 点焊机

1）作业前，应清除上、下两电极的油污。

2）启动前，应先接通控制线路的转向开关和焊接电流的小开关，调整好极数，再接通水源、气源，最后接通电源。

3）焊机通电后，应检查电气设备、操作机构、冷却系统、气路系统及机体外壳有无漏电现象。电极触头应保持光洁。

4）作业时，气路、水冷系统应畅通。气体应保持干燥。排水温度不得超过40℃，排水量可根据气温调节。

5）严禁在引燃电路中加大熔断器。当负载过小使引燃管内电弧不能发生时，不得闭合控制箱的引燃电路。

6）当控制箱长期停用时，每月应通电加热30min。更换闸流管时应预热30min。正常工作的控制箱的预热时间不得小于5min。

4. 二氧化碳气体保护焊机

1）作业前，二氧化碳气体应先预热15min。开气时，操作人员必须站在瓶嘴的侧面。

2）作业前，应检查并确认焊丝的进给机构、电线的连接部分、二氧化碳气体的供应系统及冷却水循环系统合乎要求，焊枪冷却水系统不得漏水。

3）二氧化碳气体瓶宜放在阴凉处，其最高温度不得超过40℃，并应放置牢靠，不得靠近热源。

4）二氧化碳气体预热器端的电压，不得大于36V，作业后，应切断电源。

5. 埋弧焊机

1）应检查并确认送丝滚轮的沟槽及齿纹完好，滚轮、导电嘴（块）磨损或接触不良时应更换。

2）作业前，应检查减速箱油槽中的润滑油，不足时应添加。

3）软管式送丝机构的软管槽孔应保持清洁，并定期吹洗。

4）作业时，应及时排走焊接中产生的有害气体，在通风不良的室内或容器内作业时，应安装通风设备。

6. 对焊机

1）对焊机应安置在室内，并应有可靠的接地或接零。当多台对焊机并列安装时，相互间距不得小于3m，应分别接在不同相位的电网上，并应分别有各自的刀型开关。导线的截面不应小于表8-2的规定。

2）焊接前，应检查并确认对焊机的压力机构灵活，夹具牢固，气压、液压系统无泄漏，一切正常后，方可施焊。

导线截面 表8-2

对焊机的额定功率（kV·A）	25	50	75	100	150	200	500
一次电压为220V时，导线截面(mm²)	10	25	35	45	—	—	—
一次电压为380V时，导线截面(mm²)	6	16	25	35	50	70	150

3）焊接前，应根据所焊接钢筋截面，调整二次电压，不得焊接超过对焊机规定直径的钢筋。

4）断路器的接触点、电极应定期光磨，二次电路全部连接螺栓应定期紧固。冷却水温度不得超过40℃；排水量应根据温度调节。

5）焊接较长钢筋时，应设置托架，配合搬运钢筋的操作人员，在焊接时应防止火花烫伤。

6）闪光区应设挡板，与焊接无关的人员不得入内。

7）冬期施焊时，室内温度不应低于8℃。作业后，应放尽机内冷却水。

7. 竖向钢筋电渣压力焊机

1）应根据施焊钢筋直径选择具有足够输出电流的电焊机。电源电缆和控制电缆连接应正确、牢固。控制箱的外壳应牢靠接地。

2）施焊前，应检查供电电压并确认正常，当一次电压降大于8%时，不宜焊接。焊接导线长度不得大于30m，截面面积不得小于50mm²。

3）施焊前应检查并确认电源及控制电路正常，定时准确，误差不大于5%，机具的传动系统、夹装系统及焊钳的转动部分灵活自如，焊剂已干燥，所需附件齐全。

4）施焊前，应按所焊钢筋的直径，根据参数表，标定好所需的电源和时间。一般情况下，时间可为钢筋的直径数，电流可为钢筋直径的20倍数。

5）起弧前，上、下钢筋应对齐，钢筋端头应接触良好。对锈蚀粘有水泥的钢筋，应要用钢丝刷清除，并保证导电良好。

6）施焊过程中，应随时检查焊接质量。当发现倾斜、偏心、未熔合、有气孔等现象时，应重新施焊。

7）每个接头焊完后，应停留5～6min保温；寒冷季节应适当延长。当拆下机具时，应扶住钢筋，过热的接头不得过于受力。焊渣应待完全冷却后清除。

8. 气焊（割）设备

1）气瓶每三年必须检验一次，使用期不超过20年。

2）与乙炔相接触的部件铜或银含量不得超过70%。

3）严禁用明火检验是否漏气。

4）乙炔钢瓶使用时必须设有防止回火的安全装置；同时使用两种气体作业时，不同气瓶都应安装单向阀，防止气体相互倒灌。

5）乙炔瓶与氧气瓶距离不得少于5m，气瓶与动火距离不得少于10m。

6）乙炔软管、氧气软管不得错装。乙炔气胶管、防止回火装置及气瓶冻结时，应用

40℃以下热水加热解冻,严禁用火烤。

7) 现场使用的不同气瓶应装有不同的减压器,严禁使用未安装减压器的氧气瓶。

8) 安装减压器时,应先检查氧气瓶阀门接头,不得有油脂,并避开氧气瓶阀门吹除污垢,然后安装减压器,操作者不得正对氧气瓶阀门出气口,关闭氧气瓶阀门时,应先松开减压器的活门螺栓。

9) 氧气瓶、氧气表及焊割工具上严禁沾染油脂。开启氧气瓶阀门时,应采用专用工具,动作应缓慢,不得面对减压器,压力表指针应灵敏正常。氧气瓶中的氧气不得全部用尽,应留 49kPa 以上的剩余压力。

10) 点火时,焊枪口严禁对人,正在燃烧的焊枪不得放在工件或地面上,焊枪带有乙炔和氧气时,严禁放在金属容器内,以防气体逸出,发生爆燃事故。

11) 点燃焊(割)炬时,应先开乙炔阀点火,再开氧气阀调整火。关闭时,应先关闭乙炔阀,再关闭氧气阀。

氢氧并用时,应先开乙炔气,再开氢气,最后开氧气,再点燃。熄灭火时,应先关氧气,再关氢气,最后关乙炔气。

12) 操作时,氢气瓶、乙炔瓶应直立放置且必须安放稳固,防止倾倒,不得卧放使用,气瓶存放点温度不得超过 40℃。

13) 严禁在带压的容器或管道上焊割,带电设备上焊割应先切断电源。在贮存过易燃、易爆及有毒物品的容器或管道上焊割时,应先清除干净,并将所有的孔、口打开。

14) 在作业中,发现氧气瓶阀门失灵或损坏不能关闭时,应让瓶内的氧气自动放尽后,再进行拆卸修理。

15) 使用中,当氧气软管着火时,不得折弯软管断气,应迅速关闭氧气阀门,停止供氧。当乙炔软管着火时,应先关熄炬火,可采用弯折前面一段软管将火熄灭。

16) 工作完毕,应将氧气瓶、乙炔瓶气阀关好,拧上安全罩检查操作场地,确认无着火危险,方准离开。

17) 氧气瓶应与其他易燃气瓶、油脂和其他易燃、易爆物品分别存放,且不得同车运输。氧气瓶应有防振圈和安全帽;不得用行车或吊车散装吊运氧气瓶。

8.1.8 木工机械

1. 带锯机

1) 作业前,检查锯条,如锯条齿侧的裂纹长度超过 10mm,锯条接头处裂纹长度超过 10mm,以及连续缺齿两个和接头超过两个的锯条均不得使用。裂纹在以上规定内必须在裂纹终端冲一止裂孔。锯条松紧度调整适当后先空载运转,如声音正常,无串条现象时,方可作业。

2) 作业中,操作人员应站在带锯机的两侧,跑车开动后,行程范围内的轨道周围不准站人,严禁在运行中上、下跑车。

3) 原木进锯前,应调好尺寸,进锯后不得调整。进锯速度应均匀,不能过猛。

4) 在木材的尾端越过锯条 500mm 后,方可进行倒车。倒车速度不宜过快。要注意木楂、节疤碰卡锯条。

5) 平台式带锯作业时,送接料要配合一致。送料、接料时不得将手送进台面。锯短料时，应用推棍送料。回送木料时，要离开锯条50mm以上。

6）装设有气力吸尘罩的带锯机，当木屑堵塞吸尘管口时，严禁在运转中清理管口。

7）锯机张紧装置的压砣（重锤），应根据锯条的宽度与厚度调节档位或增减副砣，不得用增加重锤重量的办法克服锯条口松或串条等现象。

2. 圆盘锯

1）锯片上方必须安装保险挡板，在锯片后面，离齿10～15mm处，必须安装弧形楔刀。锯片的安装，应保持与轴同心，夹持锯片的法兰盘直径应为锯片直径的1/4。

2）锯片必须锯齿尖锐，不得连续缺齿两个，锯片不得有裂纹。

3）被锯木料厚度，以锯片能露出木料10～20mm为限，长度应不小于500mm。

4）启动后，待转速正常后方可进行锯料。送料时不得将木料左右晃动或高抬，遇木节要缓缓送料。接近端头时，应用推棍送料。

5）如锯线走偏，应逐渐纠正，不得猛板，以免损坏锯片。

6）操作人员应戴防护眼镜，不得站在面对锯片离心力方向操作。作业时手臂不得跨越锯片。

3. 平面刨（手压刨）

1）刨料时，应保持身体平稳，双手操作。刨大面时，手应按在木料上面；刨小料时，手指不得低于料高一半。禁止手在料后推料。

2）被刨木料的厚度小于30mm、长度小于400mm时，必须用压板或推棍推进。厚度在15mm、长度在250mm以下的木料，不得在平刨上加工。

3）刨旧料前，必须将料上的钉子、泥砂清除干净。被刨木料如有破裂或硬节等缺陷时，必须处理后再施刨。遇木楂、节疤要缓慢送料。严禁将手按在节疤上强行送料。

4）刀片和刀片螺栓的厚度、重量必须一致，刀架、夹板必须吻合贴紧，刀片焊缝超出刀头和有裂缝的刀具不准使用。刀片紧固螺钉应嵌入刀片槽内，并离刀背不得小于10mm。刀片紧固力应符合使用说明书的规定。

5）机械运转时，不得将手伸进安全挡板里侧去移动挡板或拆除安全挡板进行刨削。严禁戴手套操作。

4. 压刨床（单面和多面）

1）作业时，严禁一次刨削两块不同材质、规格的木料，被刨木料的厚度不得超过使用说明书的规定。

2）操作者应站在进料的一侧，接、送料时不得戴手套，送料时必须先进大头，接料人员待被刨料离开料辊后方能接料。

3）刨刀与刨床台面的水平间隙应在10～30mm之间，严禁使用带开口槽的刨刀。

4）每次进刀量应为2～5mm，如遇硬木或节疤，应减小进刀量，降低送料速度。

5）刨料长度不得短于前后压滚的中心距离，厚度小于10mm的薄板，必须垫托板。

6）压刨必须装有回弹灵敏的逆止爪装置，进料齿辊及托料光辊应调整水平和上下距离一致，齿辊应低于工件表面1～2mm，光辊应高出台面0.3～0.8mm，工作台面不得歪斜和高低不平。

7）刨削过程中，遇木料走横或卡住时，应先停机，再放低台面，取出木料，排除故障。

5. 木工车床

1) 检查车床各部装置及工、卡具，灵活可靠，工件应卡紧并用顶针顶紧，用手转动试运转，确认情况良好后，方可开车，并根据工件木质的软硬，选择适当的进刀料量和调整转速。

2) 车削过程中，不得用手摸检查工件的光滑程度。用砂纸打磨时，应先将刀架移开后进行。车床转动时，不得用手来制动。

3) 方形木料，必须先加工成圆柱体后再上车床加工。有节疤或裂缝的木料，均不得上车床切削。

6. 木工铣床（裁口机）

1) 开车前应检查铣刀安装牢固，铣刀不得有裂纹或缺损，防护装置及定位止动装置齐全可靠。

2) 铣削时遇有硬节时应低速送料。木料送过刨口 150mm 后再进行接料。

3) 当木料将铣切到端头时，应将手移到木料已铣切的一端接料。送短料时，必须用推料棍。

4) 铣切量应按使用说明书规定执行。严禁在中间插刀。

5) 卧式铣床的操作人员，必须站在刀刃侧面，严禁迎刃而立。

7. 开榫机

1) 作业前，要紧固好刨刀、锯片，并试运转 3~25min。确认正常后，方可作业。

2) 作业时，应侧身操作，严禁面对刀具。

3) 被加工的木料，必须用压料杆压紧，待切削完毕后，方可松开，短料开榫，必须用垫板夹牢，不得用手直接握料。

4) 遇有节疤的木料不得上机加工。

8. 打眼机

1) 作业前，要调整好机架和卡具，台面应平稳，钻头应垂直，凿心要在凿套中心卡牢，并与加工的钻孔垂直。

2) 打眼时，必须使用夹料器，不得用手直接扶料，遇节疤时必须缓慢压下，不得用力过猛，严禁戴手套操作。

3) 作业中，当凿心卡阻或冒烟时，应立即抬起手柄，不得用手直接清理钻出的木。

4) 更换凿心时，应先停车切断电源，并须在平台上垫上木板后方可进行。

9. 锉锯机

1) 使用前，应先检查砂轮有无裂缝和破损，砂轮必须安装牢固。

2) 应先空运转，如有剧烈振动，找出偏重位置，调整平衡，方可使用。

3) 作业时，操作人员不得站立在砂轮旋转的离心力方向上。

4) 当撑齿钩遇到缺齿或撑钩妨碍锯条运动时，应及时处理。

5) 每分钟锉磨锯齿，带锯应控制在 40~70 齿之间，圆锯应控制在 26~30 齿之间。

6) 锯条焊接要求接合严密，平滑均匀，厚薄一致。

10. 磨光机

1) 作业前应先检查：盘式磨光机防护装置齐全有效，砂轮无裂纹破损；带式磨光机应调整砂筒上砂带的张紧程度；并润滑各轴承和紧固连接件，确认正常后，方可启动。

2) 磨削小面积工件时应尽量在台面整个宽度内排满工件，磨削时应渐次连续进给。

3) 用砂带磨光机磨光时，对压垫的压力要均匀，砂带纵向移动时应和工作台横向移动互相配合。

4) 工件应放在向下旋转的半面进行磨光，手不准靠近磨盘。

8.2 施工机械的安全防护

8.2.1 起重机械与垂直运输机械

1) 建筑起重机械进入施工现场须出具：建筑起重机械特种设备制造许可证、产品合格证、制造监督检验证明、备案证明、安装使用说明书和自检合格证明。建筑起重机械有下列情形之一的，不得出租、使用：

(1) 属国家明令淘汰或禁止使用的品种、型号；

(2) 超过安全技术标准或制造厂规定的使用年限的；

(3) 经检验达不到安全技术标准规定的；

(4) 没有完整安全技术档案的；

(5) 没有齐全有效的安全保护装置的。

2) 建筑起重机械的安全技术档案应包括以下资料：

(1) 购销合同、制造许可证、产品合格证、制造监督检验证明、安装使用说明书、备案证明等原始资料；

(2) 定期检验报告、定期自行检查记录、定期维护保养记录、维修和技术改造记录、运行故障和生产安全事故记录、累积运转记录等运行资料；

(3) 历次安装验收资料。

3) 起重机、施工电梯、物料提升机拆装方案必须经企业技术负责人审批后方可施工。

4) 建筑工程中建筑起重机械的选用，应使选用的建筑起重机械的使用温度、主要性能参数、利用等级、载荷状态、工作级别等与建筑工程施工工作量的需要相匹配；

5) 施工企业在作业前必须对工作环境、行驶道路、架空电线、建筑物以及构件重量和分布情况进行全面了解。

6) 施工企业应为起重机作业提供符合起重机要求的工作场地和环境。基础承载能力必须满足建筑起重机械的安全使用要求。

7) 起重机应装有音响清晰的信号装置。在起重臂、吊钩、平衡重等转动体上应标以鲜明的色彩标志。

8) 建筑起重机的变幅限制器、力矩限制器、重量限制器以及各种行程限位开关等安全保护装置，应完好齐全、灵敏可靠，不得随意调整或拆除。严禁利用限制器和限位装置代替操纵机构。

9) 起重机安装工、信号工、司机、司索必须持证上岗，作业时应密切配合，执行规定的指挥信号。当信号不清或错误时，操作人员可拒绝执行。

10) 操纵室远离地面的起重机，在正常指挥发生困难时，应采用对讲机等有效的通信联络措施。

11) 在风速达到 10.8m/s 及以上大风或大雨、大雪、大雾等恶劣天气时,应停止露天的起重吊装作业。重新作业前,应先试吊,确认各种安全装置灵敏可靠后方可进行作业。在风速达到 8.0m/s 及以上大风时,禁止起重机械及垂直运输机械的安装拆卸作业,禁止吊运大模板等大体积物件。

12) 操作人员进行起重机回转、变幅、行走和吊钩升降等动作前,应发出音响信号示意。

13) 起重机作业时,在臂长的水平投影范围内设置警戒线,并有监护措施;起重臂和重物下方严禁有人停留、工作或通过,禁止从人上方通过。严禁用起重机载运人员。

14) 操作人员应按规定的起重性能作业,不得超载。

15) 严禁使用起重机进行斜拉、斜吊和起吊地下埋设或凝固在地面上的重物以及其他不明重量的物体。

16) 起吊重物应绑扎平稳、牢固,不得在重物上再堆放或悬挂零星物件。易散落物件应使用吊笼栅栏固定后方可起吊。标有绑扎位置的物件,应按标记绑扎后起吊。吊索与物件的夹角宜采用 45°~60°,且不得小于 30°,吊索与物件棱角之间应加垫块。

17) 起吊载荷达到起重机额定起重量的 90% 及以上时,应先将重物吊离地面不大于 200mm 后,检查起重机的稳定性、制动器的可靠性、重物的平稳性、绑扎的牢固性,确认无误后方可继续起吊。对大体积或易晃动的重物应拴拉绳。

18) 重物起升和下降速度应平稳、均匀,不得突然制动。回转应平稳,当回转未停稳前不得作反向动作。非重力下降式起重机,不得带载自由下降。

19) 严禁起吊重物长时间悬挂在空中,作业中遇突发故障,应采取措施将重物降落到安全地方,并关闭发动机或切断电源后进行检修。在突然停电时,应立即把所有控制器拨到零位,断开电源总开关,并采取措施使重物降到地面。

20) 起重机的任何部位与架空输电导线的安全距离不得小于表 8-3 的规定。

起重机与架空输电导线的安全距离　　　　　　表 8-3

距离(m) \ 电压作业(kV)	<1	10	35	110	220	330	500
垂直方向	1.5	3.0	4.0	5.0	6.0	7.0	8.5
水平方向	1.5	2.0	3.5	4.0	6.0	7.0	8.5

21) 起重机使用的钢丝绳,应有钢丝绳制造厂签发的产品技术性能和质量的证明文件。

22) 起重机使用的钢丝绳,其结构形式、强度等规格应符合起重机使用说明书的要求。钢丝绳与卷筒应连接牢固,放出钢丝绳时,卷筒上应至少保留三圈,收放钢丝绳时应防止钢丝绳损坏、扭结、弯折和乱绳,不得使用扭结、变形的钢丝绳。

23) 钢丝绳采用编结固接时,编结部分的长度不得小于钢丝绳直径的 20 倍,并不应小于 300m,其编结部分应捆扎细钢丝。当采用绳卡固接时,与钢丝绳直径匹配的绳卡的规格、数量应符合表 8-4 的规定,最后一个绳卡距绳头的长度不得小于 140mm。绳卡滑鞍(夹板)应在钢丝绳承载时受力的一侧,"U"形螺栓应在钢丝绳的尾端,不得正反交错。绳卡初次固定后，应待钢丝绳受力后再度紧固，并宜拧紧到使两绳直径高度压偏1/3。作业中应经常检查紧固情况。

与绳径匹配的绳卡数　　　　　　　　　　　　　　　表 8-4

钢丝绳直径(mm)	10 以下	10～20	21～26	28～36	36～40
最少绳卡数(个)	3	4	5	6	7
绳卡间距(mm)	80	140	160	220	240

24）每班作业前，应检查钢丝绳及钢丝绳的连接部位。钢丝绳报废标准按《起重机用钢丝绳检验和报废实用规范》GB/T 5972 规定执行。

25）向转动的卷筒上缠绕钢丝绳时，不得用手拉或脚踩来引导钢丝绳。钢丝绳涂抹润滑脂，必须在停止运转后进行。

26）起重机的吊钩和吊环严禁补焊。当出现下列情况之一时应更换：

（1）表面有裂纹、破口；

（2）危险断面及钩颈有永久变形；

（3）挂绳处断面磨损超过高度10%；

（4）吊钩衬套磨损超过原厚度50%；

（5）心轴（销子）磨损超过其直径的5%。

27）起重机使用时，每班都应对制动器进行检查。当制动器的零件出现下述情况之一时，应报废：

（1）裂纹；

（2）制动器摩擦片厚度磨损达原厚度50%；

（3）弹簧出现塑性变形；

（4）小轴或轴孔直径磨损达原直径的5%。

28）制动轮的制动摩擦面不应有妨碍制动性能的缺陷或沾染油污。制动轮出现下述情况之一时应报废：

（1）裂纹；

（2）起升、变幅机构的制动轮，轮缘厚度磨损大于原厚度的40%；

（3）其他机构的制动轮，轮缘厚度磨损大于原厚度的50%；

（4）轮面凹凸不平度达1.5～2.0mm（小直径取小值，大直径取大值）时。

8.2.2 土石方机械

1）机械进入现场前，应查明行驶路线上的桥梁、涵洞的上部净空和下部承载能力，保证机械安全通过。承载力不够的桥梁，事先应采取加固措施。

2）机械通过桥梁时，应采用低速挡慢行，在桥面上不得转向或制动。

3）作业前，应查明施工场地明、暗设置物（电线、地下电缆、管道、坑道等）的地点及走向，并采用明显记号表示。严禁在离电缆、煤气管道1m距离以内进行大型机械作业。

4）作业中，应随时监视机械各部位的运转及仪表指示值，如发现异常，应立即停机

5）机械运行中，严禁接触转动部位和进行检修。在修理（焊、铆等）工作装置时，应使其降到最低位置，并应在悬空部位垫上垫木。

6）在电杆附近取土时，对不能取消的拉线、地垄和杆身，应留出土台，土台大小可根据电杆结构、掩埋深度和土质情况由技术人员确定。

7）机械不得靠近架空输电线路作业。

8）在施工中遇下列情况之一时应立即停工，待符合作业安全条件时，方可继续施工：

（1）填挖区土体不稳定、有坍塌可能；

（2）地面涌水冒浆，出现陷车或因雨发生坡道打滑；

（3）发生大雨、雷电、浓雾、水位暴涨及山洪暴发等情况；

（4）施工标志及防护设施被损坏；

（5）工作面净空不足以保证安全作业；

（6）出现其他不能保证作业和运行安全的情况。

9）配合机械作业的清底、平地、修坡等人员，应在机械回转半径以外工作。当必须在回转半径以内工作时，应停止机械回转并制动好后，方可作业。当机械需回转工作时，机械操作人员应确认其回转半径内无人时，方可进行回转作业。

10）雨期施工，机械作业完毕后，应停放在较高的坚实地面上。

11）机械作业不得破坏基坑支护系统。

12）在行驶或作业中，除驾驶室外，土方机械任何地方均严禁乘坐或站立人员。

8.2.3 运输机械

1）各类运输机械应有完整的机械产品合格证以及相关的技术资料。

2）各类运输机械应外观整洁，牌号必须清晰完整。

3）启动前应重点检查以下项目，并应符合下列要求：

（1）车辆的各总成、零件、附件应按规定装配齐全，不得有脱焊、裂缝等缺陷。螺栓、铆钉连接紧固不得松动、缺损；

（2）各润滑装置齐全，过滤清洁有效；

（3）离合器结合平稳、工作可靠、操作灵活，踏板行程符合有关规定；

（4）制动系统各部件连接可靠，管路畅通；

（5）灯光、喇叭、指示仪表等应齐全完整；

（6）轮胎气压应符合要求；

（7）燃油、润滑油、冷却水等应添加充足；

（8）燃油箱应加锁；

（9）无漏水、漏油、漏气、漏电现象。

4）运输机械启动后，应观察各仪表指示值，检查内燃机运转情况及转向机构及制动器等性能，确认正常并待水温达到40℃以上、制动气压达到安全压力以上时，方可低挡起步。起步前车旁及车下应无障碍物及人员。

5）装载物品应与车厢捆绑稳固牢靠，并注意控制整车重心高度，轮式机具和圆形物件装运应采取防止滚动的措施。

6）严禁车厢载人。

7）运输超限物件时，应事先勘察路线，了解空中、地上、地下障碍，以及道路、桥梁等通过能力，制定运输方案，并必须向交通管理部门办理通行手续。在规定时间内按规定路线行驶。超限部分白天应插警示旗，夜间应挂警示灯。行进时应配备开道车（或护卫车），装卸人员及电工携带工具随行，保证运行安全。

8）水温未达到70℃时，不得高速行驶。行驶中，变速时应逐级增减挡位，正确使用离合器，不得强推硬拉，使齿轮撞击发响。前进和后退交替时，应待车停稳后，方可换挡。

9）车辆在行驶中，应随时观察仪表的指示情况，当发现机油压力低于规定值，水温过高或有异响、异味等情况时，应立即停车检查，排除故障后，方可继续运行。

10）严禁超速行驶。应根据车速与前车保持适当的安全距离，进入施工现场应沿规定的路线，选择较好路面行进，并应避让石块、铁钉或其他尖锐铁器。遇有凹坑、明沟或穿越铁路时，应提前减速，缓慢通过。

11）车辆上、下坡应提前换入低速挡，不得中途换挡。下坡时，应以内燃机阻力控制车速，必要时，可间歇轻踏制动器。严禁空挡滑行。

12）在泥泞、冰雪道路上行驶时，应降低车速，宜沿前车辙迹前进，并采取防滑措施，必要时应加装防滑链。

13）车辆涉水过河时，应先探明水深、流速和水底情况，水深不得超过排水管或曲轴皮带盘，并应低速直线行驶，不得在中途停车或换挡。涉水后，应缓行一段路程，轻踏制动器使浸水的制动蹄片上的水分蒸发掉。

14）通过危险地区或狭窄便桥时，应先停车检查，确认可以通过后，应由有经验人员指挥前进。

15）车辆停放时，应将内燃机熄火，拉紧手制动器，关锁车门。驾驶员在离开前应熄火并锁住车门。

16）在坡道上停放时，下坡停放应挂上倒挡，上坡停放应挂上一挡，并应使用三角木楔等塞紧轮胎。

17）平头型驾驶室需前倾时，应清除驾驶室内物件，关紧车门，方可前倾并锁定。复位后，应确认驾驶室已锁定，方可起动。

18）在车底进行保养、检修时，应将内燃机熄火，拉紧手制动器并将车轮楔牢。

19）车辆经修理后需要试车时，应由专业人员驾驶，当需在道路上试车时，必须事先报经公安、公路有关部门的批准。

20）气温在0℃以下时，如过夜停放，应将水箱内的水放尽。

8.2.4 桩工机械

1）桩工机械类型应根据桩的类型、桩长、桩径、地质条件、施工工艺等综合考虑选择。

2）打桩机卷扬钢丝绳应经常润滑，不得干摩擦。

3）施工现场应按桩机使用说明书的要求进行整平压实，地基承载力应满足桩机的使用要求。在基坑和围堰内打桩，应配置足够的排水设备。

4)桩机作业区内应无妨碍作业的高压线路、地下管道和埋设电缆。作业区应有明显标志或围栏,非工作人员不得进入。

5)电力驱动的桩机,作业场地至电源变压器或供电主干线的距离应在200m以内,工作电源电压的允许偏差为其公称值的±5%。电源容量与导线截面应符合设备使用说明书的规定。

6)桩机的安装、试机、拆除应由专业人员严格按设备使用说明书的要求进行。安装桩锤时,应将桩锤运到立柱正前方2m以内,并不得斜吊。

7)打桩作业前,应由施工技术人员向机组人员作详细的安全技术交底。

8)水上打桩时,应选择排水量比桩机重量大四倍以上的作业船或牢固排架,打桩机与船体或排架应可靠固定,并采取有效的锚固措施。当打桩船或排架的偏斜度超过3°时,应停止作业。

9)作业前,应检查并确认桩机各部件连接牢靠,各传动机构、齿轮箱、防护罩、吊具、钢丝绳、制动器等良好,起重机起升、变幅机构正常,电缆表面无损伤,有接零和漏电保护措施,电源频率一致、电压正常,旋转方向正确,润滑油、液压油的油位符合规定,液压系统无泄漏,液压缸动作灵敏,作业范围内无人或障碍物。

10)桩机吊桩、吊锤、回转或行走等动作不应同时进行。桩机在吊桩后不应全程回转或行走。吊桩时,应在桩上拴好拉绳,避免桩与桩锤或机架碰撞。桩机在吊有桩和锤的情况下,操作人员不得离开岗位。

11)桩锤在施打过程中,操作人员应在距离桩锤中心5m以外监视。

12)插桩后,应及时校正桩的垂直度。桩入土3m以上时,不应用桩机行走或回转动作来纠正桩的倾斜度。

13)拔送桩时,不得超过桩机起重能力;起拔载荷应符合以下规定:

(1)打桩机为电动卷扬机时,起拔载荷不得超过电动机满载电流;

(2)打桩机卷扬机以内燃机为动力,拔桩时发现内燃机明显降速,应立即停止起拔;

(3)每米送桩深度的起拔载荷可按40kN计算。

14)作业过程中,应经常检查设备的运转情况,当发生异响、吊索具破损、紧固螺栓松动、漏气、漏油、停电以及其他不正常情况时,应立即停机检查,排除故障后,方可重新开机。

15)桩孔应及时浇筑,暂不浇筑的要及时封闭。

16)在有坡度的场地上及软硬边际作业时,应沿纵坡方向作业和行走。

17)遇风速10.8m/s级及以上大风和雷雨、大雾、大雪等恶劣气候时,应停止一切作业。当风力超过七级或有风暴警报时,应将桩机顺风向停置,并应增加缆风绳,必要时应将桩架放倒。桩机应有防雷措施,遇雷电时人员应远离桩机。冬季应清除机上积雪,工作平台应有防滑措施。

18)作业中,当停机时间较长时,应将桩锤落下垫好。检修时不得悬吊桩锤。

19)桩机运转时,不应进行润滑和保养工作。设备检修时,应停机并切断电源。

20)桩机安装、转移和拆运过程中,不得强行弯曲液压管路,以防液压油泄漏。

21)作业后,应将桩机停放在坚实平整的地面上,将桩锤落下垫实,并切断动力电源。冬季应放尽各种可能冻结的液体。

8.2.5 混凝土机械

1) 液压系统的溢流阀、安全阀齐全有效，调定压力应符合说明书要求。系统无泄漏，工作平稳无异响。

2) 机械设备的工作机构、制动及离合装置，各种仪表及安全装置齐全完好。

3) 电气设备作业应符合《施工现场临时用电安全技术规范》JGJ 46 的有关规定。插入式、平板式振捣器的漏电保护器应采用防溅型产品，其额定漏电动作电流不应大于 15mA；额定漏电动作时间不应大于 0.1s。

4) 冬期施工，机械设备的管道、水泵及水冷却装置应采取防冻保温措施。

5) 混凝土泵在开始或停止泵送混凝土前，作业人员应与出料软管保持安全距离。严禁作业人员在出料口下方停留。严禁出料软管埋在混凝土中。

6) 泵送混凝土的排量、浇筑顺序应符合混凝土浇筑专项方案要求。集中荷载量最大值应在允许范围内。

7) 混凝土泵工作时，料斗中混凝土应保持在搅拌轴线以上，不应吸空或无料泵送。

8) 混凝土泵工作时严禁进行维修作业。

9) 混凝土泵作业中，应对泵送设备和管路进行观察，发现隐患应及时处理。对磨损超过规定的管子、卡箍、密封圈等应及时更换。

10) 混凝土泵作业后应将料斗和管道内的混凝土全部排出，并对泵、料斗、管道进行清洗。清洗作业应按说明书要求进行。不宜采用压缩空气进行清洗。

8.2.6 钢筋加工机械

1) 机械的安装应坚实稳固。固定式机械应有可靠的基础；移动式机械作业时应楔紧行走轮。

2) 室外作业应设置机棚，机旁应有堆放原料、半成品、成品的场地。

3) 加工较长的钢筋时，应有专人帮扶，并听从操作人员指挥，不得任意推拉。

4) 作业后，应堆放好成品，清理场地，切断电源，锁好开关箱，做好润滑工作。

8.2.7 焊接机械

1) 焊接前必须先进行动火审查，配备灭火器材和监护人员，后开动火证。

2) 焊接设备应有完整的防护外壳，一、二次接线柱处应有保护罩。

3) 焊接操作及配合人员必须按规定穿戴劳动防护用品，并必须采取防止触电、高空坠落、中毒和火灾等事故的安全措施。

4) 现场使用的电焊机，应设有防雨、防潮、防晒、防砸的机棚，并应装设相应的消防器材。

5) 焊割现场 10m 范围内及高空作业下方，不得堆放油类、木材、氧气瓶、乙炔发生器等易燃、易爆物品。

6) 电焊机绝缘电阻不得小于 0.5MΩ，电焊机导线绝缘电阻不得小于 1MΩ，电焊机接地电阻不得大于 4Ω。

7) 电焊机导线和接地线不得搭在易燃、易爆及带有热源的和有油的物品上；不得利用建筑物的金属结构、管道、轨道或其他金属物体搭接起来形成焊接回路,并不得将电焊机和工件双重接地;严禁使用氧气、天然气等易燃易爆气体管道作为接地装置。

8) 电焊机械的二次线应采用防水橡皮护套铜芯软电缆,电缆长度不应大于30m,二次线接头不得超过3个,二次线应双线到位,不得采用金属构件或结构钢筋代替二次线的地线。当需要加长导线时,应相应增加导线的截面。当导线通过道路时,必须架高或穿入防护管内埋设在地下;当通过轨道时,必须从轨道下面通过。当导线绝缘受损或断股时,应立即更换。

9) 电焊钳应有良好的绝缘和隔热能力。电焊钳握柄必须绝缘良好,握柄与导线连接应牢靠,接触良好,连接处应采用绝缘布包好并不得外露。操作人员不得用胳膊夹持电焊钳,也不得在水中冷却电焊钳。

10) 对压力容器和装有剧毒、易燃、易爆物品的容器及带电结构严禁进行焊接和切割。

11) 当需施焊受压容器、密封容器、油桶、管道、沾有可燃气体和溶液的工件时,应先清除容器及管道内压力,消除可燃气体和溶液,然后冲洗有毒、有害、易燃物质;对存有残余油脂的容器,应先用蒸汽、碱水冲洗,并打开盖口,确认容器清洗干净后,再灌满清水方可进行焊接。在容器内焊接应采取防止触电、中毒和窒息的措施。焊、割密封容器应留出气孔,必要时在进、出气口处装设通风设备;容器内照明电压不得超过12V,焊工与焊件间应绝缘;容器外应设专人监护。严禁在已喷涂过油漆和塑料的容器内焊接。

12) 焊接铜、铝、锌、锡等有色金属时,应通风良好,焊接人员应戴防毒面罩、呼吸滤清器或采取其他防毒措施。

13) 当预热焊件温度达150℃~700℃时,应设挡板隔离焊件发出的辐射热,焊接人员应穿戴隔热的石棉服装和鞋、帽等。

14) 高空焊接或切割时,必须系好安全带,焊接周围和下方应采取防火措施,并应有专人监护。

15) 雨天不得在露天电焊。在潮湿地带作业时,操作人员应站在铺有绝缘物品的地方,并应穿绝缘鞋。

16) 应按电焊机额定焊接电流和暂载率操作,严禁过载。在运行中,应经常检查电焊机的温升,当喷漆电焊机金属外壳温升超过35℃时,必须停止运转并采取降温措施。

17) 当清除焊缝焊渣时,应戴防护眼镜,头部应避开敲击焊渣飞溅方向。

8.2.8 木工机械

1) 木工机械操作人员应穿紧身衣裤,束紧长发,不得系领带和戴手套。

2) 木工机械设备电源的安装和拆除、机械电气故障的排除,应由专业电工进行,木工机械只准使用单向开关,不准使用倒顺双向开关。

3) 木工机械安全装置必须齐全有效,传动部位必须安装防护罩,各部件连接紧固。

4) 工作场所应备有齐全可靠的消防器材。严禁在工作场所吸烟和有其他明火,并不得存放易燃易爆物品。

5) 工作场所的待加工和已加工木料应堆放整齐,保证道路畅通。

6) 机械应保持清洁,工作台上不得放置杂物。

7）机械的皮带轮、锯轮、刀轴、锯片、砂轮等高速转动部件应在安装时做平衡试验。

8）各种刀具破损程度应符合使用说明书的规定。

9）加工前，应从木料中清除铁钉、铁丝等金属物。

10）装设有气力除尘装置的木工机械，作业前应先启动排尘风机，保持排尘管道不变形、不漏风。

11）严禁在机械运行中测量工件尺寸和清理机械上面和底部的木屑、刨花和杂物。

12）运行中不得跨过机械传动部分传递工件、工具等。排除故障、拆装刀具时必须待机械停稳后，切断电源，方可进行。

13）根据木材的材质、粗细、湿度等选择合适的切削和进给速度。操作人员与辅助人员应密切配合，以同步匀速接送料。

14）多功能机械使用时，只允许使用一种功能，应卸掉其他功能装置，避免多动作引起的安全事故。

15）作业后，应切断电源，锁好闸箱，进行清理、润滑。

16）噪声排放应不超过90dB，超过时应采取降噪措施或佩戴防护用品。

8.3 施工现场临时用电安全技术

8.3.1 临时用电基本要求

施工现场临时用电工程专用的电源中性点直接接地的220/380V三相四线制低压电力系统，必须符合下列规定：①采用三级配电系统；②用TN-S接零保护系统；③采用二级漏电保护系统。

1. 供配电系统

施工现场用电工程的基本供配电系统应当按三级设置，即采用三级配电。

1）系统的基本结构

三级配电是指施工现场从电源进线开始至用电设备之间，应经过三级配电装置配送电力。按照《施工现场临时用电安全技术规范》JGJ 46的规定，即由总配电箱（一级箱）或配电室的配电柜开始，依次经由分配电箱（二级箱）、开关箱（三级箱）到用电设备。这种分三个层次逐级配送电力的系统就称为三级配电系统。三级配电三级保护示意图见图8-20。

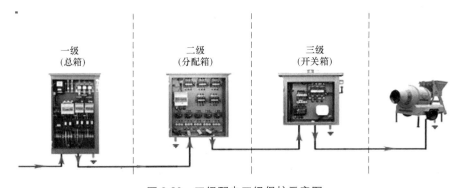

图8-20 三级配电三级保护示意图

2) 系统的设置规则

三级配电系统应遵守四项规则,即分级分路规则,动、照分设规则,压缩配电间距规则,环境安全规则。

(1) 分级分路规则

① 从一级总配电箱(配电柜)向二级分配电箱配电可以分路。即一个总配电箱(配电柜)可以分为若干分路向若干分配电箱配电;每一分路也可分支支接若干分配电箱。

② 从二级分配电箱向三级开关箱配电同样也可以分路。即一个分配电箱也可以分若干分路向若干开关箱配电,而其每一分路也可以支接或链接若干开关箱。

③ 从三级开关箱向用电设备配电实行所谓"一机一闸"制,不存在分路问题。即每一开关箱只能连接控制一台与其相关的用电设备(含插座),包括一组不超过30A负荷的照明器,或每一台用电设备必须有其独立专用的开关箱。

按照分级分路规则的要求,在三级配电系统中,任何用电设备均不得越级配电,即其电源线不得直接连接于分配电箱或总配电箱;任何配电装置不得挂接其他临时用电设备。否则,三级配电系统的结构形式和分级分路规则将被破坏。

(2) 动、照分设规则

① 动力配电箱与照明配电箱宜分别设置;若动力与照明合置于同一配电箱内共箱配电,则动力与照明应分路配电。

② 动力开关箱与照明开关箱必须分箱设置,不存在共箱分路设置问题。

(3) 压缩配电间距规则

压缩配电间距规则是指除总配电箱、配电室(配电柜)外,分配电箱与开关箱之间,开关箱与用电设备之间的空间间距应尽量缩短。配电间距示意图见图8-21 按照《施工现场临时用电安全技术规范》JGJ 46 的规定,压缩配电间距规则可用以下三个要点说明:

① 分配电箱应设在用电设备或负荷相对集中的场所。

② 分配电箱与开关箱的距离不得超过 30m。

③ 开关箱与其供电的固定式用电设备的水平距离不宜超过 3m。

(4) 环境安全规则

它是指配电系统对其设置和运行环境安全因素的要求。

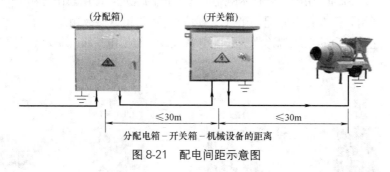

图 8-21 配电间距示意图

2. TN-S 系统

施工现场的用电系统,不论其供电方式如何,都属于电源中性点直接接地的 220/380V 三相五线制低压电力系统。为了保证用电过程中系统能够安全、可靠地运行,并对系统本身在运行过程中可能出现的诸如接地、短路、过载、漏电等故障进行自我保护,在系统结构配置中必须设置一些与保护要求相适应的子系统，即接地保护系统、过载与短路保护系统、漏电保护系统，它们的组合就是用电系统的基本保护系统。

基本保护系统的设置不仅仅限于保护用电系统本身，而且更重要的是保护用电过程中人的安全和财产安全，特别是防止人体触电和电气火灾事故。

在 TN 系统中，如果中性线或零线为两条线，其中一条零线用作工作零钱，用 N 表示；另一条零线用作接地保护线，用 PE 表示，即将工作零线与保护零线分开使用，这样的接零保护系统称为 TN-S 系统。TN-S 系统见图 8-22。

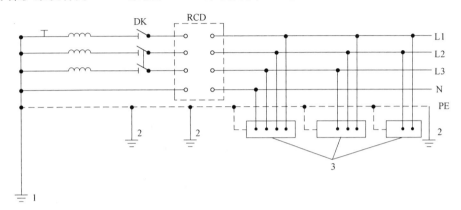

图 8-22　TN-S 系统

1—工作接地；2—PE 线重复接地；3—电气设备金属外壳（正常不带电的外露可导电部分）；
L1、L2、L3—相线；N—工作零线；PE—保护零线；DK—总电源隔离开关；
RCD—总漏电保护器（兼有短路、过载、漏电保护功能的漏电断路器）；T—变压器

3. 漏电保护系统设置要点

1）采用二级漏电保护系统。二级漏电保护系统是指在施工现场基本供配电系统的总配电箱（配电柜）和开关箱首、末二级配电装置中，设置漏电保护器。其中，总配电箱（配电柜）中的漏电保护器可以设置于总路，也可以设置于各分路，但不必重复设置。

2）实行分级、分段漏电保护原则。实行分级、分段漏电保护的具体体现是合理选择总配电箱（配电柜）、开关箱中漏电保护器的额定漏电动作参数。

3）漏电保护器极数和线数必须与负荷的相数和线数保持一致。

4）漏电保护器必须与用电工程合理的接地系统配合使用，才能形成完备、可靠的防触电保护系统。

5）漏电保护器的电源进线类别（相线或零线）必须与其进线端标记一一对应，不允许交叉混接，更不允许将 PE 线当 N 线接入漏电保护器。

6）漏电保护器在结构选型时，宜选用无辅助电源型（电磁式）产品，或选用辅助电源故障时能自动断开的辅助电源型（电子式）产品。不能选用辅助电源故障时不能断开的辅助电源型（电子式）产品。

8.3.2　接地装置

接地装置是构成施工现场用电基本保护系统的主要组成部分之一，是施工现场用电工程的基础性安全装置。在施工现场用电工程中，电力变压器二次侧（低压侧）中性点要直

接接地，PE线要作重复接地，桥梁主塔及高大建筑机械和高架金属设施要作防雷接地，产生静电的设备要作防静电接地。

1. 接地与接地装置

所谓接地，是指设备与大地作电气连接或金属性连接。电气设备的接地，通常的方法是将金属导体埋入地中，并通过导体与设备作电气连接（金属性连接）。这种埋入地中直接与地接触的金属物体称为接地体，而连接设备与接地体的金属导体称为接地线，接地体与接地线的连接组合就称为接地装置。

应当特别注意，金属燃气管道不能用作自然接地体或接地线，螺纹钢和铝板不能用作人工接地体。

2. 接地的分类

接地按其作用分类可分为：功能性接地和保护性接地及兼有功能和保护性的重复接地。

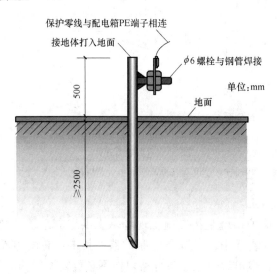

图8-23 重复接地示意图

1）保护性接地

为防止电气设备的金属外壳因绝缘损坏带电而危及人、畜安全和设备安全，以及设置相应保护系统的需要，将电气设备正常不带电的金属外壳或其他金属结构接地，称为保护性接地。保护性接地分为保护接地、防雷接地、防静电接地等。

2）重复接地

在三相五线制系统中，为了增强接地保护系统接地的作用和效果，并提高其可靠性，在其接地线的另一处或多处再作接地（通过新增接地装置），称为重复接地。重复接地示意图见图8-23。

8.3.3 配电装置

配电装置是配电系统中电源与用电设备之间传输、分配电力的电气装置，是联系电源和用电设备的枢纽，必须实行三级配电原则和"一机、一闸、一漏、一箱"的原则。

施工现场的配电装置是指施工现场用电工程配电系统中设置的总配电箱（配电柜）、分配电箱和开关箱。

1. 配电装置的箱体结构

配电装置的箱体结构，主要是指适合于施工现场临时用电工程配电系统使用的配电箱、开关箱的箱体结构。

1）箱体材料

配电箱、开关箱的箱体一般应采用铁板制作，亦可采用优质绝缘板制作，但不得采用木板制作，宜采用冷轧铁板，铁板厚度以1.5～2.0mm为宜。

2）配置电器安装板

配电箱、开关箱内配置的电器安装板用以安装所配置的电器和接线端子板等。当铁质电器安装板与铁质箱体之间采用折页作活动连接时，必须在两者之间跨接编织软铜线。

3）加装N、PE接线端子板

配电箱、开关箱应设置N线和PE线端子板，以防止N线和PE线混接、混用。

（1）N、PE端子板必须分别设置，固定安装在电器安装板上，并作符号标记，严禁合设在一起。其中N端子板与铁质电器安装板之间必须保持绝缘；而PE端子板与铁质电器安装板之间必须保持电气连接。当采用铁箱配装绝缘电器安装板时，PE端子板应与铁质箱体作电气连接。

（2）PE端子板的接线端子板数应与箱体内的进线和出线的总路数保持一致。

（3）PE端子板应采用紫铜板制作。

2. 配电装置的电器配置与接线

在施工现场用电工程配电系统中，配电装置的电器配置与接线应与基本供配电系统和基本保护系统相适应，必须具备以下三种基本功能：①电源隔离功能；②正常接通与分断电路功能；③过载、短路、漏电保护功能（对于分配电箱，漏电保护功能可不要求）。

3. 配电装置的使用

1）配电装置的箱（柜）门处均应有名称、用途、分路标记，及内部电气系统接线图，以防误操作。

2）配电装置均应配锁，并由专人负责开启和关闭上锁。

3）电工和用电人员工作时，必须按规定穿戴绝缘、防护用品，使用绝缘工具。

4）配电装置送电和停电时，必须严格遵循下列操作顺序。

送电操作顺序为：总配电箱（配电柜）—分配电箱—开关箱。

停电操作顺序为：开关箱—分配电箱—总配电箱（配电柜）。

5）如遇到人员触电或电气火灾的紧急情况，则允许就地、就近迅速切断电源。

6）施工现场下班停止工作时，必须将班后不用的配电装置分闸断电并上锁。班中停止作业1h及以上时，相关动力开关箱应断电上锁。暂时不用的配电装置也应断电上锁。

7）配电装置必须按其正常工作位置安装牢固、稳定、端正。固定式配电箱、开关箱的中心点与地面的垂直距离应为1.4~1.6m；移动式配电箱、开关箱的中心点与地面的垂直距离宜为0.8~1.6m。

8）配电箱、开关箱内的电器配置和接线严禁随意改动，并不得随意挂接其他用电设备。

9）配电装置的漏电保护器应于每次使用时用试验按钮试跳一次，只有试跳正常才可继续使用。

8.3.4 配电线路

在供配电系统中，除了有配电装置作为配电枢纽以外，还必须有联结配电装置和用电设备、传输、分配电能的电力线路，这就是配电线路。

施工现场的配电线路，按其敷设方式和场所不同，主要有架空线路、电缆线路、室内配线三种。设有配电室时，还应包括配电母线。

1. 配电线的选择

配电线的选择,实际上就是架空线路导线、电缆线路电缆、室内线路导线、电缆以及配电母线的选择。

1) 架空线的选择

架空线的选择主要是选择架空线路导线的种类和导线的截面,其选择依据主要是线路敷设的要求和线路负荷计算的电流。

架空线中各导线截面与线路工作制的关系为:三相五线制工作时,N线和PE线截面不小于相线(L线)截面的50%;单相线路的零线截面与相线截面相同。

2) 电缆的选择

电缆的选择主要是选择电缆的类型、截面和芯线配置,其选择依据主要是线路敷设的要求和线路负荷计算的计算电流。根据基本供电系统的要求,电缆中必须包含线路工作制所需要的全部工作芯线和PE线。

特别需要指出,需要三相五线制配电的电缆线路必须采用五芯电缆,而采用四芯电缆外加一条绝缘线等配置方法都是不规范的。

3) 室内配线的选择

室内配线必须采用绝缘导线或电缆。

除以上三种配线方式以外,在配电室里还有一个配电母线问题。由于施工现场配电母线常常采用裸扁铜板或裸扁铝板制作成所谓裸母线,因此其安装时,必须用绝缘子支撑固定在配电柜上,以保持对地绝缘和电磁(力)稳定性。

2. 架空线路的敷设

架空线路的组成一般包括四部分,即电杆、横担、绝缘子和绝缘导线。如采用绝缘横担,则架空线路可由电杆、绝缘横担、绝缘线三部分组成。架空线路与邻近线路或固定物的防护距离应符合《施工现场临时用电安全技术规范》JGJ 46的规定。

3. 电缆线路的敷设

电缆敷设应采用埋地或架空两种方式,严禁沿地面明设,以防机械损伤和介质腐蚀。

直埋电缆在穿越建筑物、构筑物、道路、易受机械损伤和介质腐蚀场所及引出地面从2m高到地下0.2m处必须加设防护套管,防护套管内径不应小于电缆外径的1.5倍。电缆埋地敷设宜选用铠装电缆,电缆直接埋地敷设的深度不应小于0.7m,并应在电缆紧邻上、下、左、右侧均匀敷设不小于50mm厚的细砂,然后覆盖砖或混凝土板等硬质保护层。电缆接线盒应能防水、防尘、防机械损伤,并远离易燃、易爆、易腐蚀场所。

4. 室内配线的敷设

安装在现场办公室、生活用房、加工棚等暂设建筑内的配电线路,通称为室内配电线路,简称室内配线。

室内配线分为明敷设和暗敷设两种。

1) 明敷设可采用瓷瓶瓷(塑料)夹配线,嵌绝缘槽配线和钢索配线三种方式。不得悬空乱拉。明敷主干线的距地高度不得小于2.5m。

2) 暗敷设可采用绝缘导线穿管埋墙或埋地方式和电缆直埋墙或直埋地方式。

(1) 暗敷设线路部分不得有接头。

(2) 暗敷设金属穿管应作等电位连接,并与PE线相连线。

(3) 潮湿场所或埋地非电缆(绝缘导线)配线必须穿管敷设,管口和管接头应密封。

严禁将绝缘导线直埋地下。

8.3.5 外电防护

在施工现场周围往往存在一些高、低压电力线路，这些不属于施工现场的外接电力线路统称为外电线路。外电线路一般为架空线路，个别现场也会遇到电缆线路。由于外电线路的位置原已固定，因而其与施工现场的相对距离也难以改变，这就给施工现场作业安全带来了一个不利影响因素。如果施工现场距离外电线路较近，往往会因施工人员搬运物料、器具，尤其是金属料具或操作不慎意外触及外电线路，从而发生触电伤害事故。因此，当施工现场邻近外电线路作业时，为了防止外电线路对施工现场作业人员可能造成的触电伤害事故，施工现场必须对其采取相应的防护措施，这种对外电线路触电伤害的防护称为外电线路防护，简称外电防护。

1. 保证安全操作距离

1）在建工程不得在外电架空线路正下方施工，不得搭设作业棚、建造生活设施或堆放构件、架具、材料及其他杂物等。

2）在建工程的周边与外电架空线路的边线之间的最小安全操作距离不应小于表8-5所列数值。

最小安全操作距离   表 8-5

外电线路电压等级(kV)	<1	1~10	35~110	220	330~500
最小安全操作距离(m)	4	6	8	10	15

2. 架设安全防护设施

架设安全防护设施是一种绝缘隔离防护措施，宜通过采用木、竹或其他绝缘材料增设屏障、遮拦、围栏、保护网等与外电线路实现强制性绝缘隔离，并须在隔离处悬挂醒目的警告标志牌。

8.3.6 防雷

雷电是一种破坏力、危害性极大的自然现象，要想消除它是不可能的，但消除其危害却是可能的。即可通过设置一种装置，人为控制和限制雷电发生的位置，并使其不至危害到需要保护的人、设备或设施。这种装置称作防雷装置或避雷装置。

参照《建筑物防雷设计规范》GB 50057—2010，施工现场需要考虑防直击雷的部位主要是塔式起重机、拌合楼、物料提升机、外用电梯等高大机械设备及钢脚手架、在建工程金属结构等高架设施，并且其防雷等级可按三类防雷对待。防感应雷的部位则是设置现场变电所时的进、出线处。

首先应考虑邻近建筑物或设施是否有防直击雷装置，如果有，它们是在其保护范围以内，还是在其保护范围以外。如果施工现场的起重机、物料提升机、外用电梯等机械设备，以及钢脚手架和正在施工的在建工程等的金属结构，在相邻建筑物、构筑物等设施的防雷装置保护范围以外，则应按规定安装防雷装置。

防雷保护范围是指接闪器对直击雷的保护范围。

8.3.7 电气防火措施

编制电气防火措施也应从技术措施和组织措施两个方面考虑,并且也要符合施工现场实际。

1. 电气防火技术措施要点

1) 合理配置用电系统的短路、过载、漏电保护电器。
2) 确保 PE 线连接点的电气连接可靠。
3) 在电气设备和线路周围不堆放并清除易燃易爆物和腐蚀介质或作阻燃隔离防护。
4) 不在电气设备周围使用火源,特别在变压器、发电机等场所严禁烟火。
5) 在电气设备相对集中场所,如变电所、配电室、发电机室等场所配备可扑灭电气火灾的灭火器材。
6) 按《施工现场临时用电安全技术规范》JGJ 46 规定设置防雷装置。

2. 电气防火组织措施要点

1) 建立易燃易爆物和腐蚀介质管理制度。
2) 建立电气防火责任制,加强电气防火重点场所烟火管制,并设置禁止烟火标志。
3) 建立电气防火教育制度,定期进行电气防火知识宣传教育,提高各类人员电气防火意识和电气防火知识水平。
4) 建立电气防火检查制度,发现问题,及时处理,不留任何隐患。
5) 建立电气火警预报制,做到防患于未然。
6) 建立电气防火领导体系及电气防火队伍,并学会和掌握扑灭电气火灾的方法。
7) 电气防火措施可与一般防火措施一并编制。

本章小结

机械化作业在建筑施工中日益广泛,违章作业成为安全管理中的难点之一。各种机械设备以及工具在作业安全中有共性也有特点,要根据施工条件制定完善的防护措施和安全技术操作规程;对机械设备要掌握构造原理、使用方法和保养维修的要求,其中根据技术参数正确选择设备、严格按安全技术规程要求进行操作和指挥,是杜绝机械伤害事故的关键,也是施工现场管理的薄弱环节,需要着重掌握。

施工现场临时用电涉及建筑施工大部分工艺过程和人员,是安全管理的重点之一。供电线路、用电器具有临时性和移动性等特点,要根据施工条件灵活采用适当的防护措施,并加强规范用电的管理。

思考与练习题

8-1 起重机包括哪些类型?各自的适用范围是什么?
8-2 汽车、轮胎式起重机启动前应重点检查哪些项目?
8-3 塔式起重机升降作业时应符合哪些要求?
8-4 轨道式起重机起动前应重点检查什么项目?

8-5　起重施工前必须编制专项方案，专项方案包含哪些内容？

8-6　施工升降机作业前应重点检查哪些项目？

8-7　从安全角度，如何理解电气设备接地？

8-8　由同一个变压器供电的采用保护接零的配电系统中，能否同时采用保护接零和保护接地，为什么？

8-9　漏电保护系统设置要点包括哪些内容？

8-10　电气防火技术措施要点包括哪些内容？

第 9 章　工程质量安全事故的应急救援与处置

本章要点及学习目标

本章要点：
(1) 工程事故等级与常见类型；
(2) 施工现场应急救援的概念、编制、基本内容和管理；
(3) 工程现场常见伤害的应急救援、工程事故处理的基本程序和调查步骤。

学习目标：
(1) 掌握工程事故的等级标准和施工现场应急救援的基本内容；
(2) 掌握工程现场常见伤害的应急救援的方法和工程事故处理的基本程序；
(3) 熟悉应急救援预案的编制和管理；
(4) 了解工程事故调查的步骤。

9.1　工程事故等级与常见类型

9.1.1　工程事故等级

1) 特别重大事故，是指造成 30 人以上死亡，或者 100 人以上重伤，或者 1 亿元以上直接经济损失的事故。

2) 重大事故，是指造成 10 人以上 30 人以下死亡，或者 50 人以上 100 人以下重伤，或者 5000 万元以上 1 亿元以下直接经济损失的事故。

3) 较大事故，是指造成 3 人以上 10 人以下死亡，或者 10 人以上 50 人以下重伤，或者 1000 万元以上 5000 万元以下直接经济损失的事故。

4) 一般事故，是指造成 3 人以下死亡，或者 10 人以下重伤，或者 1000 万元以下直接经济损失的事故。

9.1.2　工程事故常见类型

按照我国《企业职工伤亡事故分类》KGB/T 6441 规定，职业伤害事故分为 20 类，其中与建筑业有关的有以下 12 类。

物体打击：指落物、滚石、锤击、碎裂、崩块、砸伤等造成的人身伤害，不包括因爆炸而引起的物体打击。

车辆伤害：指被车辆挤、压、撞和车辆倾覆等造成的人身伤害。

机械伤害：指被机械设备或工具绞、碾、碰、割、戳等造成的人身伤害，不包括车辆、起重设备引起的伤害。

起重伤害：指从事各种起重作业时发生的机械伤害事故，不包括上下驾驶室时发生的坠落伤害，起重设备引起的触电及检修时制动失灵造成的伤害。

触电：由于电流经过人体导致的生理伤害，包括雷击伤害。

灼烫：指火焰引起的烧伤、高温物体引起的烫伤、强酸或强碱引起的灼伤、放射线引起的皮肤损伤，不包括电烧伤及火灾事故引起的烧伤。

火灾：在火灾时造成的人体烧伤、窒息、中毒等。

高处坠落：由于危险势能差引起的伤害，包括从架子、屋架上坠落以及平地坠入坑内等。

坍塌：指建筑物、堆置物倒塌以及土石塌方等引起的事故伤害。

火药爆炸：指在火药的生产、运输、储藏过程中发生的爆炸事故。

中毒和窒息：指煤气、油气、沥青、化学、一氧化碳中毒等。

其他伤害：包括扭伤、跌伤、冻伤、野兽咬伤等。

以上 12 类职业伤害事故中，在建设工程领域中最常见的是高处坠落、物体打击、机械伤害、触电、坍塌、中毒、火灾 7 类。

9.2　工程施工现场应急预案管理

9.2.1　应急救援与应急救援预案概念

应急救援是指危险源、环境因素控制措施失效情况下，为预防和减少可能随之引发的伤害和其他影响，所采取的补救措施和抢救行动。应急救援预案是指事先制定的关于重大生产安全事故发生时进行紧急救援的组织、程序、措施、责任以及协调等方面的方案和计划，是制定事故应急救援工作的全过程。

《安全生产法》明确规定生产经营单位要制定并实施本单位的生产安全事故应急救援预案；建筑施工单位应当建立应急救援组织，生产经营规模较小的也应当组织指挥兼职的应急救援人员等。当发生事故后，为及时组织抢救，防止事故扩大，减少人员伤亡和财产损失，建筑施工企业应按照《安全生产法》的要求编制应急救援预案。

施工单位应当根据建设施工的特点、范围，对施工现场易发生重大事故的部位、环节进行监控，制定施工现场安全生产事故应急救援预案。实行施工总承包的，由总承包单位统一组织编制建设工程安全生产事故应急救援预案，工程总承包单位和分包单位按照应急救援预案，各自建立应急救援组织或者配备应急救援人员，配备救援器材、设备物资等，并定期组织演练。

工程项目经理部应针对可能发生的事故制定相应的应急救援预案、准备应急救援的物资，并在事故发生时组织实施，防止事故扩大，以减少与之有关的伤害和不利环境影响。

9.2.2　现场应急预案的编制和管理

应急预案的编制应与安保计划同步编写。根据对危险源与不利环境因素的识别结果，确定可能发生的事故或紧急情况的控制措施失效时所采取的补救措施和抢救行动，以及针对可能随之引发的伤害和其他影响所采取的相应措施。

应急预案是规定事故应急救援工作的全过程。应急预案适用于项目部施工现场范围内可能出现的事故或紧急情况的救援和处理。

应急预案中应明确应急救援组织、职责和人员的安排，应急救援器材、设备的准备和平时的维护保养。

在作业场所发生事故时，如何组织抢救、保护事故现场的安排，其中应明白如何抢救，使用什么器材、设备。

应明确内部和外部联系的方法、渠道，根据事故性质，制定在多长时间内由谁，如何向企业上级、政府主管部门和其他有关部门报告，需要通知有关的近邻及消防、救险、医疗等单位的联系方式。

工作场所内全体人员如何疏散的要求。

应急救援的方案（在上级批准以后），项目部还应根据实际情况定期和不定期举行应急救援的演练，检验应急准备工作的能力。

9.2.3 应急预案的内容

1. 基本的原则方针

应急预案基本的原则方针是安全第一，安全责任重于泰山；预防为主、自救为主、统一指挥、分工负责；优先保护人和优先保护大多数人，优先保护贵重财产等原则和方针。

2. 企业与项目的基本情况

企业及工程项目基本情况简介。介绍项目的工程概况和施工特点和内容；项目所在的地理位置，地形特点，工地外围的环境、居民、交通、安全注意事项和气象状况等。

施工现场的临时医务室或保健医药设施及场外医疗机构。要明确医务人员名单、联系电话、常用医药名单和抢救设施，附近医疗机构的情况介绍、位置、距离、联系电话等。

工地现场内外的消防、救助设施及人员状况。介绍工地消防机构和成员，成立义务消防队，标明有哪些消防、救助设施及其分布，消防通道等情况。

附施工消防平面布置图（如各楼层不一样，还应分层绘制），并画出消防栓、灭火器的设置位置，易燃易爆的位置，消防紧急通道，疏散路线等。

3. 可能发生事故的确定及其影响

根据施工特点和任务，分析土木工程是否可能发生较大的事故和发生位置、影响范围等。如列出工程中常见的事故：建筑质量安全事故、施工毗邻建筑坍塌事故、土方坍塌事故、气体中毒事故、架体倒塌事故、高空坠落事故、掉物伤害事故、触电事故等。对于土方坍塌、气体中毒事故等应分析和预知其可能对周围的不利影响和严重程度。

4. 应急机构组成后，应明确责任和分工

1) 组织机构

组织机构包括指挥机构和救援队伍的组成，具体指挥机构组成可列附表说明。施工企业或工程项目部应成立重大事故应急救援"指挥领导小组"，由企业经理或项目经理、有关副经理及生产、安全、设备、保卫等负责人组成，下设应急救援办公室或小组（可设在施工治安部），日常工作由质量安全部兼管负责。发生重大事故时，领导小组成员迅速到达指定岗位，因特殊情况不能到岗的，所在单位按职务排序递补。以指挥领导小组为基础，成立重大事故应急救援指挥部，由单位经理为总指挥，有关副经理为副总指挥，负责事故的应急救援工作的组织和指挥。提醒注意：救援队伍必须是经培训合格的人员组成。

2）职责

如明确指挥领导小组（部）的职责，包括负责本单位或项目"预案"的指定和修订，组建应急救援队伍并组织实施和演练、检查督促做好重大事故的预防措施和应急救援的各项准备工作，组织和实施求援行动，组织事故调查和总结应急救援工作的经验教训等。

3）分工

明确各机构组成的分工情况。例如，总指挥应负责组织指挥整个应急救援工作，安全负责人负责事故的具体处置情况。后勤负责人应负责应急人员、受伤人员的生活必需品以及救援物资的供应工作。

5. 报警与通信方式

明确各救援电话及有关部门、人员的联络电话或方式。例如，消防报警公安110、医疗120、交通、省市县建设局及安监局电话、工地应急机构办公室、可提供救援协助的临近单位电话等。

6. 事故应急救援步骤

1）明确应急程序

如发生重大事故，发现者应先紧急大声呼救，条件许可紧急施救，报告联络有关人员（紧急时立刻报警、打救助电话）成立指挥部（组），必要时向社会发出救援请求，以及实施应急救援、上报有关部门、保护事故现场等善后处理。如发生一般伤害事故，发现者应先紧急大声呼救，条件许可紧急施救，报告联络有关人员，实施应急救援、保护事故现场等事故调查处理。事故应急处理流程图见图9-1。

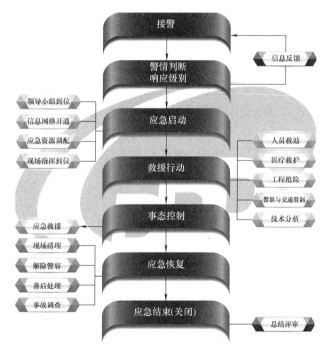

图9-1 事故应急处理流程图

2) 事故的应急救援措施

可根据工程项目可能发生的事故列表写出事故类别、事故原因、现场救援措施等。

3) 相关规定与要求

要明确有关的纪律及救援训练、学习等各种制度和要求。建筑施工属于高危工作,事故的发生无法完全避免。因此必须重视和认真编制好安全事故应急救援预案,加强突发事故处理,提高应急救援快速反应能力,减少施工企业不必要的经济损失。

9.2.4 演练应急预案的演练、评价及修改

工程项目部还应规定平时定期演练的要求和具体项目。演练后或事故发生后,对应急救援预案的实际效果进行评价和修改,逐步完善预案、措施与实际救援效果。

为了保证事故发生时,应急救援组织机构的各部门能够熟练有效地开展应急救援工作,应定期进行针对不同事故类型的应急救援演练,不断提高实战能力。同时在演练实战过程中,总结经验,发现不足,并对演练方案和应急救援预案进行充实、完善。

1) 事故应急救援演练的重要性

通过演练可以检查应急抢险队伍应付可能发生的各种紧急情况的适应性以及各职能部门、各专业人员之间相互支援及协调的程度;检验应急救援指挥部的应急能力,包括组织指挥专业抢险队救援的能力和组织群众应急响应的能力。通过演练可以证实应急救援预案是可行的,从而增强全体职工承担应急救援任务的信心。应急救援演练对每个参加演练的成员来说,是一次全面的应急救援练习,通过练习可以提高技术及业务能力。

通过演练还可以发现应急预案中存在的问题,为修正预案提供实际资料;尤其是通过演练后的讲评、总结,可以暴露预案中未曾考虑到的问题和找出改正的建议,是提高预案质量的重要步骤。

2) 事故应急救援演练的形式

事故应急救援演练一般可分为室内演练和现场演练两种。室内演练又称组织指挥演练,它是偏重于研究性质的,主要由指挥部的领导和指挥、生产、通信等部门以及救援专业队队长组成的指挥系统,在各级职能机关、部门的统一领导下,按一定的目的和要求,以室内组织指挥的形式,演练组织各级应急机构实施应急救援任务。室内演练的规模,根据任务要求可以是综合性的,也可以是单一项目的演练,或者是几个项目联合演练。现场演练即事故模拟实地演练,根据其任务要求和规模又可分为单项训练、部分演练和综合演练三种。

3) 事故应急救援演练的组织

不论演练规模的大小,一般都要有两部分人员组成:一是事故应急救援的演练者,占演练人员的绝大多数。从指挥员至参加应急救援的每一个专业队成员都应该是现职人员,将来可能与事故应急救援有直接关系者。二是考核评价者,即事故应急救援方面的专家或专家组,对演练的每一个程序进行考核评价。进行事故应急救援模拟演练之前应做好准备工作,演练后考核人员与演练者共同进行讲评和总结。不同的演练课目,担任主要任务的人员最好分别承担多个角色,从而能使更多的人得到实际锻炼。

组织工作主要包括:事故应急救援模拟演练的准备工作;针对演练事故类型,选择合适的模拟演练地段;针对演练事故类型,组织相关人员编制详细的演练方案;根据编制好

的演练方案，组织参加演练人员进行学习；筹备好演练所需物资装备，对演练场所进行适当布置；提前邀请地方相关部门及本行业上级部门相关人员参加演练并提出建议。

4) 编制演练方案应注意的问题

演练项目的内容是根据演练的目的决定的，把需要达到的目的通过演练过程，逐步进行检查、考核来完成。因此，如何将这些待检查的项目有机地融入模拟事故中是演练方案编制的第一步。为使模拟事故的情况设置逼真而又可分项检查，需要考虑如下六个问题。

① 事故细节描述

事故的发生有其自身潜在的不安全因素，在某种条件下由某一因素触发而形成，或者是由此形成连锁影响，从而造成更大、更严重的事故。对事故发生和发展、扩大的原因及过程要进行简要的描述，使演练参加者可以据此来理解和叙述执行该种事故的应急救援任务和相应的防护行动。

② 日程安排

演练时间安排基本应按真实事故的条件进行，但在特殊情况下，也不排除对时间的压缩和延伸，可根据演练的需要安排合适的时间。演练日程安排后一般要事先通知有关单位和参加演练的个人，以利于做好充分的准备。

③ 演练条件

演练最好选择比较不利的条件，如在夜间，能够说明问题的气象条件下，高温、低温等较严峻的自然环境下进行演练。但在准备不够充分或演练人员素质较低的情况下，为了检验预案的可行性或为了提高演练人员的技术水平，也可选择条件较好的环境进行演练。

④ 安全措施

现场模拟演练要在绝对安全的条件下进行，如安全警戒与隔离、交通控制、防护措施，消防、抢险演练等的安全保障都必须认真、细致地考虑。演练时要在其影响范围内告知该地区的居民，以免引起不必要的惊慌，要求居民做到的事项要各家各户地通知到每个人。

⑤ 事故应急救援模拟演练的考核与总结

事故应急救援预案通过实践考验，证实该预案切实可行后才能有效地实施。因此，演练中应由专家和考评人员对每个演练程序进行考核与评价。演练以后要根据评价的意见进行认真的总结，找出问题并提出修改建议。修改意见要经过进一步的验证，认为确实需要修正的内容，要在最短的时间内修正完毕，并报上级批准。

⑥ 事故应急救援模拟演练的时间

一般应根据事故应急救援预案的级别、种类的不同，对演练的频度、范围等提出不同要求。企业内部的演练可以与生产、运行及安全检查等各项工作结合起来，统筹安排。

9.3 工程现场常见事故伤害的急救

9.3.1 创伤止血救护

出血常见于割伤、刺伤、物体打击和辗伤等。如伤者一次出血量达全身血量的30%以上时，生命就有危险。因此，及时止血是非常必要和重要的。遇有这类创伤时不要惊慌，可用现场物品如毛巾、纱布、工作服等立即采取止血措施。如果创伤部位有异物不在重要器官附近，可以拔出异物，处理好伤口。如无把握就不要随便将异物拔掉，应立即送医院，经医生检查，确定未伤及内脏及较大血管时，再拔出异物，以免发生大出血措手不及。

9.3.2 烧伤急救处理

在生产过程中有时会受到一些明火、高温物体烧烫伤害。严重的烧伤会破坏身体防病的重要屏障，血浆液体迅速外渗，血液浓缩，体内环境发生剧烈变化，产生难以抑制的疼痛。这时伤员很容易发生休克，危及生命。所以烧伤的紧急救护不能延迟，要在现场立即进行。基本原则是：消除热源、灭火、自救互救。烧伤发生时，最好的救治方法是用冷水冲洗，或伤员自己浸入附近水池浸泡，防止烧伤面积进一步扩大。

衣服着火时应立即脱去用水浇灭或就地躺下，滚压灭火。冬天身穿棉衣时，有时明火熄灭，暗火仍燃，衣服如有冒烟现象应立即脱下或剪去以免继续烧伤。身上起火不可惊慌奔跑，以免风助火旺，也不要站立呼叫，免得造成呼吸道烧伤。

烧伤经过初步处理后，要及时将伤员送往就近医院进一步治疗。

9.3.3 吸入毒气急救

一氧化碳、二氧化氮、二氧化硫、硫化氢等超过允许浓度时，均能使人吸入后中毒。如发现有人中毒昏迷后，救护者千万不要贸然进入现场施救，否则会导致多人中毒的严重后果。遇有此种情况，救护者一定要保护清醒的头脑，首先对中毒区进行通风，待有害气体降到允许浓度时，方可进入现场抢救。救护者施救时切记，一定要戴上防毒面具。将中毒者抬至空气新鲜的地点后，立即通知救护车送医院救治。

9.3.4 触电急救

遇有触电者施救人员首先应切断电源，若来不及切断电源，可用绝缘体挑开电线。在未切断电源之前，救护者切不可用手拉触电者，也不能用金属或潮湿的东西挑电线。把触电者抬至安全地点后，立即进行人工呼吸。其具体方法如下：

（1）口对口人工呼吸法。方法是把触电者放置仰卧状态，救护者一手将伤员下颌合上、向后托起，使伤员头尽量向后仰，以保持呼吸道畅通。另一手将伤员鼻孔捏紧，此时救护者先深吸一口气，对准伤员口部用力吹入。吹完后嘴离开，捏鼻手放松，如此反复实施。如吹气时伤员胸臂上举，吹气停止后伤员口鼻有气流呼出，表示有效。每分钟吹气16次左右，直至伤员自主呼吸为止。

（2）心脏按压术。方法是将触电者仰卧于平地上，救护人将双手重叠，将掌根放在伤员胸骨下部位，两臂伸直，肘关节不得弯曲，凭借救护者体重将力传至臂掌，并有节奏性冲击按压，使胸骨下陷3~4cm。每次按压后随即放松，往复循环，直至伤员自主呼吸为止。

9.3.5 手外伤急救

在工作中发生手外伤时，首先采取止血包扎措施。如有断手、断肢要应立即拾起，把断手用干净的手绢、毛巾、布片包好，放在没有裂缝的塑料袋或胶皮带内，袋口扎紧，然后在口袋周围放冰块、雪糕等降温。做完上述处理后，施救人员立即随伤员把断肢迅速送医院，让医生进行断肢再植手术。切记千万不要在断肢上涂碘酒、酒精或其他消毒液。这样会使组织细胞变质，造成不能再植的严重后果。

9.3.6 骨折急救

骨骼受到外力作用时，发生完全或不完全断裂时叫做骨折。按照骨折端是否与外相通，骨折分为两大类：闭合性骨折与开放性骨折。前者骨折端不与外界相通，后者骨折端与外界相通，从受伤的程度来说，开放性骨折一般伤情比较严重。遇有骨折类伤害，应做好紧急处理后，再送医院抢救。

为了使伤员在运送途中安全，防止断骨刺伤周围的神经和血管组织，加重伤员痛苦，对骨折处理的基本原则是尽量不让骨折肢体活动。因此，要利用一切可利用的条件，及时、正确地对骨折做好临时固定，临时固定应注意以下事项：

（1）如有开放性伤口和出血，应先止血和包扎伤口，再进行骨折固定。

（2）不要把刺出的断骨送回伤口，以免感染和刺破血管和神经。

（3）固定动作要轻快，最好不要随意移动伤肢或翻动伤员，以免加重损伤，增加疼痛。

（4）夹板或简便材料不能与皮肤直接接触，要用棉花或代替品垫好，以防局部受压。

（5）搬运时要轻、稳、快，避免震荡，并随时注意伤者的病情变化。没有担架时，可利用门板、椅子、梯子等制作简单担架运送。

9.3.7 眼睛受伤急救

发生眼伤后，可做如下急救处理：

（1）轻度眼伤如眼进异物，可叫现场同伴翻开眼皮用干净手绢、纱布将异物拨出。如眼中溅进化学物质，要及时用水冲洗。

（2）严重眼伤时，可让伤者仰躺，施救者设法支撑其头部，并尽可能使其保持静止不动，千万不要试图拔出插入眼中的异物。

（3）见到眼球鼓出或从眼球脱出的东西，不可把它推回眼内，这样做十分危险，可能会把能恢复的伤眼弄坏。

（4）立即用消毒纱布轻轻盖上，如没有纱布可用刚洗过的新毛巾覆盖伤眼，再缠上布条，缠时不可用力，以不压及伤眼为原则。

做出上述处理后，立即送医院再做进一步的治疗。

9.3.8 脊柱骨折急救

脊柱骨俗称背脊骨，包括颈椎、胸椎、腰椎等。对于脊柱骨折伤员如果现场急救处理不当，容易增加痛苦，造成不可挽救的后果。特别是背部被物体打击后，均有脊柱骨折的可能。对于脊柱骨折的伤员，急救时可用木板、担架搬运，让伤者仰躺。无担架、木板需众人用手搬运时，抢救者必须有一人双手托住伤者腰部，切不可单独一人用拉、拽的方法抢救伤者。否则，把受伤者的脊柱神经拉断，会造成下肢永久性瘫痪的严重后果。

9.4 工程事故的报告与调查

9.4.1 建设工程安全事故处理程序

1) 房屋市政工程生产安全事故的报告,应当及时、准确、完整,任何单位和个人对事故不得迟报、漏报、谎报或者瞒报。

房屋市政工程生产安全事故的查处,应当坚持实事求是、尊重科学的原则,及时、准确地查明事故原因,总结事故教训,并对事故责任者依法追究责任。

2) 事故发生地住房城乡建设主管部门接到施工单位负责人或者事故现场有关人员的事故报告后,应当逐级上报事故情况。

特别重大、重大、较大事故逐级上报至国务院住房城乡建设主管部门,一般事故逐级上报至省级住房城乡建设主管部门。必要时,住房城乡建设主管部门可以越级上报事故情况。

3) 国务院住房城乡建设主管部门应当在特别重大和重大事故发生后 4 小时内,向国务院上报事故情况。

省级住房城乡建设主管部门应当在特别重大、重大事故或者可能演化为特别重大、重大的事故发生后 3 小时内,向国务院住房城乡建设主管部门上报事故情况。

4) 较大事故、一般事故发生后,住房城乡建设主管部门每级上报事故情况的时间不得超过 2 小时。

5) 事故报告主要应当包括以下内容:
（1）事故的发生时间、地点和工程项目名称;
（2）事故已经造成或者可能造成的伤亡人数（包括下落不明人数）;
（3）事故工程项目的建设单位及项目负责人、施工单位及其法定代表人和项目经理、监理单位及其法定代表人和项目总监;
（4）事故的简要经过和初步原因;
（5）其他应当报告的情况。

6) 省级住房城乡建设主管部门应当通过传真向国务院住房城乡建设主管部门书面上报特别重大、重大、较大事故情况。

特殊情形下确实不能按时书面上报的,可先电话报告,了解核实情况后及时书面上报。

7) 事故报告后出现新情况,以及事故发生之日起 30 日内伤亡人数发生变化的,住房城乡建设主管部门应当及时补报。

9.4.2 事故调查分析

伤亡事故的调查需要遵循现行《中华人民共和国安全生产法》、《企业职工伤亡事故调查分析规则》GB 6442、《企业职工伤亡事故报告和处理的规定》、《特别重大事故调查程序暂行规定》等法律、法规、标准和规定的有关条文。

伤亡事故调查理论和技术的发展会促进安全科学的发展,事故调查的全过程就是以事故分析为基础的安全生产检查过程。

1. 事故调查的一般方法

1）普查法

在日常伤亡事故统计工作的基础上，根据一定的目的，选定一定的时间区间和调查范围，按某种事故、事项、内容进行调查分析，并统一制表汇总的一种方法。普查法有自填、定期登记、询问等几种方式。

2）综合分析法

与普查法相对应的事故分析方法通常称为事故综合分析法，常用于向安全生产监督管理部呈报伤亡事故情况，也是有关部门监测事故发生规律，制定政策，实施计划的依据。

3）个案调查法

与普查法相反，它是对某地区或单位的某个事故进行专门的调查。它需要收集有关调查对象的一切资料，并从大量的事实材料中了解事故内在和外在因素的联系。这种方法是定性研究的重要手段，也是研究事故发生因素之间因果关系的有效方法。

2. 事故调查的对象、任务、原则及程序

1）事故调查的对象

在生产劳动过程中发生了人身伤害、财产损失、急性中毒的有关企业即为事故调查对象。一旦出现人员伤亡、财产损失时，安全生产监督管理部必须成立调查组，开展事故调查，而且事故报告和事故处理必须按照规定程序在一定时间内进行。

2）伤亡事故调查的主要任务

揭示伤亡事故的事实真相及发生经过，为事故分析提供依据；找到伤亡事故发生的原因、经过；确定其规模、性质和类别；为正确处理伤亡事故引起的纠纷提供依据，如受害者丧失劳动能力的程度，工伤的确定以及对事故责任人的处罚等；为拟定安全措施，预防同类事故再次发生，消除隐患，保证安全生产提供资料，为安全管理部门建立或修正安全管理法规、标准提供科学依据。

3）在事故调查过程中遵循"四不放过"的原则

施工企业处理建设工程安全事故的原则，即"四不放过"的原则：安全事故原因未查清不放过；职工和事故责任人受不到教育不放过；事故隐患不整改不放过；事故责任人不处理不放过，这是事故调查处理的基本原则。

4）事故调查的程序

事故调查组首先要做的工作是保护和勘察事故现场，这是事故调查分析的重要工作内容，如果事故现场被破坏了，那么事故原因的分析就非常困难，所以保护事故现场是事故调查的基本要求，而事故现场的勘察就是专家在事故现场进行的调查搜集证据的过程，这个阶段的工作对事故原因的确定有重要影响。收集了相关证据后就可以进行事故原因的分析，这是事故调查的核心内容。在事故原因基本清楚的情况下，事故的责任就很容易确认了。事故调查组必须尽快写出事故调查报告送交相关部门审批，在此阶段事故各种整改措施必须开始落实，而受伤人员的工伤确认、评残以及经济补偿等问题是事故调查处理的最后阶段，完成整个过程才是真正完成伤亡事故处理。

3. 事故调查组的成立

事故调查组是事故调查分析的专门机构，是事故调查的组织保证，成立事故调查组是事故调查分析的正式开始。事故调查组的工作职责主要包括：查明事故原因，包括主要原因、直接原因等；确定事故责任人；提出事故处理意见和防范措施；提交事故调查报告。

1) 事故调查组的组成要求

国务院《企业职工伤亡事故报告和处理规定》中明确规定了不同类型事故调查组的组成条件与要求：

（1）轻伤事故由事故发生企业负责人以及安全生产管理人员和技术人等组成事故调查组。

（2）重伤事故由企业主管部门会同地方安全生产监督管理部门、工会、劳动、公安等部门联合组成事故调查组。

（3）重大死亡事故根据死亡人数不同，分别由不同级别安全生产监督管理部门会同工会、公安、劳动、监察等部门组成事故调查组。其中，死亡3～5人由县级安全生产监督管理负责组织，死亡6～9人由地级市安全生产监督管理部门负责组织。

（4）特大死亡事故由省级安全生产监督管理部门会同有关部门负责开展调查工作。

（5）特别重大死亡事故由国家安全生产监督管理局会同有关部门负责开展事故调查工作，按《特别重大事故调查程序暂行规定》（国务院令第34号）、《企业职工伤亡事故报告和处理规定》（国务院令第75号）、《工程建设重大事故报告和调查程序规定》（建设部令第3号）的规定进行报告。

调查组成员除了有关部门的工作人员还应该包括相关的专业技术人员，这是提高事故调查组分析能力、技术水平的重要手段，而且他们还要求与事故没有直接的利益关系。对于特别重大事故调查组来说，除了必须具有一般事故调查组所具备的特点外，由于所调查事故的影响巨大，其成员组成应该是多方面的，特别是邀请相关专家参加调查是特别重大事故调查工作能尽快开展的保证。

2) 事故调查人员的素质要求

事故调查组是接受国家交给的任务，对事故进行调查处理工作，其对组成人员综合素质要求很高。具体要求如下：

（1）事故调查组成员必须有高度的责任感和正义感。事故调查人员通过对事故的调查要提出事故处理意见，这会对相关人员产生重大影响。所以，事故调查人员必须具备高度的责任感，认真负责，不偏不倚地调查和处理事故。由于事故处理意见会涉及部分人的利益，如果没有高尚的职业道德，不能公正地处理事故，那么就违背了事故调查的初衷，让事故中的受害人员不仅身体受到伤害，其精神也受到打击，所以高度的责任感和正义感是事故调查处理人员素质的基本要求。

（2）事故调查人员要有良好的沟通和组织能力。由于事故调查需要收集各种证据，需要和很多人接触，需要很多部门的人员共同配合才能完成工作。所以，事故调查处理人员必须有良好的沟通能力和组织能力，这是事故调查工作正常开展的要求。

（3）事故调查人员要具备丰富的专业知识和工作经验由于开展事故救援以及事故本身的破坏作用，事故发生现场一般都受到不同程度的损坏，这给事故调查和分析带来不少麻烦，如果事故调查人员没有相关的专业知识，没有相当的工作经验就很难有效开展事故调查工作，就不能通过各种信息对事故的原因进行合理的分析确定事故责任，所以事故调查人员的专业知识学习和工作经验积累是做好工作的必要条件。

9.4 工程事故的报告与调查

4. 事故现场的保护

事故调查组的首要任务是进行事故现场的保护，因为事故现场的各种证据是判断事故原因以及确定事故责任的重要物质条件，需要尽最大可能给予保护。但是，由于在事故救援阶段，各种人员的出入会对事故现场造成破坏，群众的围观也会给现场保护工作带来影响。所以，应该从下面几个方面开展工作，保护事故现场免受过多的破坏。

1) 事故现场的保护责任必须明确

发生事故单位负有对事故现场进行保护的责任。发生事故单位的负责人就是事故现场保护工作的责任人。

2) 事故现场保护要做的工作

核实事故情况，尽快上报，确定保护区的布置警戒；控制好事故肇事人员；尽量收集事故的相关信息以便事故调查组查阅。

3) 事故现场的保护方法得当

对露天事故现场的保护范围可以大一些，然后根据情况进行调整；对生产车间事故现场的保护则主要是采取封锁出入口，控制人员进出；对于事故破损部件，残留件等要求不能触动，以免破坏事故现场。

4) 事故调查组要积极参加事故单位的现场保护工作

一般地，事故调查组不会在第一时间到达现场，所以事故调查组赶到事故现场要积极参加事故现场的保护，禁止随意破坏事故证据，尽可能保护事故现场，为勘察处理做好准备。

5) 事故现场的处理与勘察

事故现场处理与勘察是伤亡事故调查的重要环节，其主要任务是查明造成的人员伤亡及设备损失，设备、建筑物的破坏程度；救护受伤人员，采取措施制止事态扩大，发现和搜集事故痕迹、物证、绘制、摄制、记录事故现场情况，其基本步骤为：

（1）划定伤亡事故现场的保护范围布置警戒，在调查组人员到达前任何人不得进入事故现场，特别重大事故要立即通知当地公安部门负责事故现场的保护。

（2）认真保护事故现场，一方面要及时抢救伤员，控制事故的蔓延，另一方面还要保护现场，要求现场尽量保持原状。

（3）凡是事故现场都必须进行现场勘察。勘察范围包括事故发生地点，以及诱发事故发生的有关痕迹和场所。

（4）事故现场勘察必须在事故调查组的统一组织、统一指挥下进行。

（5）各级安全生产监督管理部门要及时赶赴事故现场。

（6）要维护现场秩序，规定出入现场路线，安排专人维护秩序，并引导现场勘察人员沿制定路线进入现场。

（7）对事故现场遗留的各种痕迹、物证进行物理、化学鉴定，在法医参加的情况下进行尸体检查。

（8）现场记录勘察起止时间、勘察内容、勘察范围、顺序及现场保护情况，发生事故的光线和气候情况，现场的地点位置，周围环境，现场拍照内容、数量，事故现场简图，勘察指挥人，勘察人员，笔录人员等。

（9）事故勘察前后必须认真听取事故单位行政部门、生产部门、安全技术部门规定的详细汇报，召开各种事故现场分析会。

（10）对不需要保留的现场，由安全生产监督管理部门通知发生事故单位清理；对需要保留的现场要指定专人妥善保护；对于需要保留的已损坏设备、零部件应妥善保管，并通知有关生产部门领导；对勘查事故现场需要提取痕迹、物证、贵重物品或文件时要填写清单并向发生事故的单位出具收据。

6）事故证据的收集整理

事故的各种证据是找到事故原因的主要物质基础。其中，通过事故调查人员调查得到的证据称为直接证据，通过其他渠道得到的证据称为间接证据，通过询问事故当事人得到的信息称为事故证言。

事故调查组不仅要重视事故现场的各种证据，同时更应该注意收集有关事故的各种信息。因为事故调查组很难第一时间到达现场，很多证据可能在事故救援的过程中遭到破坏，而且也不能排除人为制造的虚假证据，所以当事人的证据是相当重要的资料。

在事故调查分析过程中应对各种信息进行合理的分类和整理，而且要注意各种证据之间的内在联系，这是判断事故真相的重要手段。事故调查组成员必须考虑的问题是，事故当事人或目击证人的证词是否一致，证人的证词是否能找到具体的物证等。只有收集足够的故信息才能对事故发生发展的过程有更清晰的了解，这是确定事故的主要原因和次要原因的基础。

7）事故原因分析

安全生产事故的原因是事故调查的起点，也是事故管理工作的核心，没有调查清楚事故的原因是不可能处理好事故的。事故责任人的处理就是事故原因调查分析的直接结果，人的不安全行为是事故的主要原因之一，所以强化对安全生产事故责任人的处理也是事故管理制度的重点。整改措施是在调查事故原因的基础上采取的管理和技术措施，是防止同类事故再次发生的根本保障。每次事故的处理都有一定的程序，调查事故原因，处理责任人，落实整改措施属于初步的防治措施；而吸取事故教训，从思想上真正重视安全生产的重要性，为长远的安全生产工作制定合理的管理制度才是事故管理的最终目的。

引发事故的原因是错综复杂的，它不仅涉及企业的生产设备、工艺流程、劳动条件和环境，同时更与企业的安全管理水平、规章制度、安全教育以及职工的安全意识和劳动纪律等有直接关系。由于事故的原因是多方面的，也是多层次的，所以事故原因的确定必须依靠事故调查得到的各种信息和数据。导致事故发生的原因是多方面的，主要可以概括为直接原因和间接原因。

（1）事故的直接原因

分析事故的直接原因一般从人的不安全行为、物的不安全状态和环境的不安全因素来分析，具体如下：

① 人的不安全行为。操作者本人的不安全行为所造成的错误表现，这主要包括：疲劳作业、未执行规定的职能、错误地执行规定的职能、执行了未规定的职能等。在事故分析中这是很重要的部分。

② 物的不安全状态。事故发生时所涉及物质（包括生产过程中的原料、燃料、产品、机械设备、工具附件和其他非生产性物质）的固有属性及其潜在的破坏能力构成了生产中的不安全因素。分析事故原因应对事故中物的作用因素有足够的重视和分析。

③ 环境的不安全因素。生产作业场地的平面和空间布置、管路和机器设备，以及在生产过程中产生的局部过热、噪声、振动、光线、烟尘、毒气等原因。

（2）事故间接原因

分析事故间接原因一般从以下几个方面入手：技术上和管理上的缺陷，安全生产经费投入不足，安全教育不够，劳动组织不合理，对现场工作缺乏监督检查或指导失误，没有安全操作规程或规程内容不具体，可操作性差，没有或不认真实施事故防范措施，对事故隐患整改不力等。

安全生产经费投入不足是各类事故发生的重要原因。由于没有足够的资金购买安全装置，不能提供有吸引力的薪酬招聘高素质员工，于是各种危险因素就开始不断积累，直到事故的最终爆发。所以，事故调查报告不要忽略安全生产经费投入情况的分析。

8）事故预防措施

事故预防措施是针对事故原因而制定的。事故原因分析准确则所制定的预防措施就能够切实可行。一般要从人、物、环境、资金投入等几方面采取预防措施、管理措施或技术措施，如职工的技术培训、安全教育、规章制度的建立与完善、增加安全生产经费投入、设备维护更新、改进工艺流程和产品结构、生产场所的改善等。其中安全技术措施主要在安全技术、工业卫生和辅助设施 3 个方面展开。

（1）安全技术方面主要包括生产设备本质安全化的直接安全技术措施、采用安全防护装置的间接安全技术措施、增加提示性安全措施（如信号装置、安全标志）、特殊安全技术措施（如限制自由接触技术设备）、其他安全技术措施（如场地合理布局、机械设备的维护保养）等。

（2）工业卫生方面的技术措施包括防尘防毒、降低噪声、防寒供暖、防暑降温、采光照明等。

（3）辅助设施方面的措施包括工人休息室、更衣室、卫生间及其有关设施。

所有这些措施并不要求全部被包括，应该根据具体事故分析的原因有针对性地制定措施，特别要着重于防止事故重复发生所采取的措施。

9）事故责任人的处理

对事故责任人的处理是对其本人及广大员工进行安全教育的一种重要方式，也是事故调查处理的重要内容之一。目的是吸取教训，改进工作，防止事故重复发生，确保安全生产，对事故直接责任人、领导责任人、主要责任人要根据其责任大小提出相应的处理意见，这是调查报告必须涉及的内容。

（1）事故责任

查找事故原因的目的是确定事故责任。事故调查分析不仅要明确事故的原因，更重要的是要确定事故责任，落实防范措施，确保不再出现同类事故。这是加强安全生产的重要手段。分析事故责任首先必须明确事故性质，一般分为责任事故、非责任事故和人为破坏事故等。

① 责任事故：由于工作不到位导致的事故，是一种可以预防的事故，责任事故需要处理相应的责任人。这种事故主要是由于人的不安全行为和物的不安全状态而导致的事故。

② 非责任事故：由于一些不可抗拒的力量而导致的事故。这些事故主要是由于人类

对自然的认识水平有限,需要在今后的工作中更加注意预防工作,防止同类事故的再次发生。

③ 人为破坏事故:有人预先恶意地对机器设备以及其他因素进行调整,导致其他人在不知情的状况下发生了事故。这类事故一般都属于刑事案件,相关责任人要受到法律的制裁。

(2) 事故责任人的责任

事故处理中事故责任人必须受到处罚,事故责任人的确定是整个事故调查分析中最难的环节,因为责任确定的过程就是将事故原因分解给不同人员的过程。所以事故调查组就要公正地对待所有涉及事故的人员,公正、公平、科学、合理地确定相应的责任。事故责任人的责任主要包括直接责任人、领导责任人和间接责任人3种。

① 直接责任人:由于当事人与重大事故有直接因果关系,是对事故发生以及导致一系列后果起决定性作用的人员。

② 领导责任人:当事人的行为虽然没有直接导致事故发生,但由于其领导监管不力而导致事故所承担的责任。

③ 间接责任人:当事人与事故的发生具有间接的关系,需要承担相应的责任。

10) 事故档案管理

安全生产档案是企业单位安全生产管理水平的窗口,而事故档案的管理又是安全生产档案管理的集中体现。事故档案管理是企业单位的安全生产管理的基础工作,必须给予足够的重视。

(1) 事故档案作用

① 事故档案是事故历史的证据,它为安全生产决策提供基本参考。事故档案记录了以往的事故,要想了解企业单位的安全生产历史,事故档案就是最好的途径。而且对于安全生产工作的决策来说,通过回顾历史可以了解事故发生的变化规律,对采取适当的措施确保不发生同类事故有积极的帮助。

② 事故档案具有教育后人的作用。事故毕竟不是好事情,所以人们往往都不愿意多提,且从防止人的不安全行为以及倡导安全的行为规范来看,开展事故案例的宣传教育很有宣传必要,这能提高人们的危机意识和对事故的警觉性。

③ 事故档案资料是事故原因分析和事故责任确定的依据和凭证。事故发生后很多物证可能都消失了,而档案资料却能够长期保留,使事故原因的分析和确认让人信服。

(2) 事故档案主要内容

事故档案主要包括事故隐患记录、事故调查处理记录两大部分。事故隐患记录主要包括:事故隐患的登记、应急防护措施记录、事故隐患整改要求、事故隐患整改结果记录等。事故调查处理记录主要包括:事故报告记录、事故损失情况登记、事故证物资料、事故当事人证言、事故调查报告、事故处理结案材料、事故整改措施意见以及落实情况记录等内容。

(3) 事故档案要求

事故档案管理工作要严格执行档案管理的基本规定。事故档案实行统一领导,分级管理的原则,维护档案的完整和安全,便于事后的查阅。因此,企业单位事故档案管理要求做好以下工作:

① 建立安全生产档案制度，特别要明确事故档案管理的要求，确定专人负责管理档案。

② 确保事故档案的真实性，禁止随意修改事故档案内容。

③ 尽可能将事故档案进行标准化、规范化管理，充分运行先进技术手段实现事故档案的现代化管理。

9.4.3 事故报告内容

事故发生后首先要做的工作就是事故的报告，这是事故调查的起点。事故调查报告是事故调查后经过调查者的分析研究而写成的报告材料。事故调查报告既是企业安全生产管理的档案材料，又是对事故责任人追究法律责任的依据，所以应该具有严密的科学性和法律的权威性。事故调查报告的写作必须遵循实事求是的原则、严肃认真的写作态度和准确无误的科学分析。事故报告要求报告内容详细，主要包括事故发生的单位、时间、地点、初步伤亡情况、初步分析事故原因、报告人姓名、联系方式等。事故报告最根本的要求是报告迅速，事故报告越快对事故的救援、控制以及调查分析越有利。另外，伤亡事故报告的基本原则是按照程序逐级报告，一般反对越级报告事故，因为这会给事故调查处理带来不必要的麻烦。但必要时，安全生产监督管理部门和负有安全生产监督管理职责的有关部门可以越级上报事故情况。

1. 事故调查报告主要内容

根据《生产安全事故报告和调查处理条例》的有关规定，伤亡事故调查报告的主要内容：企业详细名称；经济类别；事故发生时间；事故发生地点；事故类别；事故发生的原因，其中必须说明事故的直接原因；事故的严重级别；事故伤亡情况；事故损失工作日情况；事故的经济损失情况，其中必须说明事故的直接经济损失；事故的详细经过；事故的原因分析；事故预防措施，这部分是针对原因分析直接得到的预防措施；事故责任分析和事故责任人的处理意见；附件；调查组组成人员名单（签字）。

特别重大事故书面报告的内容主要包括：事故发生的时间、地点和单位；事故的简要经过；伤亡人数；直接经济损失的初步估计；事故原因的初步判断；事故发生后所采取的措施和事故控制情况；事故报告单位等。

2. 事故调查报告填写要点

事故调查报告的性质决定了它必须具有严密的科学性和权威性，其内容必须客观实际，是反映事故本来面貌的记录。事故调查报告不仅是事故的文字记录，更是事故的定性结论，如果出现偏差，就会影响事故经验教训的吸取以及预防措施的制定与实施，最终不能真正避免事故再次发生。因此要求事故调查报告是事故经过真实，原因分析准确，对事故责任人的处理意见客观公正，事故预防措施切实可行，真正起到吸取教训、提高认识、消除隐患、预防事故、推动安全工作的作用。撰写事故调查报告必须搞好事故调查研究，掌握一手材料，坚持实事求是的写作原则，不避重就轻，不虚构情节或扩大事实，不能将孤立的证言、未定性的材料作为事故调查报告的依据。坚持这些原则，以严肃认真、一丝不苟的科学分析态度，通过归纳、分析和探求事故发生的本质和规律才能保证事故报告的严密准确，无懈可击。

事故调查报告填写时注意下列要点：

1）事故发生单位概况，应当包括单位的全称、所处地理位置、所有制形式和隶属关系、生产经营范围和规模、持有各类证照的情况单位负责人的基本情况以及近期的生产经营状况等。报告的内容应该根据企业实际情况来确定，但是应当以全面、简洁为原则。

2）事故发生的时间、地点以及事故现场情况。报告事故发生的时间应当具体，尽量精确到分钟。报告事故发生的地点要准确，除事故发生的中心地点外，还应当报告事故所波及的区域。报告事故现场的情况应当全面，不仅要报告现场的总体情况，还要报告现场的人员伤亡情况、设备设施的毁损情况；不仅要报告事故发生后的现场情况，还要尽量报告事故发生前的现场情况。

3）事故的简要经过是对事故全过程的简要叙述。核心要求在于"全"和"简"。"全"就是要全过程描述，"简"就是要简单明了，但是，描述要前后衔接、脉络清晰、因果相连。需要强调的是，由于事故的发生往往是在一瞬间，对事故经过的推述应当特别注意事故发生前作业场所有关人员和设备设施的一些细节，因为这些细节可能就是引发事故的重要原因。

4）事故已经造成或者可能造成的伤亡人数（包括下落不明的人数）和初步估计的直接经济损失。对于人员伤亡情况的报告，应当遵守实事求是的原则，不做无根据的猜测，更不能隐瞒实际伤亡人数。在土方坍塌、爆破事故中，往往出现多人被掩埋的情况，对可能造成的伤亡人数，要根据事故单位当班记录，尽可能准确地报告。对直接经济损失的初步估算，主要指事故所导致的建筑物的毁损、生产设备设施和仪器仪表的损坏等。由于人员伤亡情况和经济损失情况直接影响事故等级的划分，并决定事故调查处理的后续重大问题，在报告时应当谨慎细致，力求准确。

5）已经采取的措施，主要是指事故现场有关人员、事故单位负责人、已经接到事故报告的安全生产管理部门为减少损失、防止事故扩大和便于事故调查所采取的应急救援和现场保护等具体措施。

6）事故的补报。事故报告后出现新情况的，应当及时补报。自事故发生之日起30日内，事故造成的伤亡人数发生变化的，应当及时补报。道路交通事故、火灾事故自发生之日起7日内，事故造成的伤亡人数发生变化的，应当及时补报。

3. 建设工程安全事故处理报告主要内容

1）职工重伤、死亡事故调查报告书。
2）现场调查资料（记录、图纸、照片）。
3）技术鉴定和试验报告。
4）物证、人证调查材料。
5）间接和直接经济损失。
6）医疗部门对伤亡者的诊断结论及影印件
7）企业或其主管部门对该事故所作的结案报告。
8）处分决定和受处理人员的检查材料。
9）有关部门对事故的结案批复等。
10）事故调查组人员的姓名、职务及亲笔签名。

如果整改后符合生产安全要求，签发《工程复工令》，恢复正常施工。

本章小结

做好建筑施工现场安全管理不仅是对于现场看得见摸得着的实物进行监督和检查，更应注重对工程实施主体——施工人员的安全防护。对施工人员的安全防护既包括加强施工人员的安全防护意识，还包括工程现场安全事故发生后对于伤害的急救。通过对本章的学习，不仅可以熟悉施工现场应急预案的内容和演练，而且可以加深对伤害急救措施的学习；对于工程事故发生后，学习分析事故原因了解和掌握事故处理程序。

思考与练习题

9-1　工程安全事故分为哪些等级？
9-2　工程安全事故有哪些常见类型？
9-3　应急预案包括哪些内容？
9-4　编制演练方案应注意哪些问题？
9-5　对骨折处理的临时固定应注意哪些事项？
9-6　事故报告主要应当包括哪些内容？
9-7　在事故调查过程中遵循"四不放过"的原则，"四不放过"原则包括哪些内容？
9-8　事故调查组的组成有哪些要求？
9-9　建设工程安全事故处理的程序是什么？

参 考 文 献

[1] 周建亮，佟瑞鹏. 工程建设安全、健康与环境管理［M］. 徐州：中国矿业大学出版社，2015.
[2] 佟瑞鹏. 建设工程安全管理［M］. 北京：中国劳动社会保障出版社，2012.
[3] 王雪青，杨秋波. 工程项目管理［M］. 北京：高等教育出版社，2011.
[4] 王雪青. 建设工程经济［M］. 北京：中国建筑工业出版社，2011.
[5] 中国工程咨询协会. 工程项目管理导则［M］. 天津：天津大学出版社，2010.
[6] 王雪青，杨秋波. 工程项目管理［M］. 北京：高等教育出版社，2011.
[7] 中华人民共和国国家质量监督检验检疫总局. 职业健康安全管理体系实施指南［M］. 北京：中国标准出版社，2012.
[8] 中华人民共和国国家质量监督检验检疫总局，中国国家标准化管理委员会. 质量管理体系基础和术语［M］. 北京：中国标准出版社，2015.
[9] 张勇，柴邦衡. ISO 9000 质量管理体系（第3版）［M］. 北京：机械工业出版社，2016.
[10] 中华人民共和国国家质量监督检验检疫总局，中国国家标准化管理委员会. 环境管理体系要求及使用指南［M］. 北京：中国标准出版社，2016.
[11] 谷树棠，周玉兰. 建设工程监理行业三大管理体系一体化实施示例［M］. 北京：中国标准出版社，2006.
[12] 施骞，胡文发. 工程质量管理教程［M］. 上海：同济大学出版社，2010.
[13] 成虎. 工程项目管理（第二版）［M］. 北京：中国建筑工业出版社，2001.
[14] 中国建筑工程总公司. 建筑工程质量验收统一标准 GB 50300—2013［S］. 北京：中国建筑工业出版社，2013.
[15] 中华人民共和国住房和城乡建设部. 建筑施工安全检查标准 JGJ 59—2011［S］. 北京：中国建筑工业出版社，2011.
[16] 全国建筑业企业项目经理培训教材编写委员会. 施工项目质量与安全管理［M］. 北京：中国建筑工业出版社，2002.
[17] 李云峰. 建筑工程质量与安全管理［M］. 北京：化学工业出版社，2009.
[18] 江苏省建设工程质量监督总站. 江苏省住宅工程质量分户验收规程 DGJ32/J 103—2010［S］. 南京：江苏科学技术出版社，2010.
[19] 武明霞. 建筑安全技术与管理［M］. 北京：机械工业出版社，2007.
[20] 方东平，黄新宇. 工程建设安全管理［M］. 北京：中国水利水电出版社，2001.
[21] 赵挺生，李小瑞，赵明. 建筑工程安全管理［M］. 北京：中国建筑工业出版社，2006.
[22] 王东升. 建筑工程安全生产技术与管理［M］. 徐州：中国矿业大学出版社，2010.
[23] 俞宗卫. 建设工程项目质量与安全控制手册［M］. 北京：知识产权出版社，2007.
[24] 曹进. 建筑工程施工安全与计算［M］. 北京：化学工业出版社，2008.
[25] 周德红. 现代安全管理学［M］. 武汉：中国地质大学出版社，2015.
[26] 北京建设工程质量检测和房屋建筑安全鉴定行业协会. 建设工程质量检测技术及应用［M］. 北京：中国建筑工业出版社，2015.
[27] 赵志刚. 高大模板支撑系统施工技术与质量管理［M］. 北京：中国建筑工业出版社，2016.
[28] 中华人民共和国住房和城乡建设部. 建筑工程检测试验技术管理规范 JGJ 190—2010［S］. 北京：中国建筑工业出版社，2010.
[29] 中华人民共和国住房和城乡建设部. 建设工程项目管理规范 GB/T 50326—2017［S］. 北京：中

国建筑工业出版社，2017.
- [30] 中华人民共和国国家质量监督检验检疫总局. 生产经营单位安全生产事故应急预案编制导则 GB/T 29639—2013 [S].
- [31] 高向阳，秦淑清. 建筑工程安全管理与技术 [M]. 北京：北京大学出版社，2013.
- [32] 姜晨光. 建筑工程施工安全技术 [M]. 北京：中国电力出版社，2015.
- [33] 马学东. 建筑施工安全技术与管理 [M]. 北京：化学工业出版社，2008.
- [34] 杨文柱. 建筑安全工程 [M]. 北京：机械工业出版社，2004.
- [35] 杜荣军. 建筑工程安全手册 [M]. 北京：中国建筑工业出版社，2007.
- [36] 邓铁军. 工程建设环境与安全 [M]. 北京：中国建筑工业出版社，2009.
- [37] 林柏泉，张景林. 安全系统工程 [M]. 北京：中国劳动社会保障出版社，2007.
- [38] 何学秋. 安全工程学 [M]. 徐州：中国矿业大学出版社，2000.
- [39] 陈宝智. 危险源辨识控制及评价 [M]. 成都：四川科学技术出版社，1996.
- [40] 李钰. 建筑施工安全 [M]. 北京：中国建筑工业出版社，2013.
- [41] 方东平，黄新宇. 工程建设安全管理 [M]. 北京：中国水利水电出版社，2003.
- [42] 李泰国. 安全工程技术与管理基础 [M]. 北京：机械工业出版社，2003.
- [43] 安全生产监察编写组. 安全生产监察 [M]. 北京：化学工业出版社，2006.
- [44] 北京市建设教育协会. 建筑施工现场安全生产管理手册 [M]. 北京：中国建材工业出版社，2012.
- [45] 中华人民共和国住房和城乡建设部. 建筑施工安全检查标准 JGJ 59—2011 [S]. 北京：中国建筑工业出版社，2012.
- [46] 中华人民共和国住房和城乡建设部. 施工企业安全生产评价标准 JG/T 77—2010 [S]. 北京：中国建筑工业出版社，2010.
- [47] 中华人民共和国住房和城乡建设部. 建筑施工现场环境与卫生标准 JGJ 146—2013 [S]. 北京：中国建筑工业出版社，2005.